유기발광다이오드 디스플레이와 조명

유기발광다이오드 디스플레이와 조명

OLED Displays and Lighting

Mitsuhiro Koden 저 | 장인배 역

씨아이알

저자 서문

1987년 이스트먼 코닥社의 탱(C.W. Tang)과 반슬라이크(S.A. Vanslyke)가 처음으로 밝은 유기발광다이오드(OLED) 디바이스에 대해 보고한 이래로, 디스플레이와 조명 분야에서 OLED의 높은 기술적 잠재력에 대하여 인식하고 있다. 다양한 과학적 발명과 기술적 개선, 프로토타입과 상용제품들을 통해서 이런 OLED의 기술적 잠재력이 증명되어왔다.

OLED는 컬러 또는 백색의 자기발광, 평면 및 입체 디바이스, 빠른 응답속도, 얇고 가벼운 무게 그리고 유연성 등과 같은 다양한 매력적인 특징들을 가지고 있다. 그러므로 OLED는 과학 분야에서의 관심뿐만 아니라 소비제품 시장에서도 큰 잠재력을 가지고 있다.

과거 10년 동안 액정 디스플레이(LCD)나 발광 다이오드(LED)가 빠른 성능 향상과 급격한 가격 하락을 실현했기 때문에, OLED는 LCD 및 LED와 심각하고 복잡한 경쟁을 치러왔다. 그런데 이 책을 저술하는 기간(2016) 동안, 비록 LCD와 LED가 디스플레이와 조명 분야에서 주요 디바이스로 자리 잡고 있었지만, 유연 OLED가 엄청난 가능성을 가지고 있기 때문에, 디스플레이와 조명 분야에서 경쟁력을 갖춘 OLED 제품들이 나타날 것으로 생각되었다. 다양한 기관에서 발표한 시장분석에 따르면, OLED 디스플레이와 조명이 빠르게 성장하여 엄청난 시장을 만들 것으로 예상되고 있다.

저자는 약 10년간 샤프社에 근무하면서 LCD 기술을 개발한 다음에 실용적인 OLED 기술의 개발을 수행하였다. 2013년 이후로는 야마가타(山形) 대학교에서 다수의 기업들과 공동으로 실용적인 유연 OLED 기술의 개발을 수행하여왔다.

이 책에서는 OLED와 관련된 개발역사와 더불어서 기본적인 과학적 원리와 실용적인 기술에 대해서 개괄적으로 다루고 있다. 이 책을 통해서 실용적인 OLED 디바이스에 대한 폭넓은 지식, 소재, 디바이스, 공정, 작동기술과 활용방안 등에 대한 설명 등을 접할 수 있다. 게다가 이 책에서는 향후 OLED 사업의 핵심 기술로 자리 잡을 것이 분명한 유연기술에 대해서도 살펴본다.

이 책은 대학생뿐만 아니라 OLED 디바이스의 개발과 생산 분야에 종사하는 연구자와 엔지니어들에게 도움이 될 것이라고 생각한다.

역자 서문

인류문명은 20세기에 들어서면서 문자문명에서 정보통신과 영상문명으로의 전환을 시작하였고, 평판디스플레이의 출현에 힘입어 21세기에 들어서면서 스마트폰과 같은 이동식 디스플레이 단말기에 무선정보통신 기술을 접목하여 전 지구적 네트워크를 기반으로 하는 거대정보문명으로 진화하고 있다.

후방조명과 컬러필터를 필요로 하는 LCD나 LED 디스플레이에 비해서 소자 자체가 빛을 내는 OLED 소자는 물리적인 구조를 단순화시킬 수 있어서 유연한 시트형 디스플레이를 구현할 수 있기에, 궁극의 영상장치로 많은 관심을 받고 있다.

OLED 디스플레이는 일본을 중심으로 개념이 제안되고 주요 개발이 진행되어왔지만, 일본의 전반적인 반도체산업 침체와 더불어서 우리나라에게 OLED 생산의 주도권을 내어주게 되었고, 현재는 우리나라의 두 디스플레이 회사가 세계 OLED 시장의 대부분을 차지하는 단계에 이르게 되었다.

OLED 디스플레이나 OLED 조명은 소재나 구조가 아직 완성된 기술이 아니며, 특히 생산장비와 생산공정을 안정화시키기 위한 다양한 시도가 제품의 생산과 병행되고 있는 실정이다. 따라서 OLED의 안정적인 생산을 지원하기 위해서는 기구설계, 생산설계 및 공정관리 등 다양한 분야에서 엔지니어들의 노력이 필요하지만, 이는 전자공학의 범주가 아니라 기계공학의 범주에 속한다. 따라서 기계공학을 전공하고 디스플레이 분야에 종사하거나 이를 진로로 희망하는 학생들이 OLED 기술의 전반적인 특성에 대해 알고 있어야 하지만, 최신 정보를 접할 수 있는 교재 수준의 자료들을 접하기가 매우 어려운 것이 현실이다.

역자는 우리나라의 세계 최대의 디스플레이 생산업체 및 이 업체에 디스플레이 장비를 공급하는 다수의 기업들과 오랜 협업을 수행하면서 패널 노광장비를 포함하여 다양한 장비 개발에 참여하였다. 이 과정에서 현업에 종사하는 엔지니어들이 디스플레이의 구조나 작동원리에 대한 이해와 디스플레이 생산과정 전체에 대한 식견이 부족하여 문제 발생 시 공정 간 협업에 어려움이 발생하는 것을 목격하였다.

이 책은 OLED 디스플레이 및 조명의 역사, 구조, 제조방법, 소재, 성능, 시험방법 그리고 차세대 기술 등에 대해서 전반적으로 소개하고 있는 최신 서적이다. 이 책을 통해서 우리나라의 디스플레이 산업을 선도하는 산업체 엔지니어들과 앞으로 디스플레이 업계에 진입할 학생들이 새로운 지식을 습득하고 활용할 수 있기를 기대하는 바이다.

2018년 2월 28일

강원대학교 메카트로닉스전공
장 인 배 교수

약자 리스트

2-TNATA		4,4′,4,-tris[2-naphthyl(phenyl)amino]triphenylamine
AIST	산업기술총합연구소	National Institute of Advanced Industrial Science and Technology
ALD	원자층증착	atomic layer deposition
Alq_3		tris(8-hydroxyquinoline)aluminum
AMOLED	능동화소 유기발광다이오드	active model organic light emitting diode
AZO	알루미늄이 도핑된 아연산화물	Al-doped zinc oxide
Balq		aluminum(III)bis(2-methyl-8-quinolinato)4-phenylphenolate
BCP		bathocuproine,2,9-dimethyl-4,7-diphenyl-1,10-phenanthroline
BCP	블록공중합체	block copolymer
BGBC	하부게이트 하부접촉	bottom gate bottom contact
Boc-PF		poly(9,9-bis(octyl)-fluorene-2,7-diyl)
CAAC	C축정렬 결정체	C-axis aligned crystal
Cat-CVD	촉매화학기상증착법	Catalytic chemical vapor deposition
CBP		4,4′-N,N-′-dicarbazole-biphenyl
CCM	색변조 매질	color changing medium
CDBP		4,4′-bis(9-carbazolyl)-2,2′-dimethyl-biphenyl
CDCB	카르바졸릴 디시아노벤젠	carbazolyl dicyanobenzene
CGL	전하생성층	charge generation layer
CIE	공통이온효과	common ion effect
CNF	셀룰로오스 나노섬유	cellulose nanofiber
CNT	탄소나노튜브	carbon nanotube
COP	환상올레핀 폴리머	cyclic olefin polymer
CRI	연색평가지수	color rendering index
CRT	음극선관	cathod ray tube
CuPc	구리프탈로시아닌	Copper phthalocyanine
DMAc		N,Ndimethylformamide

DMSO	디메틸술폭시드	dimethyl sulfoxide
DPVBi		4,4′-bis(2,2-diphenylethen-1-yl)-diphenyl
DSA	디스티리라리렌	distyrylarylene
DWCNT	이중벽 탄소나노튜브	double-wall carbpn nanotube
EBL	전자와 여기자 차단층	electron and exciton blocking layer
EIL	전자주입층	electron injection layer
EL	전자발광	electroluminescent
EML	발광층	emission layer
EOD	전자만 흐르는 디바이스	electron only device
EQE	외부양자효율	external quantum efficiency
ETL	전자전송층	electron transport layer
F4-TCNQ		tetrafluorotetracyano-quinodimethane
FIr6		iridium(III)bis(4′,6′-difluorophenylpyridinato)tetrakis (1-pyrazolyl)borate)
Firpic		(iridium(III)bis(4,6-di-fluorophenyl)-pyridinato-N,C-2′)
FMM	미세금속마스크	fine metal mask
FPD	평판디스플레이	flat panel display
FTO	불소가 도핑된 주석산화물	fluorine doped tin oxide
FWHM	반치전폭	full width half maximum
GHG	온실가스	greenhouse gas
HAT-CN		1,4,5,8,9,11-hexaazatriphenylene-hexacarbonitrile
HBL	정공과 여기자 차단층	hole and exciton blocking layer
HIL	정공주입층	hole injection layer
HOD	정공만 흐르는 디바이스	hole only device
HOMO	최고준위 점유분자궤도	highest occupied molecular orbital
HTL	정공전송층	hole transport layer
HV	고진공	high vacuum
HY-PPV		phenyl-substitutedpoly(para-phenylene-vinylene)copolymer
IGZO	인듐-갈륨-아연 산화물	Indium Gallium Zinc oxide
IQE	내부양자효율	internal quantum efficiency
Ir(dbfmi)		mer-tris(N-dibenzofuranyl-N′-methylmethylimidazole)Iridium(III)
$Ir(ppy)_3$		tris(2-phenylpyridine)iridium
ITO	인듐-주석 산화물	Indium Tin oxide
LCD	액정디스플레이	liquid crystal display
LED	발광다이오드	light emitting diode

LEE	광선방출증강	light extraction enhancement
LEP	발광폴리머	light emitting polymer
LIPS	레이저승화식 패터닝	laser-inducedpattern-wisesublimation
Liq		8-quinolinolato Lithium
LITI	레이저열전사	laser induced thermal imaging
LTHC	광열변환	light-to-heatconversion
LTPS	저온폴리실리콘	low temperature poly silicon
LUMO	최저준위 비점유분자궤도	lowest unoccupied molecular orbital
MEH-PPV		poly(2-methoxy,5-(2′-ethyl-hexoxy)-1,4-phenylene-vinylene)
MLA	마이크로렌즈어레이	microlensarray
MLCT	금속-리간드 전하전송	metal to ligand charge transfer
m-MTDATA		4,4′,4″-tris{N,(3-methylphenyl)-N-phenylamino}-triphenylamine
ODF	액정적하주입	one drop fill
OEL	유기전자발광	organic electroluminescent
OLED	유기발광다이오드	organic light emitting diode
OTFT	유기소재 박막 트랜지스터	organic thin film transistor
PANI	폴리아닐린	polyaniline
PBD		2-(4-biphenyl)-5-(4-tert-butylphenyl)-1,3,4-oxadiazole
PC	광자결정	photonic crystal
PDL	픽셀구획층	pixel defined layer
PDP	플라스마디스플레이패널	plasma display panel
PE-CVD	플라스마증강화학기상 증착	plasma enhanced chemical vapor deposition
PEN	폴리에틸렌 나프탈레이트	Polyethylene Naphthalate
PET	폴리에틸렌 텔레프탈레이트	polyethylene terephthalate
PFBT	펜타플루오로벤젠에티올	pentafluorobenzenethiol
PFO		poly(9,9-dioctylfluorene)
PI	폴리이미드	polyimide
PLQE	발광양자효율	photoluminescence quantum efficiency
PM-OLED	수동화소 OLED	passive matrix OLED
PPV		poly(p-phenylenevinylene)
PrOEF		2,3,7,8,12,13,17,18-octaethyl-21H,23H-porphyrinplatinum(II)

PtOEP		2,3,7,8,12,13,17,18-octaethyl-21H,23H-porphineplatinum
PtOX		platinum(II)-2,8,12,17-tetraethyl-3,7,13,18-tetramethylporphyrin
PVK	폴리(비닐 카르바졸)	poly(vinylcarbazole)
QD	퀀텀도트	quantum dot
QHD	4배 화질	quad high definition
QLED	퀀텀도트 발광다이오드	quantum dot light emitting diode
RISC	역항 간 교차	reverse intersystem crossing
SAM	자기조립단분자막	self-assembledmonolayers
SOG	스핀온 유리	spin on glass
SPM	표면플라즈몬 모드	surface plasmon mode
SThM	주사열현미경	scanning thermal microscopy
SVGA	슈퍼 비디오 그래픽스 어레이	super graphics video array
SWCNT	단일벽 탄소나노튜브	single-wallcarbonnanotubes
SWP-CVD	표면파 플라스마-CVD	surface-waveplasmaCVD
TADF	열활성지연형광	thermally activated delayed fluorescent
TAZ		1,2,4-triazolederivative
TDAPB		methoxy-substituted1,3,5-tris[4-(diphenylamino)phenyl]benzene
TFT	박막 트랜지스터	thin film transistor
THF	테트라히드로푸란	tetrahydrofuran
TOLED	투명 OLED	transparent OLED
TOP	트리옥틸 포스핀	trioctylphosphine
TOPO	트리옥틸포스핀 산화물	trioctylphosphine oxide
TPD		N,N′-diphenyl-NN′-bis(3-methylphemethylphenyl) -[1,1′-biphenyl]-4,4′-diamine
TTF	삼중항-삼중항 융합	triplet-tripletfusion
UDC	유니버설 디스플레이社	Universal Display Corporation
UHD	초고화질	ultra high definition
UHV	초고진공	ultra-highvacuum
VASR	가변각도 타원분광	variable angle spectroscopic ellipsometry
WGM	도파로 모드	waveguide mode
WVTR	수증기 투과율	water vapor transmission rate
α-NPD		4,4′-bis[N-(1-naphthyl)-N-phenyl-amino]biphenyl

C·O·N·T·E·N·T·S

저자 서문 / v

역자 서문 / vi

약자 리스트 / viii

CHAPTER 01 OLED의 역사

CHAPTER 02 OLED의 기초

2.1 OLED의 원리 19

2.2 OLED의 기본구조 21

2.3 OLED의 특징 22

CHAPTER 03 발광 메커니즘

3.1 형광 OLED 27

3.2 인광 OLED 29

3.3 열활성 지연형광 OLED 31

3.4 에너지선도 33

3.5 발광효율 34

CHAPTER 04 OLED의 소재

4.1 OLED 소재의 유형 39

4.2 양극소재 41

4.3 증착형 유기소재(소분자소재) 44

4.3.1 정공주입소재 44
4.3.2 정공전송소재 48
4.3.3 형광발광층의 발광소재와 모재 49
4.3.4 인광발광층의 발광소재와 모재 51
4.3.4.1 인광발광 도핑소재 52
4.3.4.2 청색 인광 OLED의 모재 57
4.3.5 TADF 발광층의 발광소재와 모재 60
4.3.6 전자전송소재 63
4.3.7 전자주입소재와 음극 65
4.3.8 전하 나르개와 여기자 차단소재 66
4.3.9 N형 도핑과 P형 도핑소재 69
4.4 용액소재 71
4.4.1 폴리머소재 71
4.4.1.1 형광발광 폴리머 72
4.4.1.2 정공주입소재 73
4.4.1.3 PEDOT:PSS와 중간층의 퇴화 74
4.4.1.4 인광 폴리머소재 80
4.4.2 덴드리머 83
4.4.3 소분자 92
4.5 유기소재의 분자배향 92

CHAPTER 05 OLED 디바이스

5.1 하부발광, 상부발광, 투명구조 103
5.2 정립구조와 도립구조 107
5.3 백색 OLED 111
5.4 총천연색기술 116
5.4.1 RGB-병렬배치 118
5.4.2 백색+컬러필터(CF) 118
5.4.3 청색발광과 색변환 매질(CCM) 119
5.5 미세공동구조 120

5.6 다광자 OLED 123
5.7 밀봉공정 126
5.7.1 박막 밀봉공정 132
5.7.2 건조기술 133

CHAPTER 06 OLED 제조공정

6.1 진공증착공정 141
6.1.1 마스크증착 142
6.1.2 세 가지 증착방법 142
6.1.3 초고진공 145
6.2 습식공정 146
6.3 레이저공정 154

CHAPTER 07 OLED의 성능

7.1 OLED의 특성 161
7.2 수 명 165
7.2.1 보관수명 166
7.2.2 작동수명 166
7.3 OLED 디바이스의 온도측정 169

CHAPTER 08 OLED 디스플레이

8.1 OLED 디스플레이의 특징 175
8.2 OLED 디스플레이의 유형 176
8.3 수동화소 OLED 디스플레이 178
8.4 능동화소 OLED 디스플레이 182
8.4.1 박막 트랜지스터 회로기술 182
8.4.2 박막 트랜지스터 디바이스 기술 187
8.4.2.1 저온폴리실리콘 188
8.4.2.2 산화물 박막 트랜지스터와 IGZO 189

8.4.2.3 비정질 실리콘 190
8.4.3 아몰레드 디스플레이 시제품과 상용화 191

CHAPTER 09 OLED 조명

9.1 OLED 조명의 외형 201
9.2 OLED 조명의 특징 202
9.3 OLED 조명의 기본기술 206
9.4 광선방출 증강기술 208
9.5 OLED 조명의 성능 215
9.6 색상 조절이 가능한 OLED 조명 216
9.7 OLED 조명의 활용-시제품과 상용화 217

CHAPTER 10 유연 OLED

10.1 유연 OLED에 대한 초기연구 227
10.2 유연기판 228
10.2.1 초박형 유리 230
10.2.2 스테인리스 박판 233
10.2.3 플라스틱 박막 234
10.3 유연 OLED 디스플레이 237
10.3.1 초박막 유리 위에 부착한 유연 OLED 디스플레이 239
10.3.2 스테인리스 박판에 부착한 유연 OLED 디스플레이 240
10.3.3 플라스틱 박막에 부착한 유연 OLED 디스플레이 241
10.4 유연 OLED 조명 245
10.4.1 초박막 유리 위에 부착한 유연 OLED 조명 245
10.4.2 스테인리스 박판에 부착한 유연 OLED 조명 248
10.4.3 플라스틱 박막에 부착한 유연 OLED 조명 249
10.5 유연 디바이스로의 전환 250

CHAPTER 11 차세대 기술

11.1 ITO를 사용하지 않는 투명전극 257
11.1.1 도전성 폴리머 258
11.1.2 은 적층 262
11.1.3 은 나노와이어 264
11.1.4 탄소나노튜브 266
11.2 유기박막 트랜지스터 267
11.3 습식가공 박막 트랜지스터 268
11.4 새로운 습식공정 또는 프린트방식으로 제작된 OLED 271
11.5 롤투롤 장비기술 274
11.6 퀀텀도트 275

컬러 도판 / 282
찾아보기 / 289
저자·역자 소개 / 296

CHAPTER 01

OLED의 역사

CHAPTER 01

OLED의 역사

요 약 **유기발광 다이오드**(이후에는 **OLED**로 부른다)에 대한 활발한 연구개발은 이스트먼 코닥社의 탱과 반슬라이크가 양극과 음극 사이에 두 개의 얇은 유기물층을 갖춘 OLED 디바이스를 사용하여 밝은 휘도를 구현한 1987년부터 시작되었다. OLED는 디스플레이나 조명과 같은 실용 분야에서 큰 가능성을 가지고 있었기 때문에 이들의 논문이 발표된 이후에 OLED는 과학이나 공학적 관점에서 큰 관심을 받게 되었다. 이 장에서는 OLED의 역사에 대해서 살펴보기로 한다.

키워드 역사, 탱, 코닥, 프랜드, 포레스트, 키도, 아다치

1953년 베르나노스 등이 아크라딘 오렌지[1]가 흡착된 셀로판 필름을 사용하여 처음으로 유기소재의 발광현상을 발견하였다.[1] 이로부터 10년 후에 포프 등은 안트라센 유기물에 고준위 전기장을 가하면 나르개 주입에 의해서 발광현상이 나타난다고 보고하였다.[2] 또한 청색 대역을 포함하는 가시광선 스펙트럼에 대해서 다수의 유기소재들이 높은 형광 양자효율을 가지고 있다는 것이 밝혀지면서, 유기소재들이 실용적인 발광장치의 후보로 인정받게 되었다. 그런데 초기 연구 결과에 따르면 매우 높은 전기장(예를 들어, 일부 소재는 100[V]가 필요), 매우 낮은 휘도, 매우 낮은 효율 등의 문제로 인하여 OLED가 큰 잠재력을 가지고 있다고 생각하지 않았다. 그러므로 OLED 관련 연구는 과학이나 이론적인 분야에 국한되었으며, 실용적인 분야에서는 큰 동기가 부여되지 않았다.

가장 큰 전환은 1987년 이스트먼 코닥社의 탱과 반슬라이크에 의해서 이루어졌다. 이들은 **그림 1.1**에 도시되어 있는 것처럼 양극과 음극 사이에 겹쳐진 얇은 두 개의 유기물층들을 갖춘 OLED 디바이스에서 밝은 빛을 발광한다고 발표하였다.[3] 이들을 매우 얇은 두께(150[nm] 미만)의 **유기물층**과 **이중층 구조**라는 두 가지 혁신적인 기술을 채택하였다. 이들에 따르면 2.5[V]의 낮은 전압에서도 발광현상이 관찰되었으며, 10[V] 미만의 직류전압하에서 (1,000[cd/m^2]의)

1 역자 주) acridine orange: 형광 염기성 색소.

높은 휘도가 얻어졌다. 비록 구현된 외부양자효율(EQE)은 여전히 1%에 불과하였으며 전력효율도 여전히 1.5[lm/W]에 불과하였지만, 발표된 결과만으로도 과학자들과 연구자들의 엄청난 관심을 끌기에 충분하였다. 진정으로, 이들의 연구는 학계뿐만 아니라 산업계에 OLED 시대를 열어주는 계기가 되었다.

OLED의 역사는 **표 1.1**에 요약되어 있다.

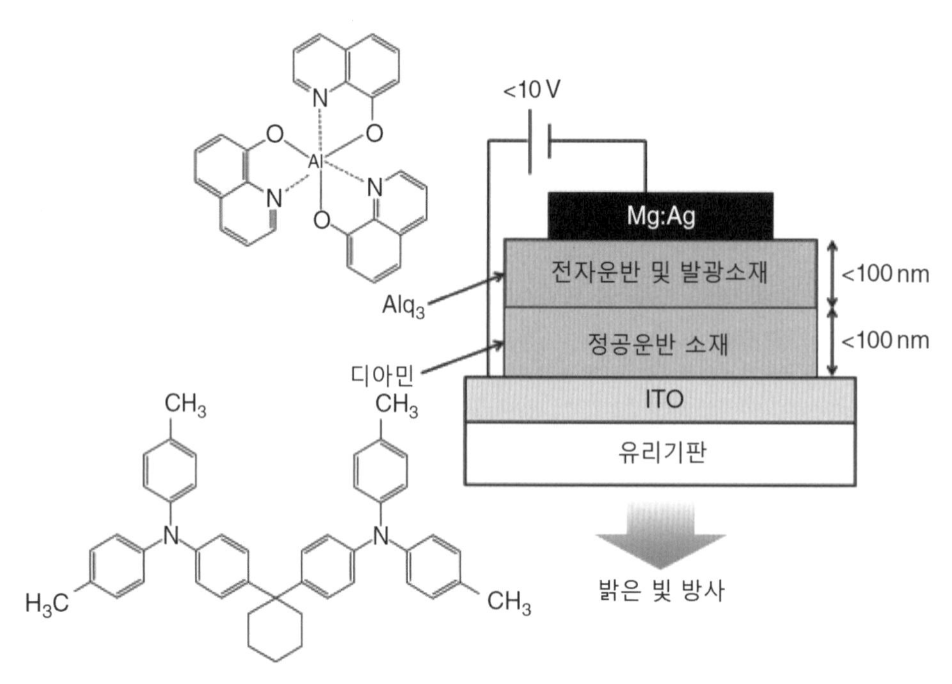

그림 1.1 탱 등이 발표한 OLED 디바이스의 구조와 소재[3]

표 1.1 OLED의 역사

1987	밝은 빛을 발광하는 2층형 OLED 발명 (이스트먼 코닥社/탱과 반슬라이크)[3](**그림 1.1**)
1990	폴리머 OLED 발명 (카벤디시 연구실/프랜드 그룹의 버러우스 등)[4]
1994	백색 OLED에 대한 최초의 논문 (야마가타 대학교/키도 등)[5]
1997	세계 최초의 상업용 OLED(파이오니어社)[6](**그림 1.2**) (하부발광구조와 진공증착된 소분자 형광소재를 사용한 수동화소 단색 OLED)
1998	인광 OLED 발명 (프린스턴대학교/톰슨과 포레스트 그룹의 발도 등)[7]
1999	잉크제트 프린트 방식으로 제조된 총천연색 폴리머 아몰레드 시제품 출시 (세이코-앱손社)

표 1.1 OLED의 역사(계속)

2001	13인치 총천연색 아몰레드 디스플레이 시제품 출시(소니社)[9](**그림 1.4**)
2002	다광자 OLED 발명(야마가타 대학교/키도 등)[10] 잉크제트 프린트 방식으로 제조된 17인치 총천연색 폴리머 아몰레드 디스플레이 시제품 출시(도시바社)[11]
2003	세계 최초 상용 폴리머 OLED 디스플레이 출시(필립스社)[12] 세계 최초 상용 능동화소 OLED 디스플레이 출시(SK 디스플레이社)[13]
2006	잉크제트 프린트 방식으로 제조된 세계 최고 분해능(202[ppi])을 갖춘 3.6인치 총천연색 폴리머 아몰레드 디스플레이 시제품 출시(샤프社)[14]
2007	세계 최초로 핸드폰 디스플레이에 아몰레드 디스플레이 적용(삼성社)[15] 세계 최초로 상용 아몰레드 TV 출시(소니社)(**그림 1.5**)
2009	열활성 지연형광(TADF) 발명 (큐슈 대학교/아다치 그룹의 엔도 등)[17]
2010	수동화소 OLED 디스플레이를 사용하여 틸팅 시스템을 갖춘 세계 최대의 OLED 디스플레이 제작[18] (**그림 1.3**)
2011	세계 최초로 상용 OLED 조명 출시(루미텍社)[19]
2012	13인치 유연 OLED 디스플레이 시제품 출시(세미컨덕터 에너지 랩社와 샤프社)[20] 55인치 OLED TV 시제품 출시(삼성社) 55인치 OLED TV 시제품 출시(LG 디스플레이社)
2013	56인치 OLED TV 시제품 출시(소니社)(**그림 1.6**) 56인치 OLED TV 시제품 출시(파나소닉社) 초박형 유리기판을 사용하여 세계 최초로 상용 유연 OLED 조명 출시(LG 케미컬社)[21] 세계 최초로 상용 유연 OLED 디스플레이 출시(삼성社)[22] 세계 최초로 상용 유연 OLED 디스플레이 출시(LG 디스플레이社)[23] 상용 55인치 OLED TV 출시(LG 디스플레이社)[24]
2014	4K 포맷을 사용한 77인치 OLED TV 시제품 출시(LG 디스플레이社)[24] 8K 포맷을 사용한 13.3인치 아몰레드 디스플레이 시제품 출시(세미컨덕터 에너지 랩社와 샤프社)[25](**그림 1.7**)
2014	잉크제트 프린트 방식으로 제조한 65인치 총천연색 아몰레드 디스플레이 시제품 출시(AU 옵틱스社)[26] 플라스틱 박막과 롤투롤(R2R) 생산 시스템을 사용한 상용 유연 OLED 조명 출시(코니카 미놀타社)[27]
2015	초고화질(UHD) 포맷(1,058[ppi])을 사용한 2.8인치 아몰레드 디스플레이 시제품 출시(세미컨덕터 에너지 랩社)[28](**그림 8.15**) 8K 포맷을 사용한 13.3인치 폴더블 아몰레드 디스플레이 시제품 출시(세미컨덕터 에너지 랩社)[29] (**그림 1.10**) 18인치 유연 아몰레드 디스플레이 시제품 출시(LG 디스플레이社)[30](**그림 10.14**) 8K 포맷을 사용한 81인치 가와라형 다중 아몰레드 디스플레이 시제품 출시(세미컨덕터 에너지 랩社)[31](**그림 10.13**)

탱과 반슬라이크가 사용한 디바이스는 **하부발광** 구조와 유리기판 위에 증착된 소분자 단색 형광 유기소재로 이루어지지만, OLED 기술의 혁신을 위해서 다양한 새로운 기법들에 대한 연구개발이 수행되었다.

학계에서는 OLED의 성능을 현격하게 변화시켜주는 다양한 혁신적 기술들이 발견 및 발명되었다. 여기에는 폴리머 OLED,[4] 백색 OLED,[5] 인광 OLED,[7] 다광자 OLED,[10] 열활성 지연형광(TADF) OLED[17] 등이 포함된다.

1990년에 프랜드가 운영하는 카벤디시 연구실(영국 케임브리지 대학)의 버러우스 등은 발광 폴리머를 갖춘 OLED 디바이스를 발표하였다.[4] 이 발명으로 인하여 습식공정을 사용하는 OLED 기술의 큰 가능성을 보여주었다.

백색발광 OLED에 대한 최초의 과학논문은 야마가타 대학의 키도 등에 의해서 1994년에 발표되었다.[5] 이 연구로 인하여 조명용 OLED에 대한 적극적인 개발이 시작되었다. 이 연구는 또한 백색 OLED와 컬러필터를 조합한 총천연색 OLED 디스플레이의 개발을 촉발하였다.

1998년에 프린스턴 대학교 톰슨과 포레스트 그룹의 발도 등은 이론적으로는 100%의 내부양자효율을 구현할 수 있는 인광 OLED를 발표하였다.[7] 이 인광 OLED의 출현은 OLED의 효율을 현격하게 개선시켜주었다.

2002년에 야마가타 대학교의 키도 등은 고휘도 장수명을 실현할 수 있는 다광자 기술을 발표하였다.[10]

2011년에 큐슈 대학교 아다치 그룹의 엔도 등은 고효율을 구현하기 위한 인광 OLED의 대안기술로서 열활성 지연형광(TADF)을 발표하였다.[17]

이런 발명 및 발견들과 병행하여, 성능 향상, 발광메커니즘 해석과 퇴화 등의 주제에 대한 기술 개발에 많은 노력이 투입되었다. 또한 실용적인 디바이스 개발과 상용화에도 많은 노력이 투입되었다.

1997년에, 파이오니어社는 세계 최초로 상업용 수동화소방식 녹색 OLED 디스플레이를 출시하였다(**그림 1.2**).[6] 이 디스플레이는 소분자 형광 유기소재 진공증착 기술을 사용하여 하부발광형 단색 디바이스 구조를 구현하였다. 이 디스플레이는 차량용 오디오에 사용되었다.

세계 최초의 폴리머 OLED는 필립스社에 의해서 2003년에 상용화되었다.[12] 이 디스플레이는 수동화소 황색으로서, 전기면도기에 사용되었다.

현재에는 **수동화소 OLED** 디스플레이가 소형 및 중간 크기의 정보표시장치로서 다양한 분야에서 널리 사용되고 있다. 게다가 수동화소 OLED 디스플레이의 틸팅 기술 덕분에 초대형(예를 들어, 155인치) 디스플레이와 **그림 1.3**에 도시되어 있는 지구본 형태의 입체 디스플레이를 만들 수 있게 되었다.[18]

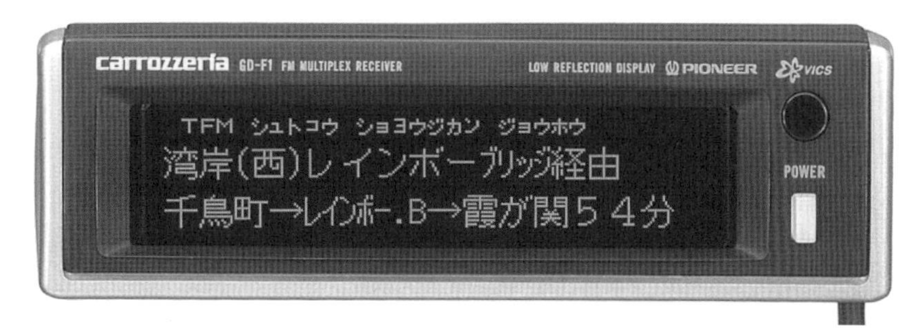

그림 1.2 파이오니어社에서 1997년에 출시한 세계 최초의 상용 OLED 제품(차량 오디오용 수동화소 OLED 디스플레이)
디스플레이 크기: 94.7×21.1[mm]　　픽셀 수: 16,384도트(64×256)
색상: 녹색(단색)　　작동방식: 수동화소

그림 1.3 세계 최초의 입체형 지구본 디스플레이인 지오-코스모스[18](일본과학미래관)

총천연색을 구현하는 **능동화소 OLED**(**AMOLED**, 이후에는 **아몰레드**라 부른다) 디스플레이에 대한 개발도 활발하게 이루어졌다. 2001년에 소니社는 800×600 픽셀(**슈퍼 비디오 그래픽스 어레이**: 이후 **SVGA**라 부른다)을 갖춘 13인치 능동화소 총천연색 OLED 디스플레이를 출시하였으며, 이는 디스플레이 업계에 큰 충격으로 작용하였다(**그림 1.4**).[9] 이 OLED 디스플레이에서는 휘도를 높이고 뛰어난 색상순도를 구현하기 위해서 미세공동 설계를 적용한 상부발광구조, 새로운 전류구동방식 저온폴리실리콘-박막 트랜지스터(LTPS-TFT) 회로와 스크린 전체 영역에서 균일한 휘도를 구현하기 위한 4개의 박막 트랜지스터, 박형 구조를 구현하기 위한 입체밀봉공정 등과 같은 다양한 신기술들이 적용되었다. 게다가 이 디스플레이는 그 당시에 가장 큰 OLED 디스플레이였으며, R(0.66, 0.34), G(0.26, 0.65), B(0.16, 0.06)의 미려한 색상과 높은 휘도(300[cd/m^2] 이상)의 화질과 높은 대비, 그리고 넓은 시야각도 등을 갖추고 있어서 OLED 디스플레이 분야에 종사하는 과학자와 연구자들에게 깊은 인상을 주었다.

그림 1.4 2001년 소니社에서 개발한 능동화소형 13인치 총천연색 OLED 디스플레이
디스플레이 크기: 13인치(264×198[mm])
픽셀 수: 800×600(SVGA)
색상: 총천연색, R(0.66,0.34), G(0.26,0.65), B(0.16,0.006)
휘도: 300[cd/m^2] 이상
작동방식: 능동화소 저온폴리실리콘(LTPS)

2003년에는 SK 디스플레이社(이스트먼 코닥社와 산요전기社의 합작회사)에 의해서 세계 최초로 상용 능동화소 OLED 디스플레이가 출시되었다.[13] 이 디스플레이는 코닥 디지털 카메라에 사용되었다.

소니社는 2007년에 세계 최초로 상용 OLED TV를 출시하였다(**그림 1.5**).[16] 이 디스플레이는 대각선 길이가 11인치였다. 2007년에는 삼성社가 총천연색 아몰레드 디스플레이를 핸드폰의 주 디스플레이 장치로 적용하였다.[15]

그림 1.5 2007년 소니社에서 출시한 세계 최초의 상용 OLED TV
디스플레이 크기: 11인치(251×141[mm]) 픽셀 수: 960×540(QHD)
색상: 총천연색 대비: 1,000,000:1 이상
작동방식: 능동화소 저온폴리실리콘(LTPS)

2012년과 2013년에는 삼성社, LG디스플레이社, 소니社(**그림 1.6**) 그리고 파나소닉社 등이 각각 55인치나 56인치의 대화면 OLED TV를 출시하였다. LG 디스플레이社는 2013년에 55인

그림 1.6 2013년 소니社에서 개발한 2K4K 포맷을 사용한 56인치 능동화소 총천연색 OLED 디스플레이

치 크기의 OLED TV를 출시하였으며, 2014년에는 77인치 OLED TV의 시제품을 출시하였다.[24] 게다가 세미컨덕터 에너지랩社(SEL社)는 2014년에 8K 포맷(664[ppi])을 사용한 13.3인치 아몰레드 디스플레이(**그림 1.7**)와 같은 고분해능 아몰레드 디스플레이를 개발하였으며, 2015년에는 초고화질(UHD) 포맷(1,058[ppi])의 2.8인치 아몰레드 디스플레이를 개발하였다(**그림 8.15**).[28]

그림 1.7 8K 포맷을 사용한 13.3인치 아몰레드 디스플레이 시제품
디스플레이 크기: 13.3인치(165×294[mm]) 픽셀 수: 4,320×7,680(4K8K)
분해능: 664[ppi] 색상: 총천연색
디바이스 구조: 백색 텐덤 OLED(상부발광)+컬러필터
작동방식: 능동화소 인듐-갈륨-아연 산화물 C축 정렬 결정체(CAAC-IGZO) TFT

한편으로는, 발광 폴리머를 사용하는 아몰레드 디스플레이도 개발되었다. 1999년에는 세이코 엡손社가 잉크제트 방식 아몰레드 디스플레이를 출시하였으며,[8] 2002년에 도시바社는 잉크제트 방식으로 17인치 폴리머 아몰레드 시제품을 출시하였다. 그리고 2006년에 샤프社는 잉크제트 프린트 방식으로 세계 최고의 고분해능(202[ppi]) 폴리머 아몰레드 디스플레이를 출시하였다.[14] 더욱이 2014년에 Au 옵트로닉스社는 잉크제트 프린트 방식으로 65인치 아몰레드 디스플레이 시제품을 출시하였다.[26]

조명 분야에서는 2011년 OLED 조명업계의 일본 벤처회사인 루미노텍사가 세계 최초로 OLED 조명을 출시하였다.[19] 현재에는 **그림 1.8**과 **그림 1.9**에 도시되어 있는 것처럼 다수의 회사들이 활발하게 OLED 조명의 새로운 활용 분야를 창출하고 있다.

그림 1.8 OLED 조명의 사례(루미노텍社)

그림 1.9 OLED 조명의 사례(카네카社)

최근 들어서 유연 OLED도 활발하게 개발되고 있다. 2011년에, 세미컨덕터 에너지랩社는 326[ppi]의 3.4인치 유연 OLED 디스플레이 시제품을 개발하였다.[32] 세미컨덕터 에너지랩社와 샤프社는 2012년에 81.4[ppi]의 13.5인치 유연 OLED 디스플레이 시제품을 개발하였으며, 세미컨덕터 에너지랩社는 2015년에 8K 포맷(664[ppi])을 사용한 13.3인치 유연 OLED 디스플레이 시제품을 개발하였다.[29] **그림 1.10**에서는 8K 포맷을 사용한 13.3인치 폴더블 아몰레드 디스플레이 시제품을 보여주고 있다. 세계 최초의 유연 OLED 디스플레이는 삼성社[22]와 LG 디스플레이社[23]가 상용화하였다. 2015년에 LG 디스플레이社는 18인치 유연 디스플레이 시제품[30]을 개발하였으며, 세미컨덕터 에너지랩社는 8K 포맷을 사용하여 81인치 가와라형 다중 아몰레드 디스플레이를 개발하였다(**그림 10.13**).[31]

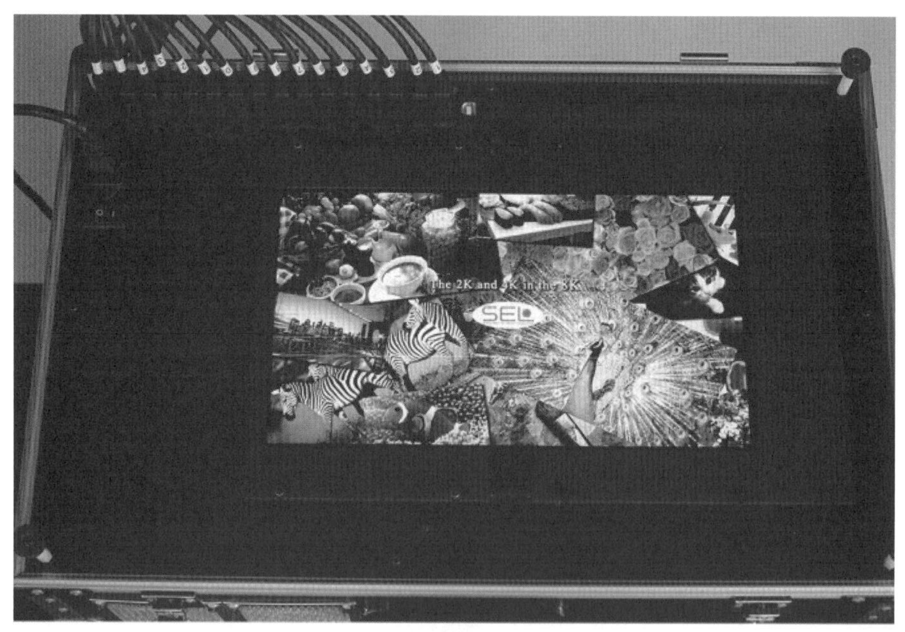

그림 1.10 8K 포맷을 사용한 13.3인치 폴더블 OLED 디스플레이 시제품(세미컨덕터 에너지랩社)
디스플레이 크기: 13.3인치(165×294[mm]) 픽셀 수: 4,320×7,680(4K8K)
분해능: 664[ppi] 색상: 총천연색
디바이스 구조: 백색 텐덤 OLED(상부발광)+컬러필터
작동방식: 능동화소 인듐-갈륨-아연 산화물 C축 정렬 결정체(CAAC-IGZO) TFT

반면에, OLED 조명의 경우에는 2013년 LG 케미컬社가 유연 초박유리판을 사용하여 세계 최초로 상용화하였다.[21] 코니카 미놀타社는 플라스틱 박막과 롤투롤(R2R) 생산시스템을 사용하여 유연 OLED 조명을 상용화하였다.[27] 유연 OLED 조명의 사례가 **그림 1.11**에 도시되어 있다.

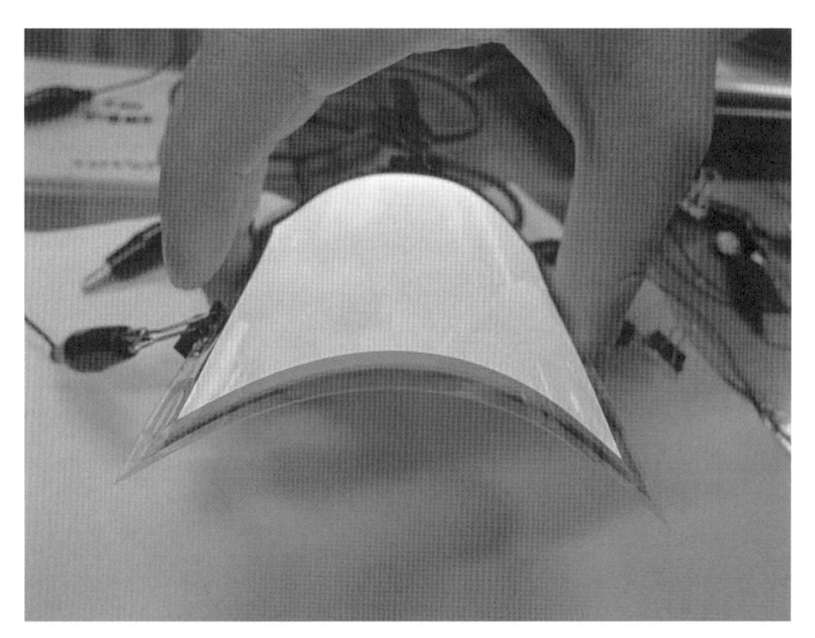

그림 1.11 플랙시블 OLED 조명패널 시제품[33](LEC조명社)
패널 크기: 92×92[mm] 발광 영역: 75×75[mm]

이상에서 살펴본 바와 같이, OLED 기술은 1987년 이래로 활발하게 개발이 진행되어왔으며, OLED 제품들은 액정디스플레이(LCD)나 발광다이오드(LED)와 경쟁하면서 지속적으로 상용화를 실현하고 있다. 현재로서는 OLED의 가격이 높기 때문에 사업성이 좋지 않지만, 지속적인 개발과 가격절감을 통해서 시장을 확대할 잠재력을 가지고 있다. 게다가 유연 OLED를 사용하면 액정디스플레이나 발광다이오드로는 구현할 수 없는 특정 상용제품을 실현할 수 있기 때문에, 유연성이 OLED의 핵심 특징이라는 점을 인식해야 한다. 평판 및 유연 OLED에 대한 현재의 활발한 연구개발이 미래 시장에 큰 잠재력을 가지고 있다.

》 참고문헌

[1] A. Bernanose, M. Comte and P. Vouaux, *J. Chem. Phys.*, 50, 64-68 (1953).

[2] M. Pope, H. P. Kallmann and P. Magnante, J. Chem. *Soc.*, **38**, 2042-2043 (1963).

[3] C. W. Tang and S. A. VanSlyke, *Appl. Phys. Lett.*, **51**, 913-915 (1987).

[4] J. H. Burroughes, D. D. Bradley, A. R. Brown, R. N. Markes, K. Mackay, R. H. Friend, P. L. Burns and A. B. Holmes, *Nature*, **347**, 539-541 (1990).

[5] J. Kido, K. Hongawa, K. Okuyama, K. Nagai, *Appl. Phys. Lett.* **64**, 815-817 (1994).

[6] T. Wakimoto, R. Murayama, K. Nagayama, Y. Okuda, H. Nakada, T. Tohma, *SID 96 Digest,* 849 (1996).

[7] M. A. Baldo, D. F. O'Brien, Y. You, A. Shoustikov, S. Sibley, M. E. Thompson, and S. R. Forrest, *Nature*, **395**, 151-154 (1998).

[8] T. Shimoda, M. Kimura, S. Miyashita, R. H. Friend, J. H. Burroughes, C. R. Towns, SID 99 Digest, 26.1 (p. 372) (1999); T. Shimoda, S. Kanbe, H. Kobayashi, S. Seki, H. Kiguchi, I. Yudasaka, M. Kimura, S. Miyashita, R. H. Friend, J. H. Burroughes, C. R. Towns, *SID 99 Digest*, 26.3 (p. 376) (1999).

[9] T. Sasaoka, M. Sekiya, A. Yumoto, J. Yamada, T. Hirano, Y. Iwase, T. Yamada, T. Ishibashi, T. Mori, M. Asano, S. Tamura, T. Urabe, *SID 01 Digest*, 24.4L (p. 384) (2001); J. Yamada, T. Hirano, Y. Iwase, T. Sasaoka, *Proc. AMLED'02*, OD-2 (p. 77) (2002); www.sony.net/SonyInfo/News/Press_Archive/200102/01-007aE/

[10] J. Kido, J. Endo, T. Nakada, K. Mori, A. Yokoi and T. Matsumoto, *Ext. Abstract of "Japan Society of Applied Physics, 49th Spring Meeting"*, 27p-YL-3 (p. 1308) (2002); T. Matsumoto, T. Nakada, J. Endo, K. Mori, N. Kawamura, A. Yokoi, J. Kido, *SID 03 Digest*, 979 (2003).

[11] M. Kobayashi, J. Hanari, M. Shibusawa, K. Sunohara, N. Ibaraki, *Proc. IDW'02*, AMD3-1 (p. 231) (2002).

[12] M. Fleuster, M. Klein, P. v. Roosmalen, A. d. Wit, H. Schwab, *SID 04 Digest*, 44.2 (p. 1276) (2004).

[13] K. Mameno, R. Nishikawa, K. Suzuki, S. Matsumoto, T. Yamaguchi, K. Yoneda, Y. Hamada, H. Kanno, Y. Nishio, H. Matsuola, Y. Saito, S. Oima, N. Mori, G. Rajeswaran, S. Mizukoshi, T. K. Hatwar, *Proc. IDW'02*, 235 (2002).

[14] T. Gohda, Y. Kobayashi, K. Okano, S. Inoue, K. Okamoto, S. Hashimoto, E. Yamamoto, H. Morita, S. Mitsui, M. Koden, *SID 06 Digest*, 58.3 (p. 1767) (2006).

[15] News release of KDDI, 20 March 2007. www.kddi.com/corporate/news_release/2007/0320/

[16] News release of Sony Corporation, 1 October 2007. www.sony.jp/CorporateCruise/Press/200710/07-1001/

[17] A. Endo, M. Ogasawara, T. Takahashi, D. Yokoyama, Y. Kato, C. Adachi, *Adv. Mater.*, 21,

4802 (2009); A. Endo, K. Sato, K. Yoshimura, T. Kai, A. Kawada, H. Miyazaki, and C. Adachi, *Appl. Phys. Let.*, 98, 083302 (2011).

[18] Z. Hara, K. Maeshima, N. Terazaki, S. Kiridoshi, T. Kurata, T. Okumura, Y. Suehiro, T. Yuki, *SID 10 Digest*, 25.3 (p. 357) (2010); S. Kiridoshi, Z. Hara, M. Moribe, T. Ochiai, T. Okumura, Mitsubishi Electric Corporation Advance Magazine, **45**, 357 (2012).

[19] News release of Lumiotec, 24 July 2011. www.lumiotec.com/pdf/110727_LumiotecNewsRelease%20JPN.pdf

[20] S. Yamazaki, J. Koyama, Y. Yamamoto, K. Okamoto, SID 2012 Digest, 15.1 (p. 183) (2012).

[21] News release of LG Chem, 3 April 2013. www.lgchem.com/global/lg-chem-company/information-center/pressrelease/news-detail-527

[22] News release of Samsung Electronics, 9 October 2013. http://global.samsungtomorrow.com/?p=28863

[23] S. Hong, C. Jeon, S. Song, J. Kim, J. Lee, D. Kim, S. Jeong, H. Nam, J. Lee, W. Yang, S. Park, Y. Tak, J. Ryu, C. Kim, B. Ahn, S. Yeo, *SID 2014 Digest*, 25.4 (p. 334) (2014).

[24] C.-W. Han, J.-S. Park, Y.-H. Shin, M.-J. Lim, B.-C. Kim, Y.-H. Tak, B.-C. Ahn, *SID 2014 Digest*, 53.2 (p. 770) (2014).

[25] S. Yamazaki, *SID 2014 Digest*, 3.3 (p. 9) (2014);S. Kawashima, S. Inoue, M. Shiokawa, A. Suzuki, S. Eguchi, Y. Hirakata, J. Koyama, S. Yamazaki, T. Sato, T. Shigenobu, Y. Ohta, S. Mitsui, N. Ueda, T. Matsuo, *SID 2014 Digest*, 44.1 (p. 627) (2014).

[26] P.-Y. Chen, C.-L. Chen, C.-C. Chen, L. Tsai, H.-C. Ting, L.-F. Lin, C.-C. Chen, C.-Y. Chen, L.-H. Chang, T.-H. Shih, Y.-H. Chen, J.-C. Huang, M.-Y. Lai, C.-M. Hsu, Y. Lin, *SID 2014 Digest*, 30.1 (p. 396) (2014).

[27] T. Tsujimura, J. Fukawa, K. Endoh, Y. Suzuki, K. Hirabayashi, T. Mori, *SID 2014 Digest*, 10.1 (p. 104) (2014).

[28] K. Yokoyama, S. Hirasa, N. Miyairi, Y. Jimbo, K. Toyotaka, M. Kaneyasu, H. Miyake, Y. Hirakata, S. Yamazaki, M. Nakada, T. Sato, N. Goto, *SID 2015 Digest*, 70.4 (p. 1039) (2015).

[29] K. Takahashi, T. Sato, R. Yamamoto, H. Shishido, T. Isa, S. Eguchi, H. Miyake, Y. Hirakata, S. Yamazaki, R. Sato, H. Matsumoto, N. Yazaki, *SID 2015 Digest*, 18.4 (p. 250) (2015).

[30] J. Yoon, H. Kwon, M. Lee, Y.-y.l Yu, N. Cheong, S. Min, J. Choi, H. Im, K. Lee, J. Jo, H. Kim, H. Choi,Y. Lee, C. Yoo, S. Kuk, M. Cho, S. Kwon, W. Park, S. Yoon, I. Kang, S. Yeo, *SID 2015 Digest*, 65.1 (p. 962) (2015).

[31] D. Nakamura, H. Ikeda, N. Sugisawa, Y. Yanagisawa, S. Eguchi, S. Kawashima, M. Shiokawa, H. Miyake, Y. Hirakata, S. Yamazaki, S. Idojiri, A. Ishii, M. Yokoyama, *SID 2015 Digest*, 70.2 (p. 1031) (2015).

[32] K. Hatano, A. Chida, T. Okano, N. Sugisawa, T. Nagata, T. Inoue, S. Seo, K. Suzuki, M. Aizawa, S. Yoshitomi, M. Hayakawa, H, Miyake, J. Koyama, S. Yamazaki, Y. Monma, S. Obana, S. Eguchi, H. Adachi, M. Katayama, K. Okazaki, M. Sakakura, *SID 2011 Digest*, 36.4

(p. 498) (2011).

[33] M. Koden, H. Kobayashi, T. Moriya, N. Kawamura, T. Furukawa, H. Nakada, *Proc. IDW'14*, FMC6/FLX6-1 (p. 1454) (2014).

CHAPTER 02

OLED의 기초

OLED의 기초

요 약 이 장에서는 OLED의 기초이론, 디바이스의 기본구조와 특징 등, OLED에 대한 기본적인 사항들에 대해서 살펴본다.
OLED는 나르개 주입형 전자발광 디바이스로서, 무기물 발광다이오드와 발광 메커니즘이 유사하다. OLED의 기본적인 디바이스 구조는 매우 단순하며, 양극, 유기물층 그리고 음극으로 구성된다. OLED는 낮은 구동전압, 높은 효율, 넓은 색상범위, 빠른 응답속도 등 다양한 매력적인 특징들을 갖추고 있다.

키워드 원리, 디바이스, 구조, 특징

2.1 OLED의 원리

OLED 디바이스는 **그림 2.1**에 도시되어 있는 것처럼, 양극과 음극의 두 전극 사이에 유기물층들이 삽입되어 있다. 유기물층들은 일반적으로 다중층으로 구성되며, 각 층들은 각자 본연의 역할을 수행한다. OLED 디바이스에 전압이 공급되면, 전극에서 유기물층 속으로 전하 나르개들이 주입된다. 양극에서는 **정공**(양전하)이 주입되며 음극에서는 **전자**(음전하)가 주입

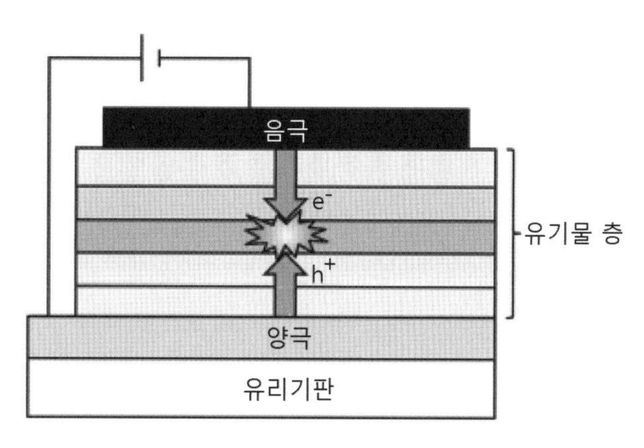

그림 2.1 전형적인 OLED의 구조와 발광 메커니즘의 개략도

된다. 정공과 전자들은 발광위치에 도달하게 되면 재결합을 이룬다. 발광영역에서 유기물소재들은 정공과 전자의 **재결합**에 의해서 여기[1]된다. 그런 다음, **여기상태**에서 **기저상태**로 되돌아가면서 **발광현상**이 일어난다.

이런 메커니즘을 **그림 2.2**에 도시되어 있는 에너지선도를 사용하여 설명할 수 있다.

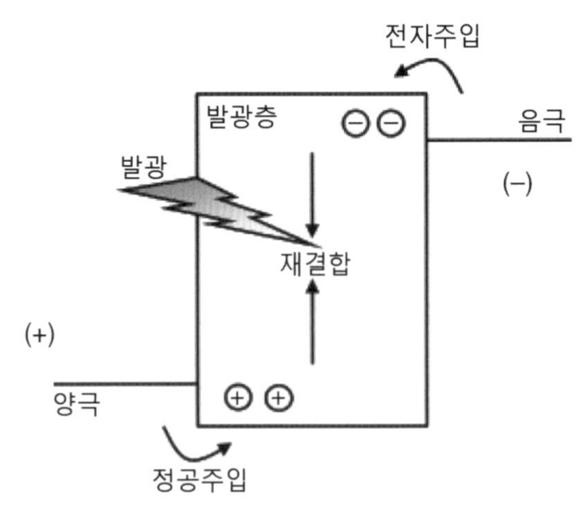

그림 2.2 에너지선도를 이용한 OLED 발광 메커니즘 설명

그림 2.3에 도시되어 있는 것처럼 에너지 레벨이 서로 다른 두 상태(Em과 En) 사이에서 발생하는 에너지 흡수와 에너지 방출을 통해서 발광현상을 간단하게 설명할 수 있다. 발광현상은 다음의 방정식으로 나타낼 수 있다. 여기서 h는 플랭크 상수이며, ν는 발광주파수이다.

$$h\nu = |Em - En| = \Delta E$$

이 방정식에 따르면, OLED의 발광 주파수는 여기상태와 기저상태 사이의 에너지 간격에 의존한다. 다시 말해서, 여기상태와 기저상태 사이의 에너지 간격을 사용하여 발광색상을 조절할 수 있다.

1 excite.

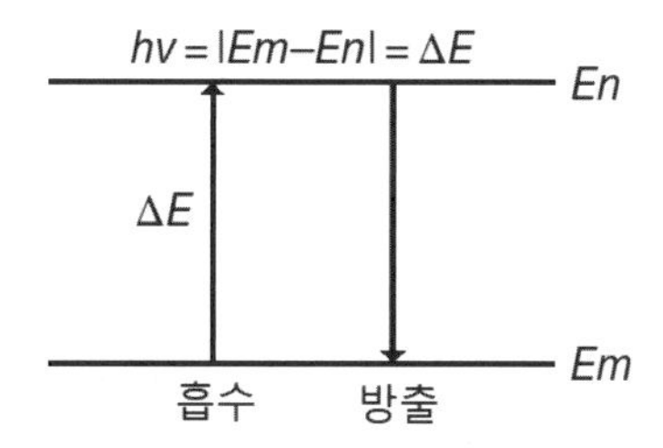

그림 2.3 여기상태 발광을 설명하는 개략도

앞서 설명한 것처럼, OLED는 유기소재를 사용하는 나르개 주입형 전자발광 디바이스이다. 따라서 OLED를 **유기전자발광소자**(OEL)라고도 부른다. 그런데 OLED의 발광 메커니즘은 일반적으로 **전자발광**(EL)이라고 부르는 **무기전자발광소자**와는 근본적인 차이를 가지고 있다. 반면에, OLED의 발광 메커니즘은 일반적으로 **발광다이오드**(LED)라고 부르는 소자와 유사한 특징을 가지고 있다. 이런 관점에서, **유기발광다이오드**(OLED)라는 명칭이 적합하다는 것을 알 수 있다.

OLED의 발광 메커니즘에는 **형광 OLED**, **인광 OLED** 그리고 **열활성 지연형광(TADF) OLED**와 같은 세 가지 유형이 존재한다. 3장에서는 이들 세 가지 발광 메커니즘들에 대해서 자세히 살펴보기로 한다.

2.2 OLED의 기본구조

OLED는 **음극선관**(CRT: 일명 브라운 튜브), **플라스마 디스플레이 패널**(PDP) 그리고 **액정디스플레이**(LCD)와는 다른 새로운 디스플레이 장치이다. 비록 다양한 형태의 OLED 디바이스 구조를 구현할 수 있지만, 전형적인 OLED의 디바이스 구조는 **그림 2.4**와 같이 나타낼 수 있다. 그림에 따르면, 양극과 음극 사이에 유기물층들이 끼워져 있다. 정공과 전자들이 각각 양극과 음극에서 주입된다. 앞서 설명했듯이, 정공과 전자의 재결합에 의해서 유기소재가 여기되며, 여기상태에서 기저상태로 되돌아가면서 발광현상이 일어난다.

고효율, 장수명 그리고 필요한 색상구현 등과 같은 현실적으로 가치 있는 성능을 구현하기 위해서, 일반적으로 서로 다른 기능을 가지고 있는 다수의 층들을 적층하여 사용한다. 이런 다중층 구조 내에서, 각 층들은 전하주입, 전하전송, 발광 및 전하차폐 등과 같은 역할을 수행한다. 그러므로 이런 층들을 **그림 2.4**에서와 같이, **정공주입층**(HIL), **정공전송층**(HTL), **발광층**

(EML), **전자전송층**(ETL) 그리고 **전자주입층**(EIL)이라고 부른다.

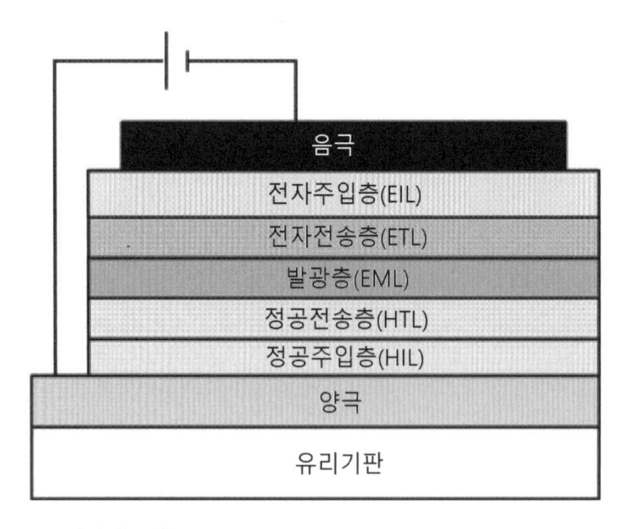

그림 2.4 전형적인 OLED 디바이스의 구조

양극은 정공주입을 위해서 뛰어난 **일함수**[2]를 필요로 하며, 현재로는 **인듐-주석 산화물**(ITO)이 양극소재로 일반적으로 사용되고 있다. 인듐-주석 산화물의 일함수는 약 4.7[eV]인 반면에, 인듐-주석 산화물 위에 적층되어 있는 일반적인 유기물층의 최고준위 점유분자궤도(HOMO) 레벨은 약 5.5[eV]이기 때문에, 유기소재 속으로 정공을 주입하기에는 충분히 높지 않다. 인듐-주석 산화물 표면에서 안정적인 일함수(약 5.3[eV])를 구현하기 위해서, 인듐-주석 표면처리가 일반적으로 사용된다.

전자주입을 위해서는 일함수가 작은 음극이 필요하다. LiF/Al, MgAg/Al 또는 Ba/Al과 같은 소재들로 만들어진 **적층음극**이 자주 사용된다.

2.3 OLED의 특징

OLED는 고체, 평면 그리고 유기소재를 사용하는 **자체발광장치**라는 등의 유일한 특성들을 다수 가지고 있기 때문에 디스플레이와 조명산업 분야에서 밝은 전망을 가지고 있다. **표 2.1**에

---

2 역자 주) work function: 1개의 전자를 금속이나 반도체 표면에서 외부로 추출하기 위해서 필요한 최소 에너지.

서는 OLED의 유일한 특징들로 인하여 디스플레이와 조명 분야에서 어떻게 매력적인 특성을 창출할 수 있는지 보여주고 있다.

표 2.1 OLED의 특징

OLED의 특징	적용 사례별 장점	
	OLED 디스플레이	OLED 조명
고체 디바이스	얇은 두께, 경량	얇은 두께, 경량
평면 디바이스	평판 디스플레이	온도 상승이 최소화된 판형 조명
자체발광	높은 명암비율과 넓은 시야각	무방향성 발광
빠른 응답시간	선명한 동영상	
다양한 발광색상	총천연색	색상 변조가 가능한 조명
백색발광 가능	컬러필터를 사용한 총천연색	백색조명
낮은 구동전압	대용량 정보 송출을 위한 TFT 구동	저전력 소모
높은 효율	저전력 소모	저전력 소모

OLED는 고체이며 평면 디바이스 구조를 가지고 있기 때문에, 디스플레이 용도에서 OLED는 매우 얇고 경량인 평판형 디스플레이를 구현할 수 있다. 자체발광성질로 인하여 OLED 디스플레이는 높은 명암비율과 넓은 시야각도를 구현할 수 있으며, 이는 디스플레이에서 매우 중요한 인자들이다. 게다가 OLED의 응답시간은 마이크로초나 나노초 수준에 이를 정도로 매우 빠르다. 그러므로 OLED 디스플레이는 선명한 동영상을 구현할 수 있다. 이러한 점들은 현재 디스플레이에서 주류 기술로 사용되고 있는 액정 디스플레이에 비해서 매우 매력적인 특징이다. 액정 디스플레이는 **비발광 디스플레이**이며 분자배향의 변화를 활용하기 때문에, 명암비율, 시야각도, 응답시간 등이 분자배향의 변동과 분자운동의 속도한계에 의해서 제한된다.

OLED의 발광은 유기소재의 발광에 의해서 유발되기 때문에, 다양한 유기소재들을 사용하여 다양한 색상의 발현이 가능하다. 그러므로 총천연색 영상을 생성할 수 있다. 너욱이 백색발광 OLED도 만들어낼 수 있기 때문에, 컬러필터와 조합하여 총천연색 OLED 디스플레이를 만들어낼 수도 있다. OLED 디바이스의 구동전압은 단지 수 볼트에 불과하다. 그러므로 능동화소 유기발광 다이오드(아몰레드)의 경우에서처럼, 박막 트랜지스터(TFT)를 사용하여 OLED를 구동할 수 있다. 박막 트랜지스터를 사용할 수 있게 되면서, 대용량 정보송출이 가능하게 되었다. 따라서 풀하이비전, 4K2K 또는 그 이상의 대용량 정보를 송출하는 대형 TV와 500[ppi] 수준의 고화질 이동용 디스플레이를 구현할 수 있게 되었다. 게다가 OLED의 효율은 이미 매우 높으며, 앞으로 더 향상될 것이기 때문에, OLED 디스플레이를 저전력을 소모하는 디스플레이로 만들 수 있다.

OLED 디바이스가 가지고 있는 독특한 특징들 때문에 OLED 조명도 다양한 장점을 가지고 있다.

OLED는 고체이며 평면형 디바이스 구조를 가지고 있기 때문에, 평면형 경량조명 유닛을 구현할 수 있다. 평면형상은 열 집중을 방지할 수 있기 때문에 조명기구의 온도 상승을 줄일 수 있어서 평면조명은 온도 상승이 낮다는 장점을 가지고 있다. OLED는 또한 자체발광 특성을 가지고 있으므로 무방향성 발광을 구현할 수 있다. OLED 디바이스는 백색 발광이 가능하기 때문에 백색 OLED는 즉시 조명으로 활용할 수 있다. 게다가 다양한 컬러 발광을 활용한다면, 색상 조절이 가능한 조명을 만들 수 있다. 게다가 OLED 디바이스는 효율이 높기 때문에 전력소모가 작다.

OLED 디바이스는 유기소재를 사용하기 때문에, 오랜 기간 동안 수명과 효율이 문제가 되어왔다. 그런데 많은 노력을 투입하여 이 문제가 해결되었으며, 현재는 140[lm/W]의 효율과 40,000[hr] 이상의 수명을 구현하고 있다.

OLED의 또 다른 중요한 문제는 가격이다. 현재 OLED의 가격이 높은 이유는 유기소재 활용 비율이 낮고 생산투자비용이 높기 때문이며, 근본적으로 OLED 가격이 비쌀 이유는 없다.

게다가 OLED는 특히 유연 디바이스에 적합하다는 점이 중요하다. OLED는 얇은 고체 디바이스이기 때문에 유연기판 위에 손쉽게 제조할 수 있다. 앞으로 유연 OLED가 일반화되고 나면, OLED 시장이 매우 크게 확대될 것이다.

CHAPTER 03

발광 메커니즘

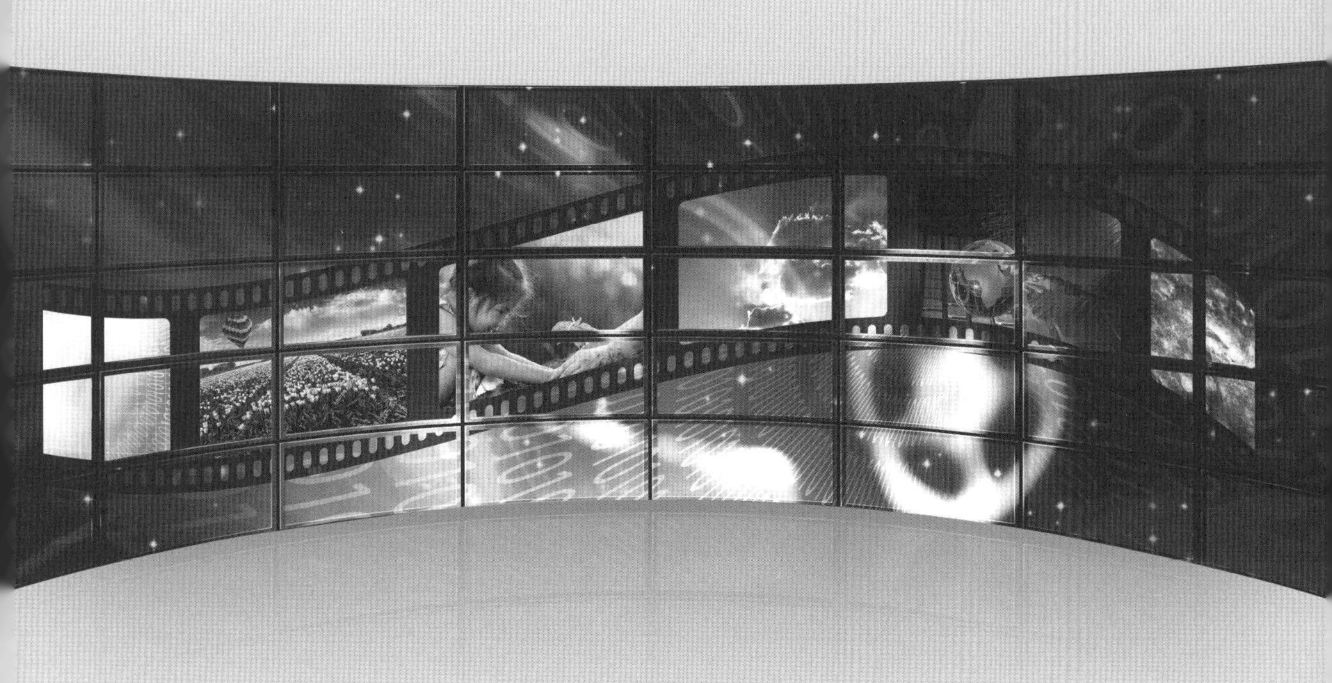

CHAPTER

03

발광 메커니즘

요 약 이 장에서는 OLED의 발광 메커니즘에 대해서 살펴본다. 발광 메커니즘은 형광 OLED, 인광 OLED 그리고 열활성 지연형광(TADF) OLED와 같이 크게 세 가지로 구분할 수 있다.

형광 OLED의 경우, 여기된 일중항상태[1]가 여기를 유발한다. 이론적 최대 내부 양자효율은 25%에 불과하다. 그런데 인광 OLED는 여기된 일중항상태와 삼중항상태[2]로부터의 발광을 활용할 수 있으므로, 이 OLED는 이론상 100%의 내부 양자효율을 구현할 수 있다. 더 최근 들어서는, 세 번째 메커니즘인 열활성 지연형광(TADF)이 발견되었으며, 여기에 사용될 소재들이 활발하게 개발되고 있다.

이 장의 마지막 절에서는 실제의 OLED 디바이스에서 매우 중요한 총발광효율에 대해서 논의한다.

키워드 **발광 메커니즘, 형광, 인광, 열활성 지연형광, 발광효율**

3.1 형광 OLED

가장 고전적인 OLED는 **형광 OLED**이다. 1987년에 탱 등[1]이 발표한 OLED 디바이스는 형광 OLED였다.

그림 3.1에 개략적으로 도시되어 있는 형광 OLED의 발광 메커니즘에서는 **기저상태**(S_0), **일중항 여기상태**(S_1) 그리고 **삼중항 여기상태**(T_1)를 보여주고 있다. 유기물층 내에서의 전하 재결합에 의해서 발광층 내의 유기분자들은 여기(또는 **들뜸**)된다. 이 여기에 의해서 일중항과 삼중항과 같은 두 가지 유형의 **여기자**[3]들이 생성된다. 기저상태(S_0), 일중항 여기상태(S_1) 그리고 삼중항 여기상태(T_1)의 스핀 조건이 **그림 3.2**에 도시되어 있다. 일중항과 삼중항의 여기 비율은 1:3이며, 통계학적 스핀상태에 의해서 결정된다. S_1으로부터의 발광은 형광이다. **형광 양자수율**(Φ_{flu})과 **형광수명**(τ_{flu})은 다음 방정식으로 나타낼 수 있다. 여기서 k_{flu}는 **복사율상**

1 역자 주) singlet state: 원자, 분자에서 전계스핀 각운동량 $S=0$이 되는 전자상태.

2 역자 주) triplet state: 원자, 분자에서 전계스핀 각운동량 $S=1$이 되는 전자상태.

3 역자 주) exciton: 반도체나 절연체 속에서 전자와 정공이 결합하여 생성된 흥분상태의 중성입자.

數, k_{nr}은 **비복사율상수** 그리고 k_{isc}는 **항간교차[4]율 상수**이다.

$$\Phi_{flu} = \frac{k_{flu}}{k_{flu} + k_{nr} + k_{isc}}$$

$$\tau_{flu} = \frac{1}{k_{flu} + k_{nr} + k_{isc}}$$

형광양자수율(Φ_{flu})은 본질적으로 **내부양자효율**(IQE)과 동일하다.

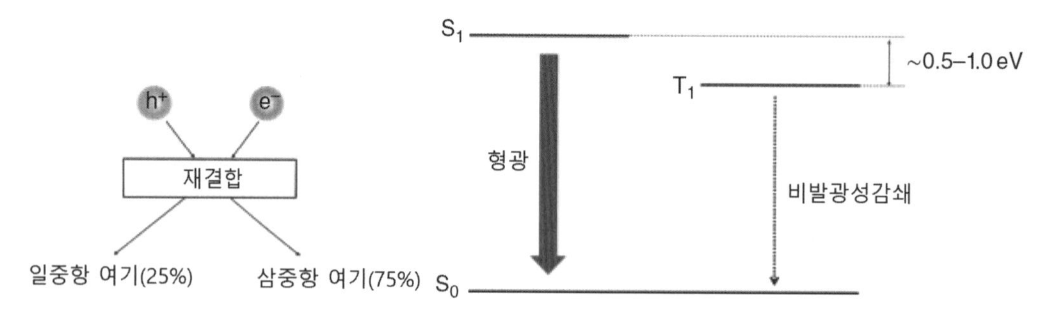

그림 3.1 형광 OLED의 발광메커니즘

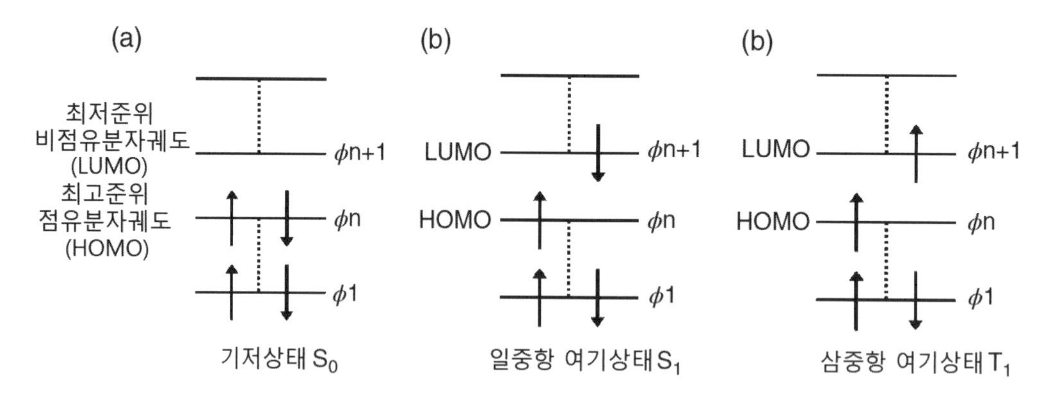

그림 3.2 기저상태(S_0), 일중항 여기상태(S_1) 그리고 삼중항 여기상태(T_1)의 스핀조건들

OLED 디바이스의 τ_{flu}값은 수 나노초(10^{-9}[sec])이다. 복사율 상수 k_{flu}는 형광양자수율

4 역자 주) intersystem crossing: 일중항 상태에서 삼중항 상태 또는 삼중항 상태에서 기저상태로 다중항이 변하는 무방사 과정.

(Φ_{flu})과 형광수명(τ_{flu})의 측정을 통해서 결정된다. 여기서 $k_{flu} = \Phi_{flu}/\tau_{flu}$이다.

형광소재의 경우, 일중항 여기만이 **열감쇄**와 같은 **비발광성 감쇄**와 경쟁하면서 빛을 낼 수 있다. 삼중항 여기는 발광 대신에 열감쇄를 유발한다.

그림 3.3에서는 형광발광소재의 몇 가지 전형적인 사례를 보여주고 있다.

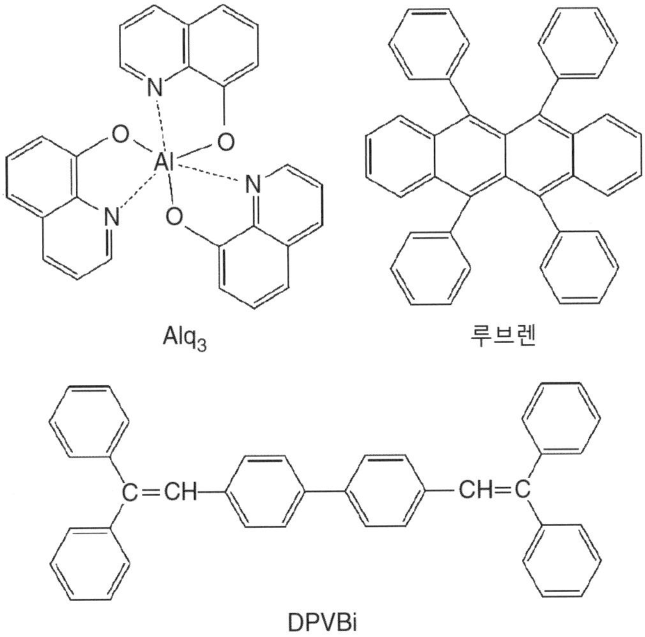

그림 3.3 형광소재의 사례들

3.2 인광 OLED

그림 3.4에 개략적으로 도시되어 있는 인광 OLED의 발광 메커니즘에서는 기저상태(S_0), 일중항 여기상태(S_1) 그리고 삼중항 여기상태(T_1)를 보여주고 있다. 형광소재의 경우에는 삼중항이 비발광성 감쇄를 나타내는 반면에, 인광소재는 일중항 상태뿐만 아니라 삼중항 상태도 빛을 발광한다. 잘 알려진 인광소재들은 **그림 3.5**에 도시되어 있는 것처럼, Ir, Pt 또는 Os와 같은 중금속을 함유한 복합체로 이루어진다.

h+
e-
재결합
일중항 여기(25%)
삼중항 여기(75%)
S1
T1
~0.5–1.0 eV
형광
인광
S0

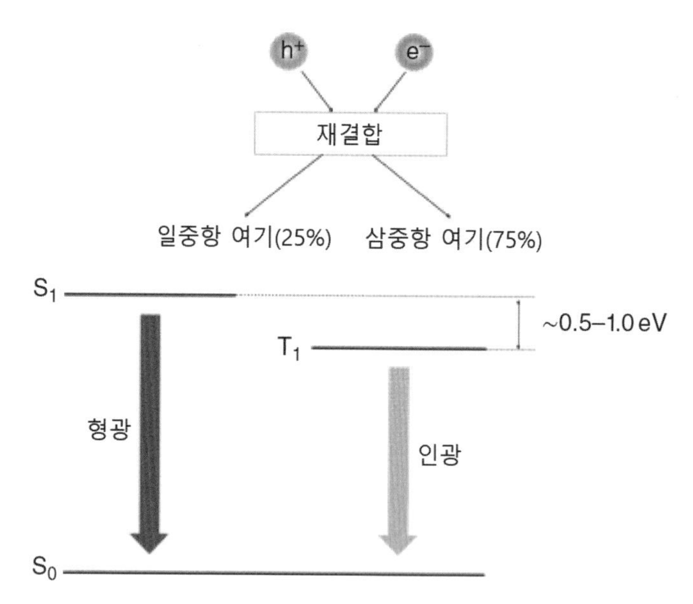

그림 3.4 인광 OLED의 발광 메커니즘

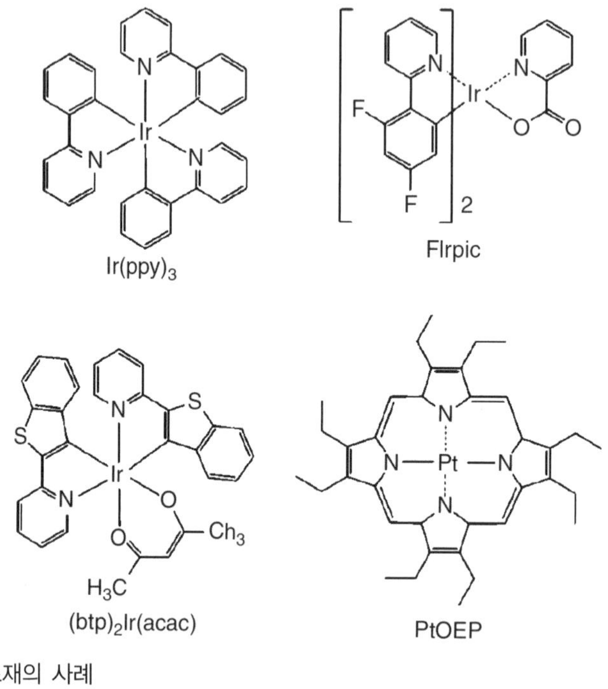

Ir(ppy)3
FIrpic
(btp)2Ir(acac)
PtOEP

그림 3.5 인광발광소재의 사례

인광소재의 삼중항 여기는 중금속에 의해서 유발되는 스핀궤도결합에 의해서 비발광성에서 발광성으로 전환된다. 그러므로 인광 OLED의 이상적인 내부양자효율은 100%이다.

인광 OLED는 1991년 츠츠이 등에 의해서 발표되었다.[2] 이들은 **케토쿠마린** 유도체로부터 인광을 발견하였지만, 매우 낮은 온도(77[K])에서 매우 약한 발광이 관찰되었을 뿐이었다. 몇 년이 지난 후에, 톰슨과 포레스트 그룹에서 2,3,7,8,12,13,17,18-옥타에틸-21H,23H-포르핀 플라티늄(II)(PtOEP)[3]과 팩-트리스(2-페닐피리딘)[5] 이리듐(Ir(ppy)$_3$)[4]을 사용하여 효율적인 인광 OLED 디바이스를 발표하였다. 게다가 거의 100%에 달하는 내부 양자효율을 실험적으로 검증하였다.[5,6]

현재까지 다수의 실용적인 인광소재들이 개발되었으며, 상용제품에 적용되었다. 적색과 녹색 인광소재들은 이미 상업적 수준에 도달하였지만 청색 인광소재는 색상순도나 수명 등에서 여전히 문제를 가지고 있다.

3.3 열활성 지연형광 OLED

또 다른 유형의 고효율소재는 **열활성 지연형광**(TADF)소재이다.[7,8] **그림 3.6**에 개략적으로 도시되어 있는 열활성 지연형광 OLED의 발광 메커니즘에서는 기저상태(S_0), 일중항 여기상태(S_1) 그리고 삼중항 여기상태(T_1)를 보여주고 있다.

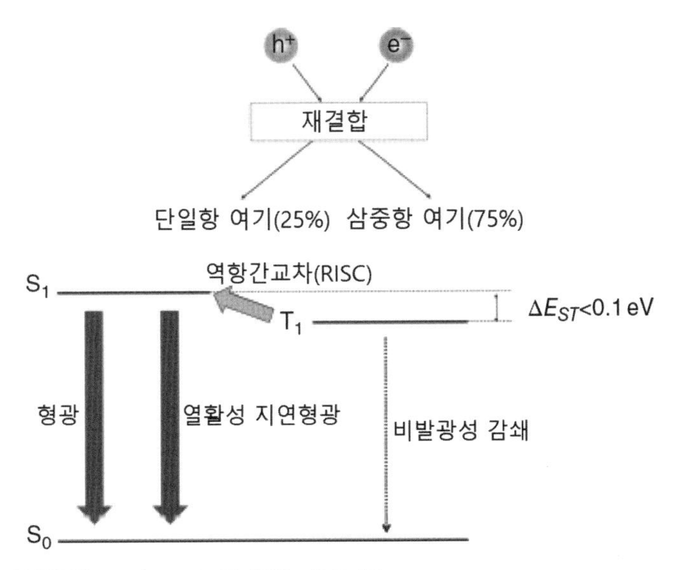

그림 3.6 열활성 지연형광(TADF) OLED의 발광 메커니즘

5 역자 주) tris: 대표적인 완충시약액 중 하나인 히드록시메틸 아미노메탄을 지칭한다.

열활성 지연형광소재의 경우, S_1과 T_1 사이의 에너지 간격(ΔE_{ST})은 0.1[eV] 미만이다. S_1과 T_1 사이의 에너지 간격(ΔE_{ST})이 작기 때문에 유발되는 **역 항간교차**(RISC)로 인하여, 이들 두 상태 사이에 **전자교환**이 발생한다. **삼중항-삼중항 소멸**을 통해서 두 개의 삼중항 여기들이 결합하여 일중항 여기를 생성한다. 그러므로 이 작은 에너지 간격은 비발광성 삼중항 상태로부터 발광성 일중항 상태로 고도로 효율적인 **스핀업 변환**을 유발하여 지연형광을 생성한다.

큐슈 대학교의 아다치 그룹은 열활성 지연형광(TADF)을 OLED에 적용한 논문을 발표하였다.[7~9] **그림 3.7**에서는 열활성 지연형광소재의 사례들을 보여주고 있다.[9] 이리듐(Ir), 백금(Pt) 또는 오스뮴(Os)과 같은 희귀금속을 사용하는 금속 복합체를 필요로 하는 고도로 효율적인 인광소재와는 달리, 열활성 지연형광은 단순한 방향족화합물을 사용하여 구현할 수 있다.

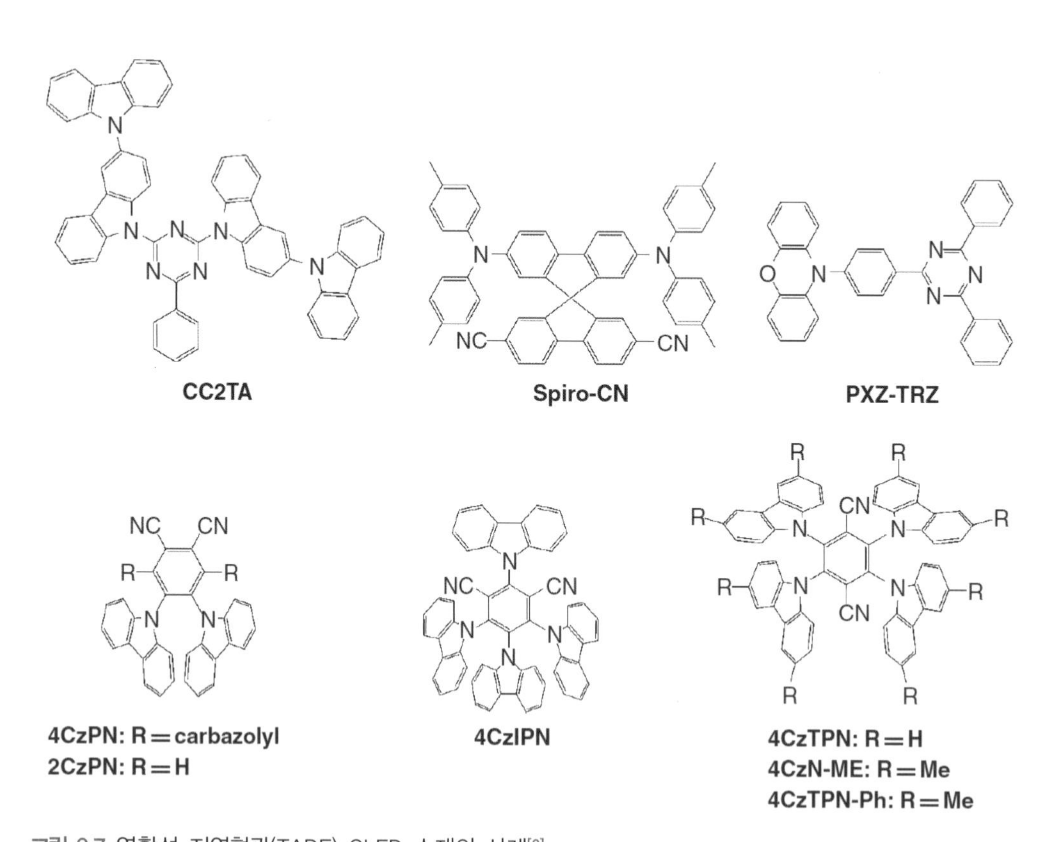

그림 3.7 열활성 지연형광(TADF) OLED 소재의 사례[9]

3.4 에너지선도

2장(**그림 2.1**과 **그림 2.4**)에서 설명했던 것처럼, OLED 디바이스에서는 양극과 음극 사이에 다수의 유기물층들을 삽입한다.

이들 다수의 유기물층들과 전극들(양극과 음극) 내에서의 에너지선도가 매우 중요하다. **그림 3.8**에서는 이들 사이의 에너지선도가 제시되어 있다.

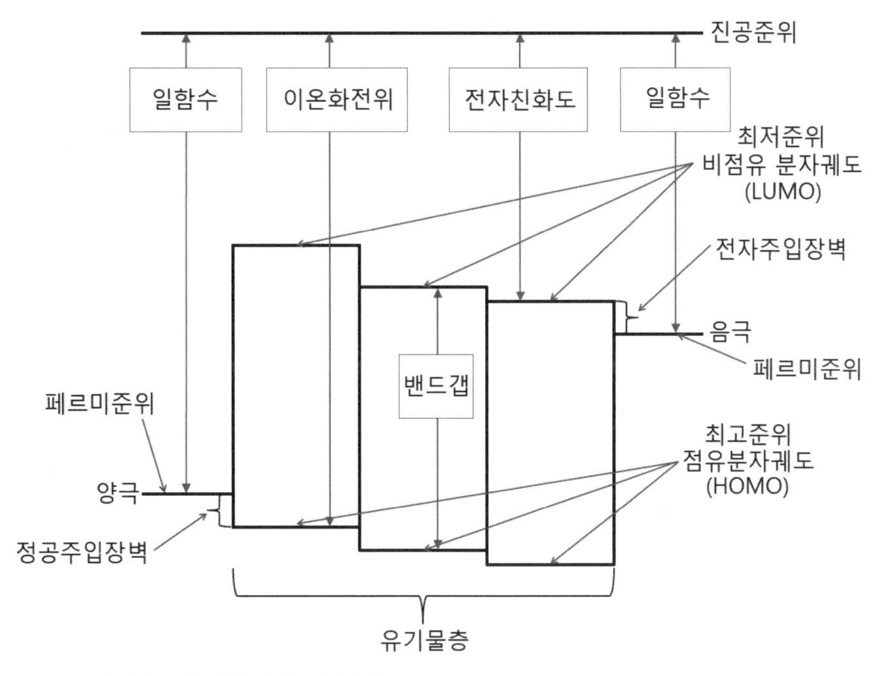

그림 3.8 OLED 디바이스의 전형적인 에너지선도

OLED 디바이스에 사용되는 유기소재들은 유기반도체소재들이다. 그러므로 이들 각각은 **최고준위 점유분자궤도**(HOMO)와 **최저준위 비점유분자궤도**(LUMO)라고 부르는 두 개의 고유한 에너지준위를 가지고 있다. 최고준위 점유분자궤도와 진공준위 사이의 에너지 차이를 **이온화전위**[6]라고 부른다. 이온화전위는 일반적으로 광전자분광법이나 광전자수득 분광법 등을 사용하여 측정한다. 최저준위 비점유분자궤도와 진공준위 사이의 에너지 차이는 **전자친화도**[7]로서, 역광전분광법으로 측정할 수 있지만, 이 측정과정에서 발생하는 손상에 대해서 주의

6 역자 주) ionization potential: 이온화 에너지를 [eV] 단위로 표시한 양.
7 역자 주) electron affinity: 진공 중에서 중성원자와 전자가 결합하여 음이온이 될 때에 방출하는 에너지.

할 필요가 있다. 최고준위 점유분자궤도와 최저준위 비점유 분자궤도 사이의 에너지 차이를 **밴드갭**[8]이라고 부른다. 이 간격은 일반적으로 흡수 스펙트럼의 흡수한계 파장을 사용하여 평가한다.

반면에, 전극의 경우에는 페르미준위가 중요하다. **페르미준위**는 전자의 가상적인 에너지준위이다. 페르미준위와 **진공준위** 사이의 에너지 차이가 일함수이며, 이는 전자를 떼어내기 위해서 필요한 최소 에너지에 해당한다.

양극의 페르미준위와 양극에 인접한 유기물층의 최고준위 점유분자궤도 사이의 차이가 정공주입 에너지장벽이다. 낮은 구동전압을 실현하기 위해서는 이 정공주입 에너지장벽이 작아야만 한다. 게다가 발광층으로 매끄럽게 나르개 전송을 실현하기 위해서는 인접한 층들 사이의 에너지 차이가 작아야만 한다.

3.5 발광효율

다음의 방정식을 사용하여 OLED의 발광효율을 나타낼 수 있다. 여기서 η_{ext}는 **외부양자효율**(EQE), η_{int}는 **내부양자효율**(IQE), η_{out}은 **외부광방출효율**,[9] γ는 **전하나르개평형**, η_r은 **발광여기자 생성효율** 그리고 q는 **발광양자수율**이다.

$$\eta_{ext} = \eta_{int} \times \eta_{out} = \gamma \times \eta_r \times q \times \eta_{out}$$

이 방정식에 대해서는 **그림 3.9**에 개략적으로 도시되어 있다. 고효율 OLED 디바이스를 구현하기 위해서는 전하 나르개들의 숫자(γ)가 서로 평형을 맞춰야 한다. 다시 말해서, 과도한 숫자의 전하 나르개가 존재한다면 전기에너지의 손실이 초래된다는 것을 의미하므로, 정공의 숫자는 전자의 숫자와 동일해야만 한다.

이론적인 형광 OLED의 발광여기자 생성효율(η_r)은 25%이다. 반면에 이상적인 경우에 인광 OLED와 열활성 지연형광 OLED의 발광여기자 생성효율은 100%이다. 발광특성이 좋은 소재를 사용하면 발광양자수율 q를 거의 100%까지 끌어올릴 수 있다. 그러므로 만일 전하나

---

8 역자 주) band gap: 전도대 최저 에너지준위와 전자대 최고 에너지준위 사이의 에너지 차이.

9 light out coupling efficiency.

르개평형(γ)과 발광양자효율(q)이 100%라면, 형광, 인광 및 열활성 지연형광 OLED의 최대 내부양자효율(η_{int})은 각각 25%, 100% 및 100%이다.

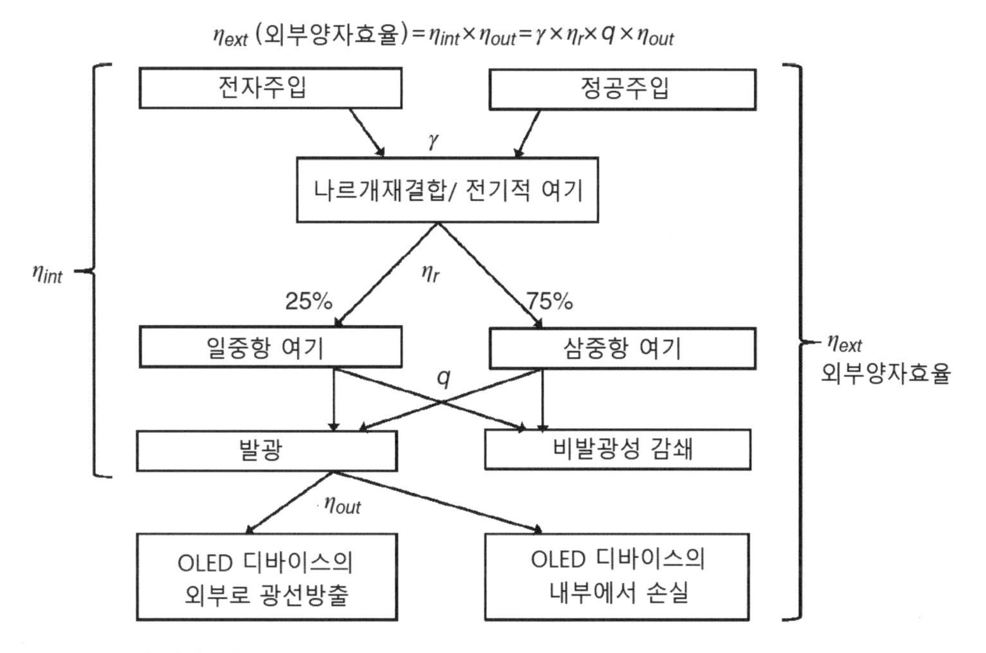

그림 3.9 OLED의 발광효율

OLED의 효율에 큰 영향을 미치는 또 다른 중요한 인자는 외부광방출효율(η_{out})이다. 만일 외부광방출효율을 증가시키기 위한 **광선방출증강**(LEE)기술이 사용되지 않았다면, 유기소재와 공기 사이의 굴절률 차이로부터 외부광방출효율(η_{out})을 대략적으로 계산할 수 있다. 이 경우, 다음 식을 사용하여 외부광방출효율을 나타낼 수 있다. 여기서 η_{out}은 외부광방출효율이며 n은 유기소재의 굴절률이다.

$$\eta_{out} = \frac{1}{2n^2}$$

일반적인 OLED용 유기소재의 굴절률은 약 1.6 내외이므로, 외부광방출효율(η_{out})은 약 20% 내외이다. 따라서 외부광방출효율을 개선하기 위한 추가적인 광선방출증강(LEE)기법을 사용하지 않는 경우의 형광, 인광 및 열활성 지연형광 OLED의 최대 외부양자효율(EQE)을 구해보면 각각 5%, 20% 및 20%가 된다.

》 참고문헌

[1] C. W. Tang and S. A. VanSlyke, *Appl. Phys. Lett.*, **51**, 913-915 (1987).

[2] T. Tsutsui, C. Adachi and S. Saito, *Photochemical Processes in Organized Molecular Systems*, 437-450 (1991).

[3] M. A. Baldo, D. F. O'Brien, Y. You, A. Shoustikov, S. Sibley, M. E. Thompson, and S. R. Forrest, *Nature*, **395**, 151 (1998).

[4] M. A. Baldo, S. Lamansky, P. E. Burrows, M. E. Thompson, S. R. Forrest, Appl. Phys. Lett., 75, 4-6 (1999).

[5] M. Ikai, S. Tokito, Y. Sakamoto, T. Suzuki, Y. Taga, *Appl. Phys. Lett.*, **79**, 156-158 (2001).

[6] C. Adachi, M. A. Baldo, M. E. Thompson, S. R. Forrest, J. *Appl. Phys.*, **90**, 5048-5051 (2001).

[7] A. Endo, M. Ogasawara, T. Takahashi, D. Yokoyama, Y. Kato, C. Adachi, *Adv. Mater.*, **21**, 4802 (2009).

[8] A. Endo, K. Sato, K. Yoshimura, T. Kai, A. Kawada, H. Miyazaki, and C. Adachi, *Appl. Phys. Lett.*, **98**, 083302 (2011).

[9] C. Adachi, *Jpn. J. Appl. Phys.*, **53**, 060101 (2014).

CHAPTER 04

OLED의 소재

OLED의 소재

요 약 OLED의 성능은 사용된 OLED 소재에 크게 의존한다. 이 장에서는 OLED 소재를 분류하고 전형적인 OLED 소재에 대해서 살펴본다.

공정의 관점에서 OLED용 소재는 진공증착형과 용액형의 두 가지로 구분할 수 있다. 진공증착형 소재들은 일반적으로 소분자소재들인 반면에, 용액형 소재들은 폴리머, 덴드리머 그리고 소분자소재들이 포함된다. 또한 소재들은 발광 메커니즘에 따라서 형광소재, 인광소재 그리고 열활성 지연형광소재 등으로도 나눌 수 있다. 기능적인 관점에서는 OLED 소재를 정공주입소재, 정공전송소재, 발광소재, 발광층 내부의 모재, 전자전송소재, 전자주입소재 그리고 전하차폐소재 등으로도 구분할 수 있다.

양극과 음극소재들도 모두 중요하므로, 이 장에서는 양극과 음극용 소재들에 대해서도 살펴보기로 한다. 또한 이 장에서는 OLED의 특성에 영향을 미치는 유기소재의 분자배향에 대해서도 살펴본다.

키워드 **소재, 진공증착, 용액, 소분자, 폴리머, 덴드리머, 전극, 분자배향**

4.1 OLED 소재의 유형

다양한 유형의 OLED 소재들이 개발되었다. 이 OLED 소재들은 **그림 4.1**에서와 같이 분류할 수 있다.

OLED 소재들은 공정의 관점에서 진공증착형(**건식공정**)과 용액형(**습식공정**)의 두 가지 유형으로 구분할 수 있다. **그림 4.2**에서는 제조에 사용한 공정의 종류에 따라서 OLED 디바이스를 세 가지 유형으로 분류하여 보여주고 있다. 하이브리드형 OLED는 습식공정과 진공증착공정을 통해서 증착된 유기물층을 갖추고 있다. 예를 들어, NHK 방송기술연구소의 후카가와와 토키토 등은 습식공정과 진공증착공정을 통해서 제작한 발광층을 사용하여 백색 OLED 디바이스를 제조하였다.[1]

분자구조의 관점에서는, 소분자소재, 폴리머소재, **덴드리머**[1]소재 등이 OLED 소재로 알려져

1 역자 주) dendrimer: 나뭇가지 모양을 지닌 최초의 인조고분자.

있다. 진공증착용 소재들에는 일반적으로 소분자소재들이 사용되는 반면에, 일부 본문에서는 경화를 통해서 기판 상에서 폴리머로 변환되는 폴리머 전구체의 증착에 대해서 발표하였다.[2] 용액형 소재들은 폴리머, 덴드리머 그리고 소분자소재를 함유하고 있다.

실제의 OLED 디바이스에서, 각 소재들은 각자 고유의 기능을 가지고 있다. 이런 관점에서는 **그림 4.1**에서와 같이, OLED 소재들을 정공주입소재, 정공전송소재, 발광소재, 발광층 모재, 전자전송소재, 전자주입소재 그리고 전하차폐소재 등으로 구분할 수 있다. 게다가 발광 메커니즘의 관점에서 소재들을 형광소재, 인광소재 그리고 열활성 지연형광소재 등으로 구분할 수도 있다. 양극과 음극에 사용되는 전극소재의 경우에도 OLED의 성능에 중요한 영향을 미친다. 실제 OLED 디바이스의 경우에는 앞서 설명한 소재들을 사용하여 다양한 변형들을 구현할 수 있다.

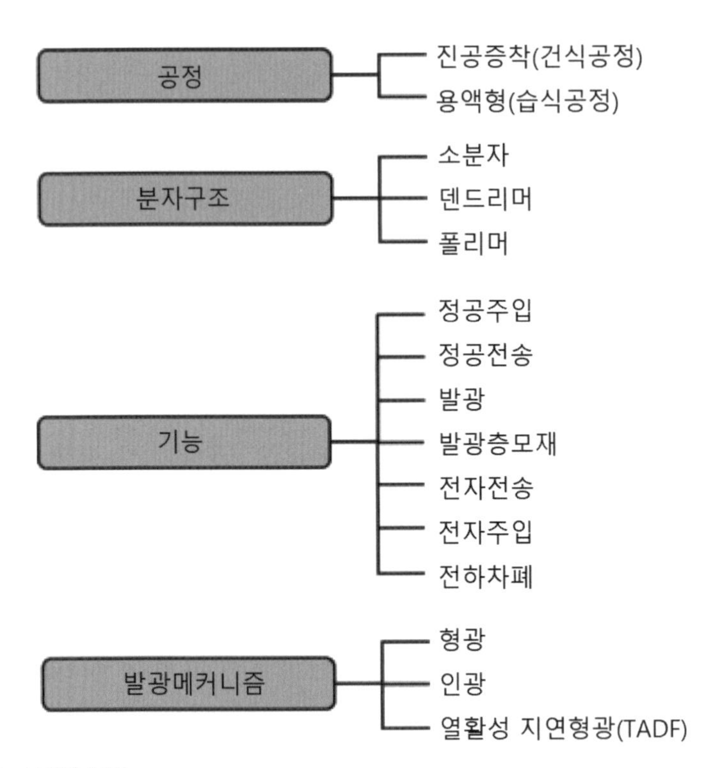

그림 4.1 OLED 소재의 분류

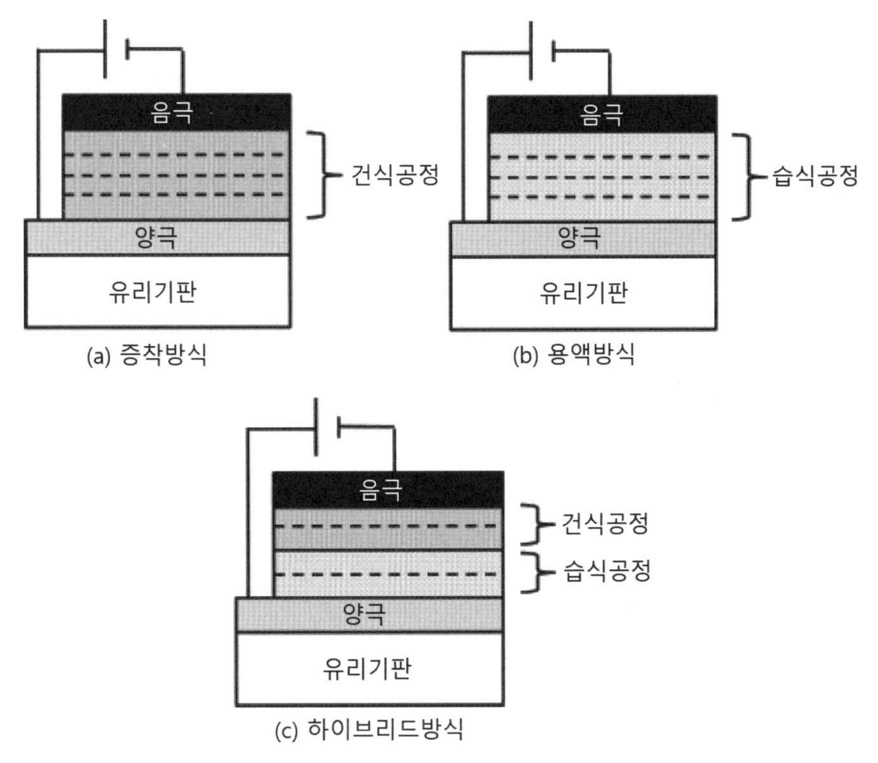

그림 4.2 OLED 디바이스의공정에 따른 세 가지 유형

4.2 양극소재

양극의 가장 중요한 기능은 인접한 유기물층 속으로 정공을 주입하는 것이다. 이를 위해서서는 양극의 일함수가 매우 중요하다. 정공 주입층(HIL)이나 정공 전송층(HTL)과 같은 인접한 유기물층의 일함수는 약 5.5[eV]이므로, 양극의 일함수는 높아야 한다. 게다가 일반적인 하부발광형 OLED의 경우에는 양극이 투명해야만 한다. 이런 이유 때문에, 인듐-주석산화물(ITO)이 양극소재로 가장 많이 사용되고 있다.

인듐-주석 산화물층은 일반적으로 스퍼터링 증착공정을 사용하여 제작한다. 인듐-주석 산화물층의 일함수는 제조공정, 박막특성, 표면조건, 등에 따라서 4.5~5.2[eV]의 값을 갖는다. 인접한 유기물층을 증착하기 직전에 양극 표면상의 모든 유기물질들을 제거하기 위해서, 인듐-주석 산화물층의 표면에 O_2 플라스마[3,4]나 자외선-O_3[4,5]를 조사한다. 이런 표면처리는 일함수를 증가시켜서 정공주입특성을 개선시켜주는 경향이 있다.

프린스턴 대학교의 밀리론 등은 인듐-주석 산화물 표면에 대한 산소 플라스마 처리가 일함수를 약 0.5[eV]만큼 증가시킨다고 발표하였다.[3] 또한 프린스턴 대학교의 우 등은 여타의 O_2 플라스마의 영향을 표면처리 방법들과 비교분석하였다. 이들은 또한 표면처리 이후에도 표면의 형태가 크게 변하지 않았기 때문에, 표면형태는 디바이스의 성능과 신뢰성의 개선에 중요한 영향을 미치는 인자가 아니라는 것을 발견하였다. 자외선-O_3와 산소 플라스마 처리는 켜짐전압과 효율에 영향을 미친다는 것이 확인되었다. 이들은 특히 산소 플라스마 처리가 큰 영향을 미친다고 발표하였다. 반면에 아르곤(Ar)과 수소(H_2) 플라스마 처리는 긍정적인 영향을 미치지 못하였다. 이들에 따르면 표면의 화학적 조성의 변화가 인듐-주석 산화물과 유기물 계면에서 정공주입 능력을 증가시킨다.

여타의 표면처리 방법들에 대해서도 연구와 발표가 수행되었다. 우선, 이스트먼 코닥사의 헝 등은 CHF_3의 저주파 플라스마 중합을 이용한 양극개질에 대해서 발표하였다.[6] 박막의 2.5~10[nm]의 두께 범위에서 중합반응이 발생하였다. 이를 통해서 정공주입능력이 향상되었으며, 탁월한 작동 안정성이 구현되었다. 예를 들어서, 40[mA/cm^2]의 작동조건하에서 최초 150[hr] 연속작동 이후에 OLED 디바이스의 휘도강하는 6[nm] 두께의 중합반응 버퍼층이 있는 경우에는 단지 1%인 반면에, 버퍼층이 없는 경우에는 15%에 달하였다.

동경공업대학 후지하라 그룹의 간자릭 등은 염화벤조일을 사용한 표면처리방법에 대해서 연구하였다.[7] 이들은 말단에 H-, Cl- 및 CF_3-가 달려 있는 염화벤조일을 사용하여 인듐-주석 산화물 표면을 개질하였으며, 이를 사용하여 OLED 디바이스를 제작하였다. 이들은 인듐-주석 산화물의 일함수가 크게 증가함에 따라서 구동전압이 현저하게 낮아진다는 것을 관찰하였다. 게다가 이 구동전압 감소량은 영구쌍극자모멘트의 크기($\mu_{CF_3-} > \mu_{Cl-} > \mu_{H-}$)와 비례한다는 것을 발견하였다.

자기조립 단분자막(SAM)의 적용사례도 발표되었다. 로스앨러모스 국립연구소의 캠벨과 텍사스 대학교 댈러스 캠퍼스는 금속전극에 자기조립 단분자막을 입히면 금속전극과 유기소재 사이의 쇼트키 에너지장벽을 변화시켜서 전하주입성능이 개선된다고 발표하였다.[8]

최근 들어서, OLED뿐만 아니라 터치패널 등에서 인듐-주석 산화물의 취성, 희토류 금속사용 그리고 가격 등의 문제들을 해결하기 위해서 인듐-주석 산화물을 사용하지 않는 투명전극에 대한 활발한 연구개발이 수행되었다. 이와 같은 비-인듐-주석 산화물 투명전극에 대해서는 11.1절에서 논의할 예정이다.

반면에, **상부발광 OLED**의 경우에는 반사모드가 필요하다. 따라서 상부발광방식 OLED의 경우에는 은(Ag), Ag/ITO, ITO/Ag/ITO 등이 양극에 자주 사용된다. 은소재는 가시광선 반사도가 높고 전기저항이 낮기 때문에 강력한 양극 후보물질이다. 그런데 은의 일함수는 약 4.3[eV]에 불과하여, 정공주입장벽이 크다는 단점을 가지고 있다. 그러므로 은 자체만으로는 정공주입에 적합하지 않다.

이 문제를 해결할 가장 손쉬운 방법은 은/인듐-주석 산화물 적층인 것처럼 보인다. 국립 자오퉁 대학(대만)[2]과 국립 칭화대학(대만)[3]의 쉬 등은 Ag/ITO 적층을 사용한 상부 발광형 OLED 디바이스를 발표하였다.[9]

국립 타이완 대학(대만)[4]의 첸 등은 은도금층 위에 Ag_2O 박막층을 입혀서 정공주입성능을 향상시켰으며, 이를 통해서 양호한 OLED 특성을 구현하였다.[10] Ag_2O는 페르미준위가 4.8~5.1[eV]인 p-형 반도체의 특성을 가지고 있다. 이들은 은도금층에 대해서 자외선-오존 처리를 시행하여 얇은 Ag_2O 층을 생성하였으며, 이를 통해서 원래의 은도금 박막이 가지고 있던 반사율보다 약간 낮아진 82~91%의 반사율을 구현하였다.

국립 청쿵 대학(대만)[5]의 총 등은 유기솔벤트(테트라히드로푸란)를 사용한 은도금 양극의 개질에 대해서 발표하였다.[11] 인듐-주석 산화물(ITO)이 코팅되어 있는 유리기판 위에 은 박막을 증착한 다음에, 이 은도금 양극을 즉시 **테트라히드로푸란**(THF) 용액 속에 30분 동안 담가놓았다. 테트라히드로푸란과의 반응을 통해 개질된 은도금 양극을 질소증기를 사용하여 건조시킨 다음에 질소가 충진된 박스 속에 보관하였다. 엑스레이 광전자분광법을 사용하여 분석한 결과 테트라히드로푸란 분자들이 은도금 표면에 화학적으로 흡수되어, 기질-촉매분해 작용에 의해서 산소과다 물질이 생성되었다. 테트라히드로푸란에 의해서 개질된 은도금층의 일함수는 4.79[eV]인 반면에 기저부 은도금층의 일함수는 4.54[eV]이다. ITO/THF 처리된 Ag/HY-PPV/Ca(12[nm])/Ag(17[nm]) 구조를 갖춘 기판을 사용하여 상부발광 OLED 디바이스를 제작하였다. 여기서 HY-PPV는 페닐로 치환된 폴리머(파라-페닐렌-비닐렌) 공중합체이다. 이 디바이스의 광도는 2.93[cd/A]인 반면에 기준이 되는 개질 처리되지 않은 은도금층을 사용한 디바이스의 광도는 0.51[cd/A]에 불과하였다. 따라서 테트라히드로푸란을 사용한 표면처리가 일함수를 증가시켜서 전류효율을 향상시켰음을 알 수 있다.

---

2 國立交通大學.
3 國立清華大學.
4 國立臺灣大學.
5 國立成功大學.

4.3 증착형 유기소재(소분자소재)

상용 제품들을 포함하여 현재의 OLED 기술에는 진공증착소재들이 가장 널리 사용되고 있다. 일반적으로 이 소재들은 소분자소재이며 기능에 따라서 정공주입소재, 정공전송소재, 발광소재, 발광층 모재, 전자전송소재, 전자주입소재, 전하차폐소재 등으로 구분한다. 다음의 절들에서는 이들에 대해서 자세히 살펴보기로 한다.

4.3.1 정공주입소재

OLED 디바이스 내에서 양극과 인접한 유기물층 사이에는 에너지 장벽이 존재한다. 그러므로 양극에서 인접한 유기물층으로 매끄럽게 정공을 주입하기 위해서는 이 장벽을 낮출 필요가 있다. **정공주입소재**를 사용하면 구동전압을 낮추고 효율을 높이며 수명을 연장시켜주는 등의 장점을 가지고 있기 때문에, 실제의 OLED 디바이스에서는 정공주입소재들이 자주 사용된다.

전형적인 정공주입소재들이 **그림 4.3**에 도시되어 있다. 이들은 유기소재와 무기소재로 나눌 수 있지만, 일부 하이브리드소재들도 사용되고 있다.

유기소재

- ✓ 구리프탈로시아닌(CuPc)
- ✓ 스타버스트 아민
- ✓ HAT-CN

무기소재

- ✓ 금속산화물:MoOx, RuOx, VOx, WO_3 등

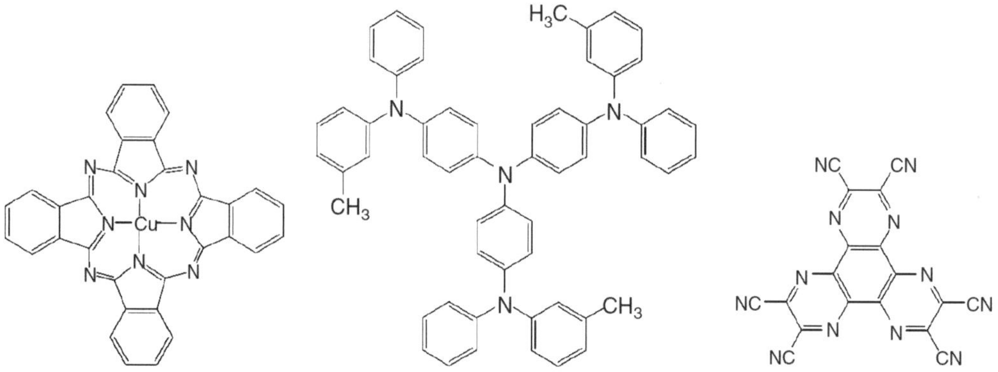

CuPc

m-MTDATA
(스타버스트 아민)

HAT-CN

그림 4.3 전형적인 정공주입소재들

구리프탈로시아닌(CuPc)은 가장 잘 알려진 정공주입소재이다. 이스트먼 코닥社의 반슬라이크 등은 인듐–주석산화물 양극과 N, N′-디페닐-N, N′비스(-나프틸)-1,10-비페닐-4,4′-디아민(일명 α-NPD) 정공주입층 사이에 구리프탈로시아닌(CuPc)층을 삽입하였다.[12] **그림 4.4**에서는 이들이 개발한 디바이스의 구조와 사용된 소재의 분자구조가 도시되어 있다. 구리프탈로시아닌의 이온화 전위는 4.7[eV]로서, α-NPD(5.1[eV])보다 낮다. 인듐–주석산화물의 이온화 전위는 약 4.7[eV]이므로, ITO/CuPc의 전위장벽은 ITO/α-NPD의 장벽보다 낮다. 이렇게 낮아진 계면 전위장벽은 정공 주입효율에 영향을 미치며 수명개선에도 기여한다.

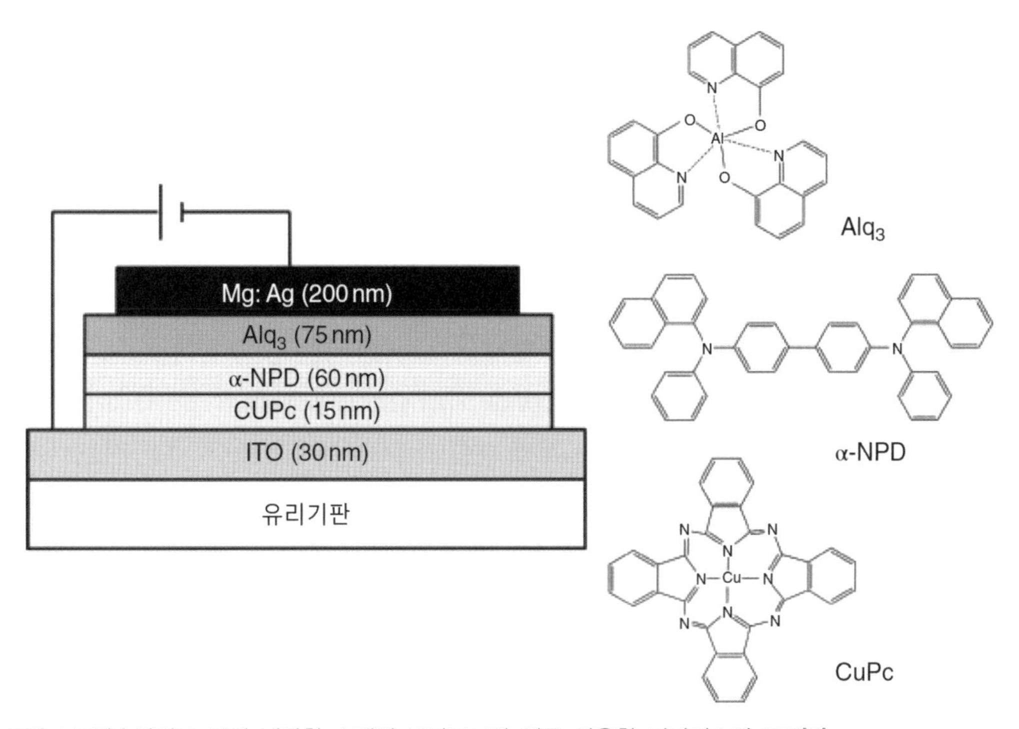

그림 4.4 반슬라이크 등이 개발한 소재의 분자구조와 이를 사용한 디바이스의 구조[12]

벌크분자구조를 가지고 있는 **스타버스트 아민**도 정공주입소재로 종종 사용된다. 이 소재에 대해서는 오사카 대학교의 시로타 등이 처음으로 발표하였다.[13,14] 전형적인 소재는 **그림 4.3**에 도시되어 있는 4,4′,4″-트리스{N,(3-메틸페닐)-N-페닐아미노}-트리페닐아민(일명 **m-MTDATA**)이다.

m-MTDATA가 OLED 성능에 미치는 영향에 대한 연구를 수행한 시로타 등에 따르면 m-MTDATA를 첨가하면 효율과 수명이 증가한다. ITO/m-MTDATA(60[nm])/TPD(10[nm])/Alq_3

(50[nm])/MgAg는 ITO/TPD(10[nm])/Alq_3(50[nm])/MgAg 구조를 갖춘 기준디바이스보다 양자효율이 약 30% 더 높다.[14]

또 다른 전형적인 정공주입층 소재는 1,4,5,8,9,11-헥사아자트리페닐렌-헥사카르보니트릴(일명 **HAT-CN**)이다. 이 소재의 분자구조는 **그림 4.3**에 도시되어 있다. HAT-CN은 높은 이동도와 인접한 정공전송층으로의 뛰어난 정공주입능력을 갖추고 있어서 상용 OLED 디바이스에 자주 사용되는 소재이다. 선문대학교와 한국재료연구소의 이 등은 여타의 정공주입소재들과 HAT-CN에 대한 비교연구를 통해서 효용성을 검증하였다.[15]

일부 무기산화물을 정공주입층 소재로 사용하여 OLED 성능을 개선하였다고 발표되었다. 특히, 삼산화몰리브덴[6](MoO_3)이 상용 OLED 디바이스에 자주 사용된다.

도요타중앙연구소[7]의 토키토 등은 바나듐 산화물(VO_x), 몰리브덴 산화물(MoO_x) 그리고 루테늄 산화물(RuO_x)과 같은 얇은 금속 산화물을 정공주입층으로 사용하였다.[16] 이런 금속 산화물들을 정공주입에 사용하면, 일반적인 인듐－주석 산화물을 사용한 디바이스에 비해서 작동전압이 낮아진다. 이는 정공전송층으로 정공을 주입하는 에너지장벽의 감소에 기여한다. SiO_2,[17] CuO_x,[18] NiO[19, 20] 그리고 WO_3[21]과 같은 여타의 금속 산화물들이 정공주입소재로 제안되었으며, 이에 대한 고찰이 수행되었다.

후쿠리쿠 첨단과학기술대학원대학[8]의 마쓰시마와 무라타 등은 MoO_3의 두께가 정공주입성능에 미치는 영향에 대해서 연구를 수행하였으며, 0.75[nm] 두께의 MoO_3 층을 갖춘 OLED 디바이스는 ITO/MoO3/α-NPD 계면에서 저항성 정공주입이 일어나며, 이 디바이스의 I-V 특성은 **공간전하제한전류**에 의해서 조절된다는 것을 발견하였다.[22]

또 다른 방법은 p형이 도핑된 정공주입층을 사용하는 것이다. 드레스덴공과대학교(독일)의 주와 레오등은 F_4-TCNQ가 도핑된 TDATA로 이루어진 정공주입층에 대해서 발표하였다.[23] **그림 4.5**에는 디바이스의 구조와 TDATA의 분자구조가 도시되어 있다. 이들에 따르면, 2[mol%]의 F_4-TCNQ를 함유한 OLED 디바이스로 100[cd/m^2]의 휘도를 발광할 때의 작동전압은 3.4[V]인 반면에, F_4-TCNQ를 도핑하지 않은 경우의 작동전압은 9[V]였다.

정공전송소재는 정공을 발광층으로 전송하는 역할을 한다. OLED에 사용되는 전형적인 정공전송소재는 **그림 4.6**에 도시되어 있는 **방향성 아미노 화합물**이다.

6　역자 주) molybdenum trioxide: 일명 무수몰리브덴산이라고도 부른다.

7　豊田中央研究所.

8　北陸先端科学技術大学院大学.

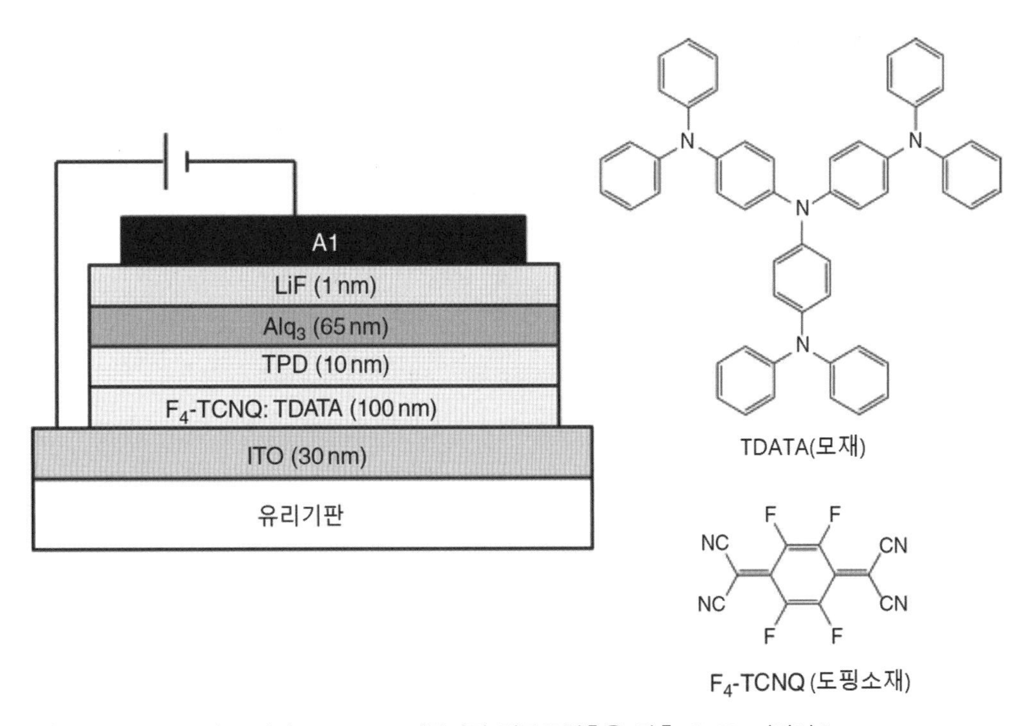

그림 4.5 F4–TCNQ가 도핑된 TDATA로 이루어진 정공주입층을 갖춘 OLED 디바이스

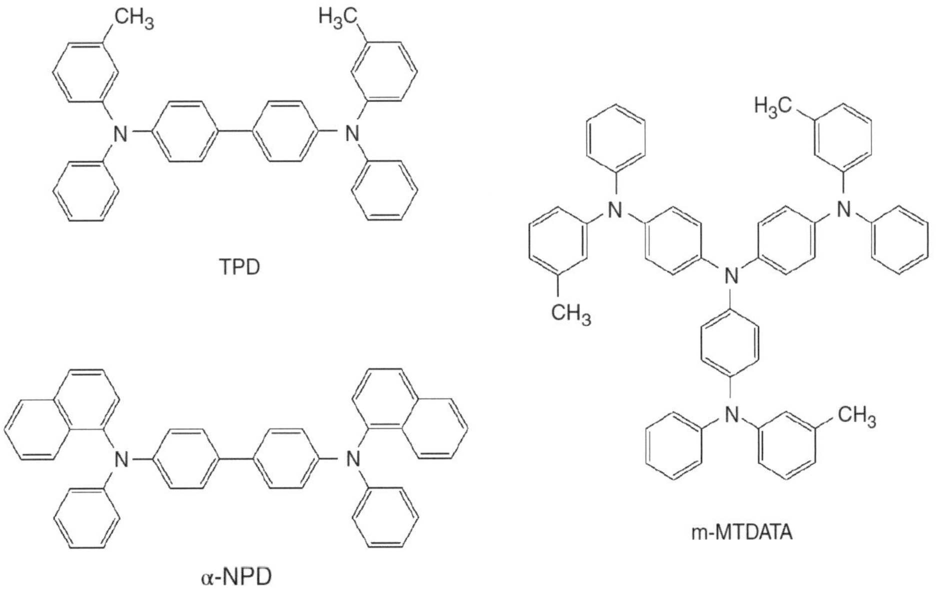

CH_3 H_3C N N

TPD

H_3C N N N CH_3 N CH_3

m-MTDATA

N N

α-NPD

그림 4.6 전형적인 OLED용 정공전송소재들

4.3.2 정공전송소재

전형적인 **정공전송소재**들 중 하나는 N,N′-디페닐-NN′-비스(3-메틸페닐)-[1,1′-비페닐]-4,4′-디아민(TPD)으로서, 이 소재는 탱 등이 1987년에 발표한 OLED 디바이스에서 사용했던 것이다.[24] TPD는 높은 정공 이동도를 가지고 있으며, 진공증착을 통해서 기판 위에 비정질 박막을 용이하게 생성할 수 있다. 그런데 이 박막은 낮은 **유리전이온도**(Tg≃60[°C])로 인하여 상온에서 장기간 보관하면 결정이 생성된다는 단점을 가지고 있다. 이 결정화로 인하여 양극의 박막구조가 변하면서 유효 접촉면적이 감소하여 효율이 현저히 저하된다.[25]

유리전이온도를 높인 대표적인 정공전송소재로는 4,4′-비스[N-(1-나프틸)-N-페닐-아미노]비페닐(α-NPD)와 스타버스트 아민의 두 가지 소재가 개발되었다. α-NPD의 유리전이온도(Tg)는 약 95[°C]이다.[26] 천연 α-NPD 분자의 산화와 α-NPD$^+$ 양이온의 감소는 완벽한 가역반응이다. 게다가 2가 양이온인 α-NPD^{++}도 산화/환원 사이클에서 유사한 가역특성을 가지고 있다.

정공주입소재로 사용되는 소재인 스타버스트 아민[13,14,27~29]을 정공전송소재로도 사용할 수 있다. 전형적인 스타버스트 아민이 **그림 4.7**에 도시되어 있다. 이 소재들은 커다란 분자구조를 가지고 있으며 평면형상의 형성과 분자의 재배향을 막고 결과적으로 결정화를 저지한다.

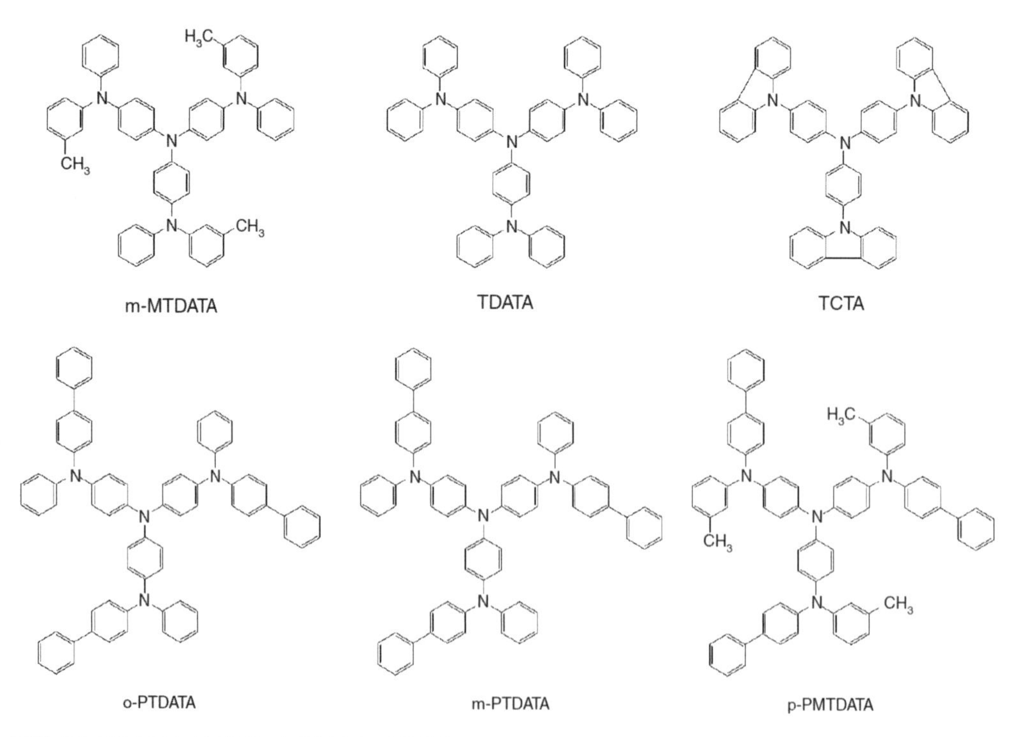

그림 4.7 전형적인 OLED용 스타버스트 아민들

이런 효과 때문에, 스타버스트 아민은 OLED 디바이스에서 필요로 하는 안정적인 비정질 유리 상태를 쉽게 만들어준다. 스타버스트 아민들은 α-NPD와 같은 여타의 정공전송소재와 조합하여 정공주입소재로 사용된다.

4.3.3 형광발광층의 발광소재와 모재

OLED 발광층 소재의 가장 중요한 역할은 고도로 효율적인 발광과 원하는 색상구현이다. 실제로 발광소재들은 발광 효율, 발광색상, 수명 등과 강한 연관관계를 가지고 있다. 발광층 소재들은 보통 모재와 도핑물질로 이루어지며, 이를 **주객시스템**[9]이라고도 부른다. 형광발광층의 발광소재와 모재들의 사례들이 **그림 4.8**에 도시되어 있다.

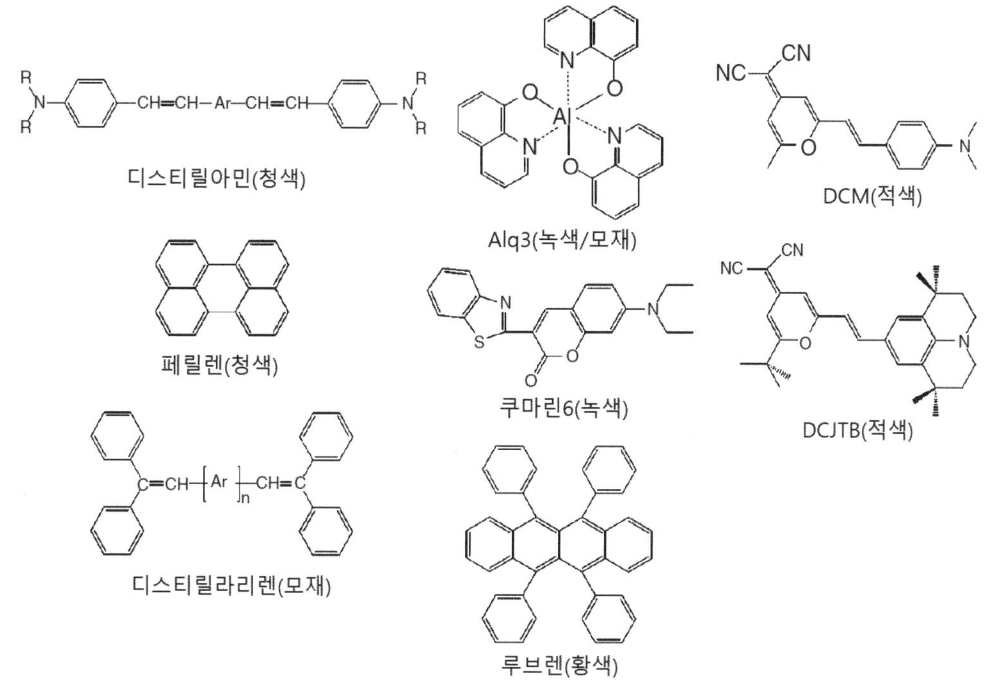

그림 4.8 형광발광층의 발광소재와 도핑소재들의 사례

전형적인 발광성 도핑소재들은 페릴렌(청색), 이스티릴아민(청색),[30] 쿠마린(녹색),[31] Alq, (녹색), 루브렌(황색)[32] 그리고 DCM, DCM-1, DCM-2, DCJTB 등과 같은 디시아노 메틸렌 피

---

9 guest-host system..

란 유도체(적색)[31~33] 등이다. 모재로는 Alq_3, 디스티릴라리렌(DSA) 등이 잘 알려져 있다. Alq_3는 그 자체가 녹색 발광소재이며, 모재로도 자주 사용된다.

이런 주객시스템에서 도핑물질의 에너지 갭은 모재의 에너지 갭보다 작아야만 한다. 도핑 농도는 일반적으로 05~5%이다. 도핑 농도가 높아지면 **농도소광**[10]이 발생하기 때문에 바람직하지 않다.

현재에도 상업화 수준의 심청색 인광소재가 개발되지 않았기 때문에, 청색발광 형광 OLED 소재들이 여전히 상용 OLED 제품에 일반적으로 사용되고 있다. 반면에 녹색과 적색소재의 경우에는 이미 인광 OLED 소재로 바뀌었다.

인데메쓰고산社[11]의 호소카와 등은 **디스티릴라리렌**(DSA) 모재와 아미노－치환 디스티릴라리렌 도핑소재로 이루어진 청색 OLED 디바이스를 발표하였다.[30] 디스티릴라리렌 모재와 아미노－치환 디스티릴라리렌 도핑소재들이 **그림 4.9**에 도시되어 있다. 이들에 따르면, 소량의 아미노－치환 디스티릴라리렌 도핑소재를 함유한 디스티릴라리렌 발광층을 사용하여 1997년에 100[cd/m^2]의 초기휘도에 대해서 6[lm/W]의 전력효율과 20,000[hr]의 **절반수명**을 달성하였다.[34] 이 소재들은 최초의 청색발광 OLED 제품의 기초가 되었다.

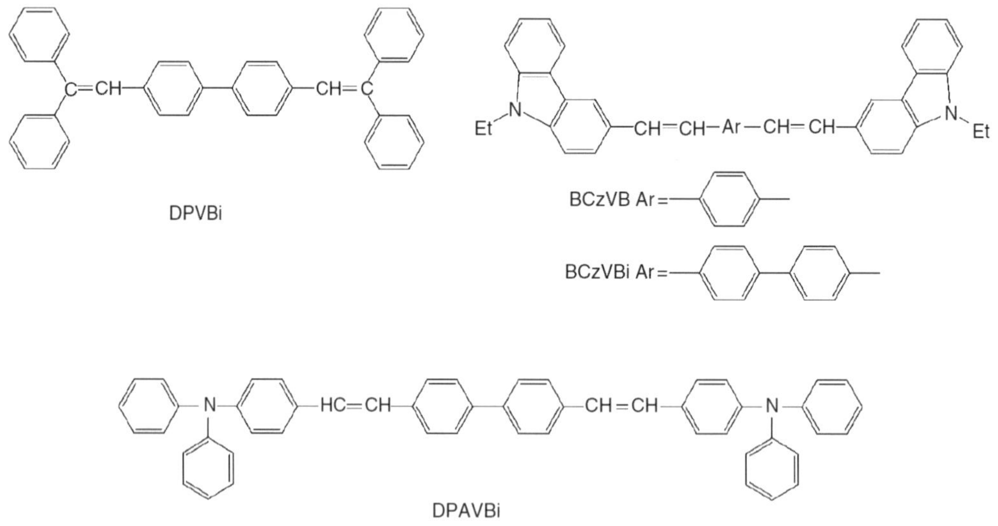
C=CH
CH=C
DPVBi
Et
N
CH=CH–Ar–CH=CH
N
Et
BCzVB Ar=
BCzVBi Ar=
N
HC=CH
CH=CH
N
DPAVBi

그림 4.9 호소카와 등이 발표한 청색 OLED 디바이스에 사용된 디스티릴라리렌(DSA) 유도체들의 분자구조

---

10 concentration quenching: 결정형 발광체에서 활성제의 농도가 일정수준 이상으로 증가하면 밝기가 오히려 감소되는 현상.

11 出光興産株式会社.

삼중항-삼중항 융합(TTF)은 형광 OLED 소재에서 발생하는 흥미로운 현상들 중 하나이다. 인데메쓰고산社의 카와무라 등은 삼중항 여기자(^{3}A*)들이 서로 충돌하여 다음 공식에 따라서 일중항 여기자(^{1}A*)를 생성한다고 발표하였다.[35]

$$^3A^* + {}^3A^* \rightarrow (4/9)^1A + (1/9)^1A^* + (13/9)^3A^*$$

이들은 이를 삼중항-삼중항 융합(TTF)이라고 명명하였다. 이 삼중항-삼중항 융합현상을 사용하여, 카와무라 등은 CIEy=0.11이며[12] 외부양자효율(EQE)은 10% 이상인 심청색 형광 OLED를 개발하였다.[36] 이들은 또한 CIE1931[13] 좌표값이 (0.14, 0.08)이며 전류효율은 6.5[cd/A]인 하부발광 OLED를 개발하였다.[35]

4.3.4 인광발광층의 발광소재와 모재

프린스턴 대학교 톰슨과 포레스트 그룹의 발도 등이 상온에서 효율성을 갖춘 인광 OLED 디바이스[37,38]에 대해서 처음으로 발표한 이후에, 인광 OLED에 대한 공격적인 개발이 시작되었다.

이들은 처음에 인광발광소재로 2,3,7,8,12,13,17,18-옥타에틸-21H,23H-포르핀 플라티늄(II)(PtOEP)을 사용하였다. 이 PtOEP의 분자구조는 **그림 4.10**에 도시되어 있다. 이를 통해서 이들

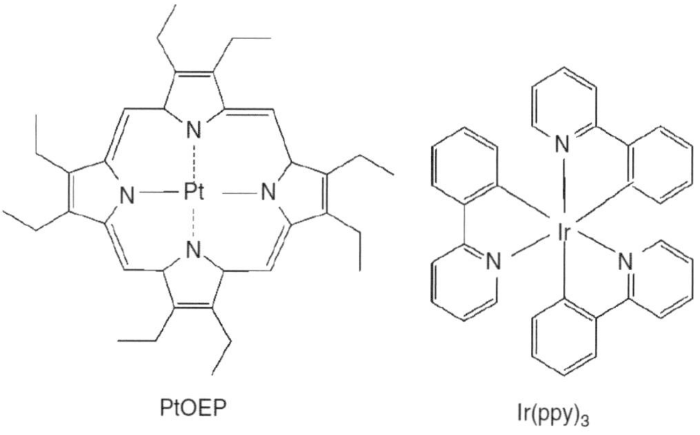

PtOEP

$Ir(ppy)_3$

그림 4.10 PtOEP와 $Ir(ppy)_3$의 분자구조

12 CIE: common ion effect(공통이온효과).

13 CIE(L×a×b) 균등색공간을 기초로 색상을 구분하는 표준색도도. XYZ 측색 시스템이라고도 부른다.

은 인광발광현상을 관찰하였지만, 최대 외부양자효율은 4%에 불과하였다.[37] 후속연구에서는, 이리듐 페닐피리딘 복합체인 $Ir(ppy)_3$(**그림 4.10**)를 사용하였으며, 이를 통해서 외부양자효율은 8%, 전류효율은 28[cd/A] 그리고 전력효율은 31[lm/W]를 달성하였다.[38]

그림 4.11에서는 $Ir(ppy)_3$를 사용한 OLED 디바이스의 에너지선도를 보여주고 있다.[38] 발광층의 경우, CBP 모재에 수 %의 $Ir(ppy)_3$를 도핑하였다. 이들의 실험에 따르면, 도핑 농도가 6%일 때에 최대효율이 얻어졌다. 여기자의 생성을 발광영역 내로 국한시켜서 효율을 높이기 위해서 발광층과 전자전송층(Alq_3) 사이에 얇은 BCP 차단층을 삽입한다. 게다가 거의 100%의 내부양자효율을 실험적으로 확인하였다.[39~41]

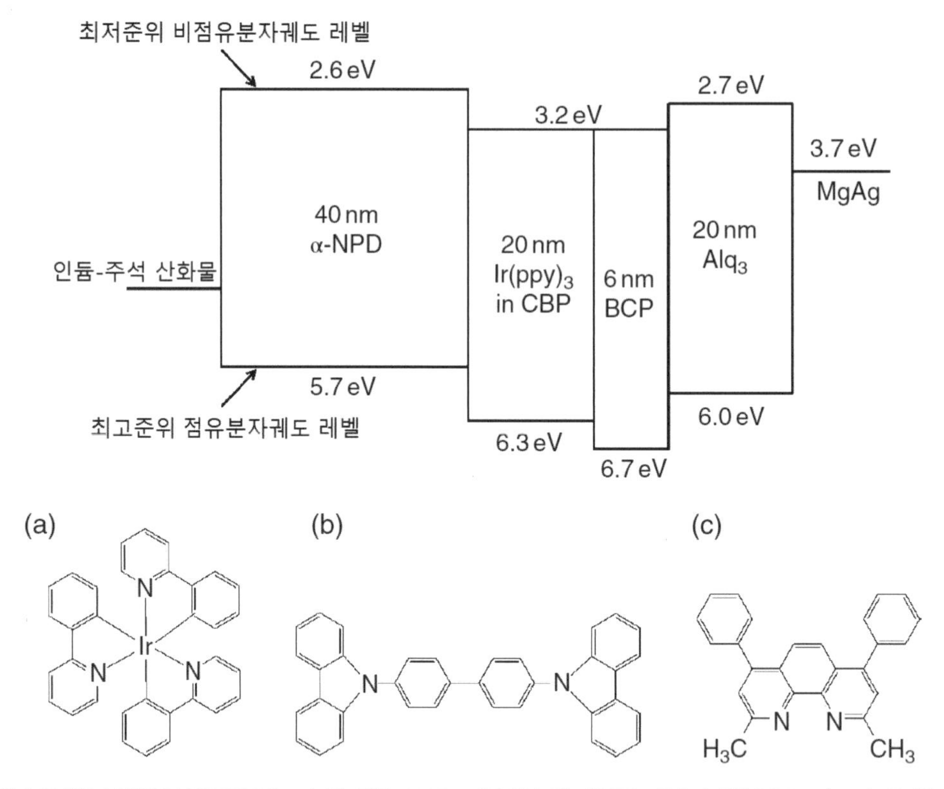

그림 4.11 발도 등[38]이 발표한 $Ir(ppy)_3$를 갖춘 OLED 디바이스의 제안된 에너지레벨 구조. $Ir(ppy)_3$의 최고준위 점유분자궤도(HOMO) 레벨과 최저준위 비점유분자궤도(LUMO) 레벨은 알 수 없다. (a) $Ir(ppy)_3$, (b) CBP, (c) BCP의 화학구조식

4.3.4.1 인광발광 도핑소재

앞서 설명한 것처럼, 인광 OLED 디바이스의 발광층들은 일반적으로 인광 도핑소재와 모재

로 이루어진다. 인광 OLED의 발광물질들은 이리듐(Ir), 백금(Pt), 루테늄(Ru), 오스뮴(Os) 또는 레늄(Re) 등과 같은 중금속 착화물이다.

인관 OLED에 가장 일반적으로 사용되는 발광성 도핑소재들은 **이리듐 착화물**이다. **그림 4.12**와 **그림 4.13**에서는 인광 이리듐 착화물의 사례들이 도시되어 있다. 비록 다양한 이리듐 착화물들이 발표되었지만, 이들은 **트리스-리간드형**(**그림 4.12**)과 **디-리간드형**(**그림 4.13**)으로 분류할 수 있다. 인광 OLED에 사용되는 가장 유명한 이리듐 착화물은 녹색을 발광하는 $Ir(ppy)_3$이다. **리간드 물질**을 바꾸면 다양한 색상을 구현할 수 있지만,[42,43] 효율, 수명 등이 리간드에 크게 의존한다. 이 발광을 **금속-리간드 전하전송**(MLCT)이라고 부른다.

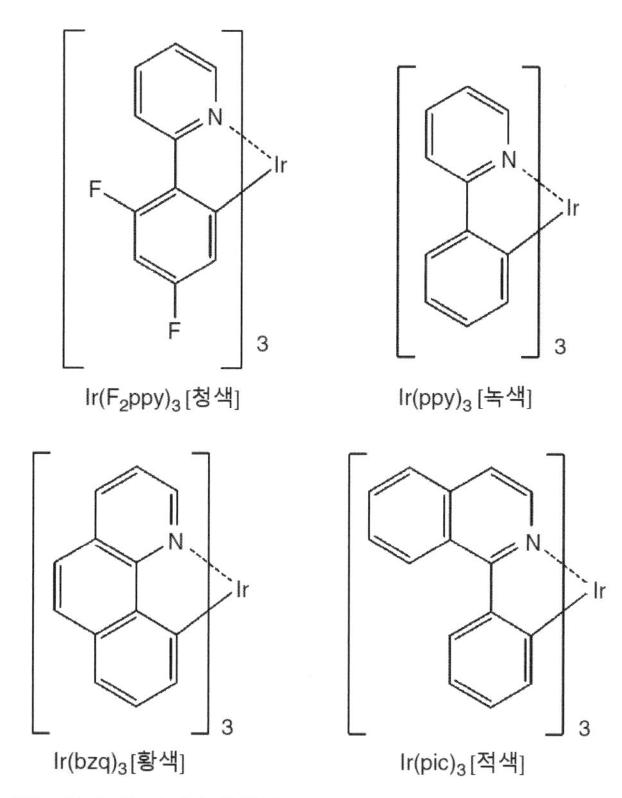

그림 4.12 트리스-리간드형 인광 이리듐 착화물

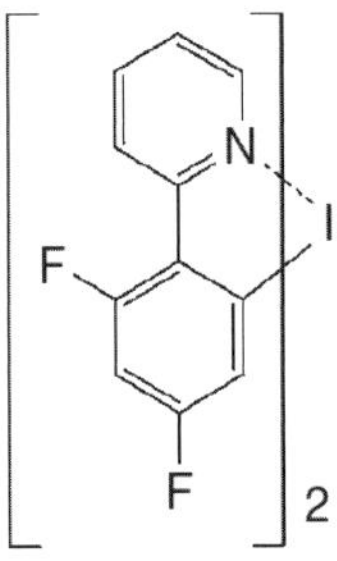

FIrpic[청색] 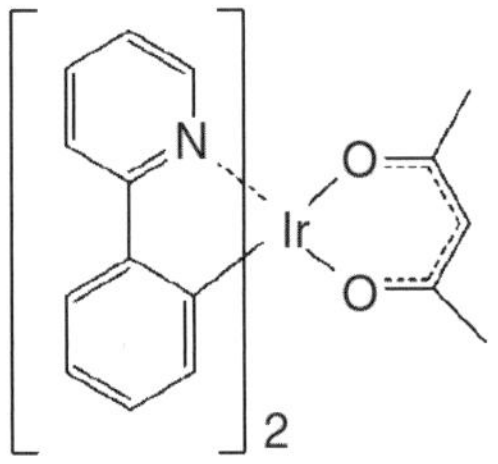 Ir(ppy)$_2$(acac)[녹색]

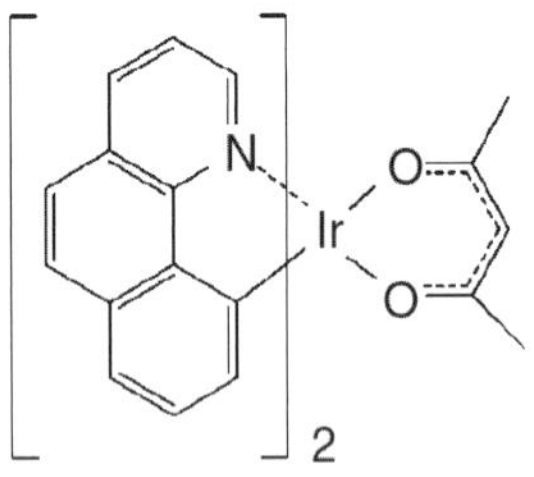

Ir(bzq)$_2$(acac)[황색] 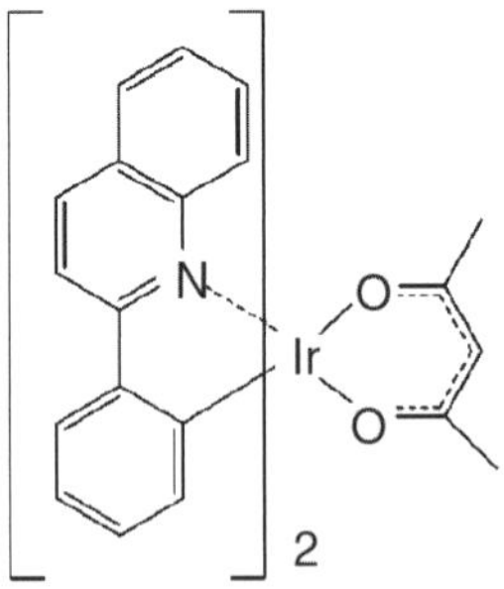 Ir(pq)$_2$(acac)[적색] 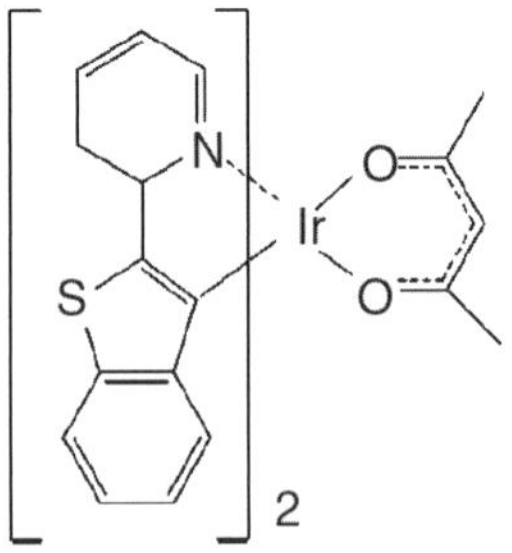 Ir(btp)$_2$(acac)[적색]

그림 4.13 디-리간드형 인광 이리듐 착화물

그림 4.14에 도시되어 있는 것처럼, **면이성질체**[14]와 **자오선이성질체**[15]의 두 가지 **기하이성체**[16]가 알려져 있다. 서던 캘리포니아 대학교(미국)의 타마요 등은 다양한 이리듐 착화물의 면이성질체와 자오선이성질체에 대한 연구를 수행하였으며, 다음과 같이 발표하였다.

1. 면이성질체는 자오선이성질체에 비해서 열역학적으로 안정적이다. 면이성질체는 열역학적 물질이며 자오선이성질체는 동역학적 물질이다. 자오선이성질체는 고온에서 쉽게 면이성질체로 변환된다.
2. 반응조건을 조절하여 각 이성질체의 선택적 합성이 가능하다.
3. 자오선이성질체는 면이성질체에 비해서 파장대역이 넓고 적색 편이된 빛을 발광한다.
4. 면이성질체의 광선발광 양자효율은 자오선이성질체에 비해서 더 높다.

14 facial isomer.

15 meridional isomer.

16 geometrical isomer.

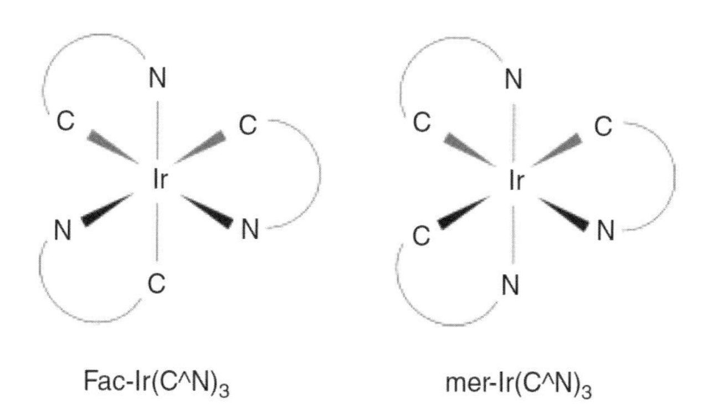

그림 4.14 $Ir(ppy)_3$의 면이성질체와 자오선이성질체

군마 대학[17]의 요시하라 등은 인광 이리듐 착화물의 **치환효과**가 발광파장에 미치는 영향에 대해서 발표하였다.[45] 이들의 연구결과는 **그림 4.15**에 도시되어 있다. 톨루엔 용액을 사용하여 PL 인광의 발광 스펙트럼을 측정하였다. 이들은 최고준위 점유분자궤도 레벨과 최저준위 비점유 분자궤도 레벨 사이의 에너지 차이 ΔE를 측정하였다. 이들은 발광 피크 파장이 거의 ΔE와 일치한다는 점을 발견하였다. Y-위치의 경우, CF_3 그룹의 **전자구인성**[18]이 발광파장의 감소를 유발하는 반면에 OCH_3 그룹의 **전자공여성**[19]은 발광파장을 증가시킨다. 반면에, X-위치의 경우에는 이 관계가 반전된다. 즉, X-위치의 경우, CF_3 그룹의 전자구인성이 발광파장을 증가시키는 반면에 OCH_3 그룹의 전자공여성이 발광파장을 감소시킨다.

현재, 적색과 녹색의 인광소재들이 상용 제품에 사용되고 있는 반면에 청색 인광소재는 색상 순도와 수명의 측면에서 여전히 문제를 가지고 있다.

청색 인광소재의 경우, FIrpic(이리듐(III)비스(4,6-디-플루오로페닐)-피리디나토-N,C-2′)(피콜리네이트)와 FIr6(이리듐(III)비스(4′,6′-디플루오로페닐피리디나토)테트라키스(1-피라졸릴)보레이트)가 가장 유명한 발광소재이며 발광피크는 각각 470[nm]와 458[nm]이다. 그런데 두 발광스펙트럼 모두 녹색 스펙트럼 영역까지 길게 꼬리가 이어져 있어서 색상이 청녹색을 띄고 있다. 그러므로 청색 인광발광소재는 여전히 활발하게 탐색되고 있다.

17 群馬大学.

18 electron withdrawing.

19 electron releasing.

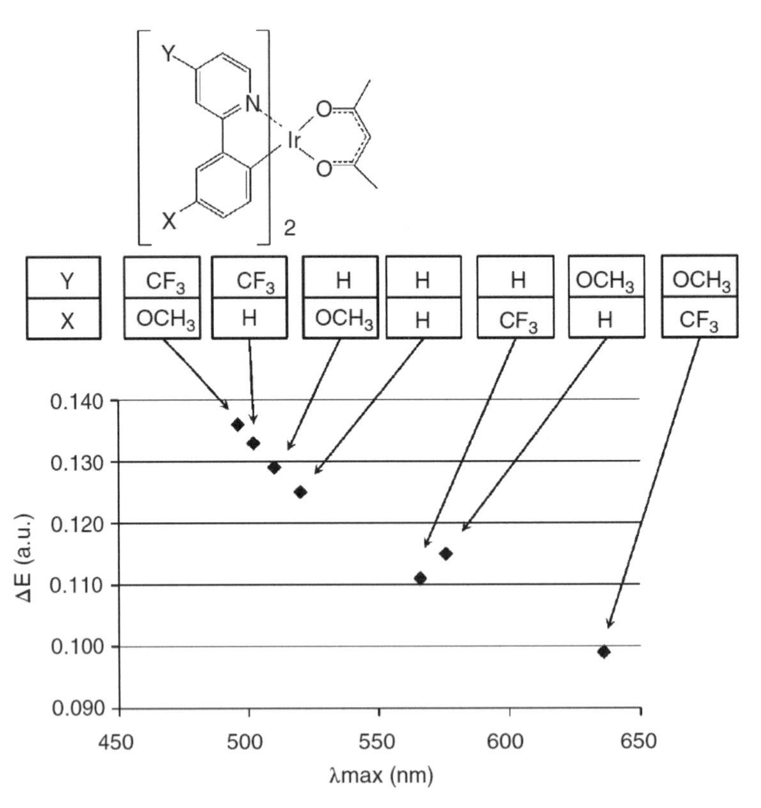

그림 4.15 인광 이리듐 착화물의 발광파장에 미치는 치환효과.[45] ΔE는 최고준위 점유분자궤도 레벨과 최저준위 비점유분자궤도 레벨 사이의 에너지 차이이다. λ_{max}는 각각의 인광 이리듐 착화물을 함유하고 있는 용액의 발광 피크파장이다.

새롭게 개발 중인 청색 인광발광소재들이 **그림 4.16**에 도시되어 있다. 일련의 시클로메탈레이티드 카르벤 이리듐 착화물들이 높은 η_{PL}을 갖고 있는 청색 발광소재의 강력한 후보물질들이다.[46] 전형적인 소재인 mer-트리스(N-디벤조푸라닐-N′-메틸이미다졸)이리듐(III)[Ir(dbrmi)]의 λ_{max}는 445[nm]이다. Ir(dbfmi)를 사용하는 청색 OLED의 최대전력효율은 35.9[lm/W]이다. 이 소재를 사용하여, **발광커플링증강** 없이 최대전력효율이 59.9[lm/W]에 달하는 백색 OLED 디바이스를 구현하였다.

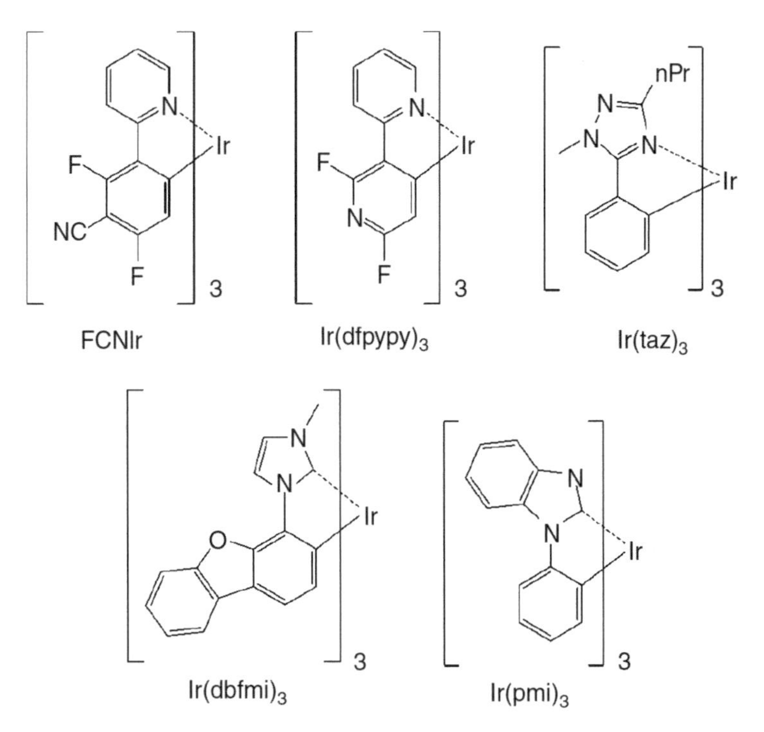

그림 4.16 다양한 청색 인광발광소재들

4.3.4.2 청색 인광 OLED의 모재

적색과 녹색 인광 OLED 소재들은 상용제품에서 이미 널리 사용되고 있지만, **청색 인광** OLED 소재는 여전히 문제를 가지고 있다. 그 이유들 중 하나는 청색 인광발광층에 적합한 모재가 없기 때문이다.

청색 인광 OLED는 에너지 갭이 넓은 유기소재나 삼중항 여기에너지준위(E_T)가 높은 소재를 필요로 하기 때문에 **그림 4.17**에 도시되어 있는 것처럼, 에너지 갭이 큰 유기모재와 전하전송소재를 개발해야만 한다. 게다가 ΔE_{ST}(S_1과 T_1 상태 사이의 에너지 갭)는 작으면서도 E_T는 큰 특성이 동시에 필요하다. 청색 인광 OLED의 경우에, 삼중항 에너지(E_T)가 2.75[eV]인 모재가 필요하다.

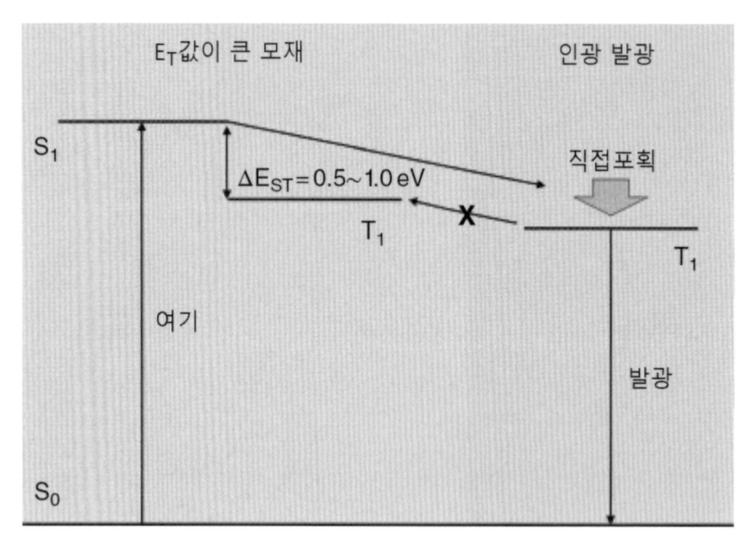

그림 4.17 모재와 인광발광소재를 갖추고 있는 인광 OLED의 에너지전달 모델

프린스턴 대학교 포레스트와 톰슨 그룹의 아다치 등은 4,4′-N,N′-디카바졸-비페닐(CBP)이 도핑된 **FIrpic**을 사용한 OLED 디바이스를 사용하여 피크파장이 470[nm]인 청색 인광을 만들었으며, 이 고성능 유기발광 디바이스의 외부양자효율은 5.7±0.3%이며, 발광 전력효율도 6.3±0.3[lm/W]에 달하였다.[42] 그런데 CBP와 FIrpic의 삼중항 에너지는 각각 2.6[eV]와 2.7[eV]이다.[47,48] CBP의 삼중항 에너지가 FIrpic보다 낮기 때문에, **에너지저지성능**이 충분치 않다.

이런 문제를 해결하기 위해서, NHK 방송기술연구소의 토키토 등은 CBP의 디메틸이 치환된 유도체인 4,4′-비스(9-카바졸릴)-2,2′-디메틸-비페닐(CDBP)을 사용하였다.[47,48] CDBP, CBP 그리고 FIrpic의 분자구조와 에너지준위가 **그림 4.18**에 도시되어 있다. CDBP의 삼중항 에너지는 3.0[eV]로서, CBP나 FIrpic보다 높다. CDBP의 삼중항 에너지가 증가하는 것은 비페닐의 **오르토 자리**[20]에 두 개의 메틸 그룹을 도입하여 만들어지는 비페닐 반족의 구부러짐에 기여하는 것처럼 보인다. CDBP의 삼중항 에너지는 FIrpic보다 크기 때문에, 높은 효율을 가지고 CDBP 삼중항 상태에서 FIrpic 삼중항 상태로의 **유효 에너지전송**이 발생할 것처럼 보인다.

20 ortho position: 벤젠고리와 이웃한 탄소원자의 자리.

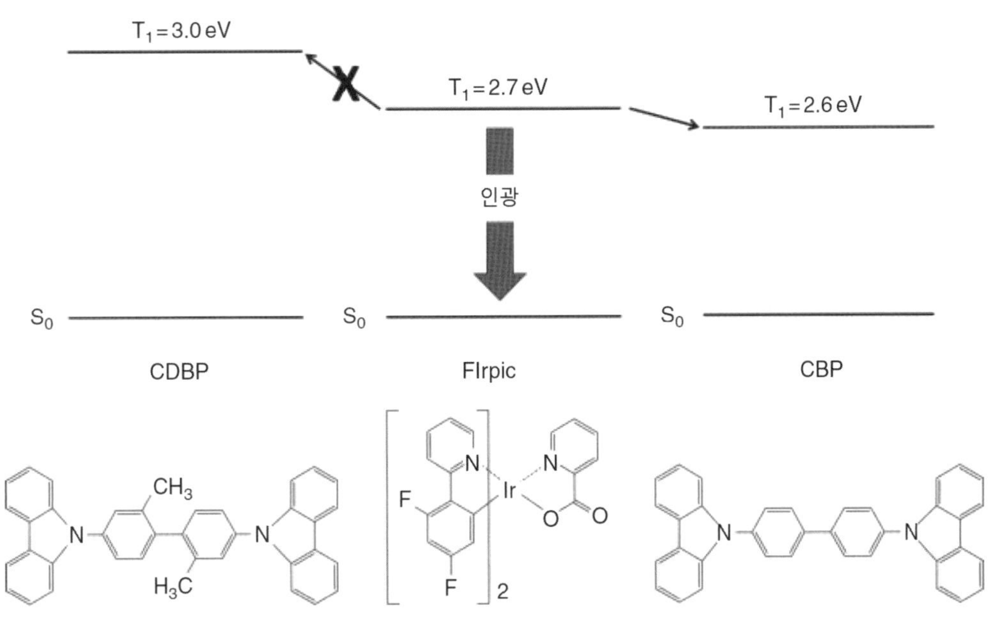

그림 4.18 CDBP, CBP 및 FIrpic의 분자구조와 에너지준위[47]

토키토 등이 FIrpic과 CDBP를 사용하여 고효율 인광 OLED를 개발하였다.[47] 이 디바이스의 구조와 여기에 사용된 소재들이 **그림 4.19**에 도시되어 있다. 이들에 따르면, 최대 외부양자효율은 10.4%로서, 이는 20.4[cd/A]의 전류효율에 해당한다.

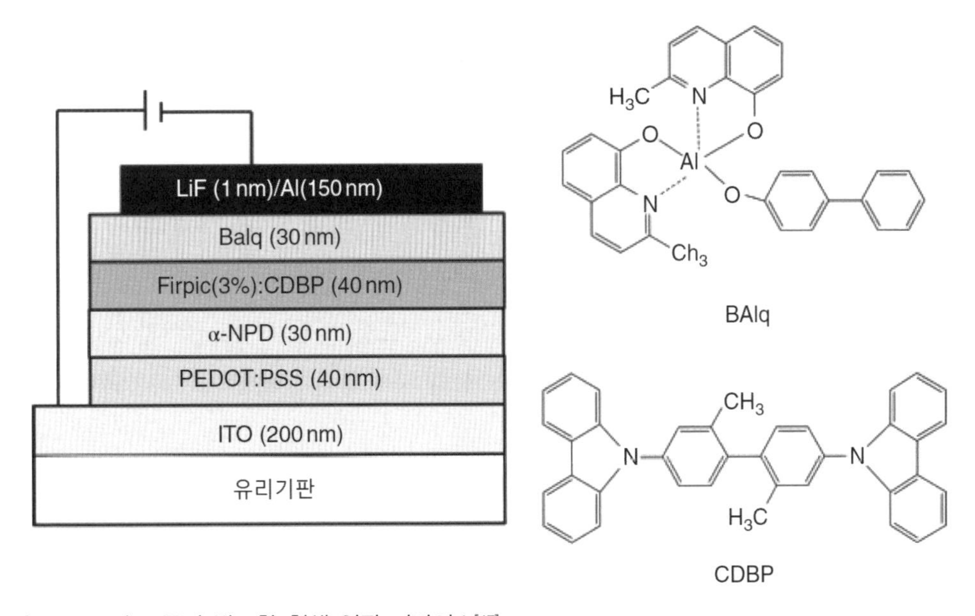

그림 4.19 토키토 등이 발표한 청색 인광 디바이스[47]

지금까지 청색 인광 OLED에 사용되는 다양한 유형의 모재들이 연구개발되었다. 이들 중 일부의 사례들이 **그림 4.20**에 도시되어 있다. 야마가타 대학의 사사베 등은 다중광자방출 고효율 청색 인광 OLED을 개발하였으며, 90[cd/A]의 전류효율과 41[lm/W]의 발광전력효율을 달성하였다.[49]

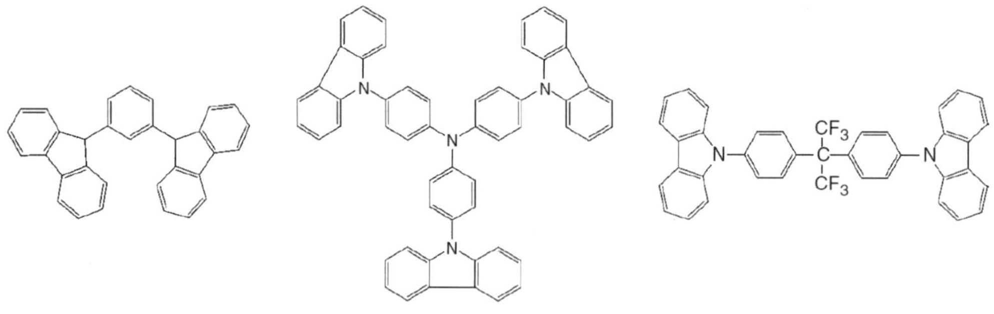

m-CP TCTA $PCzCF_3$

그림 4.20 최근에 청색 인광 OLED용으로 개발된 모재의 사례

4.3.5 TADF 발광층의 발광소재와 모재

열활성 지연형광(TADF)을 사용하면 형광물질로 희토류 소재를 사용하지 않고도 높은 효율을 달성할 수 있기 때문에, 열활성 지연형광소재들은 차세대소재로 매력을 가지고 있다. 3.3절의 **그림 3.6**에서 설명했던 것처럼, 열활성 지연형광소재는 여기된 단일항 상태(S_1)와 여기된 삼중항 상태(T_1) 사이의 에너지 갭(ΔE_{ST})이 작다. 일반적으로 사용되는 형광소재의 경우, ΔE_{ST}는 0.5~1.0[eV]라고 가정한다. 규슈 대학[21] 아다치 그룹의 우오야마 등에 따르면, 고발광성 열활성 지연형광소재의 분자설계에서 가장 중요한 점은, 경쟁관계인 비발광성 경로를 극복하기 위해서는 ΔE_{ST}를 0.1[eV] 미만으로 유지하면서 발광감쇄율을 10^6[1/s]보다 더 길게 유지하여야 한다.[50] 이들 두 요구조건이 서로 상반되기 때문에, 최고준위 점유분자궤도(HOMO)와 최저준위 비점유분자궤도(LOMO)의 중첩정도를 세심하게 맞춰야만 한다. 게다가 비발광성 감쇄를 억제하기 위해서는 S_0와 S_1 상태 사이의 분자배향의 기하학적인 변화를 제한해야 한다.

우오야마 등에 따르면 카르바졸릴 디시아논벤젠(CDCB)을 기반으로 하는 일련의 고효율

21 九州大学.

열활성 지연형광발광소재 설계에 대해서 발표하였다.[50] **카르바졸릴 디시아논벤젠**(CDCB)을 기반으로 하는 고효율 열활성 지연형광발광소재의 사례들이 **그림 4.21**에 도시되어 있다. 카르바졸 유닛은 전자공여체의 역할을 하며, 디시아노벤젠은 전자수용체의 역할을 수행한다. 일련의 카르바졸릴 디시아논벤젠 소재들은 발광피크 파장이 473[nm]인 하늘색에서부터 발광피크가 577[nm]인 오렌지색에 이르기까지 넓은 발광색상 범위를 가지고 있다. 발광파장은 주변부 카르바졸릴 그룹의 전자공여능력과 중앙부 디시아노벤젠 유닛의 전자수용능력에 의존한다. 열활성 지연형광소재를 사용하여 제작한 OLED 디바이스가 **그림 4.22**에 도시되어 있다. 녹색의 OLED 디바이스는 19.3±1.5%에 이를 정도로 매우 높은 외부양자효율을 가지고 있으며, 이는 발광커플링 효율을 20~30%라고 가정할 때에 64.3~96.5%의 내부양자효율에 해당한다. 실용성 있는 소재를 개발하기 위해서 능동적인 연구개발이 수행되고 있으며,[51~53] **그림 4.23**에서는 그 사례들을 보여주고 있다.

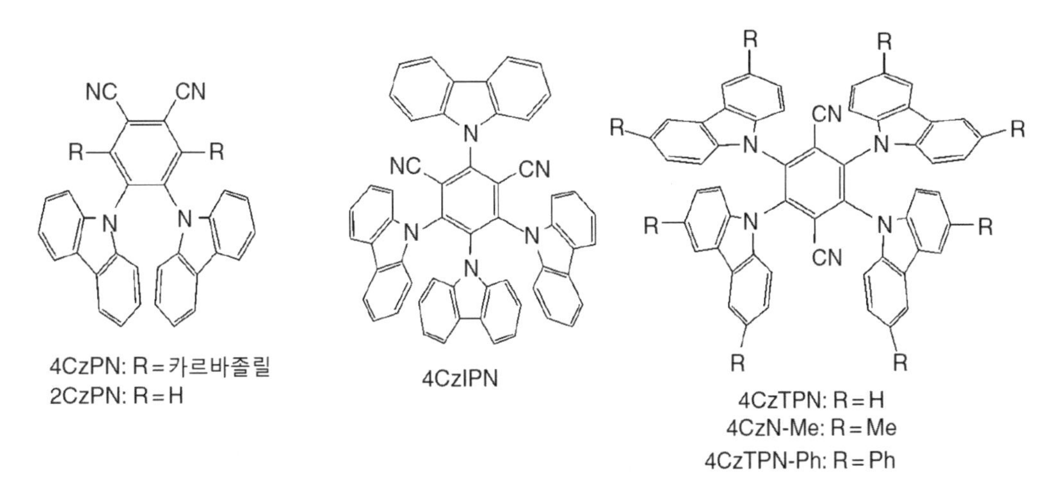

그림 4.21 CBCB 구조를 갖춘 열활성 지연형광발광소재의 사례들[50]

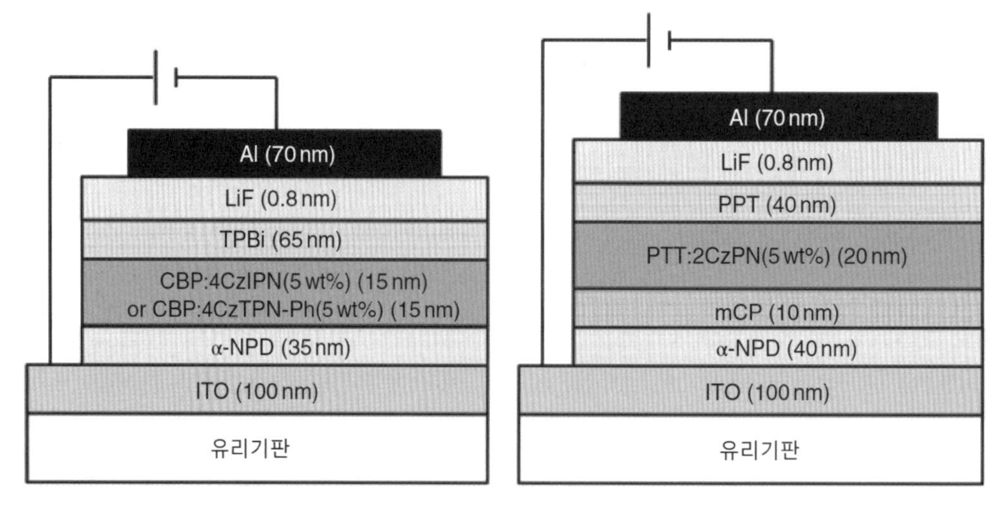

그림 4.22 열활성 지연형광소재를 사용한 OLED 디바이스

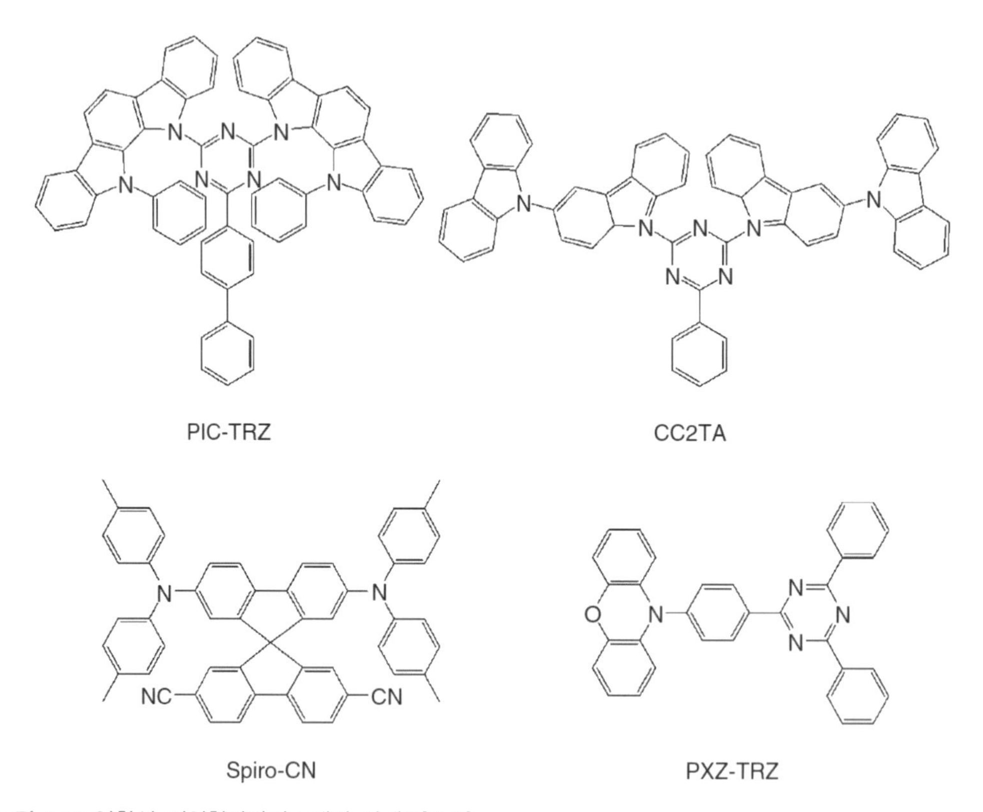

그림 4.23 열활성 지연형광발광소재의 사례들[51~53]

4.3.6 전자전송소재

전자전송소재의 역할은 주입된 전자를 발광층으로 운반하는 것이다. 전통적인 전자전송소자의 일부 사례들이 **그림 4.24**에 도시되어 있다. 가장 유명한 전자전송소자들 중 하나인 트리스(8-히드록시퀴놀린)알루미늄(Alq_3)은 녹색 발광소재로도 사용된다. 탱과 반슬라이크[54]가 OLED 디바이스에 **Alq_3**를 사용한 이래로 Alq_3는 발광소재뿐만 아니라 전자전송소자로도 사용된다.

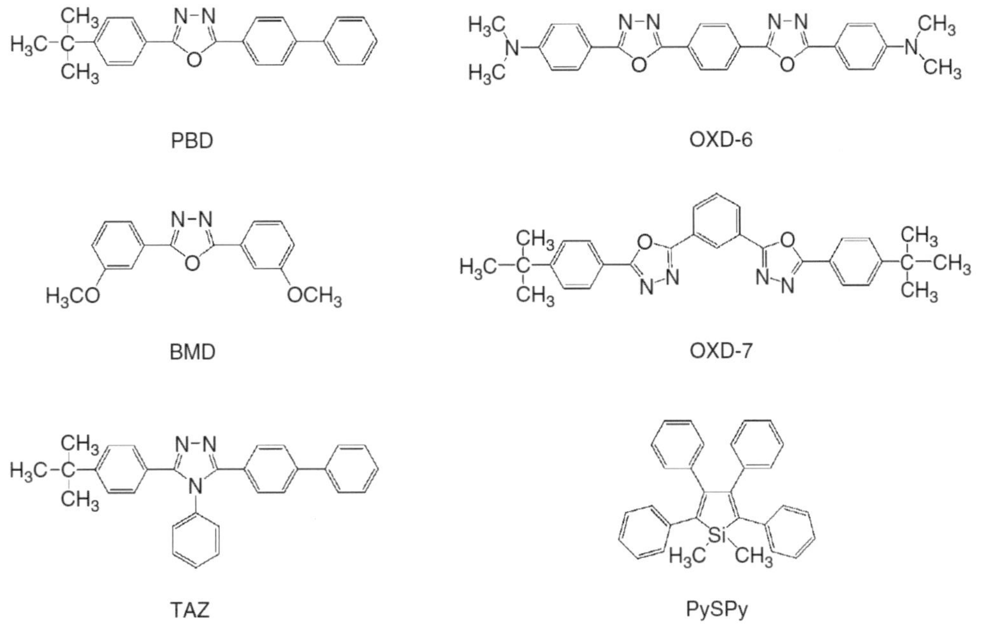

PBD

OXD-6

BMD

OXD-7

TAZ

PySPy

그림 4.24 전통적인 전자전송소재들의 사례

그런데 Alq_3를 사용하는 OLED 디바이스는 낮은 전자 이동도와 전자주입성능 때문에 구동전압이 높고 효율이 떨어진다. 이런 지식에 기초하여 OLED의 성능을 향상시키기 위한 목적으로 다양한 전자전송소재들이 개발되었다. 음극으로부터 주입된 전자들을 효율적으로 수용하기 위해서는 옥사디아졸, 트리아졸, 이미다졸, 피리딘 그리고 피리미딘과 같은 **결전자분자 방향성 반족**[22]들이 전자전송소재의 구성요소들로 사용된다.

최근 들어서 광산업기술진흥협회(OITDA)[23]와 야마가타 대학교의 리 등은 전자전송소재로

22 electron-deficient aromatic moieties.

새로운 **페나트롤린 유도체**(Phens)를 합성하였다.[55] 이들에 따르면, 이 페나트롤린 유도체는 켜짐전압을 낮춰서 Alq_3보다 효율을 향상시켜준다.

인광 OLED의 경우에, 높은 전자 이동도, 양호한 정공차폐능력 그리고 여기자 차단을 위한 충분한 삼중항 에너지(E_T)를 확보하는 등의 다양한 성질을 갖도록 만들기 위해서 전자전송소재들이 필요하다. 이런 요구조건들에 기초하여, 새로운 전자전송소재들이 합성되었다.[56,57] 그 사례들이 **그림 4.25**와 **그림 4.26**에 도시되어 있다.

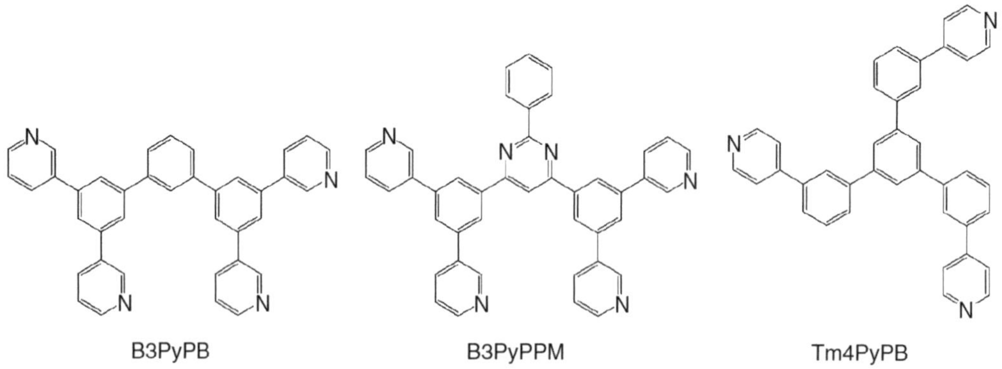

그림 4.25 최근에 개발된 전자전송소재들[57]

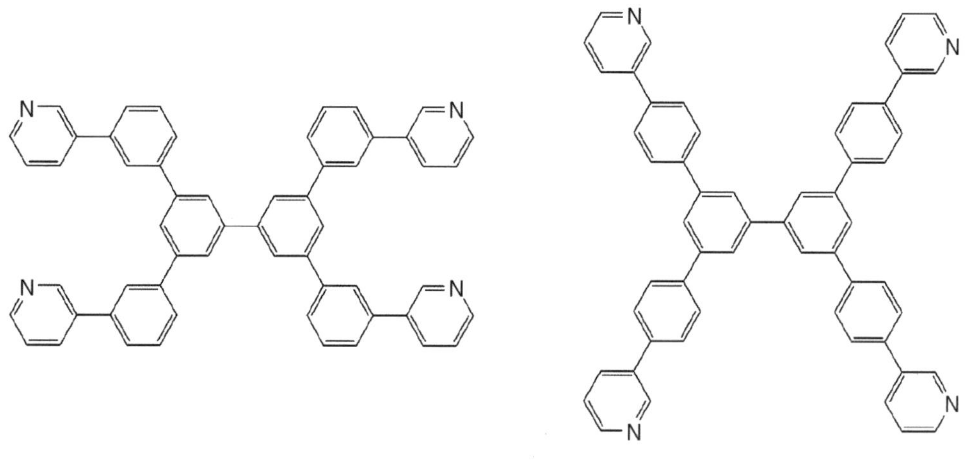

그림 4.26 최근에 개발된 전자전송소재들[57]

23 Optoelectronics Industry and Technology Development Association: 光産業技術振興協会.

4.3.7 전자주입소재와 음극

음극의 중요한 역할은 음극에 인접해 있는 유기소재 속으로 전자를 주입하는 것이다. 이를 위해서는 음극의 일함수가 낮아야만 한다. 그런데 알루미늄, 은 및 인듐-주석 산화물(ITO)과 같은 전형적인 음극 금속은 일함수가 높지 않다. 그러므로 인접한 유기물층에 효과적으로 전자를 주입하기 위해서는 추가적인 **전자주입층**이 필요하다. 전자주입층은 음극 금속과 일반적으로 **전자전송층**이라고 부르는 인접한 유기물층 사이의 주입장벽을 감소시켜서 작동전압을 현저히 줄여주기 때문에 OLED 디바이스에서 매우 중요하다. 실제의 OLED 디바이스에서는 전자주입층과 음극이 결합된 층이 자주 사용되며 이를 일반적으로 **음극**이라고 지칭한다.

전자주입층에 사용하기 위하여 다양한 종류의 전자주입소재들에 대한 연구개발이 수행되었으며, 이들 중에서 한 가지 전형적인 전자주입소재는 **무기물 전자주입층**이다. 전형적인 사례로는 소분자 OLED의 경우에 Mg:Ag,[58] LiF,[59~61] AlLi[62] 그리고 CsF[60]이며 폴리머 OLED의 경우에 칼슘(Ca)과 바륨(Ba) 등[63~67]이다.

파이오니아社의 와키모토 등은 다양한 알칼리 금속화합물들이 OLED의 성능에 미치는 영향을 연구하였다.[62] 이들은 알칼리 금속화합물을 사용하는 OLED 디바이스의 작동전압이 낮아지고 효율이 향상된다는 것을 발견하였다.

옵티컬 사이언스센터(미국)의 자보르 등은 다양한 음극소재들이 OLED의 특성에 미치는 영향에 대해서 발표하였다.[60] 이들의 발표에 따르면, 비록 알루미늄 음극은 구동전압이 높고 효율이 매우 낮지만, Mg, LiF/Al, Al-LiF 화합물과 Al-CsF 화합물은 구동전압을 낮추고 효율을 현저히 상승시킨다.

헝 등은 유기물 표면-발광 다이오드에 초박형 LiF/Al 이중층을 적용한 사례를 발표하였다.[59] 첸 등은 LiF(0.5[nm])/Al(1[nm])/Ag(20[nm])로 이루어진 **적층형 음극층**이 박막저항이 작고(~1[Ω/sq]), 광흡수가 비교적 작으며, 양호한 전자주입 성질을 가지고 있다고 발표하였다.[68] 샤프社의 오카모토 등은 LiF(0.5[nm])/Al(1[nm])/Ag(20[nm]) 음극에 의해서 유발되는 미세공동 효과를 사용하여 상부발광 고효율 OLED를 성공적으로 제작하였다.[69]

두 번째 유형의 전자주입소재는 유기음극 계면에 사용되는 마그네슘이나 리튬과 같은 **초박형 금속**이다. 키도 등은 은(Ag) 음극과 Alq_3 발광층 사이에 Mg(50[nm])나 Li(1[nm]) 층을 삽입하여 휘도를 현저히 상승시켰다.[70]

세 번째 유형은 금속이 도핑된 **유기물층**이다.[71,72] 1998년에 야마가타 대학교의 키도 등은 알루미늄 음극과 도핑되지 않은 Alq_3 층 사이에 금속이 도핑된 Alq_3 층을 삽입하였다.[71] 도핑

금속들은 리튬(Li), 스트론튬(Sr) 및 사마륨(Sm)과 같은 금속들과 높은 반응성을 가지고 있다. 리튬이 도핑된 Alq_3 층을 갖춘 디바이스는 30,000[cd/m^2] 이상의 높은 휘도를 나타낸 반면에 금속이 도핑되지 않은 Alq_3 층의 휘도는 3,400[cd/m^2]에 불과하였다. 이들은 Alq_3층에 도핑된 리튬이 내인성 전자나르개의 역할을 수행하는 Alq_3 라디칼 음이온을 생성하여 리튬이 도핑된 Alq_3 층의 전자주입 전위장벽 높이를 낮추고 전자 전도성을 높여준다고 추정하였다.

네 번째 유형은 8-퀴놀리놀레토 리튬(Liq)과 같은 **금속 착화물**이다(**그림 4.27**).[57,73~76] 이 금속 착화물들은 200~300[°C]의 비교적 낮은 온도에서 증발하며 대기조건하에서의 취급이 용이하다. 엔도 등은 금속 착화물들을 OLED 디바이스에 적용하기 위한 두 가지 방법들을 제안하였다.[73] 이들 중 하나는 음극 금속층과 유기물층 사이에 단순히 금속 착화물을 삽입하는 것이다. 또 다른 방법은 금속 착화물이 도핑된 유기물층을 삽입하는 것이다. 최근 들어서, 야마가타 대학교의 키도 등은 **그림 4.27**에 도시되어 있는 LiBPP, LiPP 그리고 LiQP 등과 같은 페놀 처리된 리튬 유도체에 대한 연구를 수행하였다.[57,76]

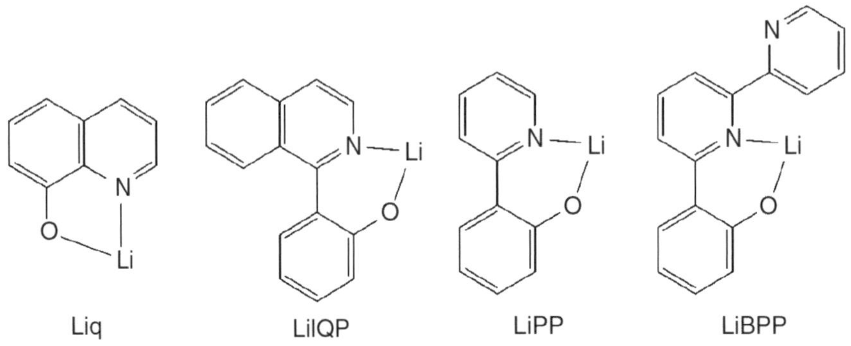

그림 4.27 전하주입층에 사용되는 금속 착화물들의 사례[57,76]

4.3.8 전하 나르개와 여기자 차단소재

전하 나르개와 여기자 차단소재들은 많은 경우, 효율과 수명향상에 중요한 역할을 한다. 특히 인광 OLED의 경우에는 전하 나르개와 여기자 차단소재들이 매우 중요하다는 사실이 잘 알려져 있다.

전하 나르개와 여기자 차단소재의 역할에 대해서 설명해주는 개략적인 에너지선도가 **그림 4.28**에 도시되어 있다. **그림 4.28(a)**에서는, 전자 전송층과 발광층 사이에 **정공과 여기자 차단층**(HBL)을 삽입하는 방안에 대해서 설명하고 있다. 정공과 여기자 차단층은 정공과 여기자들이 전자 전송층으로 누설되는 것을 방지해주어 OLED 디바이스의 효율을 현저하게 상승시켜준다. 정공과 여기자 차단층의 최고준위 점유분자궤도 레벨은 발광층의 최고준위 점유분자궤도 레벨보다 깊어야만 한다.

그림 4.28(b)에서는 정공 전송층과 발광층 사이에 **전자와 여기자 차단층**(EBL)을 삽입하는 방안에 대해서 설명하고 있다. 전자와 여기자 차단층은 전자와 여기자들이 정공전송층으로 누설되는 것을 방지하여 발광층 속으로의 나르개 주입과 평형을 맞추어주기 때문에 OLED 디바이스의 효율을 현저하게 향상시켜준다. 전자와 여기자 차단층의 최저준위 비점유 분자궤도 레벨은 발광층의 최저준위 비점유 분자궤도 레벨보다 높아야만 한다. 게다가 인광 OLED 디바이스에서 인접한 비발광성 정공전송층 속으로 여기자들이 손실되는 것을 방지하기 위해서는 전자와 여기자 차단층의 삼중항 에너지레벨이 높아야만 한다.

이런 전하 나르개와 여기자 차단소재들을 사용하면 발광층 내에서의 나르개 재결합과 여기자 저지가 효율적으로 이루어진다.

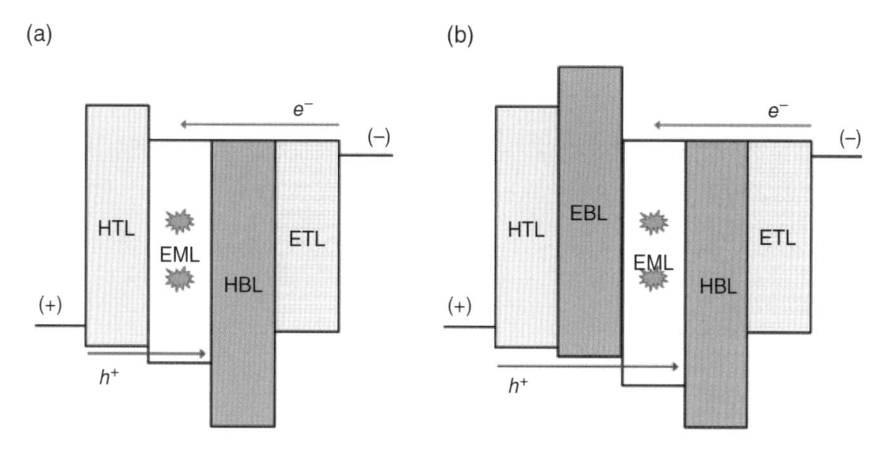

그림 4.28 전하 나르개와 여기자 차단소재의 역할. 별표시는 여기자를 나타낸다.
HTL: 정공전송층, EML: 발광층, HBL: 정공과 여기자 차단층,
ETL: 전자전송층, EBL: 전자와 여기자 차단층

정공과 여기자 차단층(HBL)에 사용되는 전형적인 소재들이 **그림 4.29**에 도시되어 있으며, 이들 중 하나는 BAlq(알루미늄(III)비스(2-메틸-8-퀴놀리나토)4-페닐페놀레이트)라는 이름으로 잘 알려져 있다.[77~79] 쿵 등은 정공 및 여기자 차단층으로 BAlq를 사용하여 인광 OLED 디바이스의 수명을 현저하게 증가시켰다고 발표하였다.

그림 4.29에 제시되어 있는 또 다른 유명한 소재는 BCP(2,9-디메틸-4,7-디페닐-1,10-페난트

로린)이다.[79~82] 이 BCP 소재의 최고준위 점유분자궤도 레벨과 최저준위 비점유 분자궤도 레벨은 각각 6.5[eV]와 3.2[eV]이다.[79] 이렇게 최고준위 점유분자궤도 레벨이 깊으면 정공전송을 효과적으로 방지할 수 있다.

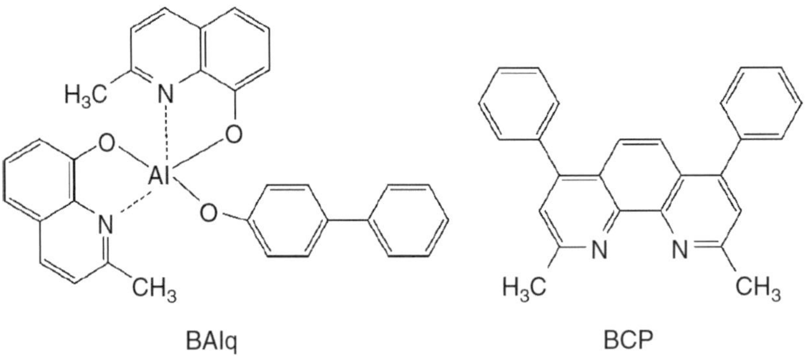

BAlq BCP

그림 4.29 정공과 여기자 차단층(HBL)에 사용되는 전형적인 소재들

대부분의 OLED 디바이스에서는 정공의 이동도가 전자의 이동도에 비해서 높기 때문에, 전자차단소재들은 정공차단소재들에 비해서 자주 사용되지 않는다. 그런데 일부의 경우, 전자차단소재들이 유용하며 여기자들이 인접한 비발광성 정공전송층 속으로 손실되는 것을 방지하기 위해서 삼중항 에너지 레벨이 높아야 한다.

전자와 여기자 차단층(EBL)에 사용되는 전형적인 소재는 **그림 4.30**에 도시되어 있는 Irppz와 $ppz_2Ir(dpm)$이다.[79]

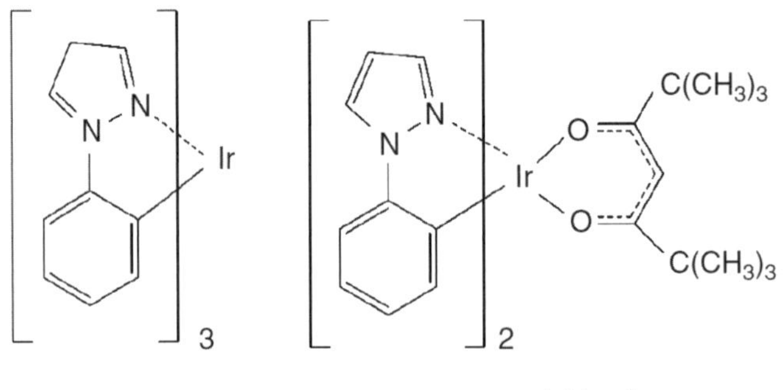

Irppz $ppz_2Ir(dpm)$

그림 4.30 전자와 여기자 차단층(EBL)에 사용되는 전형적인 소재들

4.3.9 N형 도핑과 P형 도핑소재

p-i-n OLED 디바이스는 높은 효율과 낮은 작동전압을 구현하기에 효과적이라고 보고되었다.[23,83~86] 이런 p-i-n OLED 디바이스는 p형과 n형 물질이 도핑되어 있는 밴드갭이 넓은 나르개 전송층과 적절한 전하차단층들 사이에 발광층이 끼워져 있는 구조를 가지고 있다.

잘 알려져 있는 것처럼, 무기질 반도체를 사용하는 기존의 LED의 경우에는 n형과 p형 물질이 높은 농도로 도핑되어 있는 전자전송층과 정공전송층을 사용하므로 효과적인 **터널주입**과 **플랫밴드** 조건하에서 작동한다. 이런 디바이스 개념은 유기 LED에 적용할 수 있다.

p-i-n OLED 디바이스의 사례가 **그림 4.31**에 도시되어 있다. 이 디바이스는 p형 물질이 도핑되어 있는 정공주입과 정공전송층 그리고 n형 물질이 도핑되어 있는 전자전송층을 갖추고 있다. 전자전송을 위한 전자 공여체나 정공전송을 위한 전자 수용체를 생성하기 위해서 도핑을 통해서 유기반도체층의 전도성을 증가시킴으로 인하여 이 층들 사이의 전압 강하가 현저하게 감소한다. 이런 p-i-n형 디바이스 구조는 두 전극으로부터 도핑된 전송층들 속으로 효과적인 나르개 주입을 보장해주며, 전도성이 높은 층들 속에서의 저항손실은 낮다.

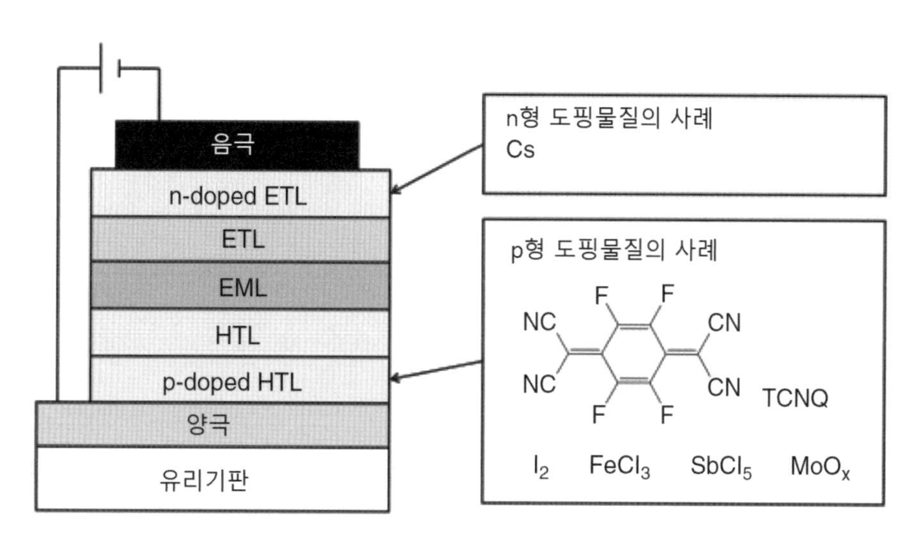

그림 4.31 p–i–n OLED 디바이스의 사례

드레스덴 공과대학교(독일)의 주 등은 4.3.1절에서 설명했던 것처럼, F_4-TCNQ와 같은 p형 물질이 도핑되어 있는 정공주입층에 대해서 발표하였다.[23]

동경 공업대학의 후지하라와 간자릭은 요오드, $FeCl_3$ 그리고 $SbCl_5$ 등이 산화제가 p형 물질로 도핑되어 있는 정공전송용 TPD층을 사용하여 켜짐전압과 정공주입장벽을 낮추었다고 발

표하였다.[84] ITO/TPD/Alq_3/Al 디바이스 내에 이런 산화제를 도핑했을 때의 켜짐전압은 10[V] 미만으로 낮아지는 반면에 도핑하지 않은 디바이스에서는 켜짐전압이 15[V] 이상이라고 보고하였다.

반도체에너지연구소(일본)[24]의 이케다 등은 몰리브덴 산화물(MoOx)이 도핑된 정공주입층들을 발표하였다.[85]

이쇼우 대학(대만)[25]의 수 등은 몰리브덴 산화물(MoOx)이 도핑된 정공주입층을 발표하였다.[86] 이들은 4,4′,4,-트리스[2-나프틸(페닐)아미노]트리페닐라민(2-TNATA)에 몰리브덴 산화물을 도핑하여 p형 물질이 도핑되어 있는 정공주입층을 제작하였다. 이 OLED 디바이스 구조는 p형 물질이 도핑되어 있는 정공주입층을 사용하였으며, 전형적인 작동성능은 **그림 4.32**에 도시되어 있다. 시험결과에 따르면, MoOx 도핑으로 인하여 전력효율이 향상되었으며 작동전압이 낮아졌다. 게다가 수명이 현저하게 증가하였다고 발표하였다.

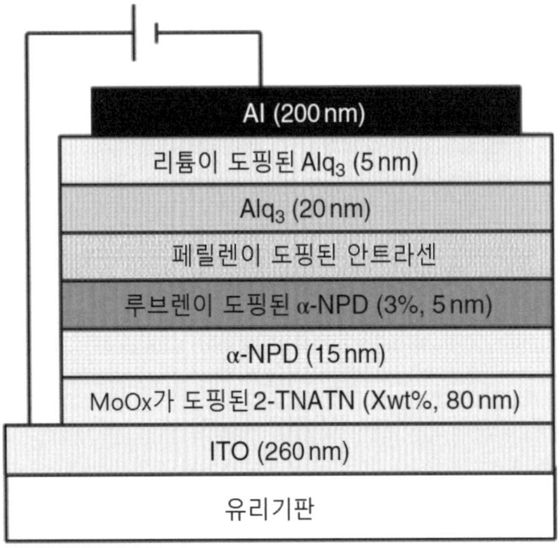

Al (200 nm)
리튬이 도핑된 Alq_3 (5 nm)
Alq_3 (20 nm)
페릴렌이 도핑된 안트라센
루브렌이 도핑된 α-NPD (3%, 5 nm)
α-NPD (15 nm)
MoOx가 도핑된 2-TNATN (Xwt%, 80 nm)
ITO (260 nm)
유리기판

X (wt%)	전력효율 (lm/W)
0	2.95
5	3.55
10	4.32
15	3.49
20	3.05

그림 4.32 p형 물질이 도핑되어 있는 정공주입층을 사용한 OLED 디바이스의 구조와 전형적인 작동성능

반면에, BPhen과 세슘(Cs)이 함께 증착된 n형 물질 도핑층이 발표되었다.[84]

24 株式会社半導体エネルギー研究所.
25 義守大學.

4.4 용액소재

OLED 디바이스를 제조하기 위한 용액공정은 저가형 OLED 생산기술을 실현해주기 때문에 많은 관심을 받고 있다. 용액공정의 경우에는 액상 OLED 소재를 필요로 하며, 이는 폴리머, 덴드리머 그리고 용해성 소분자 등의 세 가지 유형으로 분류할 수 있다.

4.4.1 폴리머소재

폴리머 OLED는 케임브리지 그룹의 버로우스 등에 의해서 처음으로 발표되었다.[87,88] 이들은 **그림 4.33**에 도시되어 있는 것과 같은 폴리(p-페닐렌 비닐렌)(**PPV**)을 사용하였다. PPV는 π 분자궤도가 폴리머 체인을 따라서 비편재화된 **공액 유기반도체**이다. 버로우스 등에 따르면 비편재화된 체인으로 주입된 전자와 정공이 국부적인 자려상태를 초래한 후에 발광이 감쇄하므로, 이 소재들을 전자발광 디바이스로 사용할 수 있다고 제시하였다. PPV를 만들기 위해서, 이들은 **그림 4.33**에 도시되어 있는 것처럼, 액상도포가 가능한 **전구체 폴리머**(II)를 합성하였다. 전구체 폴리머(II)는 인듐 산화물이 증착된 기판 위에 스핀코팅으로 도포하며 열변환(전형적으로 진공, 250[°C] 이상의 온도에서 10시간)을 통해서 100[nm]의 두께로 균질, 조밀한 PPV(I) 박막을 생성한다. 음극으로는, 폴리머 위에 알루미늄을 증착한다. 이 디바이스의 구조가 **그림 4.33**에 도시되어 있다.

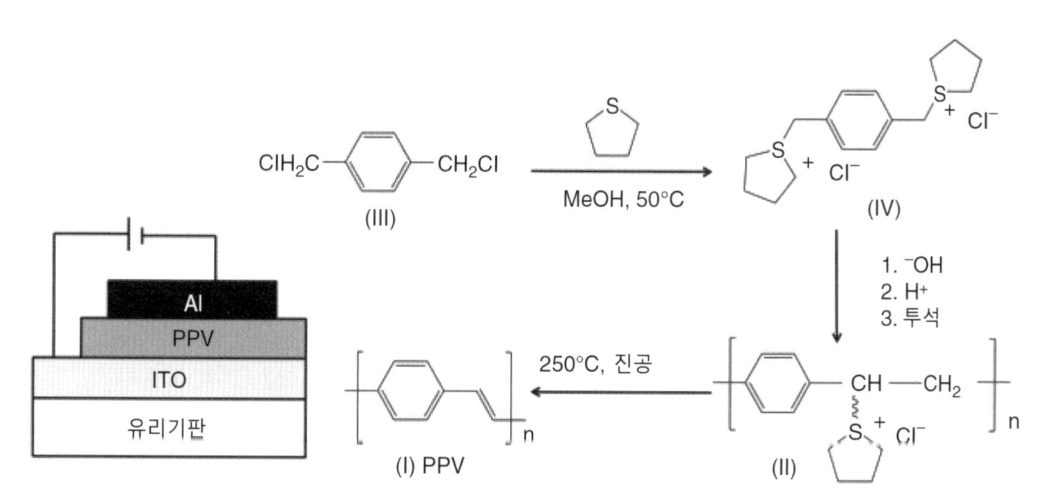

그림 4.33 버로우스 등이 합성한 PPV와 PPV를 사용한 디바이스의 구조

버로우스 등의 발표 이후에, 활발한 연구개발이 시작되었다. 버로우스 등은 디바이스에 단 하나의 유기물층을 사용했던 반면에, 이후에 다양한 소재를 사용한 다중층 구조들이 개발되었다.

4.4.1.1 형광발광 폴리머

폴리머 OLED 디바이스에 사용되는 공액폴리머들이 **그림 4.34**에 요약되어 있다. 공액폴리머를 사용한 전자발광에 대한 최초의 논문에서는 PPV를 사용하였다.[87,88] PPV는 π와 π^* 상태 사이의 에너지 갭이 약 2.5[eV]이며 황색/녹색의 빛을 생성한다. **그림 4.34**에 도시되어 있는 것처럼, 다수의 PPV 유도체들이 합성되었으며, 폴리머 OLED 디바이스에 적용되었다. 가장 유명한 PPV 유도체들 중 하나가 폴리(2-메톡시,5-(2′-에틸-헥속시)-1,4-페닐렌-비닐렌)(MEH-PPV)으로서, 오렌지-적색을 생성하며, 용해성 유기용제이기 때문에 많은 연구에서 사용되었다.[89] MEH-PPV의 $\pi-\pi^*$ 에너지 갭은 약 2.2[eV]로서, PPV보다 낮다. 다양한 공중합체들이 개발되었으며, 이들은 색상 조절이 가능하고, 휘도가 개선되었기 때문에, 폴리머 OLED 디바이스에 적용되었다.[90]

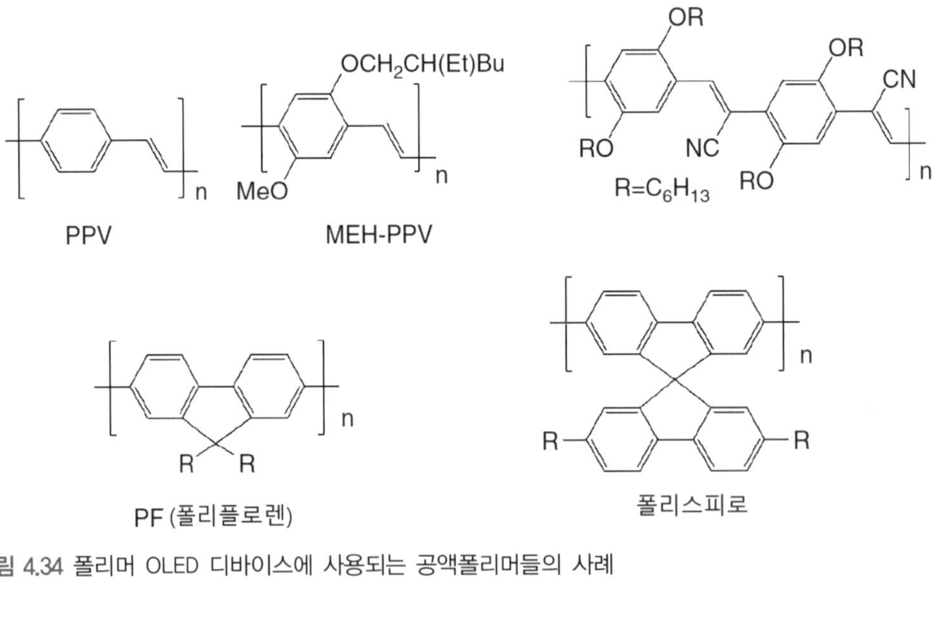

PPV　MEH-PPV　$R=C_6H_{13}$

PF (폴리플로렌)　폴리스피로

그림 4.34 폴리머 OLED 디바이스에 사용되는 공액폴리머들의 사례

폴리(디알킬플로렌)[91~93]는 청색을 발광하며 휘도가 높다. 폴리(디알킬플로렌)를 사용한 다양한 공중합체들이 합성되어 OLED 디바이스에 사용되었다. 폴리플로렌 공중합체들 중 일부

는 녹색과 적색을 발광한다. 그 사례들이 **그림 4.35**에 도시되어 있다.

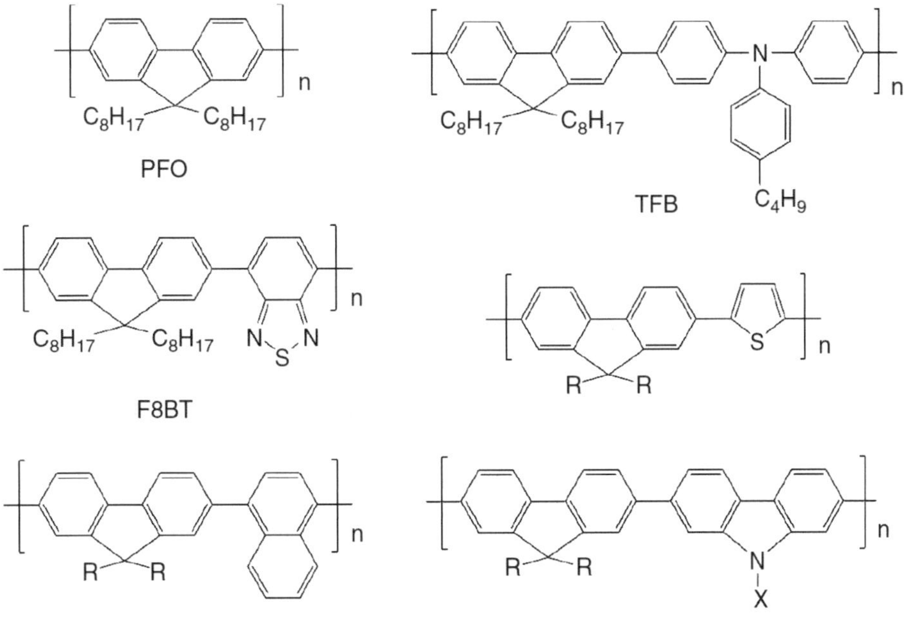

PFO

TFB

F8BT

그림 4.35 폴리플로렌 공중합체의 사례들[93]

4.4.1.2 정공주입소재

정공주입 성질은 소분자 OLED뿐만 아니라 폴리머 OLED 디바이스에서도 중요하다. 정공주입장벽을 낮추기 위해서, 양극 위에는 자주 (인듐-주석 산화물과 같은) **정공주입소재**를 증착한다. 유니액스社(미국)의 양과 히거 등은 폴리아닐린(PANI)을 저분자 폴리에스터 레진에 혼합한 정공 주입층을 삽입하여 인듐-주석 산화물(ITO) 양극으로부터의 전하 나르개 주입이 개선되었다고 발표하였다.[94]

히거 그룹의 카오 등은 폴리아닐린 디옥시티오펜-폴리스티렌 술폰산염(**PEDOT:PSS**) 박막을 폴리머 발광 다이오드에 MEH-PPV와 함께 사용하였다.[95] ITO/PEDOT:PSS/MEH-PPV/Ca 구조를 사용하는 OLED 디바이스를 사용하여 효율과 수명을 향상시켰다고 발표하였다.

PEDOT:PSS의 분자구조가 **그림 4.36**에 도시되어 있다. PEDOT:PSS는 폴리머 형태의 OLED뿐만 아니라 증착식 유기층과 조합해서도 널리 사용되고 있다.[96~101]

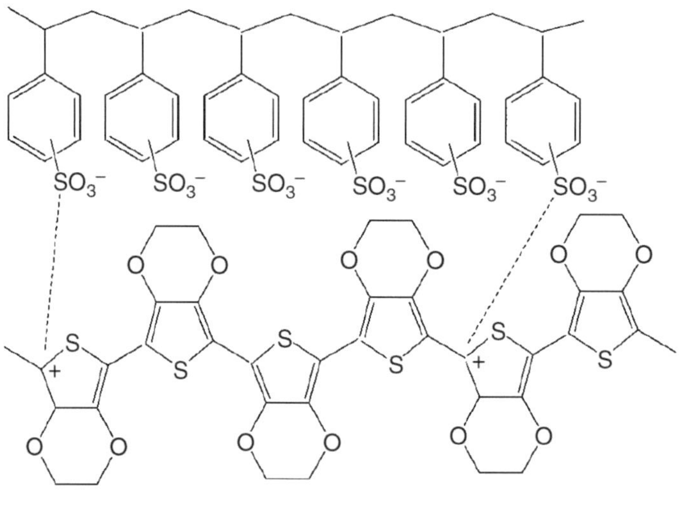

그림 4.36 PEDOT:PSS의 분자구조

4.4.1.3 PEDOT:PSS와 중간층의 퇴화

비록 PEDOT:PSS가 정공주입 및 정공전송 능력을 갖춘 유용한 액상의 소재이지만, 한 가지 심각한 문제는 작동하는 OLED 디바이스의 수명에 부정적인 영향을 미친다는 점이다.

PEDOT:PSS를 사용하기 위한 대응방안으로서, PEDOT:PSS층과 발광층 사이에 **중간층**을 삽입하는 방안이 제안되었다. **그림 4.37**에서는 PEDOT:PSS를 사용하는 폴리머 OLED의 전형적인 두 가지 디바이스 구조를 보여주고 있다. **그림 4.37(a)**에서는 중간층이 없는 2층 구조를 보여주고 있으며, **그림 4.37(b)**에서는 중간층이 삽입된 3층 구조를 보여주고 있다. 이 중간층은 여기자의 **소광**[26]을 방지[102]하며 전자를 차폐[103~107]한다고 발표되었다.

전자차폐 모델을 기반으로 하여 **그림 4.38**에서는 중간층을 사용 및 사용하지 않은 이들 두 디바이스 구조에 대한 전형적인 에너지 도표가 개략적으로 제시되어 있다. **그림 4.38(a)**에 도시되어 있는 것처럼, 중간층이 없는 경우에는, 전자가 PEDOT:PSS 층으로 손쉽게 전송된다. 반면에, 만일 중간층이 PEDOT:PSS 층으로의 전자 전송을 막으면, **그림 4.38(b)**에 도시되어 있는 것처럼, 전자들은 PEDOT:PSS 층으로 이동하지 못한다. 이 전자차폐 중간층 개념은 PEDOT:PSS 층의 퇴화 메커니즘과 밀접한 연관관계를 가지고 있다.

---

26 quenching: 열이나 빛과 같은 물리적 성질을 소멸시킨다.

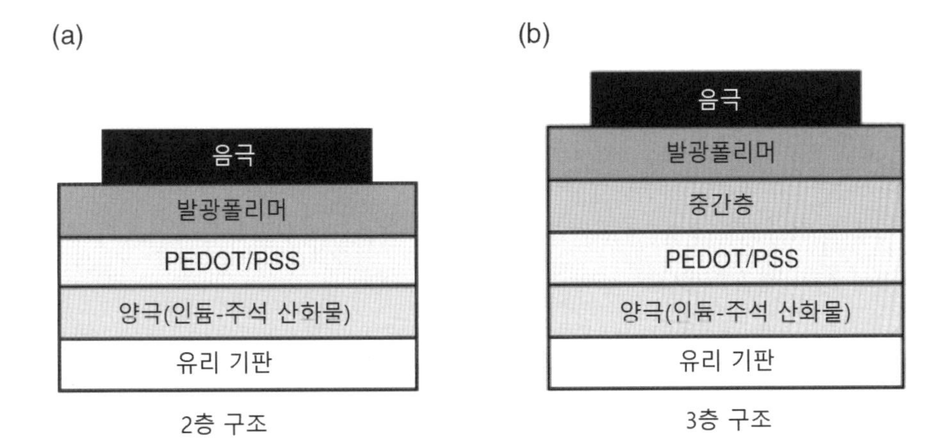

그림 4.37 PEDOT:PSS를 사용하는 폴리머 OLED 디바이스의 구 가지 전형적인 디바이스 구조. (a) 중간층이 없는 2층 구조, (b) 중간층을 사용한 3층 구조

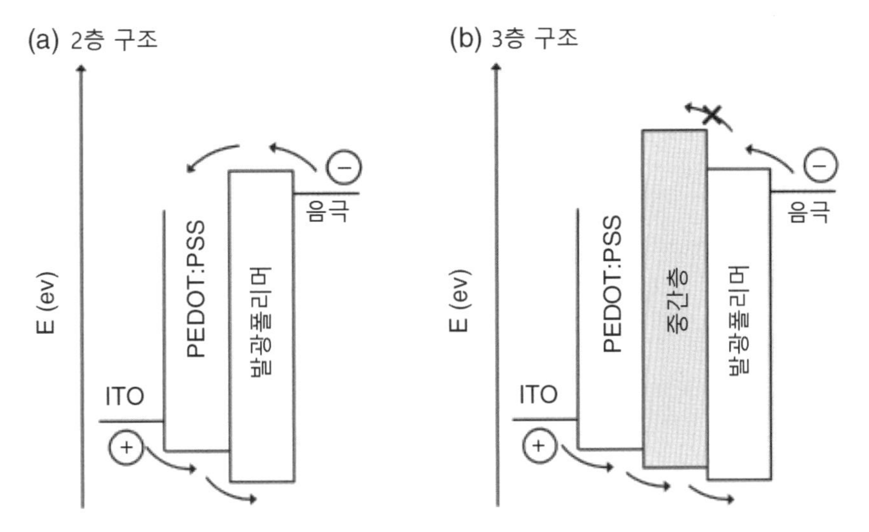

그림 4.38 중간층을 사용 및 사용하지 않은 두 가지 폴리머 OLED 디바이스의 구조에 대한 에너지선도. (a) 중간층이 없는 2층 구조, (b) 중간층을 사용한 3층 구조

PEDOT:PSS의 퇴화메커니즘에 대한 연구를 수행하기 위해서, 와세다 대학[27] 후지와라 그룹의 사카모토 등은 폴리머형 OLED 디바이스의 PEDOT:PSS 퇴화에 대하여 라만 스펙트럼 변화를 측정하였다.[108] 이들이 사용한 디바이스는 유리/ITO(~100[nm])/PEDOT:PSS(~30[nm])/F8BT-PF8(~90[nm])/Li-Al의 구조를 가지고 있었다. 이들은 작동상태에서 PEDOT 밴드의 증가를 찾

27 早稲田大学.

아낸 다음에, 이 현상은 PEDOT 체인의 감소(탈도핑)에 기여할 수 있다고 결론지었다. 이들은 또한 F8BT-PF8 블랜드층 속으로 주입된 전자들 중 일부분이 재결합에서 찰출하여 PEDOT:PSS 층에 도달하며, 이로 인하여 PEDOT 체인들이 감소(탈도핑)된다고 설명하였다. 이 현상은 PEDOT:PSS를 구비한 폴리머 OLED를 퇴화시키는 본질적인 인자들 중 하나일 것이라고 주장하였다. 이후에, PEDOT:PSS 층과 발광 폴리머 사이에 중간층을 삽입하여 효율과 수명을 개선한 논문들이 다수 발표되었다.

모르가도 등은 폴리머 OLED의 전자 차폐층 대해서 발표하였다.[103] 이들은 PEDOT:PSS 정공주입층과 폴리플로렌 발광층 사이에 PPV 박막을 삽입하였다. **그림 4.39**에서는 발광층이 녹색을 발광하는 F8BT가 5[wt%]만큼 함유된 PFO이며 ITO/PEDOT:PSS /PPV/EML/Ca를 갖춘 디바이스의 개략적인 에너지선도를 보여주고 있다. 이들은 PPV 층을 삽입한 경우에 효율이 2.1에서 4.1[cd/A]로 증가하였음을 보고하였다. F8BT/PPV 계면에서는 각각의 최저준위 비점유 분자궤도 레벨들의 현저한 불일치로 인하여 PPV 속으로 전자를 주입하기 위하여 약 0.4[eV]의 장벽이 존재한다. 이런 개선은 주로 PPV 층의 **전자차폐효과**로 인한 것이며, 발광층 내에서 전하 나르개 평형의 개선을 초래하였다고 추정하였다.

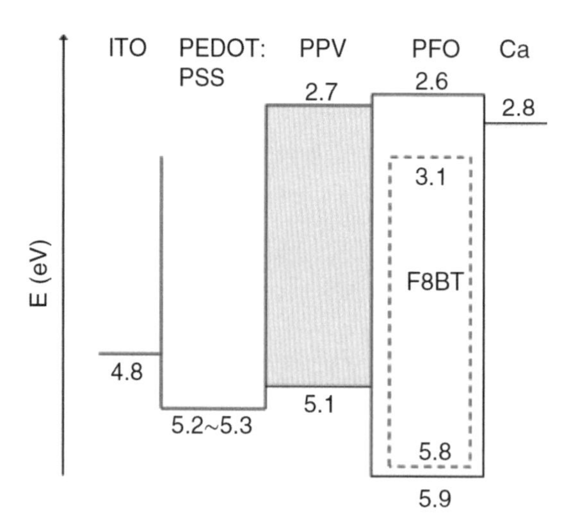

그림 4.39 발광층이 녹색을 발광하는 F8BT가 5[wt%]만큼 함유된 PFO이며 ITO/PEDOT:PSS/PPV/EML/Ca를 갖춘 디바이스의 개략적인 에너지선도[103]

케임브리지 디스플레이 테크놀로지社(CDT)의 콘웨이 등은 서로 다른 전자 이동도를 가지고 있는 중간층과 전자만이 흐르는 전류디바이스를 사용하여 중간층의 역할을 탐구하였다.[104] 이들은 중간층의 전자전류가 감소하면 외부양자효율과 수명이 증가한다는 것을 관찰하였으며, 이를 통해서 중간층과 발광 폴리머의 전송특성이 가장 중요하며 중간층 여기자 차폐특성은 중요하지 않다고 결론지었다.

카시오社(일본)의 시라사키 등은 이들이 제작한 폴리머 아몰레드 디스플레이에 전자 차단을 위한 중간층을 적용하였다.[105]

샤프社(일본)의 후지타 등은 적색, 녹색 그리고 청색 폴리머 OLED 디바이스에 중간층을 사용하여 효율과 수명을 개선하였다.[106] 적색과 녹색 폴리머 OLED 디바이스의 효율 개선은 그리 크지 않지만, 청색 OLED의 효율개선은 두 배에 달하였다. 게다가 **표 4.1**에서 알 수 있듯이, 적색, 녹색 및 청색 OLED의 수명이 현저하게 개선되었다. 수명곡선의 개선사례들 중 하나가 **그림 4.40**에 도시되어 있다.

표 4.1 중간층 삽입에 따른 효과[106, 107]

		효율[cd/A]		반수명[h]	
			휘도[cd/m^2]	[h]	초기휘도[cd/m^2]
적색 디바이스	2층(중간층 없음)	2.3	450	98	3,000
	3층(중간층 있음)	3.0		569	
녹색 디바이스	2층(중간층 없음)	13.0	900	130	6,000
	3층(중간층 있음)	14.1		378	
청색 디바이스	2층(중간층 없음)	5.7	150	15	1,000
	3층(중간층 있음)	11.2		464	

디바이스 구조: 2층: ITO/PEDOT:PSS(65[nm])/LEP(80[nm])/Ba/Al
3층: ITO/PEDOT:PSS(65[nm])/IL(20[nm])/LEP(80[nm])/Ba/Al

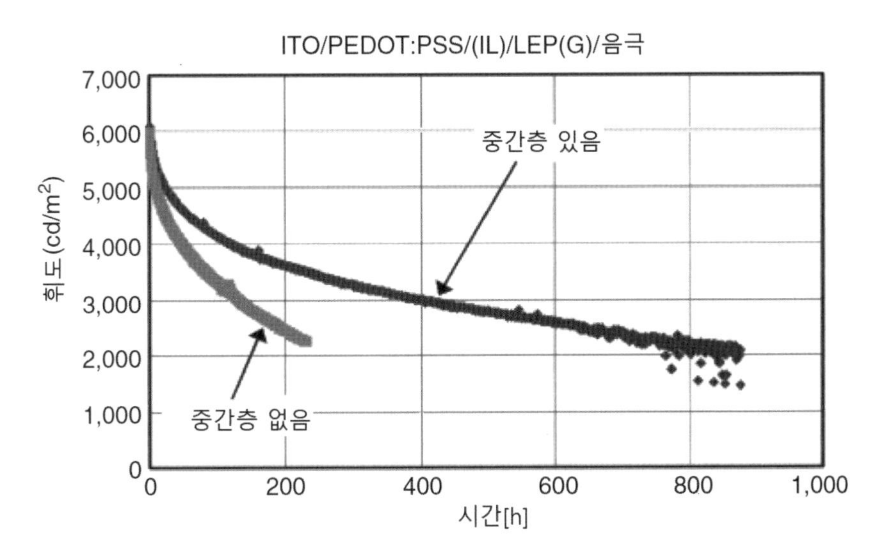

그림 4.40 중간층 삽입을 통한 수명개선의 사례

샤프社(일본)의 하타나카 등은 단일 나르개 디바이스와 양극성 디바이스를 사용하여 중간층의 역할에 대한 고찰을 수행하였다.[107] 단일 나르개 디바이스를 사용하는 디바이스 구조가 **그림 4.41**과 **그림 4.42**에 도시되어 있다. 적색, 녹색 그리고 청색 폴리머 OLED 디바이스에 대해서 동일한 중간층 소재가 20[nm]의 동일한 두께로 사용되었다. 전자만이 흐르는 디바이스(EOD)의 V-I 곡선이 **그림 4.41**에 도시되어 있다. 이 그래프를 살펴보면, 중간층을 삽입한 경우에 전류가 현저하게 감소하였음을 알 수 있다. **그림 4.41**에 따르면, 중간층은 효과적으로 전자를 차단하고 있음을 확인할 수 있다. 그런데 이 현상을 최저준위 비점유분자궤도 레벨의 차이로는 설명할 수 없다. **그림 4.43**에서는 에너지선도를 보여주고 있다. 만일 중간층과 발광 폴리머 사이의 최저준위 비점유분자궤도 레벨의 차이로 인하여 전자 차폐가 일어난다면, 전자차폐효과는 적색 OLED에서 가장 크며 청색 OLED에서 가장 작아야 한다. 그런데 **그림 4.41**에 따르면 청색 OLED의 전자차폐가 가장 크다는 것을 알 수 있다. 그러므로 중간층에 의한 전자차폐는 중간층과 발광 폴리머 사이의 최저준위 비점유분자궤도 레벨의 차이에 의한 것이 아니라고 결론지을 수 있다. **그림 4.43**에서는 에너지선도를 보여주고 있다. 만일 중간층과 발광 폴리머 사이의 최저준위 비점유 분자궤도 레벨 차이로 인하여 전자차폐가 발생한다면, 이 전자차폐 효과는 적색 OLED에서 가장 크고 청색 OLED의 경우에는 가장 작아야 한다. 그런데 **그림 4.41**에 따르면 청색 OLED의 전자차폐가 가장 크다는 것을 알 수 있다. 그러므로 중간층

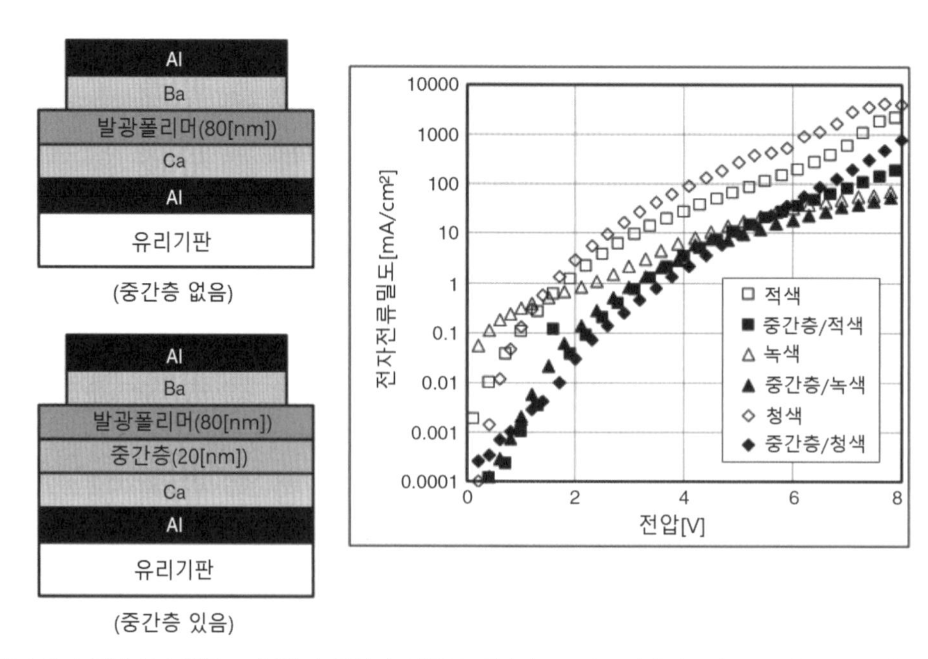

그림 4.41 중간층의 역할을 고찰하기 위하여 사용된 전자만 흐르는 디바이스의 구조와 I-V 곡선

에 의한 전자차폐효과는 중간층과 발광폴리머 사이의 최저준위 비점유분자궤도 레벨에 의한 것이 아니다.

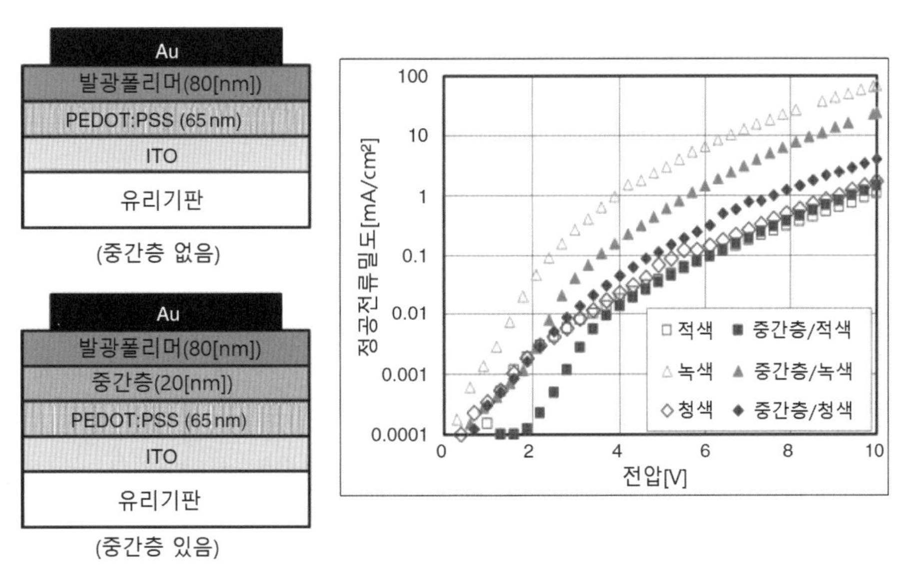

그림 4.42 중간층의 역할을 고찰하기 위하여 사용된 정공만 흐르는 디바이스의 구조와 I–V 곡선

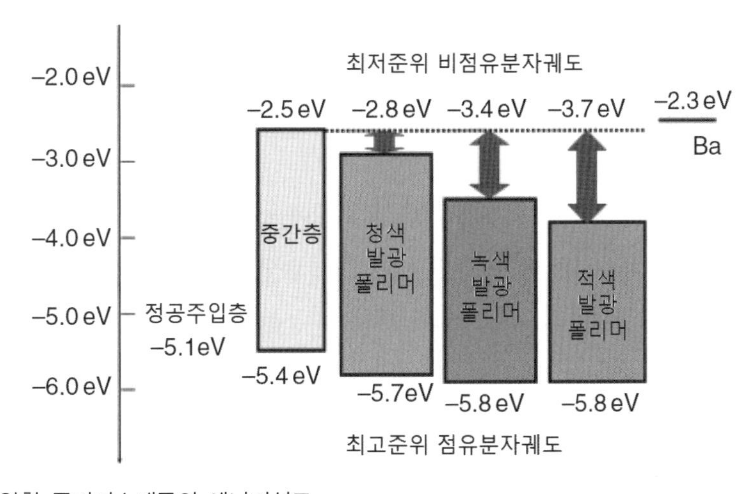

그림 4.43 다양한 폴리머소재들의 에너지선도

반면에 중간층을 갖추고 있는 적색, 녹색 및 청색 OLED 디바이스들의 전류밀도 차이가 작은 반면에 중간층이 없는 디바이스들은 큰 차이를 나타내었다. 이는 중간층의 낮은 전자이동도가 전자차폐를 유발하여 세 가지 색상의 OLED 디바이스들에서 동일한 수준의 전류밀도

를 갖도록 만들었다는 것을 의미한다. 이들은 또한 **그림 4.42**에 도시되어 있는 것처럼 정공만 흐르는 디바이스에 대한 고찰도 수행하였지만, 중간층의 효과를 개선해주는 명확한 상관관계를 찾아내지 못하였다. 단일 나르개를 사용하는 디바이스를 활용한 이들의 연구에 따르면, 중간층은 낮은 전자 이동도로 인하여 전자차폐 효과를 나타내며 효율과 수명의 현저한 향상을 초래하였다.

4.4.1.4 인광 폴리머소재

액상의 **인광 폴리머**소재들에 대해서도 연구가 수행되었으며, 1세대 소재는 소분자 인광 도핑물질을 함유한 모재 폴리머 혼합물이다.

캘리포니아 대학교 로스앤젤레스 캠퍼스와 서던 캘리포니아 대학의 구오 등은 모재 폴리머에 백금(II)-2,8,12,17-테트라메틸-3,7,13,18-테트라메틸포르피린(PtOX) 소분자를 도핑하였다.[109] 이 디바이스 구조는 정공 전송층과 전자 전송층을 갖춘 이중층 구조를 가지고 있다. 정공 전송층은 폴리(비닐카르바졸)로 구성된다. 전자 전송층은 인광발광물질인 PtOX가 도핑된 폴리(9,9-비스(옥틸)-플루오렌-2,7-딜)(BOc-PF)로 구성된다. OLED 디바이스의 외부효율은 PtOX를 도핑하면 1[%]에서 2.3[%]로 향상된다고 보고되었다.

광주과학기술원의 이 등은 폴리(비닐카르바졸) 모재에 트리스(2-페닐피리딘)이리듐[$Ir(ppy)_3$]을 삼중항 발광 도핑물질로 사용한 인광 OLED를 발표하였다.[110] 이들이 개발한 디바이스의 구조는 **그림 4.44**에 도시되어 있다. PVK에 [$Ir(ppy)_3$]를 8[%] 도핑한 디바이스의 외부양자효율은 1.9[%]이며 피크휘도는 2,500[cd/m^2]이었다.

서던 캘리포니아 대학의 라만스키 등은 PVK 모재에 소분자 인광 다이들이 도핑된 단일층을 사용하는 인광 OLED를 발표하였다.[111] 레인 등은 발광 폴리머 모재인 폴리(9,9-디옥틸플루오렌)(PFO)에 적색 인광 다이인 2,3,7,8,12,13,17,18-옥타에틸-21H,23H-포르피린-백금(II)(PtOEP)를 도핑한 폴리머 OLED에 대한 연구를 수행하였다.[112] 이들은 PtOEP 도핑 농도 4[wt%]에서 3.5[%]의 최대 외부양자효율을 구현하였다. 이스트먼코닥社의 베스와 탱은 팩-트리스(2-페닐피리딘) 이리듐(Ir-ppy)을 도핑한 폴리(비닐 카르바졸) 모재를 사용하여 인광 OLED를 제작하였다.[113] 이들은 2차 도핑소재로 2-(4-비페닐릴)-5-(4-테르트-부틸페닐)-1,3,4-옥사디아졸을 사용하는 최적조건하에서30[cd/A]의 발광효율과 8.5[%]의 외부양자효율을 구현하였다. 오사카 대학의 히노 등은 액상공정이 가능한 저분자소재 속에 인광발광소재인 $Ir(ppy)_3$를 도핑한 인광 OLED 디바이스를 발표하였다.[114] 이들은 메톡실기가 치환된 1,3,5-트리스[4-(디페닐아미노)페닐]벤젠(TDAPB)을 1,2-디클로로에탄에 용해시켜서 모재로 사용하였다. 이를 사용하여 이들은 8.2[%]의 피크 외부양자효율과 29[cd/A]의 전류효율을 구현하였다.

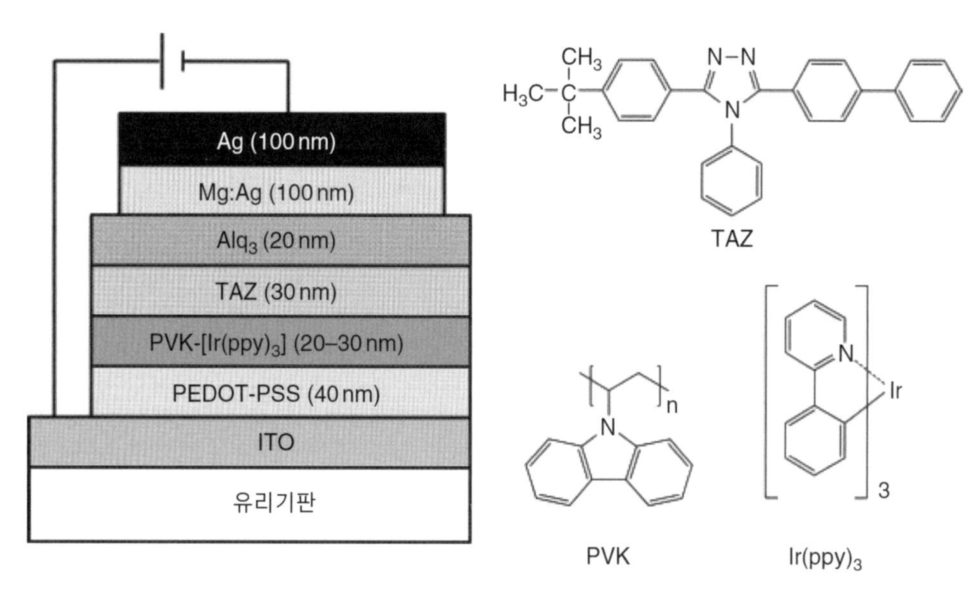

그림 4.44 폴리머 모재와 인광 도핑로재를 사용한 OLED 디바이스의 구조[110]

2세대 용액형 인광소재들은 폴리머의 사이드 그룹에 소량의 인광유닛들이 함유되어 있는 발광성 폴리머이다. 이런 소재들의 개략적인 구조가 **그림 4.45**에 도시되어 있다.

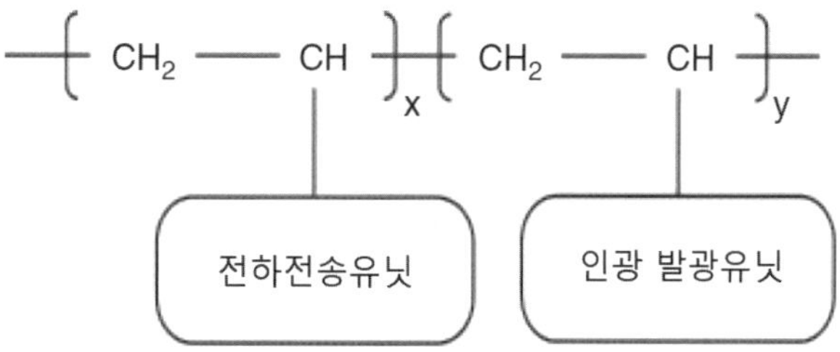

$-[CH_2-CH]_x-[CH_2-CH]_y-$

전하전송유닛

인광 발광유닛

그림 4.45 2세대 인광 폴리머의 개략적인 구조

광주과학기술원의 이 등은 인광 OLED 디바이스를 제작하기 위해서 카르바졸 유닛과 이리듐 착화물을 함유한 새로운 폴리머를 합성하였다.[115] 폴리머 내에서 카르바졸 유닛에 비해서 이리듐 착화물의 함량은 7.8[wt%]였다. 이들이 사용한 디바이스의 구조는 ITO/PEDOT(40[nm])/Ir 착화물 공중합체(30[nm])/TAZ(30[nm])/Alq_3(20[nm])/LiF(1[nm])/Al(180[nm])였다. 이들에 따르면 36[cd/m^2] 조건하에서 최대 외부양자효율은 4.4[%]였으며, 구동전압 6.4[V]에서 최대 전력효율은 5.0[lm/W] 그리고 구동전압 24.2[V](360[mA/cm^2])에서의 피크휘도는 12,900[cd/m^2]이었다.

NHK 방송기술연구소와 쇼와덴코社(일본)[28]의 토키토 등도 카르바졸 유닛과 이리듐 착화물 유닛을 사용하여 인광 폴리머를 개발하였다.[116] 이들의 분자구조는 **그림 4.46**에 도시되어 있다. 이들은 유리/ITO/PEDOT:PSS(30[nm])/EML(85[nm])/Ca(10[nm])/Al(150[nm]) 구조를 사용하여 OLED 디바이스를 제작하였으며, 발광층에는 전자전송소재가 도핑되어 있는 인광 폴리머를 사용하였다. 적색, 녹색 및 청색 OLED에 대해서 각각 5.5[%], 9[%] 및 3.5[%]의 높은 외부양자효율을 구현하였다.

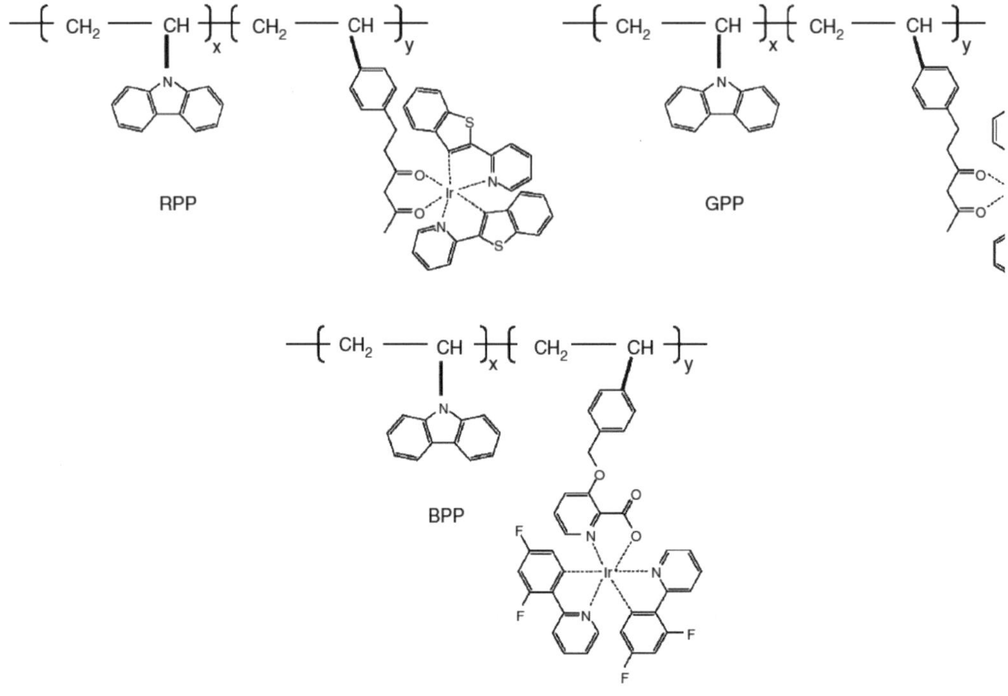

RPP GPP BPP

그림 4.46 토키토 등이 개발한 카르바졸 유닛과 이리듐 착화물 유닛을 사용한 인광 폴리머의 분자구조[116]

NHK 방송기술연구소의 토키토 등은 발광 폴리머층과 음극 사이에 정공 차단층으로 알루미늄(III)비스(2-메틸-8-퀴놀리나토)4-페닐페놀리나토(BAlq)를 주입한 인광 폴리머를 사용하여

28 昭和電工株式会社.

인광 OLED 디바이스의 성능을 개선하였다.[117] 이들은 적색, 녹색 및 청색 OLED들에 대해서 각각 6.6[%], 11[%] 및 6.9[%]의 외부양자효율을 구현하였다. 게다가 이들은 폴리머도 개선하였다. 스즈키 등은 새로운 인광 공중합체를 합성하였다.[118] 이 공중합체는 비스(2-페닐피리딘)이리듐(아세틸아세토네이트)[Ir(ppy)(2)(acac)], N,N′-디페닐-NN′-비스(3-메틸페닐)-[1,1′-비페닐]-4,4′-디아민(TPD) 그리고 2-(4-비페닐)-5-(4-테르트-부틸페닐)-1,3,4-옥사디아졸(PBD)을 사이드그룹으로 사용하였다. **그림 4.47**에서는 개발된 폴리머의 분자구조와 이 폴리머를 사용한 OLED 디바이스의 구조를 보여주고 있다. 이들은 세 가지 유형의 치환기들의 농도비율과 전자주입층으로 사용되는 일함수가 작은 Ca, Ba 및 Cs와 같은 세 가지 금속들이 미치는 영향에 대해서 고찰하였다. 소재조합이 TPD:PBD:Ir(ppy)2(acac) = 18:79:3의 비율인 경우에 최고의 성능을 나타내었으며, 이때에 Cs의 외부양자효율은 11.8[%]이며 전력효율은 38.6[lm/W]였다.

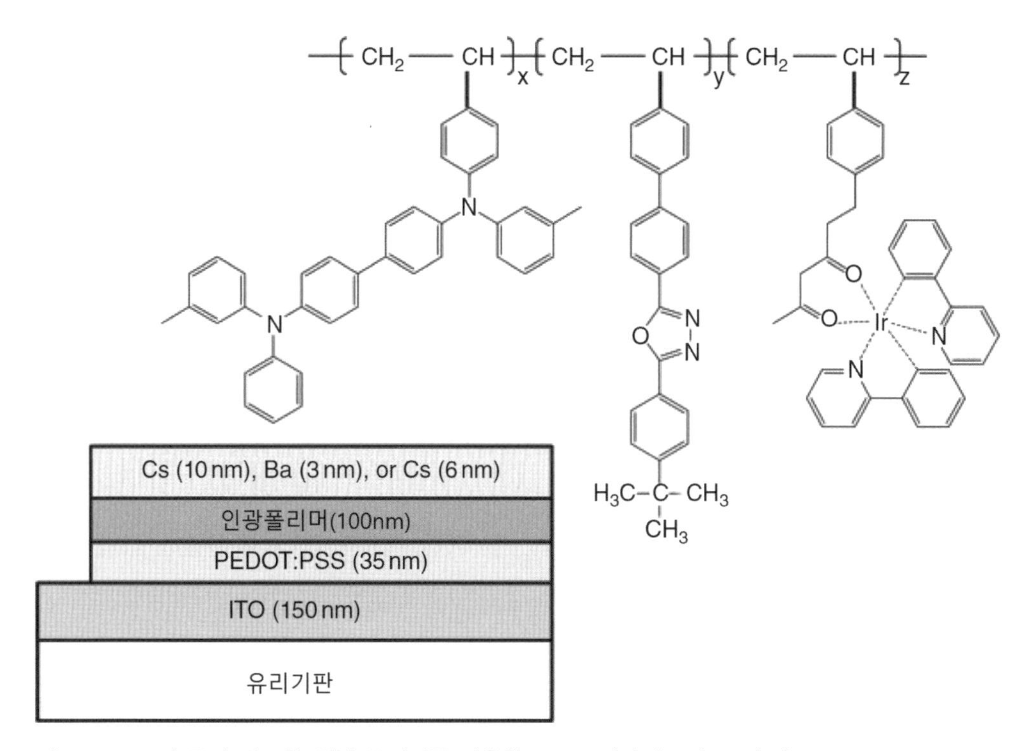

그림 4.47 스즈키 등이 발표한 인광 폴리머를 사용한 OLED 디바이스의 구조[118]

4.4.2 덴드리머

덴드리머도 역시 액상소재이며 **그림 4.48**에서는 그 개념도가 도시되어 있다. 덴드리머는 코어, 복합수지상돌기 그리고 표면그룹 등으로 구성되어 있다. 덴드리머 분자의 중심 코어가 광전특성을 가지고 있으며, 이것이 OLED의 성능을 좌우한다. 수지상 돌기들이 전하의 이동도를 결정한다. 반면에 분자의 외부에 위치한 표면 그룹들은 용해성과 가공성에 영향을 미친다. 덴드리머는 잘 만들어진 구조이며 일반적인 정제기술을 사용하여 정제할 수 있지만, 폴리머의 표면결함을 용이하게 제거할 수 없으며, 이 결함들이 디바이스의 안정성 저하를 초래할 수 있다.

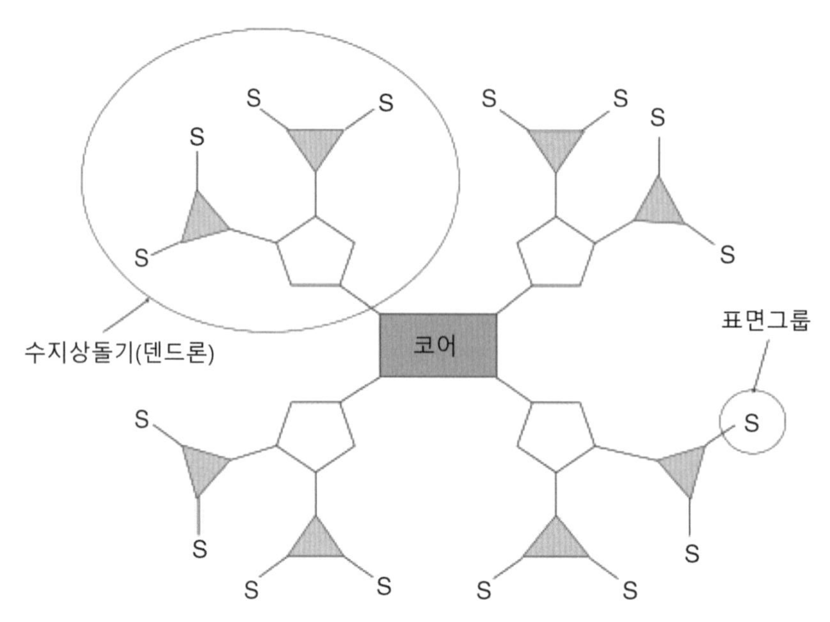

그림 4.48 코어, 복합수지상돌기 그리고 표면 그룹으로 이루어진 덴드리머의 구조

OLED에 덴드리머를 적용한 최초의 사례에서는 형광 덴드리머를 사용하였다. 더럼 대학교(영국)와 다이슨 페린스 연구소(영국)의 할림 등은 **그림 4.49**에 도시되어 있는 복합 수지상돌기에 대해서 발표하였다.[119] 유리/ITO/덴드리머/음극과 같이 단순한 구조를 가지고 있는 OLED 디바이스에 이 소재들을 적용하였으며, 여기서 스핀코팅 방식으로 도포한 덴드리머 위에 기상증착 방식으로 음극을 입혔다. 이들에 따르면, 덴드리머의 분자구조를 변경하여 적색과 청색 OLED를 구현할 수 있었다.

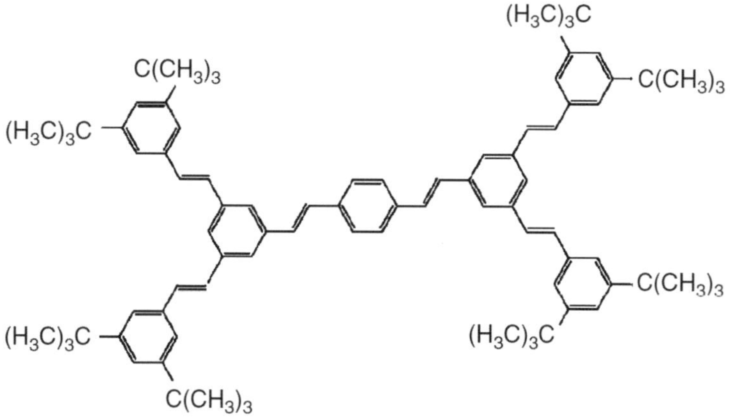

$(H_3C)_3C$
$C(CH_3)_3$
$C(CH_3)_3$
$(H_3C)_3C$
$C(CH_3)_3$
$(H_3C)_3C$
$(H_3C)_3C$
$C(CH_3)_3$

1-DSB

$C(CH_3)_3$
$(H_3C)_3C$
$(H_3C)_3C$
$C(CH_3)_3$
$C(CH_3)_3$
$(H_3C)_3C$
$C(CH_3)_3$
$(H_3C)_3C$
$C(CH_3)_3$
$(H_3C)_3C$
$C(CH_3)_3$
$(H_3C)_3C$
$(H_3C)_3C$
$C(CH_3)_3$
$C(CH_3)_3$
$(H_3C)_3C$

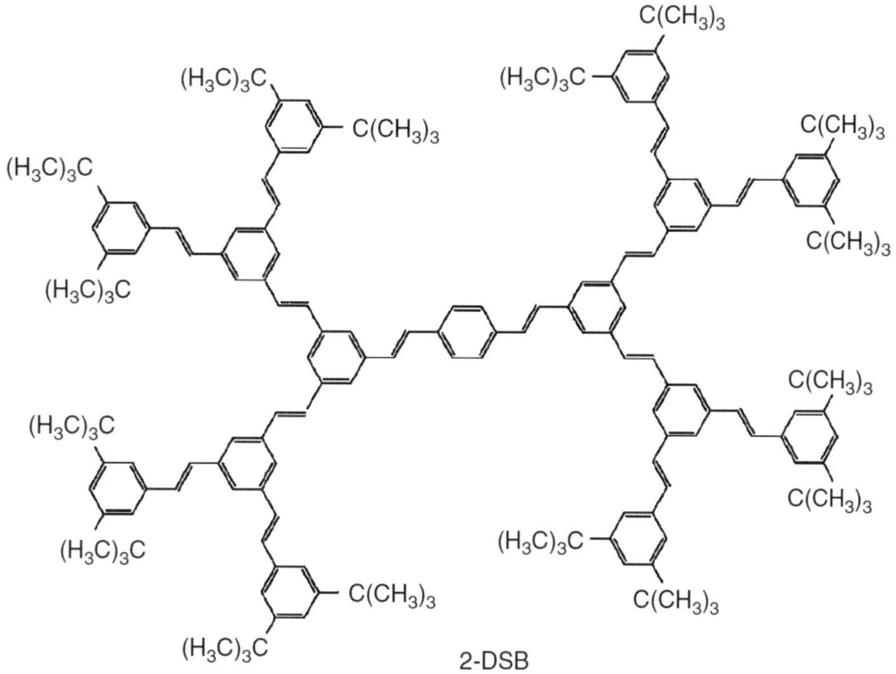

2-DSB

그림 4.49 힐림 등이 발표한 형광 덴드리머들[119]

세인트앤드루스 대학교(영국)의 럽턴 등은 **그림 4.50**에 도시되어 있는 것과 같은 전하전송 덴드리머를 발표하였다.[120]

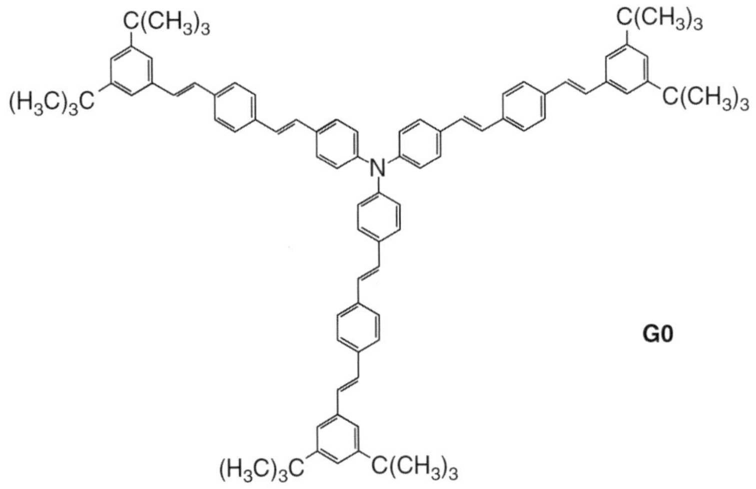

G0

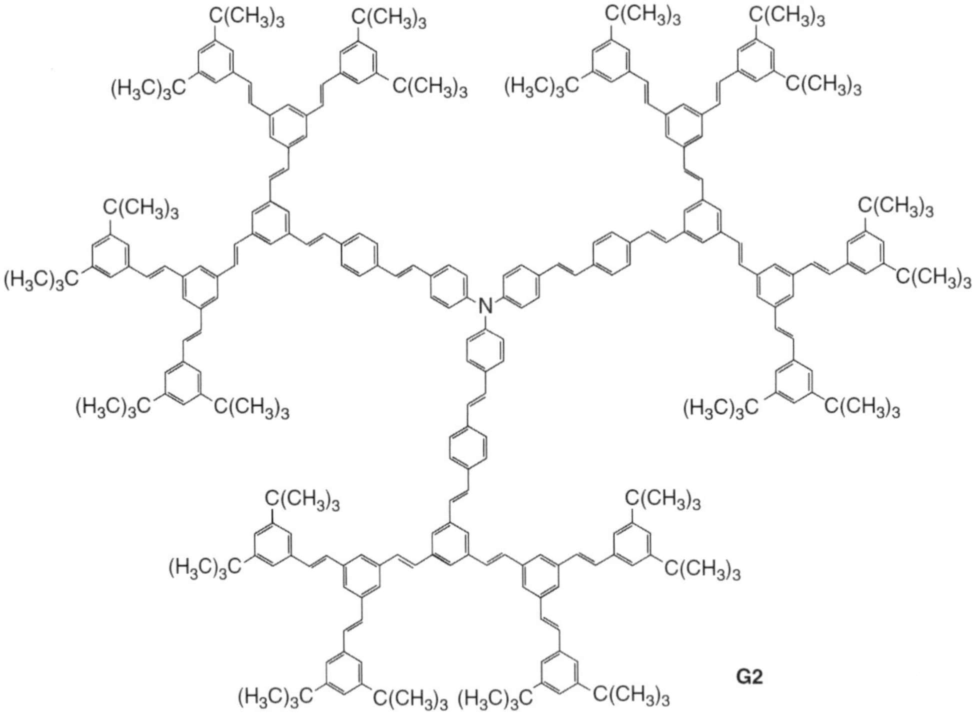

G2

그림 4.50 럽턴 등이 발표한 전하전송 덴드리머들[120]

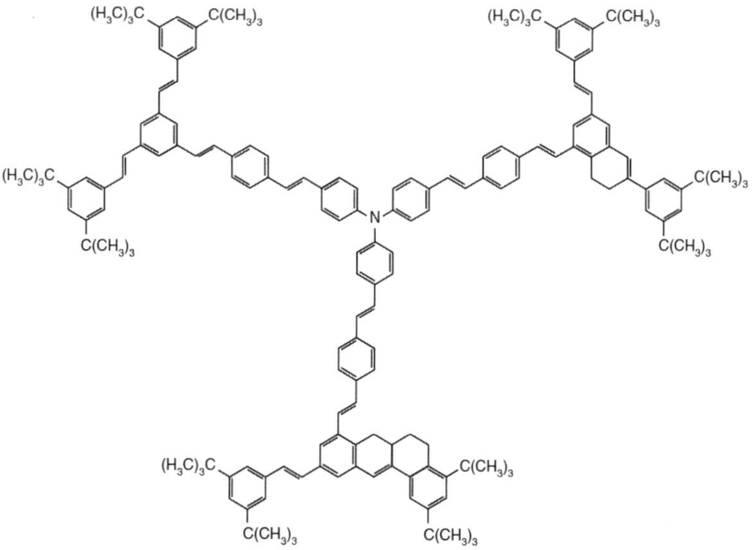

$(H_3C)_3C$ $C(CH_3)_3$ $(H_3C)_3C$ $C(CH_3)_3$

$(H_3C)_3C$ N $C(CH_3)_3$

$C(CH_3)_3$ $C(CH_3)_3$

G1

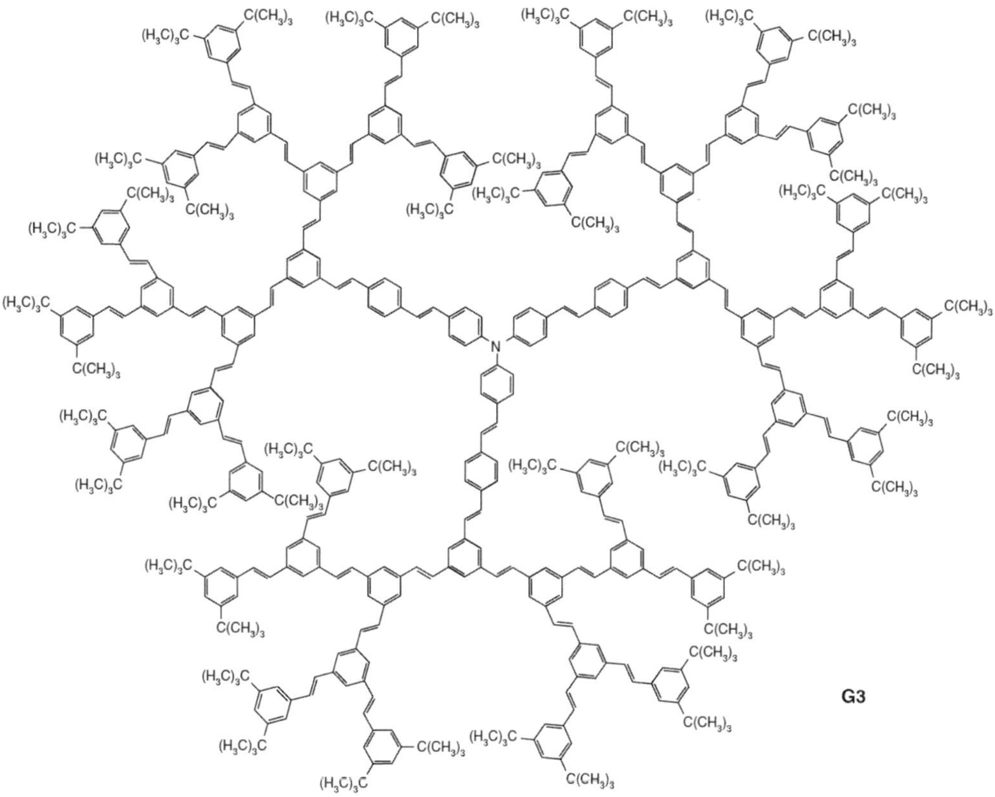

$(H_3C)_3C$ $C(CH_3)_3$

$C(CH_3)_3$ $C(CH_3)_3$

$C(CH_3)_3$ $(H_3C)_3C$ $C(CH_3)_3$ $(H_3C)_3C$ $C(CH_3)_3$ $(H_3C)_3C$ $C(CH_3)_3$ $(H_3C)_3C$

$(H_3C)_3C$ $C(CH_3)_3$

$C(CH_3)_3$

$(H_3C)_3C$ $C(CH_3)_3$

$C(CH_3)_3$ $C(CH_3)_3$ $(H_3C)_3C$ $(H_3C)_3C$ $C(CH_3)_3$ $(H_3C)_3C$ $C(CH_3)_3$

$(H_3C)_3C$ $C(CH_3)_3$

$(H_3C)_3C$ N $C(CH_3)_3$

$C(CH_3)_3$ $C(CH_3)_3$

$(H_3C)_3C$ $C(CH_3)_3$

$(H_3C)_3C$ $C(CH_3)_3$ $(H_3C)_3C$ $C(CH_3)_3$ $(H_3C)_3C$

$(H_3C)_3C$ $(H_3C)_3C$ $C(CH_3)_3$ $C(CH_3)_3$

$C(CH_3)_3$

$(H_3C)_3C$ $C(CH_3)_3$

$C(CH_3)_3$ $C(CH_3)_3$

$(H_3C)_3C$ $C(CH_3)_3$

G3

$(H_3C)_3C$ $C(CH_3)_3$

$C(CH_3)_3$ $(H_3C)_3C$

$(H_3C)_3C$ $C(CH_3)_3$

그림 4.50 럽턴 등이 발표한 전하전송 덴드리머들(계속)[120]

덴드리머의 두 번째 개발에서는 인광 덴드리머를 사용하였다. 인광 덴드리머는 일반적으로 중금속 발광 코어와 이를 둘러싼 **수지상돌기**들로 이루어진다. 이 수지상돌기들은 전하 나르개들을 전송하며 박막 내에서 발광의 소멸을 유발하는 발광 이리듐 코어들 사이의 분자 간 상호작용을 억제하는 역할을 수행한다. 게다가 덴드리머 금속 착화물의 용해성은 일반적으로 기존 금속 착화물들보다 좋다. 수지상돌기들에 대한 요구조건들 중 하나는 코어 착화물들보다 여기된 삼중항 에너지 레벨이 높아서 코어 착화물들에 의한 발광소멸을 일으키지 않아야 한다는 것이다.

2001년에 럽턴 등은 덴드리머의 중앙에 배치되는 중금속으로 백금(Pt)을 사용한 **인광 덴드리머**를 발표하였다.[121]

세인트앤드루스 대학교(영국)의 마컴 등은 덴드리머의 중앙에 배치되는 중금속으로 이리듐(Ir)을 사용한 인광 덴드리머를 발표하였다.[122] 이 덴드리머의 분자구조는 **그림 4.51**에 도시되어 있다. 그리고 이 덴드리머를 사용하여 제작한 OLED는 **그림 4.52**에 도시되어 있다. 발광층은 TCTA와 덴드리머 G1으로 구성되어 있다. 이들은 4.5[V]와 400[cd/m^2]의 작동조건하에서 최대효율 40[lm/W](55[cd/A])을 달성하였다.

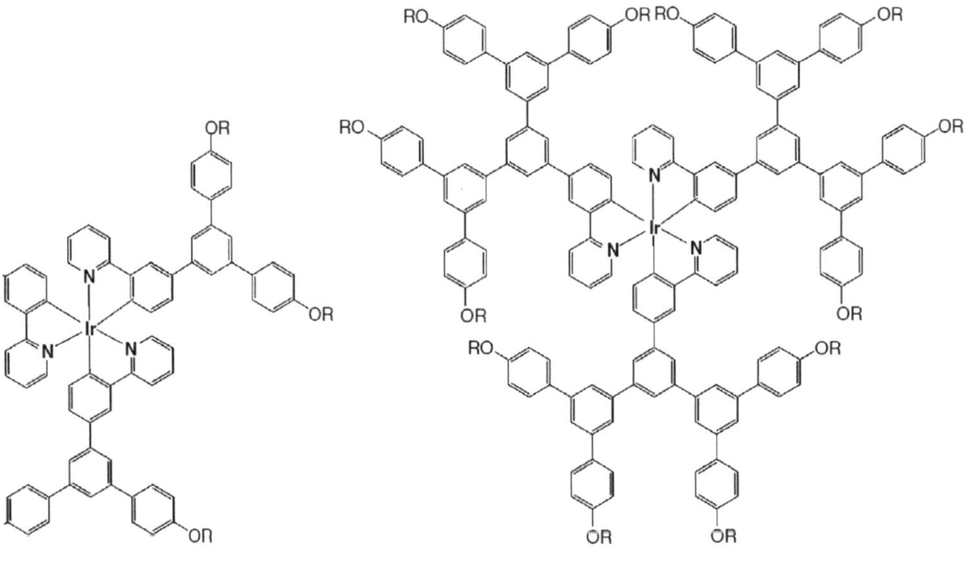

G1

G2

그림 4.51 마컴 등이 발표한 인광 덴드리머의 분자구조[122]

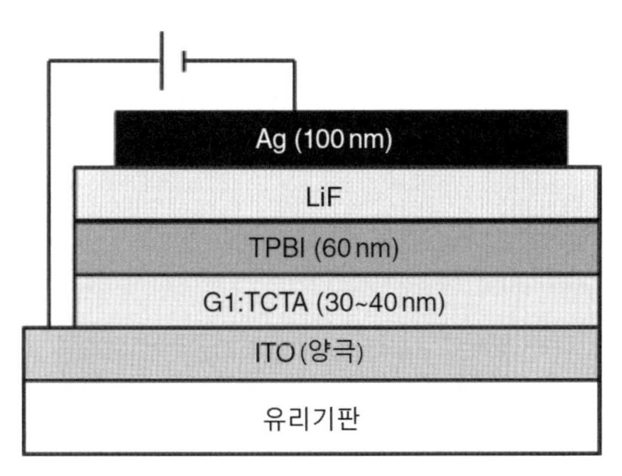

그림 4.52 마컴 등이 발표한 덴드리머를 사용한 OLED 디바이스의 구조

스미토모화학社[29]와 케임브리지 디스플레이 테크놀로지社(CDT)는 인광 덴드리머와 폴리머 복합모재를 함유한 액상 발광소재에 대해서 발표하였다.[123] 이 소재의 개략적인 분자구조가 **그림 4.53**에 도시되어 있다. 이리듐 착화물을 코어로 포함하고 있는 이 덴드리머는 인광을 발광하며 방향성 반족을 보유한 수지상돌기는 용해성 그룹을 가지고 있어서, 양호한 발광성능, 양호한 전하전송능력 그리고 양호한 용해성을 나타낸다. 모재로 사용되는 폴리플루오렌 폴리머들은 뛰어난 전하전송능력과 용액가공성을 가지고 있다. 이들은 청색 형광을 발광하는

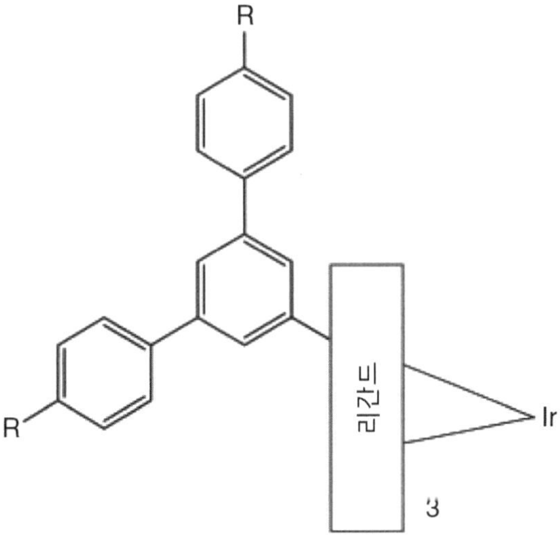

그림 4.53 필로우 등이 발표한 덴드리머와 모재 폴리머의 분자구조[123]

29 住友化学株式会社.

모재 폴리머에 적색 덴드리머를 도핑하였다. 이 덴드리머를 갖춘 OLED 디바이스의 구조가 **그림 4.54**에 도시되어 있다. 이들은 400[cd/m^2]의 초기휘도에 대해서 4.6[cd/A]의 전류효율, CIE 색상좌표(0.66, 0.32) 그리고 5,700[hr]의 절반수명(T_{50})을 달성하였다.

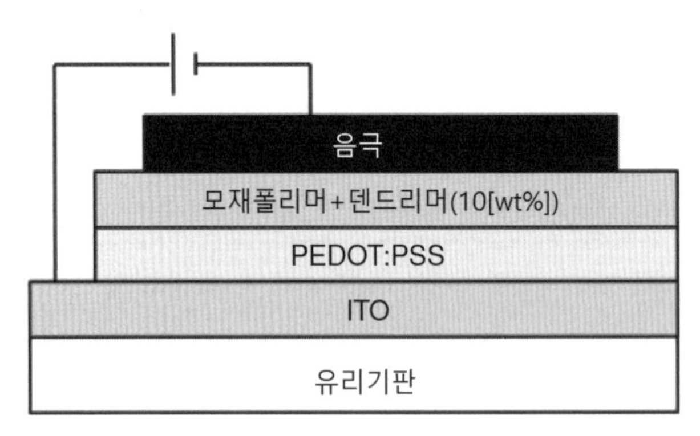

그림 4.54 필로우 등이 발표한 덴드리머를 사용한 OLED 디바이스[123]

NHK 방송기술연구소 토키토 그룹의 스즈키 등은 인광 코어와 전하전송 빌딩블록들을 기반으로 하는 **수지상돌기**들을 갖춘 인광 덴드리머를 개발하였다.[124] 이들은 팩-트리스(2-페닐피리딘)이리듐[$Ir(ppy)_3$] 코어와 전하전송 페닐카르바졸 기반의 수지상돌기들로 이루어진 1세대와 2세대 덴드리머를 합성하였다. 덴드리머와 전하전송소재 혼합물을 함유한 박막을 사용한 OLED는 최대 외부양자효율이 7.6%이며, 밝은 녹색이나 황록색 빛을 발광한다고 보고하였다.

야마가타 대학교의 이구치 등은 용액가공이 가능한 대형 카르바졸 수지상돌기를 갖춘 이리듐 착화물을 합성하였다.[125] 합성된 소재는 **그림 4.55**에 도시되어 있다. 이 리간드는 음극금속으로부터의 전자주입성능을 개선하기 위해서 4-피리딘이 치환된 덴드론을 포함하고 있다. $Ir(ppy)_3$보다 삼중항 에너지가 큰 대형 덴드론을 사용한 농도 퀜칭의 억제와 효율적인 여기자 가둠에 대해서 발표하였다. $(mCP)_3Ir$과 $(mCP)_2(bpp)Ir$ 희석용액의 **발광양자효율**(PLQE)은 각각 91%와 84%이다. 박막 내에 $(mCP)_3Ir$과 $(mCP)_2(bpp)Ir$이 포함된 경우조차도 각각 49%와 29%의 높은 발광양자효율을 나타내었다. 수지상돌기화된 리간드와 수지상돌기의 삼중항 여기에너지레벨은 각각 2.8[eV]와 2.9[eV]로서, 코어 착화물의 에너지레벨인 2.6[eV]보다 충분히 높다. 전자전송과 정공차폐소재가 사용된다면, 이중층 디바이스의 외부양자효율은 현저히 향상되어 100[cd/m^2] 조건하에서 $(mCP)_3Ir$의 경우에는 8.3%, $(mCP)_2(bpp)Ir$의 경우에는 5.4%가 구현된다.

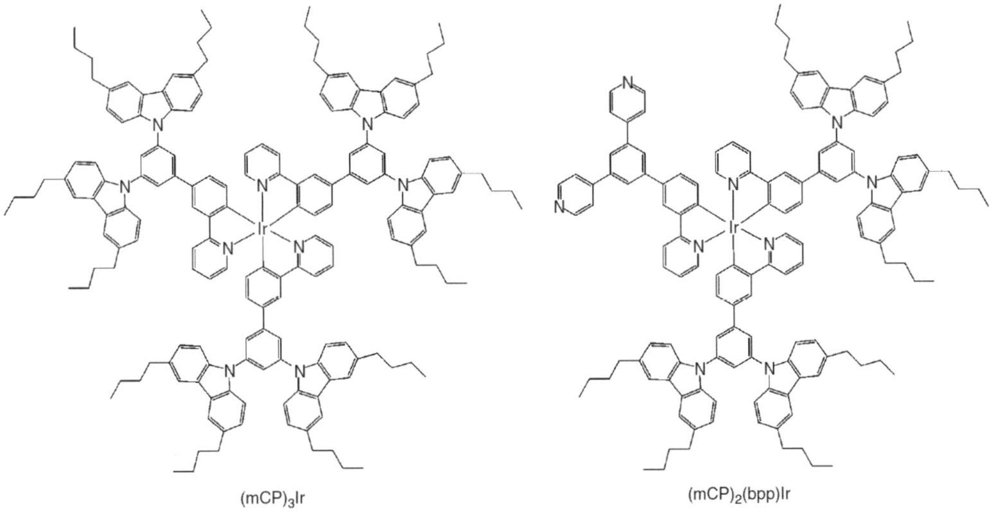

(mCP)$_3$Ir

(mCP)$_2$(bpp)Ir

그림 4.55 이구치 등이 발표한 용액가공이 가능한 대형 카르바졸 수지상돌기를 갖춘 이리듐 착화물[125]

세인트앤드루스 대학교, 옥스퍼드 대학교 그리고 퀸즐랜드 대학교의 레벨 등은 용액가공이 가능한 폴리(덴드리머)를 함유한 이리듐(III) 착화물 녹색 인광을 발표하였다. 이들은 **그림 4.56**에 도시되어 있는 폴리(덴드리머)를 사용하여 5.1[%]의 양자효율과 16.4[cd/A]의 전류효율을 구현하였다.[126]

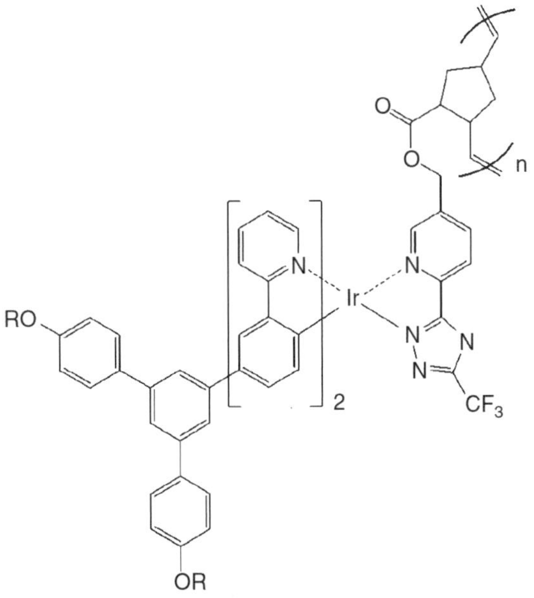

그림 4.56 레벨 등이 발표한 폴리(덴드리머)를 함유한 용액가공이 가능한 이리듐(III) 녹색 인광[126]

4.4.3 소분자

OLED 소재의 용액가공을 위한 세 번째 방법은 용해성 **소분자 OLED 소재**이다. 듀퐁 디스플레이社(미국)의 헤론과 가오는 용액기반 소분자 OLED 소재를 발표하였다.[127] **표 4.2**에서는 용액기반 소분자 OLED 소재를 스핀코팅하여 제작한 OLED 디바이스의 성능을 보여주고 있다. 제조방법의 가격경쟁력을 높이기 위해서 **그림 4.57**에 도시되어 있는 것처럼, 공통층 구조를 가정하여 데이터를 취득하였다. 그러므로 세 가지 색상 모두에서 정공 주입층, 정공 전송층 그리고 전자전송층 등이 공통적으로 사용되었다. **표 4.2**는 세 가지 색상 모두에 대해서 양호한 디바이스 성능을 나타내고 있다.

표 4.2 용액기반의 소분자 OLED 소재를 사용한 OLED 디바이스의 성능

색상	전류효율[cd/A]	전압[V]	CIE(x,y)	LT50[hr]
심적색	14.0	4.6	(0.68,0.32)	240,000
적색	20.3	4.1	(0.65,0.35)	200,000
녹색	68.3	3.5	(0.32,0.63)	125,000
청색	6.2	3.9	(0.14,0.14)	24,000
심청색	3.2	5.1	(0.14,0.08)	9,000

모든 데이터들은 1,000[cd/m^2]과 20[°C] 조건하에서 수행되었음.

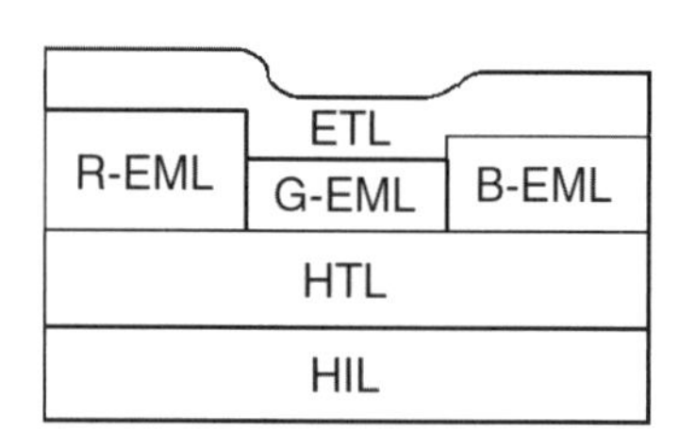

그림 4.57 총천연색 디스플레이에서 사용된 공통층의 구조

4.5 유기소재의 분자배향

다결정질 구조는 바람직하지 않은 전류장벽, 양극과 음극 사이의 누출전류 그리고 바람직하지 않은 광선산란 등을 유발하는 거칠은 계면을 생성하기 때문에, 오랜 기간 동안 OLED 디바이스의 유기박막은 비정질이어야 한다고 믿어왔다. 게다가 특수한 기법을 적용하지 않는 한은, 진공증착을 사용하여 증착한 박막은 비정질 분자배향을 가지고 있다.

그런데 최근 들어서 일부의 경우에 진공증착이나 습식 코팅을 사용하여 **분자배향**을 조절할 수 있다는 결과들이 발표되었다. 분자배향은 나르게 이동도, 나르개 주입 그리고 발광 효율 등을 향상시켜줄 수 있기 때문에, 유기박막의 분자배향은 과학적인 관점뿐만 아니라 실용적인 관점에서도 흥미로운 일이다.

큐슈 대학교의 요코야마 등은 **가변각도타원분광**(VASR)을 사용한 유기박막의 분자배향 연구를 통하여, 증착된 유기층 내의 유기소재들이 이방성 분자배향을 가질 수 있다는 것을 발견하였다.[128]

발광소재의 분자배향 효과를 사용하여 큐슈 대학교의 프리쉬아이젠 등은 외부광방출효율이 현저하게 향상되었다고 발표하였다.[129] 이들은 분자배향을 제외한 모든 성분이 거의 유사한 PEBA와 BDASBi를 사용하였다. **그림 4.58**에서는 사용된 두 가지 소재들의 분자구조와 디바이스 구조를 보여주고 있다. 이들은 주-객 시스템 내에서 **쌍극자**[30] 배열을 측정하였으며, CBP 속에 도핑된 PEBA는 특정한 분자배향을 가지고 있지 않으며 쌍극자 배열은 완벽하게 임의적인 반면에(즉, 쌍극자의 2/3은 수평방향으로 배열된 반면에 1/3은 수직방향으로 배열되

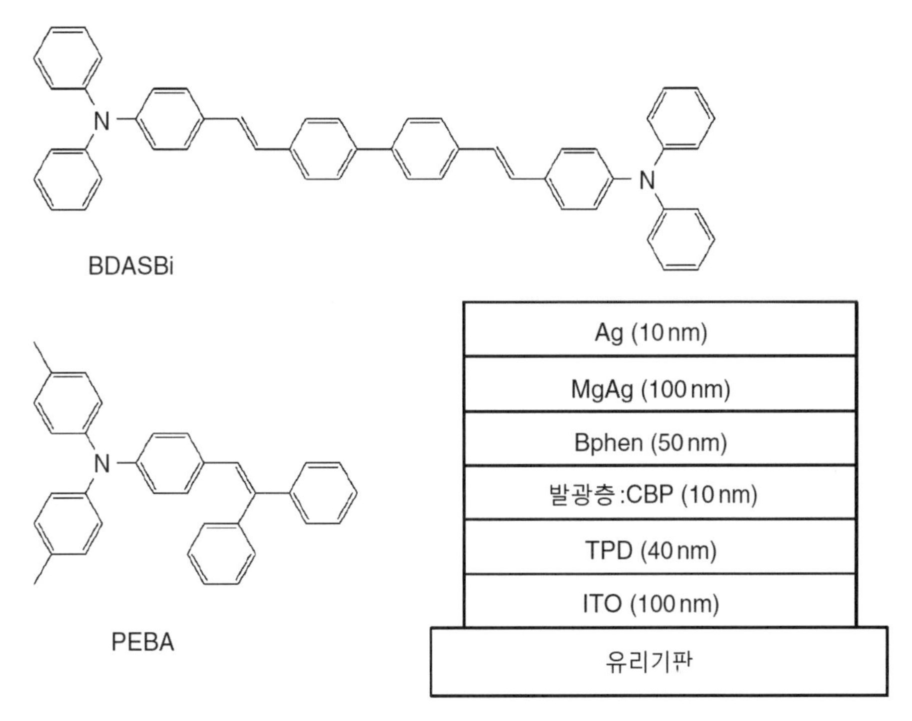

그림 4.58 프리쉬아이젠 등이 발표한 소재의 분자구조와 디바이스 구조

30 dipole.

어 있었다), BDASBi 소재를 도핑한 시편의 경우에는 수평방향 배향비율이 명확히 높았다(쌍극자의 임의방향 대 수평방향 배향비율이 각각 0.27 및 0.73이었다). BDASBi 소재를 사용한 디바이스의 외부양자효율은 2.7[%]로서, PEBA를 사용한 경우의 1.6[%]에 비해서 훨씬 더 높았다. 이들은 BDASBi를 사용한 OLED가 수평방향으로 배향된 쌍극자의 비율이 높기 때문에 외부광방출효율이 증가하였다고 결론지었다.

》》 참고문헌

[1] H. Fukagawa, K. Watanabe, S. Tokito, *Organic Electronics*, **10**, 798-802 (2009).

[2] A. Kawakami, E. Otsuki, M. Fujieda, H. Kita, H. Taka, H. Sato, H. Usui, *Jpn. J. Appl. Phys.*, **47(2)**, 1279-1283 (2008); E. Otsuki, H. Sato, A. Kawakami, H. Taka, H. Kita, H. Usui, Thin Solid Films, 518, 703 (2009).

[3] D. J. Milliron, I. G. Hill, C. Shen, A. Kahn, J. Schwartz, *J. Appl. Phys.*, **87(1)**, 572-576 (2000).

[4] C. C. Wu, C. I. Wu, J. C. Sturm, A. Kahn, *Appl. Phys. Lett.*, **70(11)**, 1348-1350 (1997).

[5] C. W. Tang, S. A. VanSlyke, C. H. Chan, *J. Appl. Phys.*, **65(9)**, 3610-3616 (1989).

[6] L. S. Hung, L. Z. Zheng, M. G. Mason, *Appl. Phys. Lett.*, **78(5)**, 673-675 (2001).

[7] C. Ganzorig, K.-J. Kwak, K. Yagi, M. Fujihira, *Appl. Phys. Lett.*, **79(2)**, 272-274 (2001).

[8] I. H. Campbell, J. D. Kress, R. L. Martin, D. L. Smith, N. N. Barashkov, J. P. Ferraris, *Appl. PLys. Lett.*, **71(24)**, 3528-3530 (1997).

[9] S. F. Hsu, C.-C. Lee, A. T. Hu, C. H. Chen, *Current Applied Physics*, **4**, 663-666 (2004); S.-F. Hsu, C.-C. Lee, S.-W. Hwang, H.-H. Chen, C. H. Chen, A. T. Hu, *Thin Solid Films*, **478**, 271-274 (2005).

[10] C. W. Chen, P. Y. Hsieh, H. H. Chiang, C. L. Lin, H. M. Wu, C. C. Wu, *Appl. Phys. Lett.*, **83(25)**, 5127-5129 (2003).

[11] L.-W. Chong, T.-C. Wen, Y.-L. Lee, T.-F. Guo, *Organic Electronics*, **9**, 515-521 (2008).

[12] S. A. VanSlyke, C. H. Chen, C. W. Tang, *Appl. Phys. Lett.*, **69(15)**, 2160-2162 (1996).

[13] Y. Shirota, T. Kobata, N. Noma, *Chem. Lett.*, **1145** (1989).

[14] Y. Shirota, Y. Kuwabara, H. Inada, T. Wakimoto, H. Nakada, Y. Yonemoto, S. Kawami and K. Imai, *Appl. Phys. Lett.*, **65(7)**, 807-809 (1994).

[15] S. H. Rhee, K. B. Nam, C. S. Kim, S. Y. Ryu, *ECS Solid State Lett.,* **3(3)**, R7-R10 (2014).

[16] S. Tokito, N. Noda and Y. Taga, J. Phys. *D-Appl. Phys.*, **29**, 2750-2753 (1996).

[17] Z. B. Deng, X. M. Ding, S. T. Lee, W. A. Gambling, *Appl. Phys. Lett.*, **74(15)**, 2227-2229 (1999).

[18] W. Hu, M. Matsumura, K. Furukawa, K. Torimitsu, J. Phys. *Chem. B*, **108**, 13116-13118 (2004).

[19] I-M. Chan, F. C. Hong, *Thin Solid Films*, **450**, 304-311 (2004).

[20] H. C. Im, D. C. Choo, T. W. Kim, J. H. Kim, J. H. Seo, Y. K. Kim, *Thin Solid Films*, **515**, 5099-5102 (2007).

[21] J. Li, M. Yahiro, K. Ishida, H. Yamada, K. Matsushige, *Synthetic Metals*, **151**, 141-146 (2005).

[22] T. Matsushima, Y. Kinoshita, H. Murata, *Appl. Phys. Lett.*, **91(25)**, 253504 (2007); T. Matsushima, H. Murata, *J. Appl. Phys.*, **104**, 034507 (2008).

[23] X. Zhou, M. Pfeiffer, J. Blochwitz, A. Werner, A. Nollau, T. Fritz, K. Leo, *Appl. Phys. Lett.*,

78(4), 410-412 (2001).
[24] C. W. Tang and S. A. VanSlyke, *Appl. Phys. Lett.*, **51**, 913 (1987).
[25] E. Han, L. Do, Y. Niidome and M. Fujihira, *Chem. Lett.*, **969** (1994).
[26] S. A. VanSlyke, C. H. Chen and C. W. Tang, *Appl. Phys. Lett.*, 69, 2160 (1996).
[27] T. Noda, Y. Shirota, *Journal of Luminescence*, **87-89**, 1168-1170 (2000).
[28] Y. Shirota, K. Okumoto, H. Inada, *Synthetic Metals*, **111-112**, 387-391 (2000).
[29] K. Okumoto, K. Wayaku, T. Noda, H. Kageyama, Y. Shirota, *Synthetic Metals*, **111-112**, 473-476 (2000).
[30] C. Hosokawa, H. Higashi, H. Nakamura, T. Kusumoto, *Appl. Phys. Let.*, **67(26)**, 3853-3855 (1995); C. Hosokawa, H. Yokailin, H. Higashi, T. Kusumoto, *J. Appl. Phys.*, **78(9)**, 5831-5833 (1995).
[31] J. Kido, K. Hongawa, K. Okuyama and K. Nagai, *Appl. Phys. Lett.*, **64(7)**, 815-817 (1994).
[32] Y. Hamada, H. Kanno, T. Tsujioka, H. Takahashi, T. Usuki, *Appl. Phys. Lett.*, **75(12)**, 1682-1684 (1999).
[33] C. W. Tang, S. A. VanSlyke, C. H. Chen, *J. Appl. Phys.*, **65**, 3610 (1989).
[34] C. Hosokawa, M. Eida, M. Matsuura, K. Fukuoka, H. Nakamura, T. Kusumoto, *Synth. Met.*, **91**, 3-7 (1997).
[35] Y. Kawamura, H. Kuma, M. Funahashi, M. Kawamura, Y. Mizuki, H. Saito, R. Naraoka, K. Nishimura, Y. Jinde, T. Iwakuma, C. Hosokawa, *SID 11 Digest*, 56.4 (p. 829) (2011).
[36] M. Kawamura, Y. Kawamura, Y. Mizuki, M. Funahashi, H. Kuma, C. Hosokawa, *SID 10 Digest*, 39.4 (p. 560) (2010).
[37] M. A. Baldo, D. F. O'Brien, Y. You, A. Shoustikov, S. Sibley, M. E. Thompson, and S. R. Forrest, *Nature*, **395**, 151 (1998).
[38] M. A. Baldo, S. Lamansky, P. E. Burrows, M. E. Thompson, S. R. Forrest, Appl. Phys. Lett., 75, 4-6 (1999).
[39] C. Adachi, M. A. Baldo, S. R. Forrest, *Appl. Phys. Lett.*, **77**, 904-906 (2000).
[40] M. Ikai, S. Tokito, Y. Sakamoto, T. Suzuki, Y. Taga, *Appl. Phys. Lett.*, **79**, 156-158 (2001).
[41] C. Adachi, M. A. Baldo, M. E. Thompson, S. R. Forrest, *J. Appl. Phys.*, **90(10)**, 5048-5051 (2001).
[42] C. Adachi, R. C. Kwong, P. Djurovich, V. Adamovich, M. A. Baldo, M. E. Thompson, S. R. Forrest, *Appl. Phys. Lett.*, **79(13)**, 2082-2084 (2001).
[43] C. Adachi, M. A. Baldo, S. R. Forrest, S. Lamansky, M. E. Thompson, R. C. Kwong, *Appl. Phys. Lett.*, **78(11)**, 1622-1624 (2001).
[44] A. B. Tamayo, B. D. Alleyne, P. I. Djurovich, S. Lamansky, I. Tsyba, N. N. Ho, R. Bau, M. E. Thompson, *J. Am. Chem. Soc.*, **125**, 7377-7387 (2003).
[45] T. Yoshihara, Y. Sugiyama, S. Tobita, *Proc. of 6th Japanese OLED Forum*, S7-2 (p. 37) (2008).

[46] H. Sasabe, J. Takamatsu, T. Motoyama, S. Watanabe, G. Wagenblast, N. Langer, O. Molt, E. Fuchs, C. Lennartz, J. Kido, *Adv. Mater.*, **22**, 5003-5007 (2010).

[47] S. Tokito, T. Iijima, Y. Suzuri, H. Kia, T. Tsuzuki, F. Sato, *Appl. Phys. Lett.*, **83(3)**, 569-571 (2003);; S. Tokito, T. Tsuzuki, F. Sato, T. Iijima, *Current Appl. Phys.*, **5**, 331-336 (2005).

[48] I. Tanaka, Y. Tabata, S. Tokito, *Chem. Phys. Lett.*, **400**, 86-89 (2004).

[49] H. Sasabe, K. Minamoto, Y.-J. Pu, M. Hirasawa, J. Kido, *Organic Electronics*, **13**, 2615-2619 (2012).

[50] H. Uoyama, K. Goushi, K. Shizu, H. Nomura, C. Adachi, *Nature*, **492**, 234 (2012).

[51] A. Endo, K. Sato, K. Yoshimura, T. Kai, A. Kawada, H. Miyazaki, and C. Adachi, *Appl. Phys. Lett.*, **98**, 083302 (2011).

[52] Q. Zhang, J. Li, K. Shizu, S. Huang, S. Hirata, H. Miyazaki, C. Adachi, *J. Am. Chem. Soc.*, **134**, 14706-14709 (2012); bH. Tanaka, K. Shizu, H. Miyazaki, C. Adachi, *Chem. Commun.*, **48**, 11392-11394 (2012).

[53] C. Adachi, *Jpn. J. Appl. Phys.*, **53**, 060101 (2014).

[54] C. W. Tang and S. A. VanSlyke, *Appl. Phys. Lett.*, **51**, 913 (1987).

[55] Y.-J. Li, H. Sasabe, S.-J. Su, D. Takana, T. Takeda, Y.-J. Pu, J. Kido, *Chem. Lett.*, **38(7)**, 712-713 (2009).

[56] H. Sasabe, J. Kido, *Chem. Mater.*, **23**, 621-630 (2011).

[57] H. Sasabe, J. Kido, *Eur. J. Org. Chem.*, 7653-7663 (2013).

[58] C. W. Tang and S. A. VanSlyke, *Appl. Phys. Lett.*, **51**, 913-915 (1987).

[59] L. S. Hung, C. W. Tang, M. G. Mason, *Appl. Phys. Lett.*, **70(2)**, 152-154 (1997).; L. S. Hung, C. W. Tang, M. G. Mason, P. Raychaudhuri, J. Madathil, *Appl. Phys. Lett.*, **78(4)**, 544-546 (2001);M. G. Mason, C. W. Tang, L.-S. Hung, P. Raychaudhuri, J. Madathil, L. Yan, Q. T. Le, Y. Gao, S.-T. Lee, L. S. Liao, L. F. Cheng, W. R. Salaneck, D. A. dos Santos, J. L. Bredas, *J. Appl. Phys.*, **89(5)**, 2756-2765 (2001).

[60] G. E. Jabbour, B. Kippelen, N. R. Armstrong, N. Peyghambarian, *Appl. Phys. Lett.*, **73(9)**, 1185-1187 (1998).

[61] S. E. Shaheen, G. E. Jabbour, M. M. Morrell, Y. Kawabe, B. Kippelen, N. Peyghambarian, M.-F. Nabor, R. Schalaf, E. A. Mash, N. R. Armstrong, *J. Appl. Phys.*, **84(4)**, 2324-2327 (1998).

[62] T. Wakimoto, Y. Fukuda, K. Nagayama, A. Yokoi, H. Nakada, M. Tsuchida, *IEEE Transitions on Electron Devices*, **44(8)**, 1245-1248 (1997).

[63] A. R. Brown, D. D. C. Bradley, J. H. Burroughes, R. H. Friend, N. C. Greenham, P. L. Burn, A. B. Holmes, A. Kraft, *Appl. Phys. Lett.*, **62(23)**, 2793-2795 (1992).

[64] I. D. Parker, *J. Appl. Phys.*, **75(3)**, 1656-1666 (1994).

[65] R. H. Friend, R. W. Gymer, A. B. Holmes, J. H. Burroughes, R. N. Marks, C. Taliani, D. D. C. Bradley, D. A. Dos Santos, J. L. Bredas, M. Logdlung, W. R. Salaneck, *Nature*, **397**,

121-128 (1999).
[66] Y. Cao, G. Yu, I. D. Parker, A. Heeger, *J. Appl. Phys.*, **88(6)**, 3618-3623 (2000).
[67] T. M. Brown, R. H. Friend, I. S. Millard, D. L. Lacey, T. Butler, J. H. Burroughes, F. Cacialli, *J. Appl. Phys.*, **93(10)**, 6159-6172 (2003).
[68] C. W. Chen, P. Y. Hsieh, H. H. Chiang, C. L. Lin, H. M. Wu, C. C. Wu, *Appl. Phys. Lett.*, **83(25)**, 5127-5129 (2003).
[69] K. Okamoto, Y. Fujita, Y. Ohnishi, S. Kawato, M. Koden, *Proc. of 7th Japanese OLED Forum*, S9-2 (2008).
[70] J. Kido, K. Nagai, Y. Okamoto, *IEEE Transactions on Electron Devices*, **40(7)**, 1342-1344 (1993).
[71] J. Kido, T. Matsumoto, *Appl. Phys. Lett.*, **73**, 2866-2868 (1998).
[72] K. Walzer, B. Maennig, M. Pfeiffer, K. Leo, *Chem. Rev.*, **107**, 1233-1271 (2007).
[73] J. Endo, J. Kido, T. Matsumoto, *Ext. Abst. (59th Autumn Meet. 1998); Jpn. Soc. Appl. Phys.*, 16a-YH-10 (p. 1086) (1998).
[74] J. Endo, T. Matsumoto, J. Kido, *Jpn. J. Appl. Phys.*, **41**, L800-L803 (2002).
[75] C. Schmitz, H.-W. Schmidt, M. Thelakkat, *Chem. Mater.*, **12**, 3012-3019 (2000).
[76] Y.-J. Pu, M. Miyamoto, K. Nakayama, T. Oyama, M. Yokoyama, J. Kido, *Org. Electron*, **10**, 228 (2009).
[77] C. Adachi, R. C. Kwong, P. Djurovich, V. Adamovich, M. A. Baldo, M. E. Thompson, S. R. Forrest, *Appl. Phys. Lett.*, **79(13)**, 2082-2084 (2001).
[78] R. C. Kwong, M. R. Nugent, L. M. Michalski, T. Ngo, K. Rajan, Y.-J. Tung, M. S. Weaver, T. X. Xhou, M. Hack, M. E. Thompson, S. R. Forrest, J. J. Brown, *Appl. Phys. Lett.*, **81(1)**, 162-164 (2002).
[79] V. I. Adamovich, S. R. Cordero, P. I. Djurovich, A. Tamayo, M. E. Thompson, B. W. D'Andrade, S. R. Forrest, *Organic Electronics*, **4**, 77-87 (2003).
[80] M. B. Khalifa, D. Vaufrey, J. Tardy, *Organic Electronics*, **5**, 187-198 (2004).
[81] M. A. Baldo, S. Lamansky, P. E. Burrows, M. E. Thompson, S. R. Forrest, SR, *Appl. Phys. Lett.*, **75(1)**, 4-6 (1999).
[82] C. Adachi, M. A. Baldo, S. R. Forrest, S. Lamansky, M. E. Thompson, R. C. Kwong, *Appl. Phys. Lett.*, **78(11)**, 1622-1624 (2001).
[83] M. Fujihira, C. Ganzorig, *Materials Science and Engineering*, **B85**, 203-208 (2001).
[84] D. Gebeyehu, K. Walzer, G. He, M. Pfeiffer, K. Leo, J. Brandt, A. Gerhard, P. Stößel, H. Vestweber, *Synthetic Metals*, **148**, 205-211 (2005).
[85] H. Ikeda, J. Sakata, M. Hayakawa, T. Aoyama, T. Kawakami, K. Kamata, Y. Iwaki, S. Seo, Y. Noda, R. Nomura, S. Yamazaki, *SID 06 Digest*, P-185 (p. 923) (2006).
[86] S.-H. Su, C.-C. Hou, J.-S. Tsai, M. Yokoyama, *Thin Solid Films*, **517**, 5293-5297 (2009).

[87] J. H. Burroughes, D. D. Bradley, A. R. Brown, R. N. Markes, K. Mackay, R. H. Friend, P. L. Burns and A. B. Holmes, *Nature*, **347**, 539-541 (1990).
[88] R. H. Friend, R. W. Gymer, A. B. Holmes, J. H. Burroughes, R. N. Marks, C. Taliani, D. D. C. Bradley, D. A. Dos Santos, J. L. Bredas, M. Logdlund, W. R. Salaneck, *Nature*, **397**, 121-128 (1999).
[89] D. Braun, A. Heeger, *Appl. Phys. Lett.*, **58**, 1982 (1991).
[90] P. L. Burn, A. B. Holmes, A. Kraft, D. D. C. Bradley, A. R. Brown, R. H. Friend, R. W. Gymer, *Nature*, **356**, 47-49 (1992).
[91] M. Fukuda, K. Sawada, S. Morita, K. Yoshino, *Synth. Met.*, **41**, 855 (1991).
[92] Y. Ohmori, M. Uchida, K. Muro, K. Yoshino, *Jpn. J. Appl. Phys.*, **30**, L1941 (1991).
[93] M. T. Bernius, M. Inbasekaran, J. O'Brien, W. Wu, *Adv. Mater.*, **12(23)**, 1737-1750 (2000).
[94] Y. Yang, E. Westerweele, C. Zhang, P. Smith, A. J. Heeger, *J. Appl. Phys.*, **77(2)**, 694-698 (1995).
[95] Y. Cao, G. Yu, C. Zhang, R. Menon, A. J. Heeger, *Synth. Met.*, **87(2)**, 171-174 (1997).
[96] S. A. VanSlyke, C. H. Chen, C. W. Tang, *Appl. Phys. Lett.*, **69**, 2160 (1996).
[97] G. Greczynski, T. Kugler, W. R. Salaneck, *Thin Solid Films*, **354**, 129-135 (1999).
[98] A. Elschner, F. Bruder, H. W. Heuer, F. Jonas, A. Karbach, S. Kirchmeyer, S. Thurm, *Synth. Met.*, **111**, 139-143 (2000).
[99] A. Elschner, F. Jonas, S. Kirchmeyer, K. Wussow, *Proc. AD/IDW'01*, OEL3-3 (2001).
[100] R. H. Friend, *Proc. AM-LEC'01*, OLED-1 (2001).
[101] X. Gong, D. Moses, A. J. Heeger, S.Liu, A. K. -Y. Jen, *Appl. Phys. Lett.*, **83(1)**, 183-185 (2003).
[102] M. Leadbeater, N. Patel, B. Tierney, S. O'Connor, I. Grizzi, C. Town, *SID 04 Digest*, 11.5L (p. 162) (2004).
[103] J. Morgado, R. H. Friend, F. Cacialli, *Appl. Phys. Lett.*, **80(14)**, 2436-2438 (2002).
[104] N. Conway, C. Foden, M. Roberts, I. Grizzi, *Proc. Euro Display*, 18.4 (p. 492) (2005).
[105] T. Shirasaki, T. Ozaki, K. Sato, M. Kumagai, M. Takei, T. Toyama, S. Shinoda, T. Tano, R. Hattori, *SID 04 Digest*, 57.4L (p. 1516) (2004).
[106] Y. Fujita, M. Koden, SID/MAC OLED Research and Technology Conference (Park Ridge, USA, 2004); Y. Fujita, A. Tagawa, M. Koden, *OLEDs Asia 2005* (2005).
[107] Y. Hatanaka, Y. Fujita, M. Koden, *Proc.of 2nd Japanese OLED Forum*, S7-2 (p. 53) (2006).
[108] S. Sakamoto, M. Okumura, Z. Zhao, Y. Furukawa, *Chem. Phys. Lett.*, **412**, 395-398 (2005).
[109] T.-F. Guo, S.-C. Chang, Y. Yang, R. C. Kwong, M. E. Thompson, *Organic Electronics*, **1**, 15-20 (2000).
[110] C. L. Lee, K. B. Lee, J. J. Kim, *Appl. Phys. Lett.*, **77(15)**, 2280-2282 (2000); C. L. Lee, K. B. Lee, J. J. Kim, *Mater. Sci. Eng.*, **B85**, 228-231 (2001).
[111] S. Lamansky, R. C. Kwong, M. Nugent, P. I. Djurovich, M. E. Thompson, *Organic Electronics*,

2(1), 53-62 (2001).

[112] P. A. Lane, L. C. Palilis, D. F. O'Brien, C. Giebeler, A. J. Cadby, D. G. Lidzey, A. J. Campbell, W. Blau, D. D. C. Bradley, *Phys. Rev. B.*, **63(23)**, 235206 (2001): D. F. O'Brien, C. Giebeler, R. B. Fletcher, A. J. Cadby, L. C. Palilis, D. G. Lidzey, P. A. Lane, D. D. C. Bradley, W. Blau, *Synthetic Metals*, **116**, 379-383 (2001).

[113] K. M. Vaeth, and C. W. Tang, *J. Appl. Phys.*, **92(7)**, 3447-3453 (2002).

[114] Y. Hino, H. Kajii, Y. Ohmori, *Organic Electronics*, **5**, 265-270 (2004).

[115] C. L. Lee, N. G. Kang, Y. S. Cho, J. S. Lee, J. J. Kim, *Optical Materials*, **21**, 119-123 (2002).

[116] S. Tokito, M. Suzuki, F. Sato, M. Kamachi, K. Shirane, *Organic Electronics*, **4**, 105-111 (2003).

[117] M. Tokito, M. Suzuki, F. Sato, *Thin Solid Films*, **445**, 353-357 (2003).

[118] M. Suzuki, M. Tokito, F. Sato, T. Igarashi, K. Kondo, T. Koyama, T. Yamaguchi, *Appl. Phys. Lett.*, **86(10)**, 103507 (2005).

[119] M. Halim, J. N. G. Pillow, I. D. W. Samuel, P. L. Burn, *Adv. Mater.*, **11(5)**, 371-374 (1999); M. Halim, I. D. W. Samuel, J. N. G. Pillow, P. L. Burn, *Synthetic Metals*, **102**, 1113-1114 (1999).

[120] J. M. Lupton, I. D. W. Samuel, R. Beavington, P. L. Burn, H. Bässler, *Adv. Mater.*, **13(4)**, 258-261 (2001).

[121] J. M. Lupton, I. D. W. Samuel, M. J. Frampton, R. Beavington, P. L. Burn, *Adv. Funct. Mater.*, **11(4)**, 287-294 (2001).

[122] J. P. J. Markham, T. Anthopoulos, S. W. Magennis, I. D. W. Samuel, N. H. Male, O. Salata, S.-C. Lo, P. L. Burn, *SID 02 Digest*, L-8 (p. 1032) (2002).

[123] J. Pillow, Z. Liu, C. Sekine, S. Mikami, M. Mayumi, *SID 2005 Digest*, 22.4 (p. 1071) (2005); C. Sekine, S. Mikami, M. Mayumi, Y. Akino, H. Onishi, J. Pillow, Z. Liu, *Proc of 1st Japanese OLED Forum*, S3-1 (2005).

[124] T. Tsuzuki, N. Shirasawa, T. Suzuki, S. Tokito, *Jpn. J. Appl. Phys.*, **44(6A)**, 4151-4154 (2005).

[125] N. Iguchi, Y.-J. Pu, K. Nakayama, M. Yokoyama, J. Kido, *Organic Electronics*, **10**, 465-472 (2009).

[126] J. W. Levell, J. P. Gunning, P. L. Burn, J. Robertson, I. D. W. Samuel, *Organic Electronics*, **11**, 1561-1568 (2010).

[127] N. Herron, W. Gao, *SID 10 Digest*, 32.3 (p. 469) (2010).

[128] D. Yokoyama, A. Sakaguchi, M. Suzuki, C. Adachi, *Organic Electronics*, **10**, 127-137 (2010).

[129] J. Frischeisen, D. Yokoyama, A. Endo, C. Adachi, W. Brütting, *Organic Electronics*, **12**, 809-817 (2011).

CHAPTER 05

OLED 디바이스

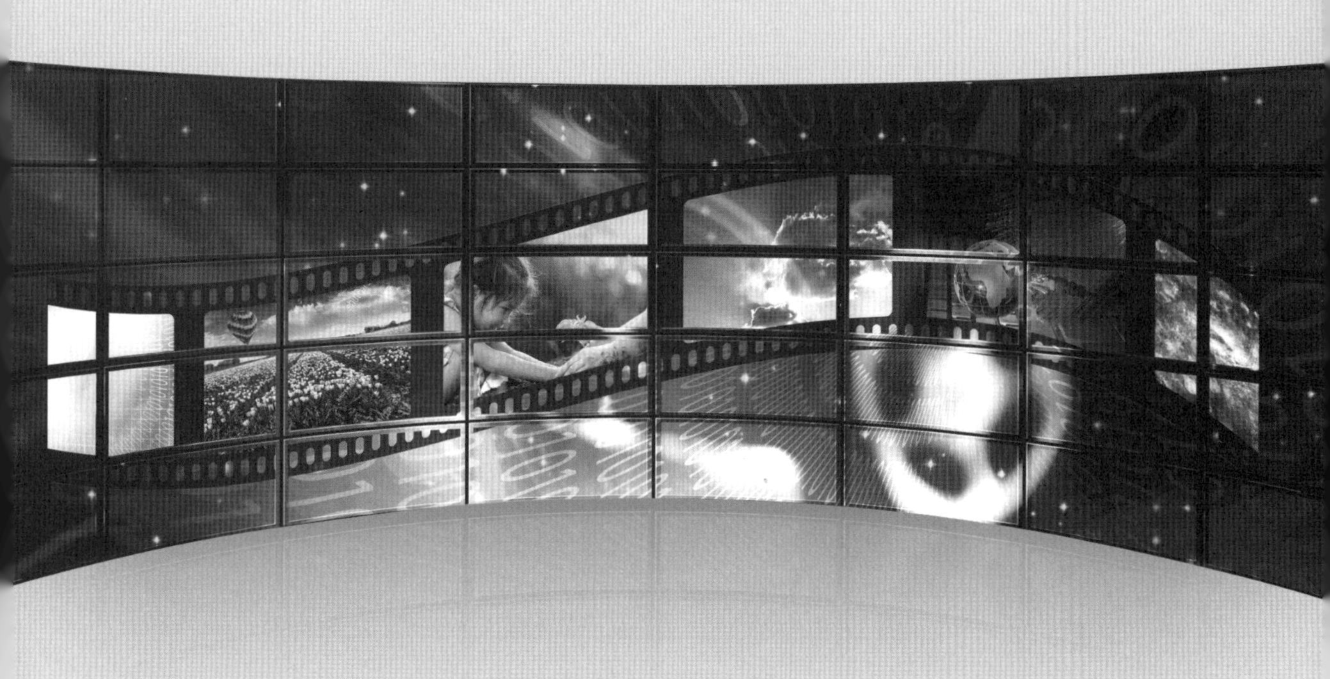

OLED 디바이스

요 약 OLED의 기본구조는 매우 단순하지만, 다양한 유형의 OLED 디바이스들이 개발되었으며, 다양한 방식으로 이들을 분류할 수 있다. 발광방향의 관점에서는 OLED 디바이스를 하부발광, 상부발광 및 양면발광(투명) 등으로 분류할 수 있다. OLED 디바이스는 또한 전극의 적층순서에 따라서 순방향과 역방향 구조로 분류할 수 있다.
게다가 이 장에서는 실용적인 OLED 디스플레이와 조명을 위한 몇 가지 유용한 기술들인 백색 OLED, 총천연색 기술, 미세공동구조 다중광자구조 그리고 밀봉기술 등에 대해서도 설명할 예정이다.

키워드 디바이스, 하부발광, 상부발광, 양면발광, 투명, 백색, 총천연색, 미세공동, 다중광자, 밀봉

5.1 하부발광, 상부발광, 투명구조

OLED 디바이스는 발광방향의 측면에서 **하부발광**, **상부발광** 및 **양면발광**(투명)으로 분류할 수 있다. **그림 5.1**과 **표 5.1**에서는 OLED 디바이스의 발광방향에 따른 특징들의 상호비교를 보여주고 있다.

그림 5.1 하부발광, 상부발광 및 양면발광(투명) OLED의 디바이스 구조

표 5.1 하부발광과 상부발광 OLED 디바이스의 상호비교

	하부발광	상부발광
기판	투명	제한 없음
상부전극(일반적으로 음극)	불투명	투명
밀봉	비교적 쉬움	어려움(투명해야 함)
생산	비교적 쉬움	어려움
아몰레드의 개구율	낮음	높음
수명	짧음	길음
소분해능	어려움	가능

하부발광방식의 OLED가 가장 일반적이며, 전통적인 구조이다. 대부분의 경우, 기판 위에 양극을 증착한 다음에, 뒤이어서 유기물층과 음극층을 증착한다. 발광된 빛은 기판을 통하여 방출된다. 그러므로 하부발광 OLED 디바이스의 경우에는 기판과 양극이 투명해야만 한다. 반면에 음극에는 불투명한 반사성 소재를 사용할 수 있다. 게다가 **그림 5.2**에 도시되어 있는 것처럼, 밀봉구조에 불투명한 건조제를 사용할 수 있다. 이런 이유 때문에, 하부발광 OLED가 상부발광 OLED에 비해서 상대적으로 제조가 용이하다. 유리기판 위에 인듐-주석산화물(ITO), 유기물층, 알루미늄이나 은소재의 불투명 음극을 순차적으로 증착한 후에 건조제를 넣은 밀봉을 통하여 손쉽게 디바이스를 제작할 수 있다.

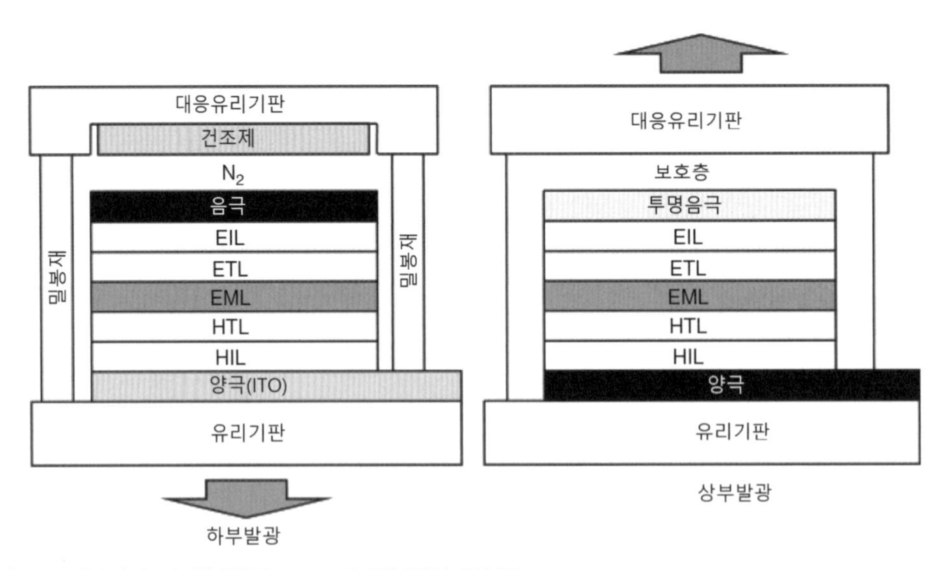

그림 5.2 하부발광 및 상부발광 OLED의 전형적인 밀봉구조

그런데 능동화소 OLED 디바이스에 하부발광 OLED 디바이스를 적용하는 데에는 몇 가지

제약이 존재한다. 8장에서 설명하고 있는 것처럼, 능동화소 OLED 디바이스는 각 픽셀들마다 다수의 박막 트랜지스터(TFT)들이 필요하다. 그러므로 박막 트랜지스터 기판으로 인하여 개구율이 감소하게 된다. 하부발광 방식의 OLED 디바이스의 경우, 분해능 200[ppi]인 경우조차도 개구율이 30[%] 미만에 불과하다. 현재 사용되고 있는 모바일 디바이스들이 400~500[ppi] 또는 그 이상의 극도로 높은 분해능을 필요로 하기 때문에, 개구율 제한은 심각한 제약으로 간주되고 있다. 이토록 낮은 개구율 때문에 필요한 휘도를 구현하기 위해서 OLED 디바이스는 높은 휘도를 가져야만 하며, 휘도의 상승은 수명의 현저한 감소를 초래한다.

상부발광 OLED 디바이스 구조는 하부발광 OLED 디바이스가 가지고 있는 이런 심각한 이슈들을 본질적으로 해결할 수 있다. **그림 5.1**에 도시되어 있는 것처럼, 상부발광 OLED 디바이스의 경우에는 음극을 통해서 빛이 방출되기 때문에, 능동화소 OLED 디스플레이에서 개구율은 본질적으로 박막 트랜지스터 회로들과 무관하게 된다. 박막 트랜지스터 회로설계의 관점에서, 우리는 각 픽셀의 면적 전체를 박막 트랜지스터 회로와 버스 배선(행과 열 방향 배선)에 사용할 수 있게 되므로, 하부발광 OLED 디바이스 구조에 비해서 개구율을 증가시킬 수 있다. 상부발광 디바이스 구조를 도입하여 얻어지는 개구율의 증가는 수명의 증가에 기여하게 된다. 상부발광 디바이스 구조를 채택하여 고분해능(400[ppi] 이상) 모바일용 아몰레드 디스플레이를 제조할 수 있다.

상부발광 디바이스는 초기 연구개발 단계부터 연구 및 발표가 이루어져왔다. 1994년 케임브리지 그룹의 베이전트 등은 실리콘기판 위에 제조한 상부발광 OLED 디바이스에 대해서 발표하였다.[1] 이들은 알루미늄 박막층, 폴리(시아노테레르탈리라이덴), CN-PPV 그리고 폴리(p-페닐렌 비닐렌), PPV를 증착하였다. 폴리머 층 위에는 스퍼터링을 사용하여 인듐-주석 산화물을 증착하였다. 이 구조는 상부발광 디바이스일 뿐만 아니라 다음 절에서 논의할 도립 구조를 갖추고 있다.

그림 5.1에 도시되어 있듯이, 상부발광 디바이스에서 하부전극(일반적으로 양극)은 불투명하고 반사특성을 가져야 하며, 상부전극(일반적으로 음극)은 투명해야 한다. 게다가 불투명 건조제를 사용할 수 없다. 그러므로 **그림 5.2**에 도시되어 있는 투명밀봉기술이 필요하다. 이런 이유 때문에, 하부발광 OLED 디바이스보다 상부발광 OLED 디바이스가 제작하기 더 어렵다.

상부발광 OLED 디바이스는 반사성 하부전극(일반적으로 양극)을 필요로 하지만, 하부발광 OLED의 경우에는 일반적으로 투명한 인듐-주석 산화물(ITO) 양극을 사용한다. 상부발광 OLED 디바이스에 사용되는 전형적인 반사성 양극은 은(Ag), Ag/Ag_2O[2] 그리고 Ag/ITO[3] 등이다.

투명한 상부전극(일반적으로 음극)은 상부발광 OLED의 이슈들 중 하나이다. 전형적인 투명음극소재들 중 하나가 인듐-주석 산화물이지만, 스퍼터링된 인듐-주석 산화물은 OLED 디바이스에 손상을 입히는 경향이 있다. 이런 문제를 해결하기 위해서, 예를 들어 **미러트론 스퍼터링**이나 **대면표적 스퍼터링** 등과 같이, 손상이 작거나 없는 새로운 인듐-주석 산화물 증착기법이 개발되었다. 투명음극의 또 다른 후보물질은 LiF/Al/Ag이다.[4]

상부발광 OLED 디바이스는 일반적으로 반투명 음극을 사용하기 때문에, 상부발광 OLED 디바이스는 **미세공동 효과**를 나타내는 경향이 있다. 미세공동 구조를 상부발광 디바이스에 적용하여, 색상순도와 효율을 향상시킬 수 있다. 그러므로 상부발광 OLED 디바이스에서는 자주, 미세공동효과에 기초한 OLED 구조를 사용한다. **그림 5.3**에서는 미세공동기술을 사용한 전형적인 상부발광 OLED 디바이스의 구조가 도시되어 있다.[5] 미세공동기술에 대해서는 5.5절에 설명되어 있다.

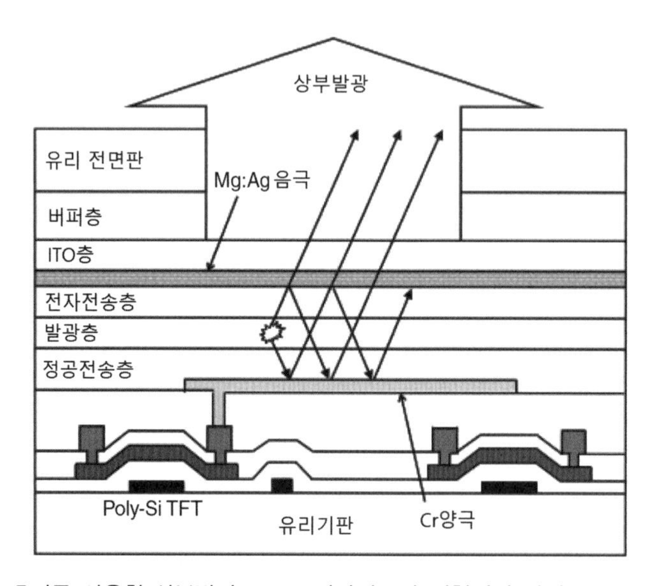

그림 5.3 미세공동 효과를 사용한 상부발광 OLED 디바이스의 전형적인 사례

OLED 디바이스의 세 번째 유형은 양면발광 OLED 이다. 이 경우, 빛은 양쪽에서 방출되며 디바이스는 **그림 5.1**에 도시되어 있는 것처럼 투명하다. 그러므로 OLED 업계에서는 양방발광 OLED 디바이스를 일반적으로 **투명 OLED**(TOLED)라고 부른다.[6] TOLED는 투명한 양극과 음극을 갖추고 있다. 투명 OLED는 상부발광 OLED로부터 수정된 기술이기 때문에, 투명 OLED는 상부발광 OLED의 경우와 동일한 문제들을 가지고 있다.

상부발광 OLED를 사용하면 투명 OLED를 제조할 수 있다. 1996년에 포레스트와 톰슨 그룹은 인듐-주석 산화물 전극과 매우 얇은 Mg:Ag 층으로 이루어진 상부전극, 그리고 이를 덮은 인듐-주석 층을 사용하여 투명 OLED를 제작하였다.[6] 이 디바이스 구조는 **그림 5.4**에 도시되어 있다.

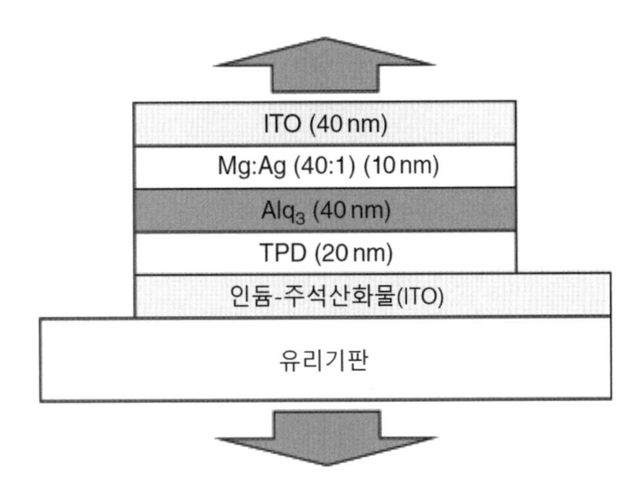

그림 5.4 블로비치 등이 발표한 투명 OLED 구조의 개략도

5.2 정립구조와 도립구조

일반적인 OLED의 경우, 기판상의 바닥전극은 양극이다. 이 구조를 **정립구조**라고 부른다. 반면에 바닥전극이 음극인 **도립구조**도 가능하다. 이 구조는 **그림 5.5**에 도시되어 있다. 정립구조가 일반적으로 사용되는 반면에 도립구조에 대해서는 소수의 논문이 발표되었을 뿐이다. 도립구조에 대한 일부 사례들이 아래에 설명되어 있다.[1,7~12]

5.1절에서 설명했듯이, 베이전트 등이 발표한 상부발광 OLED 디바이스는 도립 OLED 디바이스 구조를 가지고 있다.[1] 이 경우, 기판 위에 음극이 증착되며 양극은 유기물층 위에 최종적으로 증착된다.

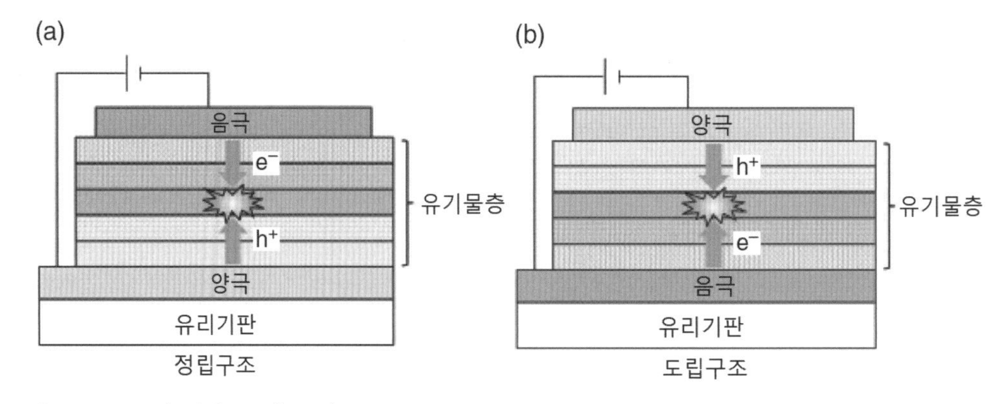

그림 5.5 OLED의 정립구조와 도립구조

세이코 엡손社의 모리 등은 TiO_2와 MoO_3 사이에 발광 폴리머(F8BT)가 끼워져 있는 도립형 상부발광 OLED 디바이스를 발표하였다.[7] 이 디바이스 구조는 **그림 5.6**에 도시되어 있다. TiO_2는 전자 주입층으로 작용하며 MoO_3는 정공 주입층으로 작용한다. 이 OLED 디바이스는 기존의 폴리머 OLED 디바이스들에 비해서 낮은 켜짐전압과 높은 공기 중 안정성을 나타낸다.

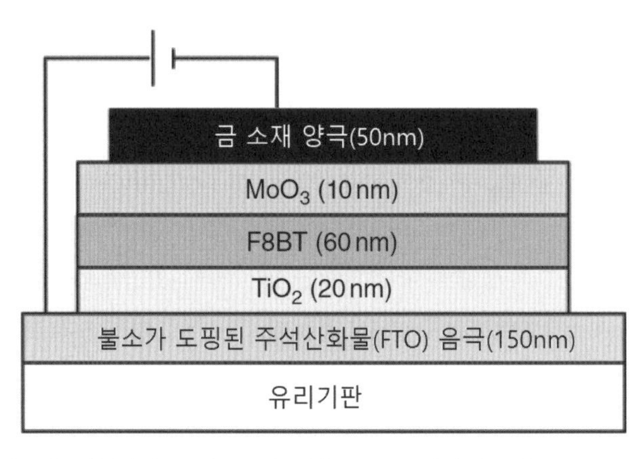

그림 5.6 모리 등이 발표한 상부발광 도립구조를 갖춘 OLED 디바이스의 구조

지린대학(중국)[1]의 멩 등은 MoO_x/Ag 양극을 상부전극으로 사용한 도립형 상부발광 OLED를 발표하였다.[8]

서울대학교의 김 등은 전달기법을 사용하는 도립형 상부발광 OLED를 제조하였다.[9] 이들

1 吉林大学.

은 얇은 테프론 박막(AF2400, 듀퐁, ~100[nm])을 갖춘 폴리(우레탄-아크릴레이트)(PUA) 기판 위에 정립형 OLED를 제조하였다. 하부발광 OLED를 제작한 다음에, **그림 5.7**에 도시되어 있는 것처럼, 디바이스 전체를 또 다른 기판에 접착한다. 이들은 또한 이런 전달기법을 사용하여 도립형 유연성 상부발광 OLED를 제작하는 방안에 대해서 발표하였다.

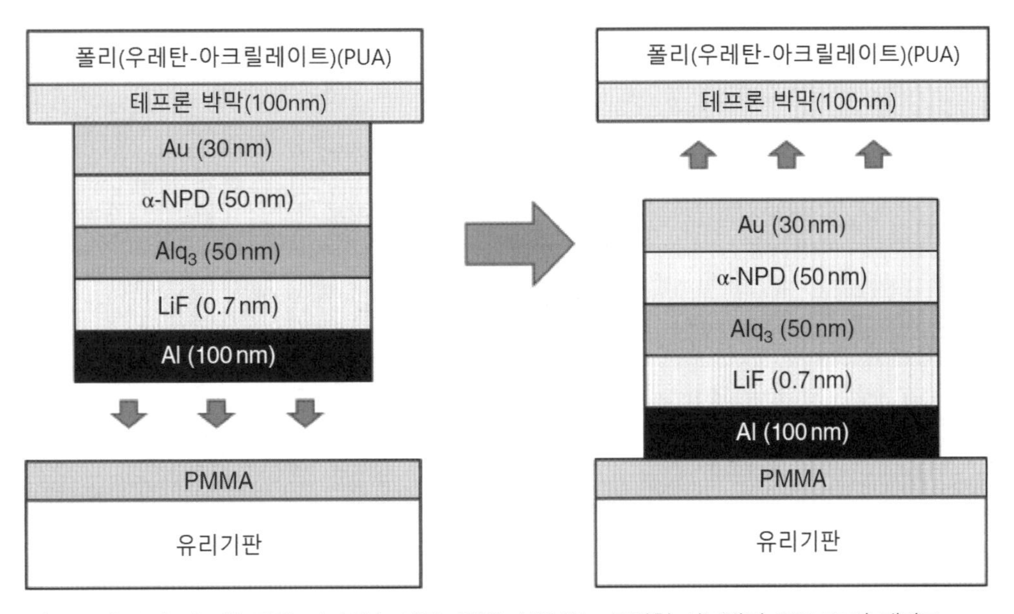

그림 5.7 김 등이 발표한 전체 디바이스 전달기법을 사용하는 도립형 상부발광 ITOLED의 개략도

LG화학 중앙연구소의 노 등은 상부발광 도립구조를 사용하여 적색과 녹색 인광 OLED 디바이스를 제작하였으며, 도립구조가 일반구조에 비해서 높은 전류효율과 낮은 구동전압을 나타낸다고 발표하였다.[10] 이들은 또한 아무런 광선방출 강화기법을 사용하지 않고도 (구동전압 4.6[V], 1,000[cd/m^2] 조건하에서) 93.3[cd/A]의 전류효율을 가지고 있는 도립구조의 녹색 인광 OLED 디바이스를 구현하였다.

반면에 고려대학교의 이 등은 유리/ITO/Al/Liq/Alq_3/α-NPD/WO_3/Al와 다양한 음극소재들을 사용한 도립형 하부발광 OLED 디바이스를 발표하였다.[11] 이들은 매우 얇은(1.5[nm]) 하부음극을 사용하였다. 이들에 따르면, Al/Liq는 전자주입층으로 효과적으로 작동하였다.

디스플레이 적용사례의 경우, 일본방송협회(NHK)[2]의 후카가와 등은 도립형 하부발광 OLED

2 日本放送協.

디바이스 구조[12]를 사용하여 8인치 VGA 유연 아몰레드 디스플레이를 제작하였으며, 이를 통해서 **그림 5.8**에 도시도어 있는 것처럼, 도립형 구조가 산소와 수분 침투에 대해서도 안정적이기 때문에 도립형 OLED의 작동 수명시간이 더 길다고 발표하였다.

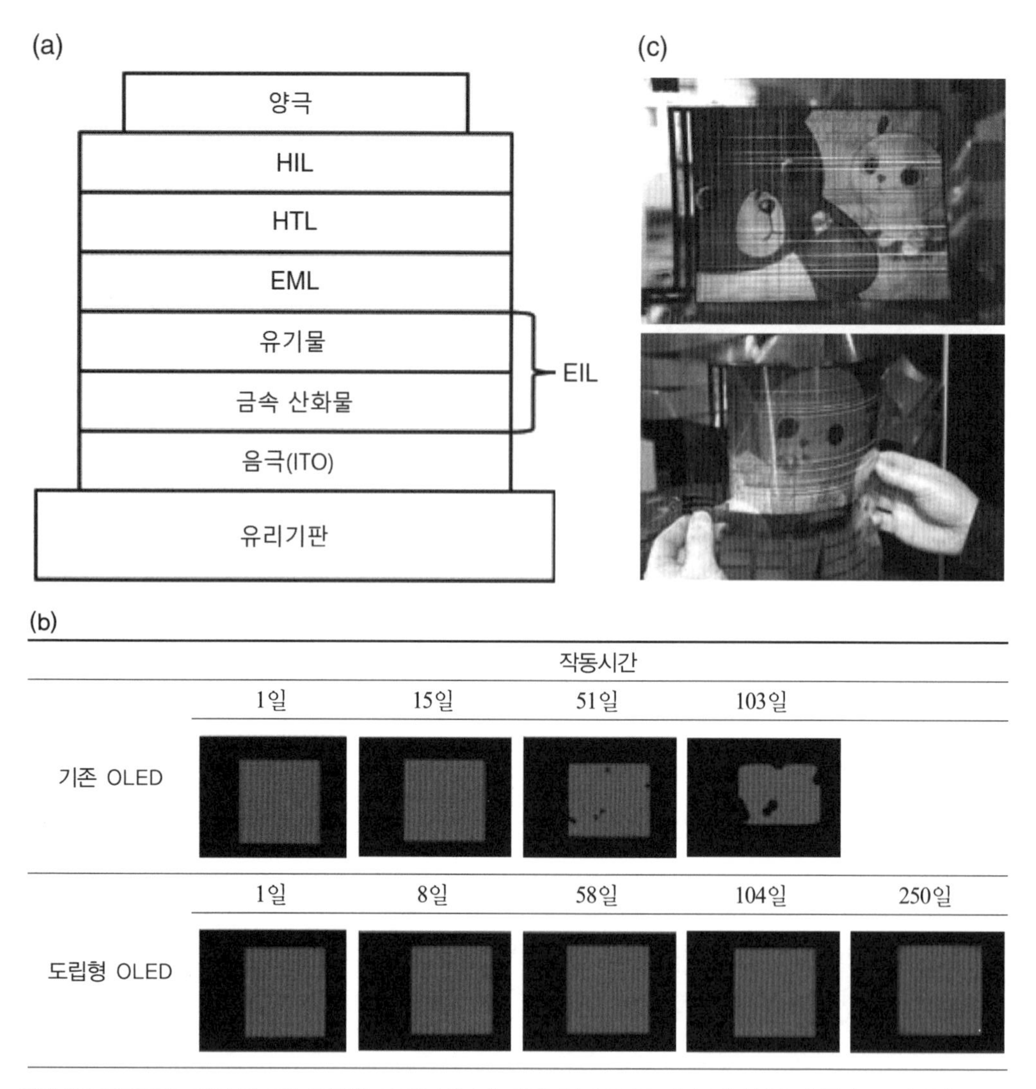

그림 5.8 후카가와 등이 발표한 도립형 OLED.[12] (a) 디바이스의 구조, (b) 작동시간의 함수로 나타낸 OLED 발광영역의 영상. 퇴화되지 않은 OLED의 발광면적은 3×3[mm^2], (c) IGZO-TFT에 의해서 구동되는 도립형 OLED 구조로 제작된 아몰레드 디스플레이

5.3 백색 OLED

백색 OLED의 발광에 대해서는 야마가타 대학교의 키도 등이 1994년에 처음으로 발표하였다.[13] 이들은 폴리(n-비닐카르바졸)(PVK)로 이루어진 발광층에 서로 다른 발광 스펙트럼을 가지고 있는 세 가지 형광 다이들을 도핑하여 백색 발광을 구현하였다. 이 디바이스의 개략적인 구조는 **그림 5.9**에 도시되어 있다. 정공전송 발광층은 청색을 발광하는 1,1,4,4-테라페닐-1,3-부타딘(TPD), 녹색을 발광하는 쿠마린6, 그리고 오렌지색을 발광하는 DCM-1 등의 세 가지 형광 다이들이 PVK에 도핑되어 있다. 이 PVK층 위에는 1,2,4-트리아졸 유도체(TAZ)와 트리스(8-퀴놀리놀라토)알루미늄(III) 착화물(Alq)의 두 가지 유기물층과 Mg:Ag 음극이 증착된다. 이 디바이스를 사용하여 이들은 구동전압 14[V]에서 3,400[cd/m^2]의 백색 발광을 구현하였으며, 전력효율은 0.83[lm/W]에 달하였다.

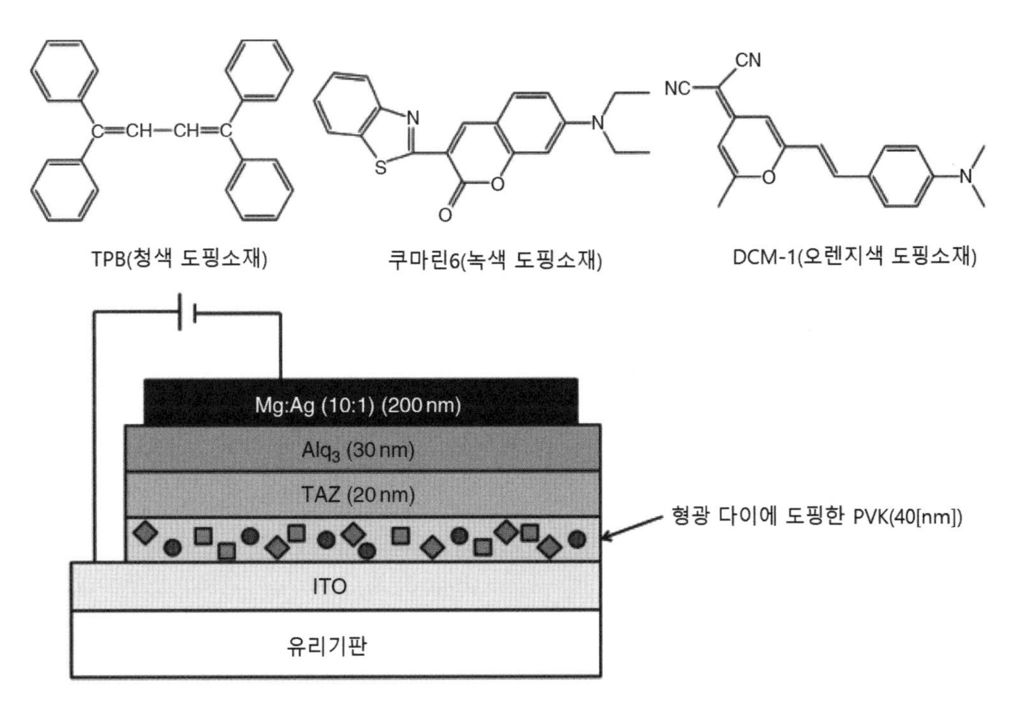

그림 5.9 서로 다른 색상의 형광 다이들을 도핑한 PVK 박막을 사용한 백색 OLED 디바이스의 개략적인 구조

백색 OLED를 구현하기 위한 최초의 시도에서는 서로 다른 색상의 형광 다이들을 폴리머 모재층에 도핑한 반면에, 상용 백색 OLED는 **그림 5.10**에 도시되어 있는 것처럼 서로 다른 색상의 발광층들이 적층되어 있는 구조를 사용하였다. 초기 개발단계에서는 청색과 오렌지색

발광층을 적층한 구조가 자주 사용되었다. 현재에는, 백색 발광을 위한 다중층 구조가 상용 백색 OLED의 구조에 채용되어 사용되고 있다.

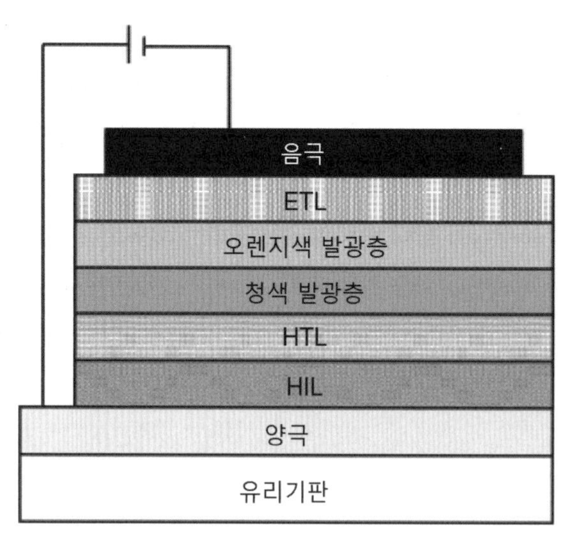

그림 5.10 서로 다른 색상의 발광층들이 적층되어 있는 백색 OLED의 구조

적층된 발광층에 대한 최초의 시도는 1995년에 야마가타 대학교의 키도 등이 발표하였다.[14] 이들은 서로 다른 층에서 재결합이 일어나도록 나르개 재결합 영역을 조절하여 백색 발광을 구현하였다. 이 개념에 기초하여 키도 등은 서로 다른 나르개 전송특성을 가지고 있는 세 개의 RGB 발광층들을 적층하였다. 이 디바이스의 구조는 유리/ITO/TPD(40[nm])/p-EtTAZ(3[nm])/Alq_3(5[nm])/Alq_3(5[nm])(나일적색 1[mol%] 도핑)/Alq_3(40[nm])/Mg:Ag(10:1)의 구조를 가지고 있다. 정공을 전송하는 **트리페닐디아민 유도체**(TPD)는 발광 피크가 410~420[nm]인 청색 빛을 발광한다. 정공을 차폐하는 1,2,4-트리아졸 유도체(p-EtTAZ)는 전자를 전송하며 정공을 차폐한다. 전자를 전송하는 알루미늄 착화물(Alq_3)은 발광 피크가 520[nm]인 녹색을 발광한다. 그 다음 층에서는 Alq_3에 발광 피크가 600[nm]인 나일적색이 도핑되어 적색을 발광한다. 이 디바이스는 TPD, Alq_3 그리고 나일적색에 의해서 각각 410~420[nm], 520[nm] 그리고 600[nm]의 세 개의 발광 피크를 가지고 있다. 이들에 따르면, 15~16[V]의 구동전압하에서 2,000cd/m^2] 이상의 휘도로 백색을 발광하였다.

키도 등의 발표 이후에 다양한 소재와 구조를 사용한 다중층 방식의 백색 OLED에 대한 연구개발이 수행되었다. RGB 형광소재들을 조합한 OLED의 효율은 제한적이기 때문에, 주로 인광소재들을 사용하여 고효율 백색 OLED를 구현하기 위한 다양한 방안들이 고찰되었다.

한 가지 유용한 개념은 청색 형광소재와 여타 색상의 인광소재들을 조합하는 것으로, 이는 녹색과 적색 인광소재들은 이미 실용화가 가능하지만 청색은 그렇지 못하기 때문이다. 이 방법을 소위 **하이브리드 OLED**라고 부른다.

프린스턴 대학 포레스트 그룹의 선 등은 청색 형광소재를 녹색 및 적색 인광소재들과 조합하여 18.7±0.5[%]의 최대 외부양자효율과 37.6±0.6[lm/W]의 전력효율을 가지고 있는 백색 하이브리드 OLED를 발표하였다.[15] 이 디바이스의 구조는 **그림 5.11**에 도시되어 있다. 설계개념상, 청색형광발광체는 전기적으로 생성된 모든 고에너지 일중항 여기를 청색 발광에 사용하며, 인광발광체들은 녹색과 적색발광을 위해서 남아 있는 저에너지 삼중항 여기를 사용한다.

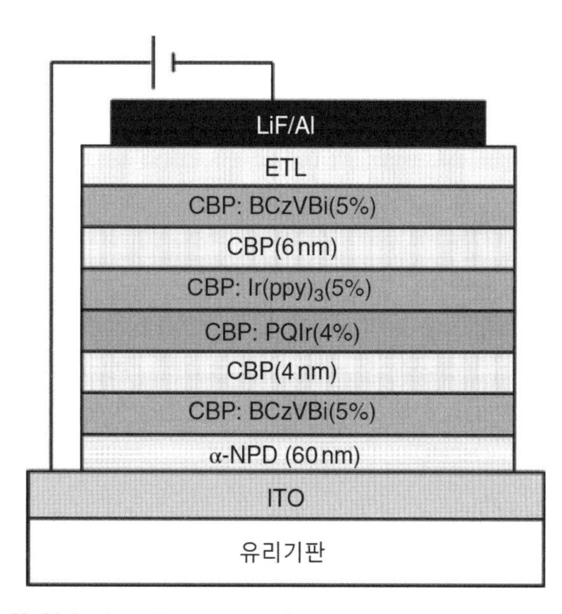

그림 5.11 선 등이 발표한 형광 및 인광소재들을 사용한 백색 OLED의 디바이스 구조[15]

또 다른 접근방법은 인광 다중발광층을 사용하는 것이다. NHK 방송기술연구소와 도쿄대학교의 토키토 등은 녹청색과 적색 발광층들을 사용하여 백색 인광 OLED를 개발하였다.[16,17] 이 디바이스의 구조와 분자구조가 **그림 5.12**에 도시되어 있다. $(CF_3ppy)_2Ir(pic)$이 녹청색 인광소재이며 $(btp)_2It(acac)$가 적색 인광소재로 사용되었다. 이들은 두 인광발광층들 사이에 여기자 장벽층으로 3[nm] 두께의 BAlq 층을 삽입하였다. 이들은 또한 적색 발광층과 음극 사이에 전자전송과 정공차폐를 위해서 45[nm] 두께의 BAlq 층을 증착하였다. 이들은 12[%]의 최대 양자효율과 18[cd/A]의 발광효율, 그리고 0.01[mA/cm^2]의 전류밀도하에서 10[lm/W]의 최대전력효율을 구현하였다.

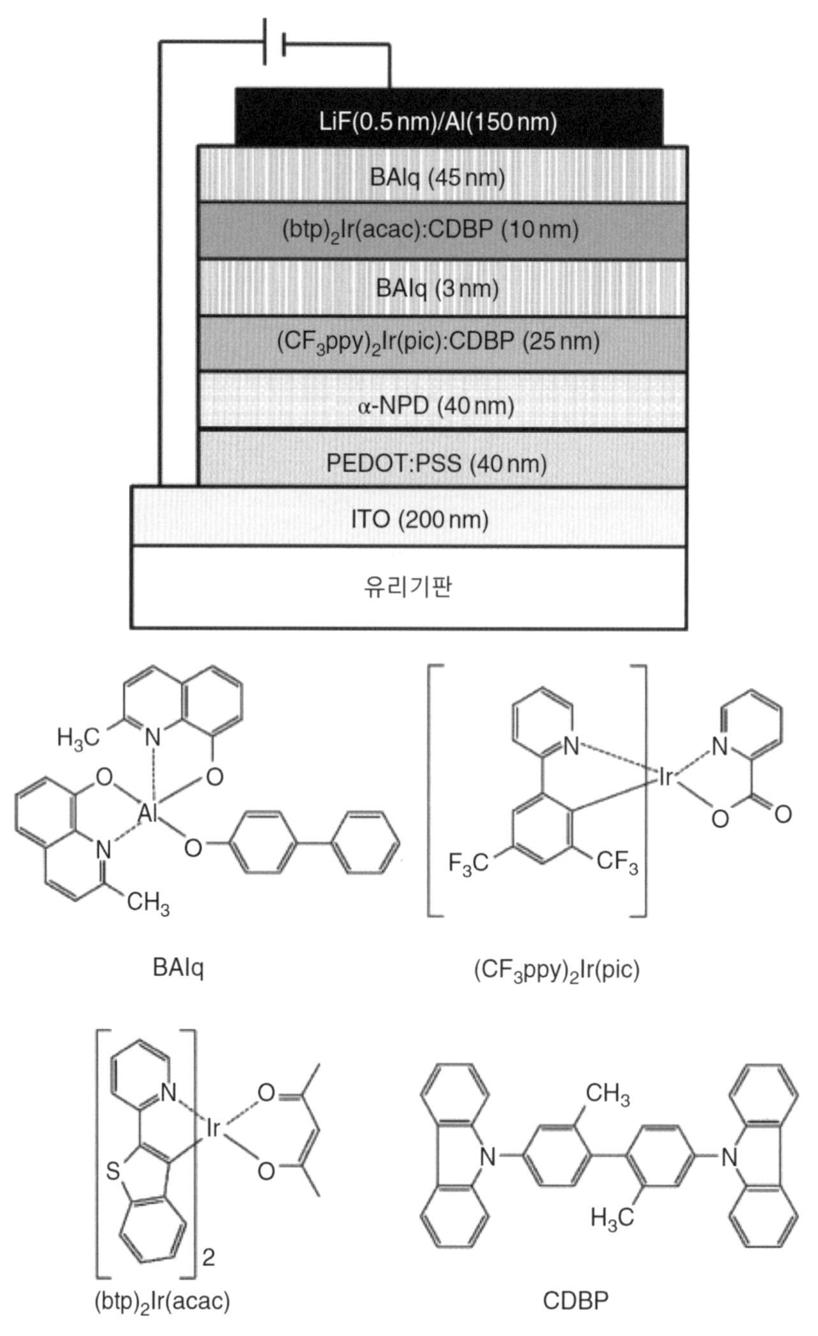

그림 5.12 토키토 등이 개발한 백색 OLED 디바이스의 구조[16,17]와 사용된 소재들의 분자구조

지린대학교의 첑 등은 청색 발광층이 적색과 녹색 발광층 사이에 끼워져 있는 백색 인광 OLED를 발표하였다.[18] **그림 5.13**에는 이 디바이스의 구조가 도시되어 있다. 구현된 최대 전

력효율이 9.9[lm/W]로 그리 높지는 않았지만, **연색평가지수**[3]가 82에 달하였다.

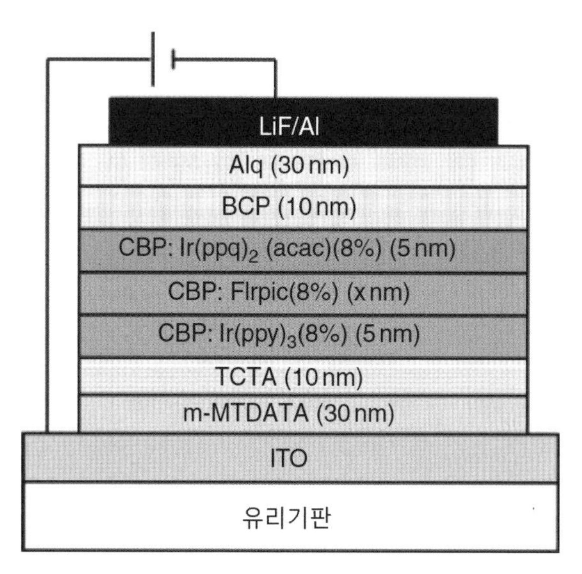

그림 5.13 쳉 등이 발표한 다중 인광발광층을 갖춘 백색 OLED의 구조[18]

앙게반테 물리광학연구소[4]의 라이네케 등은 인광 RGB 다중발광층과, 고굴절률 기판 및 반구체 등과 같은 외부광방출 증강기술을 갖춘 백색 OLED를 사용하여 81[lm/W]에 달하는 매우 높은 형광튜브효율을 구현하였다.[19]

적층된 서로 다른 색상의 발광층의 유용한 대안은 5.6절에서 설명되어 있는 다중광자구조(탠덤구조)를 사용하는 것이다.

삼중으로 도핑된 인광발광층은 또 다른 방법이다. 이 기법은 여기된 에너지는 청색 도핑물질에서 녹색 도핑물질을 거쳐서 적색 도핑물질로 손쉽게 전송된다는 점을 활용하였다. 그러므로 적절한 평형을 맞추면서 세 가지 색상의 발광을 얻기 위해서는 도핑물질들의 농도를 B>G≫R이 되도록 세심하게 최적화시켜야만 한다. 일반적으로 적색 도핑물질의 농도는 1[%] 미만이다.

프린스턴 대학 포레스트 그룹의 당드라드 등은 발광층 내의 모재에 세 가지 색상의 인광 도핑물질들이 도핑되어 있는 백색 OLED 디바이스를 발표하였다.[20] **그림 5.14**에는 백색 인광 OLED 디바이스의 에너지준위선도가 도시되어 있다. 이 디바이스에서는 에너지 갭이 큰

3 color rendering index.
4 Institute fur Angewandte Photophysik.

UGH4 모재 속에 세 가지 색상을 구현하기 위해서 PQIr, $Ir(ppy)_3$ 그리고 Fir6 등이 함께 도핑되어 있다. 이 디바이스의 전력효율은 42[lm/W]에 달하였다.

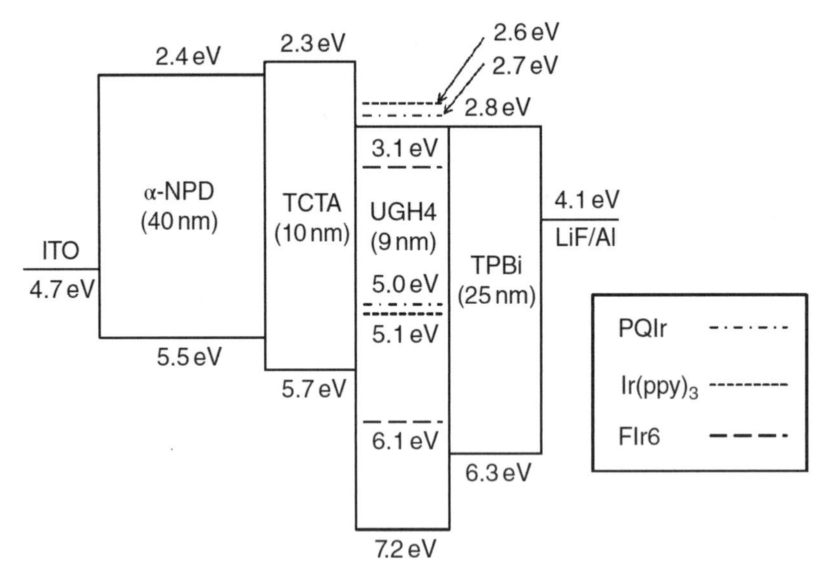

그림 5.14 당드라드 등이 발표한 발광층 모재에 세 가지 색상의 인광 도핑물질들이 도핑되어 있는 백색 인광 OLED 디바이스의 에너지준위선도[20]

5.4 총천연색기술

전자 디스플레이 분야에서는 총천연색 영상구현에 대한 강력한 수요가 있다. 현재 우리의 생활에 사용되는 대부분의 전자 디스플레이들인 텔레비전, 핸드폰, 스마트폰, 데스크톱 및 노트북 컴퓨터, 디지털 카메라, 전광판, 정보판 등은 총천연색상을 구현하고 있다. 그러므로 총천연색기술은 필수적이라고 말할 수 있다.

전자 디스플레이의 경우, 일반적으로 적색, 녹색 및 청색(RGB)의 하위픽셀들을 배열하여 원색의 합성원리를 사용하여 총천연색을 구현한다. **그림 5.15**에서는 OLED 디바이스에서 이런 배열을 사용하는 전형적인 기법들을 보여주고 있다. 이들은 RGB-병렬배치, 컬러필터와 백색 발광 그리고 색변환 매질과 청색발광 등이다.

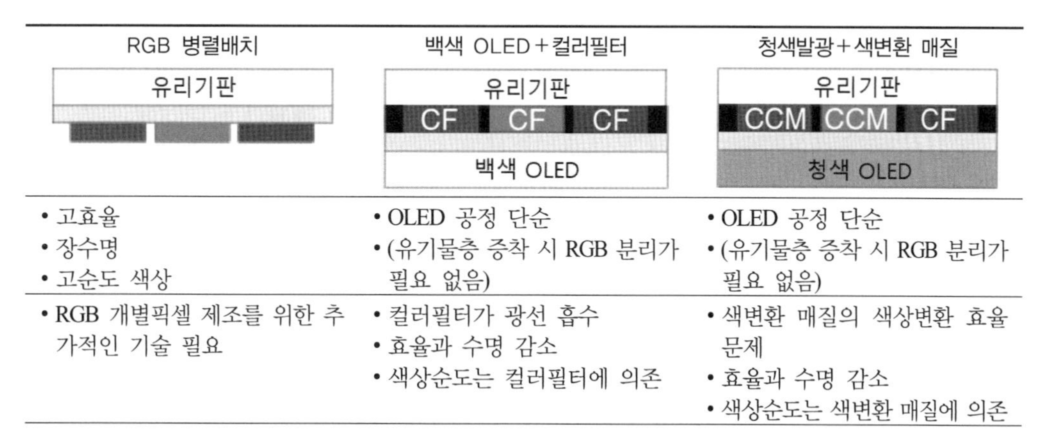

RGB 병렬배치	백색 OLED+컬러필터	청색발광+색변환 매질
• 고효율 • 장수명 • 고순도 색상	• OLED 공정 단순 • (유기물층 증착 시 RGB 분리가 필요 없음)	• OLED 공정 단순 • (유기물층 증착 시 RGB 분리가 필요 없음)
• RGB 개별픽셀 제조를 위한 추가적인 기술 필요	• 컬러필터가 광선 흡수 • 효율과 수명 감소 • 색상순도는 컬러필터에 의존	• 색변환 매질의 색상변환 효율 문제 • 효율과 수명 감소 • 색상순도는 색변환 매질에 의존

그림 5.15 총천연색 OLED 디바이스의 RGB 색상구현 기술들(컬러 도판 282쪽 참조)

가장 기본적인 방법은 **RGB-병렬배치**로서, 서로 다른 색상을 발광하는 하위픽셀들을 제조한다. 이 방법의 장점은 OLED 디바이스의 자체 성능을 활용한다는 것이다. 그런데 이 방법은 RGB 병렬배치 구조를 제조하기 위한 추가적인 기술이 필요하다. 진공증착식 OLED의 경우, 마스크증착기법이 자주 사용된다. 이는 가장 일반적인 기술이지만, 생산과정에서 마스크 관리가 어렵기 때문에 대형 디스플레이나 고분해능 디스플레이에는 적용하기 어렵다. 액상공정 OLED의 경우, RGB-병렬구조를 제조하기 위해서 잉크제트나 볼록판인쇄와 같은 프린트기술을 사용할 수 있다. 레이저프린트 기술도 제안되었다. 이러한 공정기술들이 가지고 있는 문제들에 대해서는 6장에서 살펴보기로 한다.

컬러필터와 백색발광 OLED 조합도 자주 사용된다. 이 방법은 분리된 RGB 픽셀들을 필요로 하지 않기 때문에 제조가 비교적 용이하다. 그런데 컬러필터가 발광된 백색을 흡수하기 때문에 효율과 수명이 제한된다. 이에 대한 대안으로서, **RGBW**(RGB+백색)의 4픽셀 구조가 제안되었다.[21]

또 다른 방법은 청색 발광과 **색변환 매질**(CCM)을 조합하는 것이다.[22~25] 이 방법은 분리된 RGB 픽셀들을 필요로 하지 않기 때문에, 역시 제조가 비교적 용이하다. 그런데 변환효율이 100[%]가 아니기 때문에, OLED의 효율과 수명이 제한된다. 현재, 이 기술은 거의 사용되지 않고 있다. 적층된 RGB 셀[26]이나 **광퇴색**[5]에 의한 **발광색상변화**[27]와 같은 총천연색을 구현하는 여타의 기법들도 현재는 거의 사용되지 않고 있다.

5 photobleaching.

5.4.1 RGB-병렬배치

RGB 픽셀들을 병렬로 배치하는 OLED 디바이스 제조방법에 대해서는 다양한 기법들이 제안 및 연구되어왔다.

진공증착기법의 경우에는 **미세금속마스크**(FMM) 증착이 가장 일반적으로 사용되고 있다. 액상공정의 경우에는 잉크제트 프린트기법이 자주 사용된다. 게다가 증착 또는 코팅된 박막에 대한 레이저 패터닝기법도 제안 및 연구되고 있다. 이들에 대해서는 6장에서 상세하게 살펴볼 예정이다.

5.4.2 백색+컬러필터(CF)

백색발광과 **컬러필터**의 조합은 총천연색 OLED 디스플레이에 유용한 기술이며, 다양한 OLED 디스플레이에 적용되고 있다.

산요전기社의 마메노 등은 백색발광과 컬러필터를 사용하여 아몰레드 디스플레이를 개발하였다.[28] 이 디스플레이는 하부발광 OLED 디스플레이 방식을 채택하였으며 대각선 길이는 2.5인치이며 240×320개의 도트가 배치되어 있다.

소니社의 카시와바라 등은 백색발광과 컬러필터 어레이를 사용하여 상부발광 디바이스 구조를 갖춘 아몰레드 디스플레이를 개발하였다.[29] 이 디스플레이는 높은 색상순도를 구현하기 위해서 미세공동 효과를 활용하였다. 이 디스플레이는 대각선 길이가 12.5인치이며 854×480개의 도트가 배치되어 있다.

백색 발광과 컬러필터(W-RGB)의 수정된 기술로, RGB와 백색 픽셀(W-RGBW)의 4픽셀 구조가 연구개발되었다.[21] W-RGB와 W-RGBW의 픽셀 배치와 컬러필터의 사례가 **그림 5.16**에 도시되어 있다. W-RGB 기법의 경우, 백색 발광의 대부분이 개별 RGB 필터에 흡수된다. 그러므로 높은 효율을 구현하기가 어렵다. 반면에 W-RGBW 기법의 경우에는 백색 필터는 발광된 백색광을 흡수하지 않기 때문에 높은 효율을 구현할 수 있다.

실제 디스플레이 영상에서 대부분의 색상들은 백색을 포함하고 있기 때문에, W-RGBW는 W-RGB 방법에 비해서 전력효율을 크게 줄일 수 있다. 다양한 실제영상들에 대해서 W-RGB와 W-RGBW 기법의 전력소모를 평가한 경과 W-RGBW가 W-RGB에 비해서 전력을 거의 절반밖에 소모하지 않는다고 결론지었다.[21]

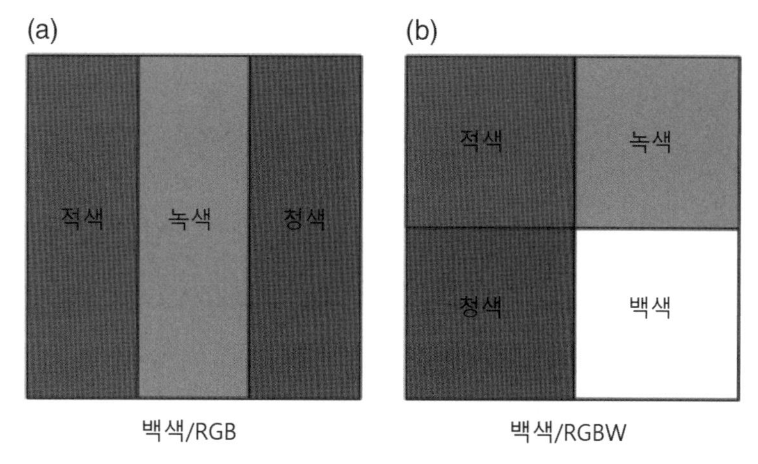

그림 5.16 백색-RGB와 백색-RGBW 픽셀의 사례(컬러 도판 282쪽 참조)

W-RGBW 기법을 사용하여 츠지무라 등은 성공적으로 100[%]의 **NTSC 색영역**[6]을 가지고 있는 8.1인치 크기의 아몰레드 디스플레이 시제품(WVGA, 300[cd/m^2], LTPS-TFT)을 제작하였으며 RGBW 랜더링 알고리즘을 개발하였다.[30]

5.4.3 청색발광과 색변환 매질(CCM)

앞서 설명했던 것처럼, **청색 발광**과 **색변환 매질**을 조합하면 OLED 디스플레이를 제작하는 과정에서 RGB 패터닝이 필요 없다는 장점을 가지고 있다.[22~25]

그림 5.17에서는 이런 디바이스 메커니즘이 도시되어 있다. OLED 디바이스는 단색인 청색 광선을 발광하는 OLED로 이루어진다. 적색과 녹색 픽셀의 경우에는 색변환 매질층이 청색 발광을 흡수한다. 그런 다음 색변환 매질층에 함유된 인광에 따라서 각각의 색을 발광한다. 하지만 청색 픽셀의 경우에는 심청색을 구현하기 위해서 컬러필터가 조합되어 사용된다.

인데미쓰 고산社[7]의 호소카와 등은 이 기술에 대해서 상세한 논문을 작성하였다.[22~25] 이 색변환 매질층은 유기형광매질로 만들며 청색을 녹색과 적색으로 변환시켜준다. 청색 픽셀의 경우에는 청색의 순도를 개선하기 위해서 색변환 매질 대신에 청색 컬러필터를 사용한다. 노광공정을 사용하여 색변환 매질의 패턴을 생성한다.

---

6 color gamut.

7 出光興産.

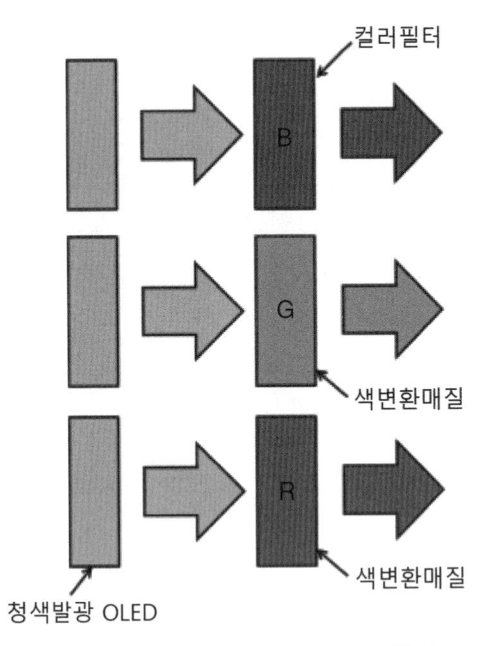

그림 5.17 색변환 매질의 디바이스 작동 메커니즘(컬러 도판 283쪽 참조)

녹색 픽셀의 경우에는 녹색 형광 다이를 함유한 포토레지스트 폴리머를 코팅한 다음에 노광공정을 사용하여 패턴을 생성한다. 적색 픽셀의 경우에는 적색 형광 다이를 함유하고 있는 투명 레진을 코팅한 다음에 포토레지스트 마스크를 사용한 에칭공정을 통해서 패턴을 생성한다. 이런 방식으로 이들은 하위픽셀 패턴이 300[μm] 피치를 가지고 있는 색변환 매질 구조를 제작하였으며 총천연색 PM-OLED 디스플레이를 제작하였다.

5.5 미세공동구조

미세공동구조는 특히 상부발광 OLED 디바이스에서 자주 사용되는 방식이다. OLED 디바이스에서, 미세공동 효과는 보통, 양극과 음극 사이의 다중반사에 의해서 구현된다. 상부발광 OLED의 경우에는 반사성 양극과 반투명 음극을 사용하기 때문에 미세공동효과가 발생하게 된다. 그러므로 OLED 디바이스의 설계를 위해서는 미세공동에 대한 이해가 중요하다. 상부발광 미세공동의 사례가 **그림 5.3**에 도시되어 있다.

미세공동 구조가 발광 스펙트럼, 발광 프로파일, 효율 등을 변화시키기 때문에, OLED 디바이스의 성능향상에 이를 사용할 수 있다.

미세공동효과는 유기물층으로부터 내부발광을 선택 및 증강시켜주는 일종의 광학 필터라고 간주할 수 있다. 미세공동의 조건은 다음 공식으로 나타낼 수 있다.[31]

$$\frac{2L}{\lambda_{\max}} + \frac{\Phi}{2\pi} = m, \quad m : \text{정수}$$

여기서 L은 두 반사층들 사이의 광학경로길이, $\lambda_{\max}$는 미세공동의 피크파장 길이 그리고 Φ는 양극과 음극에서의 반사에 따른 위상시프트의 합이다.

반치전폭(FWHM)은 다음 공식을 사용하여 구할 수 있다. 여기서 R_1과 R_2는 두 반사면들의 반사율을 나타낸다.[31~33]

$$FWHM = \frac{\lambda_{\max}^2}{2L} \cdot \frac{1 - \sqrt[2]{R_r R_2}}{\pi \sqrt[4]{R_1 R_2}}$$

미세공동 OLED에서, 광학조건에 따라서 발광 스펙트럼의 형상을 조절할 수 있으며, 따라서 수직방향의 발광강도를 증강시킬 수 있다. 그러므로 미세공동 기술은 높은 색포화도와 고효율 구현에 기여한다.

위 식에 따르면, 피크 파장은 광학경로 길이에 의존한다. 그러므로 적색, 녹색 그리고 청색 등 각 색깔에 따라서 광학경로길이를 설계해야만 한다.

소니社에서는 미세공동 구조를 사용하여 상용 아몰레드 TV를 출시하였다.[5,33,34] 이들이 출시한 13인치 아몰레드 디스플레이 시제품의 사양은 **표 5.2**에 제시되어 있으며, 이에 따르면 미세공동 효과로 인하여 세 가지 색상 모두 높은 색상순도가 구현되었음을 알 수 있다.

표 5.2 소니社에서 개발한 13인치 아몰레드 시제품의 사양

크기	대각선 13인치
픽셀 수	800RGB×600(SVGA)
픽셀 피치	330×330[μm]
색좌표	R(0.66,0.34)
	G(0.26,0.65)
	B(0.16,0.06)
색온도(백색)	9,300[K]
피크휘도	>300[cd/m^2]
명암비	1,400:1(블랙)
	200:1(500lx)

국립 자오퉁 대학(대만)의 쉬 등은 인듐-주석 산화물층의 두께와 미세공동의 피크파장 사이의 상관관계에 대한 실험결과를 발표하였다.[35] 이들이 발표한 두 반사층들 사이의 광학 경로길이와 미세공동의 피크파장 사이의 상관관계가 **그림 5.18**에 도시되어 있다.

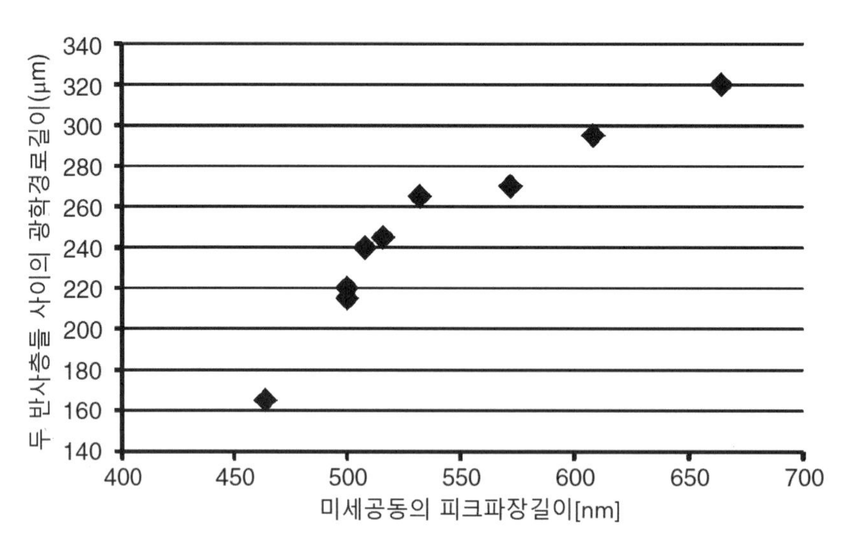

그림 5.18 두 반사표면들 사이의 광학경로길이와 미세공동의 피크파장 사이의 상관관계[35]

상부발광 백색 OLED에서의 미세공동 효과에 대해서도 연구가 수행되었다.[29,36,37] 상부발광 백색 OLED를 총천연색 디스플레이에 적용하기 위해서는 **그림 5.19**에 도시되어 있는 것처럼, 적색, 녹색 및 청색 픽셀들의 광학경로길이들을 각각 최적화하여야 한다. 또한 하부발광 OLED에서도 미세공동 효과를 활용할 수 있다. 예를 들어, 국민대학교의 김 등은 인듐-주석 산화물층과 유리기판 사이에 **브래그 반사격자**를 설치하여 뛰어난 색좌표(예를 들어, x-0.139, y=0.081)를 가지고 있는 심청색 하부발광 OLED를 구현하였다.[38] 브래그 격자는 SiO_2/TiO_2 다중층으로 구성하였다.

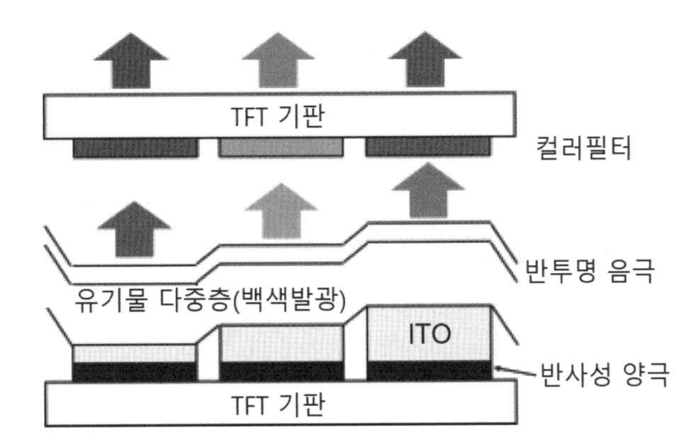

그림 5.19 미세공동구조와 결합된 백색발광 방식을 사용하는 상부발광 OLED의 사례(컬러 도판 283쪽 참조)

5.6 다광자 OLED

다광자 기술은 높은 효율과 긴 수명을 보장해주기 때문에 OLED에서 중요한 기술이다. 특히, 이 기술은 OLED 조명에 매우 유용하다.

다중광자 기술은 야마가타 대학과 아이메스社(IMES)[8]의 키도와 마츠모토 등이 최초로 다광자 기술을 발표하였다.[39~41] 다광자 OLED 구조는 소위 **전하 생성층**(CGL) 또는 인듐-주석 산화물과 같은 **투명 도전층**이라고 부르는 다중발광유닛들로 이루어진다.[43] 도전성 소재들에 의해서 연결되어 있는 OLED 디바이스 내의 다중발광유닛들을 **탠덤 구조**라고 부른다. 반면에, 전하 생성층을 갖춘 다광자 OLED의 경우에는 도전체일 필요가 없으며, 절연성 또는 반도체 특성을 갖춰야 한다. 전하 생성층에서는 양전하와 음전하가 생성되어 인접한 발광유닛들로 주입된다. **그림 5.20**에 도시되어 있는 개략도에서는 두 개의 층이 적층된 다광자 OLED를 보여주고 있지만, 3중, 4중 및 그 이상의 적층된 유닛들도 가능하다. 비록 **그림 5.20(a)**에서는 동일한 발광층을 적층한 사례를 보여주고 있지만, 적층 유닛들이 서로 동일할 필요는 없다. **그림 5.20(b)**에 따르면 서로 다른 발광유닛들을 전하 생성층에 연결할 수 있다는 것을 보여주고 있다. 전하생성현상으로 인하여, OLED 디바이스의 전류효율[cd/A]은 적층 숫자와 거의 정비례한다. 수명은 전류밀도와 관련성을 가지고 있기 때문에, 적층의 숫자를 증가시키면 주어진 휘도하에서의 수명이 현저하게 증가하게 된다. 그런데 적층의 숫자가 증가하면 구동전압이

8 International Manufacturing and Engineering Services: 株式会社アイメス.

상승하게 된다.

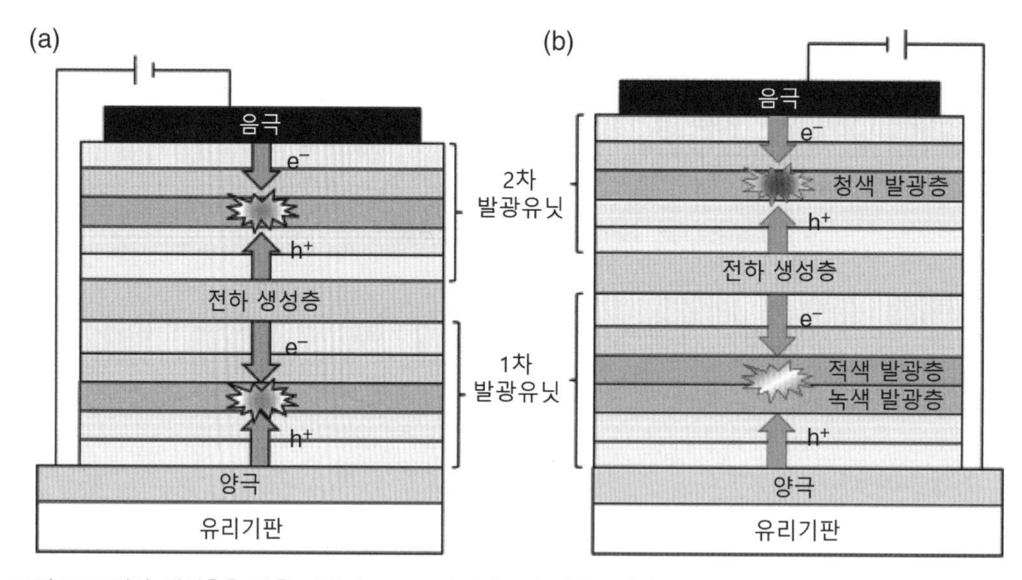

그림 5.20 전하 생성층을 갖춘 다광자 OLED 디바이스의 개략도. (a) 전하 생성층에 연결되어 있는 동일한 발광유닛들, (b) 전하 생성층에 연결되어 있는 서로 다른 발광층들

표 5.3에서는 **그림 5.21**에 도시되어 있는 녹색 인광소재를 사용한 다광자 발광 OLED의 성능을 요약하여 보여주고 있다.[42, 43] 2.0[mA/cm^2]의 구동전류하에서, 구동전압이 3.26[V]인 경우에 1,600[cd/m^2]에 달하는 단일유닛 디바이스의 휘도가 구현되었다. 동일한 구동전류와 10.35[V]의 구동전압하에서, 2유닛과 3유닛 디바이스들은 각각 3,100[cd/m^2]과 4,300[cd/m^2]의 휘도를 나타내었다. 적층의 숫자가 증가하면 이에 비례하여 휘도가 증가하지만, 적층의 숫자가 증가하면 구동전압도 함께 증가하였다. **표 5.3**에서 명확하게 알 수 있듯이, 100[cd/m^2]과 1,000[cd/m^2]의 경우에 적층의 숫자가 증가하면 전류효율도 함께 증가한다.

표 5.3 다광자 OLED의 작동조건에 따른 작동성능[42, 43]

작동조건 \ 적층의 수	1	2	3
구동전류 2.0[mA/cm^2]	1,600[cd/m^2]	3,100[cd/m^2]	4,300[cd/m^2]
	3.26[V]	7.19[V]	10.35[V]
휘도 100[cd/m^2]	90[cd/A]	181[cd/A]	236[cd/A]
휘도 1,000[cd/m^2]	83[cd/A]	171[cd/A]	244[cd/A]

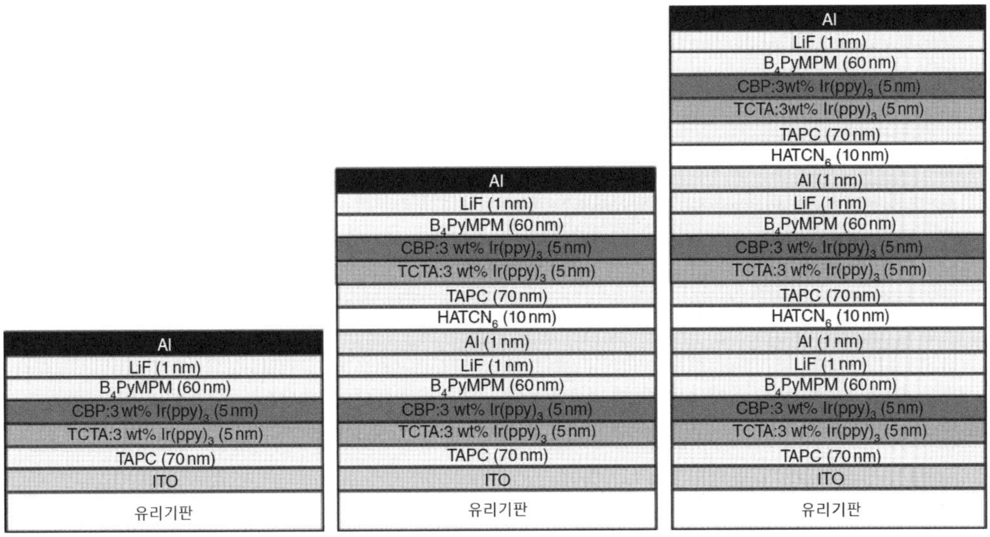

Al
LiF (1 nm)
B_4PyMPM (60 nm)
CBP:3 wt% $Ir(ppy)_3$ (5 nm)
TCTA:3 wt% $Ir(ppy)_3$ (5 nm)
TAPC (70 nm)
ITO
유리기판

Al
LiF (1 nm)
B_4PyMPM (60 nm)
CBP:3 wt% $Ir(ppy)_3$ (5 nm)
TCTA:3 wt% $Ir(ppy)_3$ (5 nm)
TAPC (70 nm)
$HATCN_6$ (10 nm)
Al (1 nm)
LiF (1 nm)
B_4PyMPM (60 nm)
CBP:3 wt% $Ir(ppy)_3$ (5 nm)
TCTA:3 wt% $Ir(ppy)_3$ (5 nm)
TAPC (70 nm)
ITO
유리기판

Al
LiF (1 nm)
B_4PyMPM (60 nm)
CBP:3wt% $Ir(ppy)_3$ (5 nm)
TCTA:3wt% $Ir(ppy)_3$ (5 nm)
TAPC (70 nm)
$HATCN_6$ (10 nm)
Al (1 nm)
LiF (1 nm)
B_4PyMPM (60 nm)
CBP:3 wt% $Ir(ppy)_3$ (5 nm)
TCTA:3 wt% $Ir(ppy)_3$ (5 nm)
TAPC (70 nm)
$HATCN_6$ (10 nm)
Al (1 nm)
LiF (1 nm)
B_4PyMPM (60 nm)
CBP:3 wt% $Ir(ppy)_3$ (5 nm)
TCTA:3 wt% $Ir(ppy)_3$ (5 nm)
TAPC (70 nm)
ITO
유리기판

그림 5.21 다광자 발광 OLED의 실제 적용사례[43]

또 다른 사례가 **그림 5.22**와 **표 5.4**에 제시되어 있다. 30[mA/cm^2]의 구동전류와 7.9[V]의 구동전압하에서, 1유닛 디바이스는 2,240[cd/m^2]의 휘도를 나타내었다. 이와 동일한 구동전류와 13.4[V]의 구동전압하에서 2유닛 디바이스는 4,111[cd/m^2]의 휘도를 나타내었다. 따라서 2유닛 디바이스의 휘도는 1유닛 디바이스에 비해서 거의 두 배에 달하였지만, 2유닛 디바이스의 구동전압도 거의 두 배로 증가하였음을 알 수 있다. 1,000[cd/m^2]의 휘도를 구현하기 위해서, 1유닛 디바이스는 12.0[mA/cm^2]의 전류가 필요하지만, 2유닛 디바이스의 경우에는 단지 6.04[mA/cm^2]이 필요할 뿐이다. 이 결과에 따르면 2유닛 디바이스의 전류효율은 1유닛 디바이스의 약 2배에 달한다는 것을 알 수 있다. 게다가 전류밀도가 낮아졌기 때문에 2유닛 디바이스의 수명이 길어졌다. 구동전류가 50[mA/cm^2]인 경우에, 1유닛 디바이스의 T_{85} 수명(초기휘도의 85[%]가 되는 작동시간)은 98[hr]에 불과하였다. 이, 경우의 초기휘도는 3,410[cd/m^2]이었다. 반면에, 동일한 구동전류하에서 2유닛 디바이스는 초기휘도가 6,600[cd/m^2]으로서, 1유닛 디바이스의 거의 두 배에 달하였으며, T_{85} 수명도 거의 두 배로 증가한 190[hr]이 되었다.

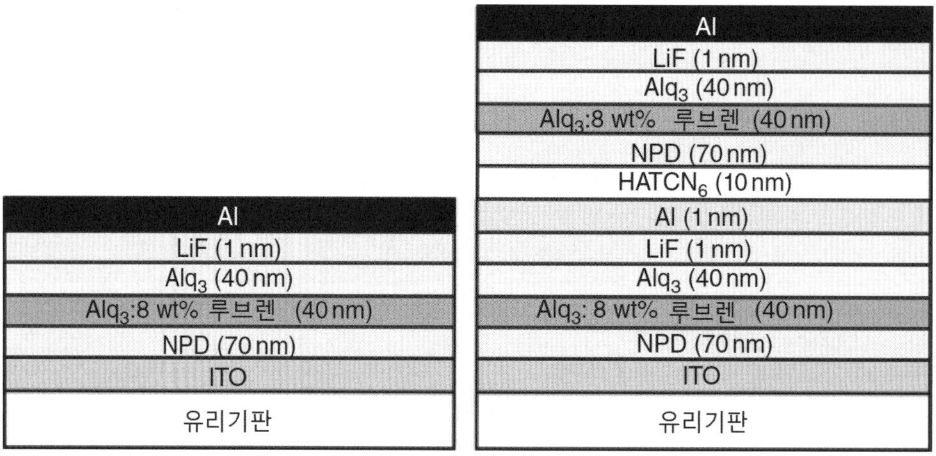

Al
LiF (1 nm)
Alq_3 (40 nm)
Alq_3:8 wt% 루브렌 (40 nm)
NPD (70 nm)
ITO
유리기판

Al
LiF (1 nm)
Alq_3 (40 nm)
Alq_3:8 wt% 루브렌 (40 nm)
NPD (70 nm)
$HATCN_6$ (10 nm)
Al (1 nm)
LiF (1 nm)
Alq_3 (40 nm)
Alq_3: 8 wt% 루브렌 (40 nm)
NPD (70 nm)
ITO
유리기판

그림 5.22 다광자 발광 OLED의 실제 적용사례[43]

표 5.4 다광자 OLED의 작동조건에 따른 작동성능[43]

적층의 수 / 작동조건	1	2
구동전류 30[mA/cm^2]	2,240[cd/m^2] 7.9[V]	4,111[cd/m^2] 13.4[V]
휘도 1,000[cd/m^2]	12.0[mA/cm^2]	6.04[mA/cm^2]
50[mA/cm^2] 하에서의 수명	T85=98[hr] (최초휘도=3,410[cd/m^2])	T85=190[hr] (최초휘도=6,600[cd/m^2])

다광자 구조는 **그림 5.20(b)**에 도시되어 있는 것처럼 서로 다른 색상의 발광층들을 적층하여 백색을 발광시키는 경우에 매우 유용하다. n-형 층은 전형적으로 LiF와 같은 전자주입 금속 화합물들이나 Li, Cs 또는 Mg와 같은 금속들이 도핑되어 있는 전자전송 유기물층으로 이루어진다.[45] p-형 층은 인듐-주석 산화물(ITO),[40] V_2O_5[42] 또는 MoO_3[46]와 같은 금속 산화물이마 $FeCl_3$,[44] 테트라플루오로테트라시아노-퀴노디메탄(F_4-TCNQ)[45] 등의 p-형 물질이 도핑되어 있는 유기물층으로 이루어진다.

5.7 밀봉공정

대기조건하에서 밀봉되지 않은 OLED 디바이스를 사용하면 **암점**의 생성으로 인하여 불과 몇 시간 내로 디바이스가 완전히 퇴화되어버린다. 이 현상은 대기 중의 수분과 산소의 침식에 의한 것이다. 그러므로 밀봉기술은 매우 중요하다.

그림 5.23에서는 전형적인 디바이스의 구조를 간략하게 보여주고 있다. 이 구조에서, OLED 디바이스는 대응기판 사이에 끼워지며, 에폭시와 같은 수지를 사용하여 그 사이를 밀봉한다. 수지의 전형적인 패턴크기는 높이 10[μm], 폭 1[mm]이다. OLED 기판과 대응기판 사이의 공극에는 건조질소 가스를 충진한다. 1994년에 프린스턴 대학교 포레스트 그룹의 버로우스 등은 **그림 5.23**과 유사한 구조를 가지고 있는 OLED 디바이스를 밀봉하지 않은 OLED와 비교하였으며, 수명이 크게 향상되었다고 발표하였다.[47]

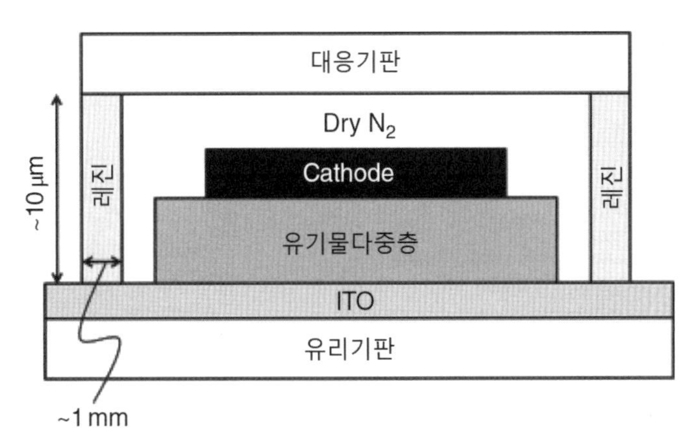

그림 5.23 밀봉된 OLED의 사례

대기 중 공기의 침식에 의한 퇴화문제는 OLED의 초기 연구개발 단계부터 고찰되어왔다. 히브리 대학교(이스라엘)의 세베이트 등은 밀봉되지 않은 폴리머 OLED의 퇴화현상에 대해서 발표하였다.[48] 반도체물리연구소(스위스)[9]와 CFG 마이크로일렉트로닉스社의 셰어 등은 OLED 디바이스 내에서 수증기와 산소의 퇴화 메커니즘에 대해서 고찰하였다.[49] 이들의 발표에 따르면, 진류 수증기와 잔류 불순물이 1[ppm] 미만인 10^{-5}[mbar] 미만의 진공압력이나 순수한 불활성 가스대기하에서는 2,500[hr] 동안 작동하여도 OLED 디바이스에 암점이나 현저한 퇴화가 발생하지 않았다. 반면에, 75[%]의 비교적 높은 습도와 상온하에서 OLED 디바이스를 작동시키면, 디바이스 퇴화가 매우 빠르게 발생하며, 단지 몇 시간 이내로 디바이스의 완전한 파손이 발생하였다. 세 가지 전형적인 사례를 통해서 디바이스의 퇴화와 밀봉기술 사이의 상관관계를 설명할 수 있다.

9 Laboratoire de Physique des Solides Semi-cristallins.

그림 5.24에서는 허술한 밀봉으로 인하여 보관 중에 심각한 손상이 발생한 OLED 디바이스의 최초 사례를 보여주고 있다. 이 OLED 디바이스는 밀봉능력이 좋지 않은 SiNx 부동화피막을 갖춘 PEN 박막으로 밀봉하였다. 디바이스의 외곽은 10[μm] 두께의 자외선 경화형 수지형 실란트로 둘러쌌다. 60[°C]/90[%RH] 조건하에서 일정 시간 보관한 다음에 OLED 디바이스의 발광 성능을 관찰하였다. 2시간 동안 보관한 이후조차도 암점의 성장과 발광 감소가 관찰되었다. 알루미늄 음극은 H_2O와 O_2에 대해서 제한적인 방어능력을 가지고 있기 때문에, **그림 5.24**에 도시되어 있듯이, H_2O와 O_2의 침투로 인하여 알루미늄 음극의 테두리 위치에서 발광면적 감소가 발생하였다. 정량적인 평가를 위해서는 암점 크기의 증가나 숫자의 증가보다는 발광면적 감소가 더 유용한 것으로 생각된다. 20[hr] 동안 보관하고 나면, 심각한 발광면적 감소와 암점 발생이 일어났다. 이 경우, 주변부 자외선 경화형 레진보다는 PEN 박막을 통과하는 대기공기의 침투가 더 심각하였다.

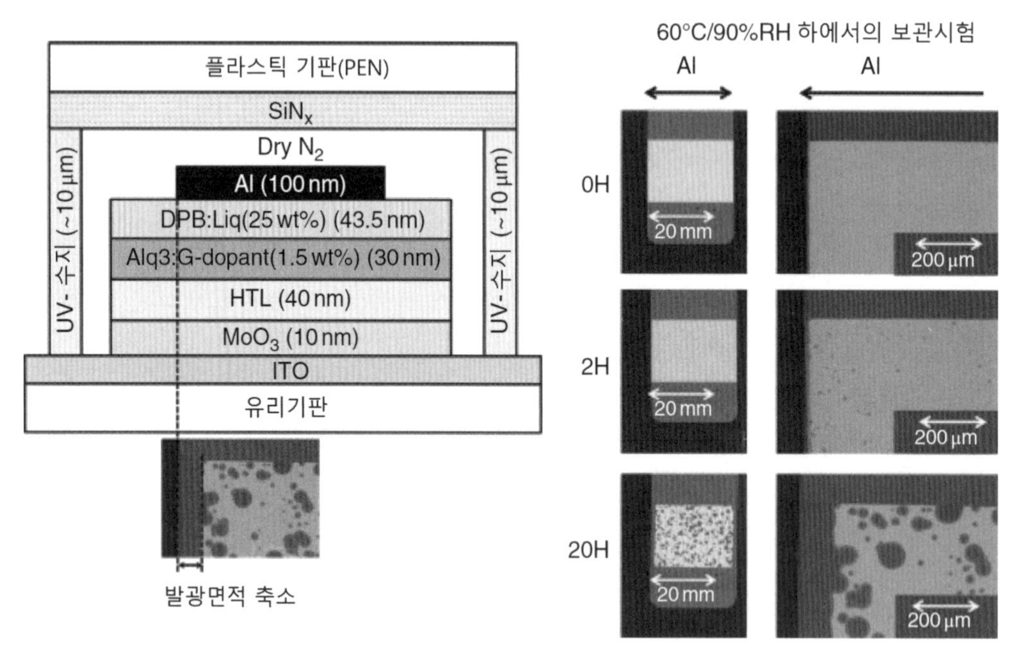

그림 5.24 허술한 밀봉으로 인하여 발생한 OLED 디바이스의 퇴화현상

두 번째 사례로, **그림 5.25**에서는 대응유리기판을 사용하여 밀봉한 OLED 디바이스의 퇴화를 보여주고 있다. 이 경우, 유리기판은 대기공기에 대해서 완벽한 보호특성을 가지고 있음을 확인할 수 있다. 그런데 OLED 디바이스의 기판과 자외선 경화형 수지 사이의 경계면에서

대기 중 수분과 산소가 자외선 경화형 수지의 벽체를 통과한다. 이 실험에서, 자외선 경화형 수지의 폭과 두께는 각각 2[mm]와 10[μm]이다. 60[°C]/90[%RH]의 조건하에서 100[hr] 미만을 보관하였을 때에는 아무런 심각한 손상이 발생하지 않았으며, 암점의 크기가 약간 증가하였을 뿐이었다. 그런데 보관시간이 100[hr]을 넘어서게 되면, 발광면적 감소와 암점 생성이 초래되었다.

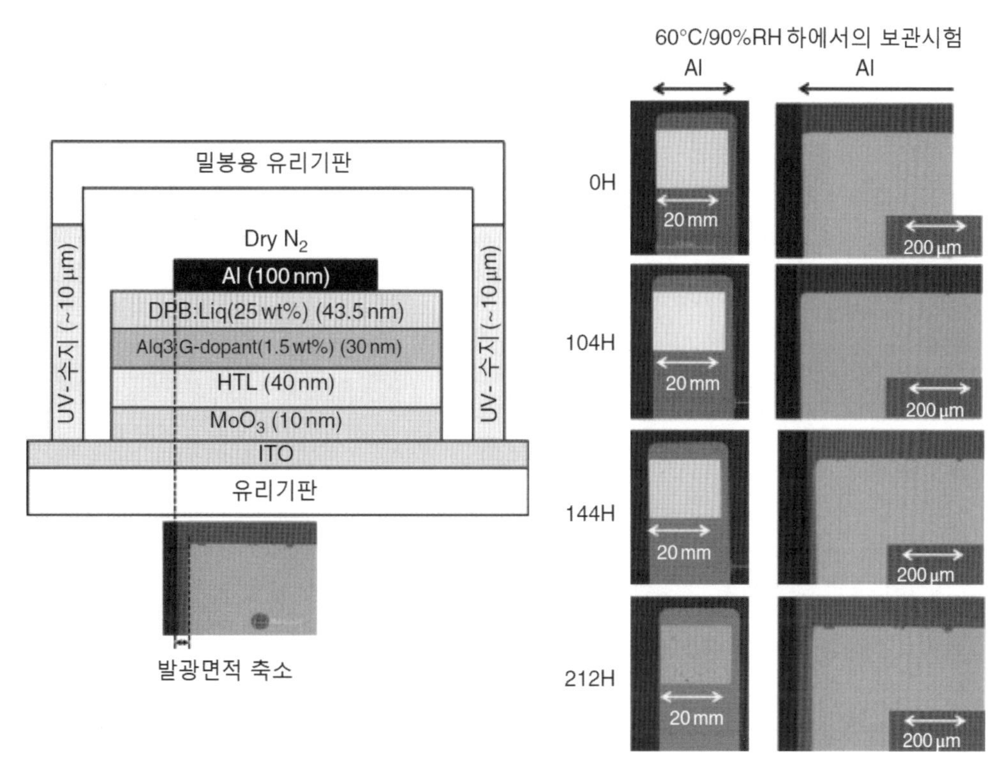

그림 5.25 유리기판으로 밀봉된 OLED 디바이스의 퇴화현상. 자외선 경화형 수지의 폭은 2[mm]

그림 5.26에는 세 번째 사례가 도시되어 있다. 이 경우에는 투과한 수분이나 산소가 OLED 디바이스를 침식하기 전에 건조제에 포집되었기 때문에 **그림 5.24**나 **그림 5.25**와는 달리 아무런 손상도 발생하지 않았다.

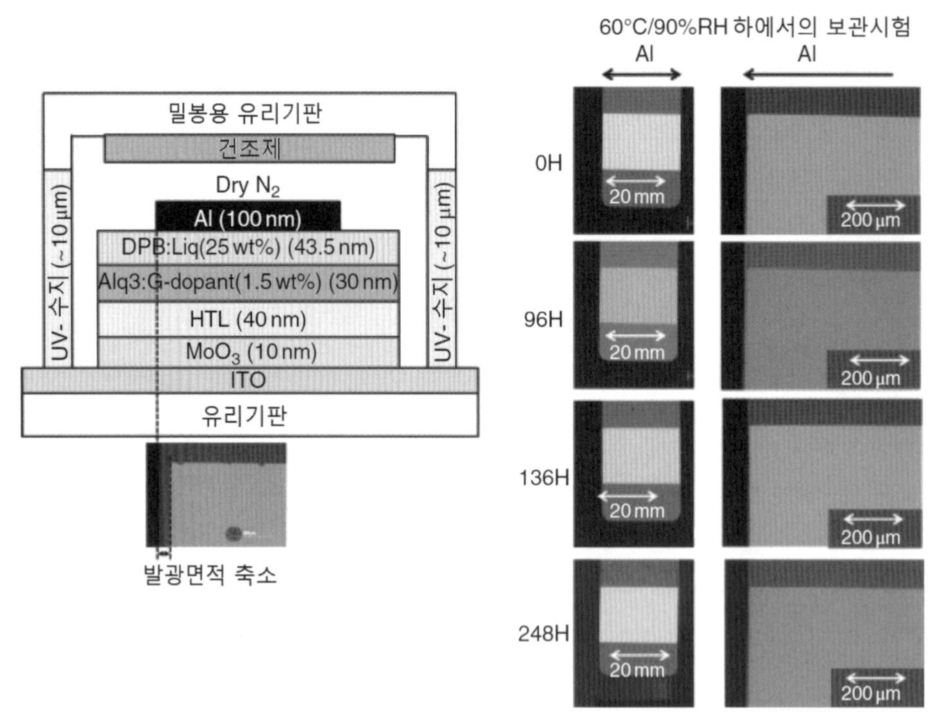

그림 5.26 유리기판과 건조제로 밀봉된 OLED 디바이스의 퇴화현상. 자외선 경화형 수지의 폭은 2[mm]

그림 5.27에서는 **그림 5.24**, **그림 5.25** 그리고 **그림 5.26**에 도시되어 있는 세 가지 전형적인 밀봉조건에 따른 발광면적 축소와 보관시간 사이의 상관관계를 보여주고 있다. 두 번째의

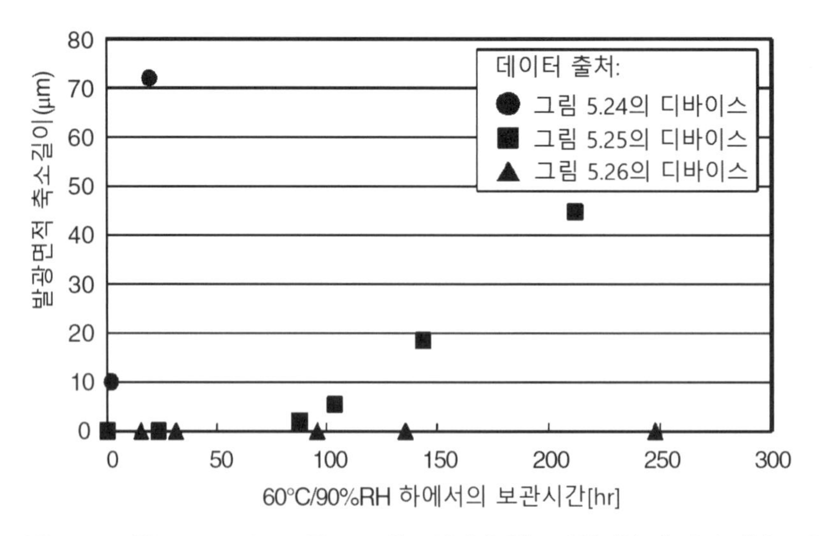

그림 5.27 그림 5.24, 그림 5.25 그리고 그림 5.26에 도시되어 있는 전형적인 세 가지 밀봉조건들에 따른 발광면적의 축소와 보관시간 사이의 상관관계. 자외선 경화형 수지의 폭은 2[mm]

경우가 밀봉이 허술한 첫 번째의 경우보다 발광면적 축소의 측면에서 월등히 좋다는 것을 확인할 수 있다. 게다가 100[hr]이 지난 후에는 발광면적의 심한 축소가 시작되며, 면적 축소율은 거의 시간에 비례한다. 다시 말해서, 주변을 둘러싼 자외선 경화형 수지의 밀봉능력은 제한적이다.

그러므로 많은 상용 OLED 제품들은 **건조제**를 사용하며, 일부의 경우에는 건조제를 사용하지 않는 기법도 알려져 있다. **그림 5.28**에 도시되어 있는 것처럼, 세 가지의 밀봉기법들이 상용 OLED에 일반적으로 사용되고 있다. 첫 번째 방법은 **그림 5.28(a)**에 도시되어 있는 것과 같이 건조제를 사용하는 것이다. 이 방법에서는 액정 디바이스의 경우에서와 유사하게 대응기판을 사용하여 OLED 디바이스를 밀봉한다. 디바이스의 테두리는 자외선 경화형 에폭시수지를 사용하여 밀봉한다. 이 수지는 OLED 디바이스의 성능에 위해를 끼치지 않아야 한다. 밀봉재의 두께는 5~10[μm] 정도를 사용한다. 건조제는 OLED 디바이스의 내부에 함께 밀봉된다. 일반적으로 건조제의 두께는 200~300[μm] 정도를 사용하므로 대응기판의 형상은 **그림 5.28(a)**에 도시되어 있는 것처럼, 평면형상이 아니다. 대응기판으로는 유리나 금속이 자주 사용된다. 건조제로는 전형적으로 CaO와 BaO가 사용된다.

두 번째 방법은 **그림 5.28(b)**에 도시되어 있는 것처럼 **유리분말**을 사용하는 밀봉기법이다. 유리분말 페이스트를 OLED 디바이스가 증착된 유리기판과 대응 유리기판 사이에 도포한다. 레이저를 유리분말 페이스트에 조사하면 열에 의해서 페이스트가 용융되면서 두 기판을 결합시켜준다. 높은 신뢰성을 가지고 있는 이 유리밀봉에 의해서 수분과 산소의 침투가 저지된다. 그런데 이 방법은 레이저공정에 의한 열발생 때문에 적용에 제한이 존재한다. 예를 들어, 이 방법은 플라스틱 박막에는 적용하기 어렵다.

세 번째 방법은 **그림 5.28(C)**에 도시되어 있는 것처럼 **부동화 피막**과 대응유리기판을 조합하여 사용하는 것이다. 이 방법의 경우, CVD 스퍼터링 등으로 증착한 박막을 사용하여 유리소재를 포함하는 OLED 부품들을 밀봉한 다음, 대응기판을 사용하여 밀봉하는 것이다.

앞서 두 가지 방법들은 OLED 디바이스 내에 기체 충진영역이 존재하는 반면에 세 번째 방법에서는 완벽하게 고체로 충진된 OLED 디바이스를 제작할 수 있다. 이 세 번째 방법의 장점은 완전고체충진 디바이스라는 점이지만, 박막 증착을 사용한 제조공정으로 인하여 많은 비용이 소요된다는 단점을 가지고 있다. 하나의 얇은 박막층은 충분한 신뢰성을 주지 못하므로, 다중층이나 [μm] 단위의 두꺼운 박막층이 필요하다.

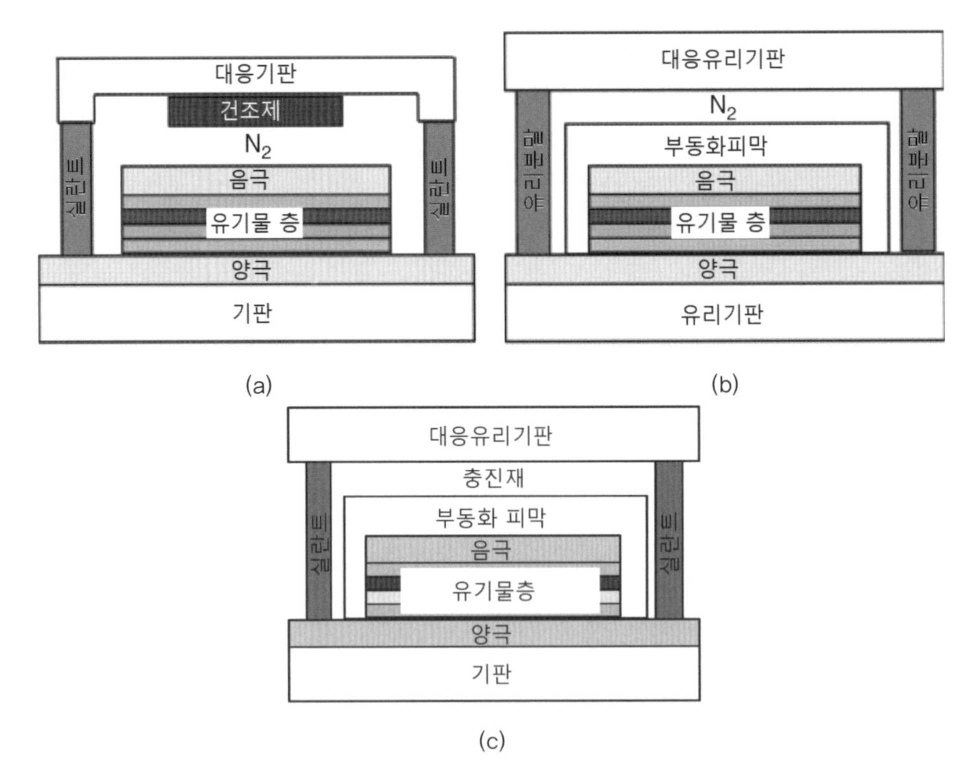

그림 5.28 상용 OLED의 주요 밀봉기법

5.7.1 박막 밀봉공정

그림 5.29에 도시되어 있는 것과 같은 **박막 밀봉공정**은 이상적이며 단순한 방법인 것처럼 보인다. 이에 대해서는 다양한 기법과 논문들이 발표되었다.

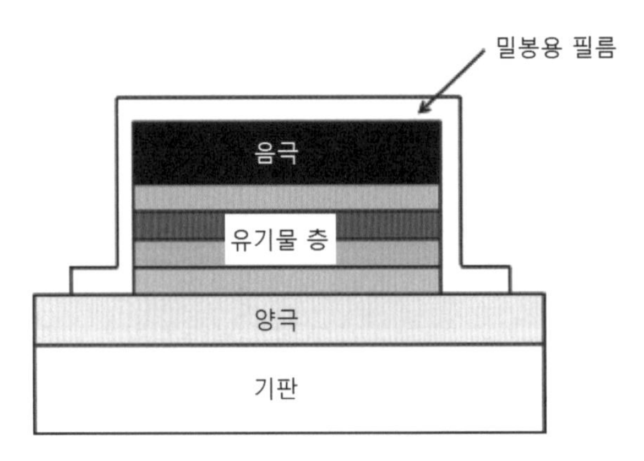

그림 5.29 박막 밀봉기술

엘리아텍社(대한민국)[10]의 김 등은 박막 다중층으로 밀봉한 OLED 디바이스를 65[°C]/99[%RH]의 보관조건하에서 500[hr] 동안 아무런 손상 없이 보관하였다.[50] 이들은 유기물 보호층, 1차 폴리머층, 1차 무기물층, 2차 무기물층 그리고 2차 폴리머층의 순서로 OLED 디바이스 위에 다중층 박막을 증착하였다. 폴리머 층들은 스크린프린트를 수행한 다음에 자외선으로 경화시켰으며, 무기물 층들은 PE-CVD 공법을 사용하여 증착하였다.

촉매화학기상증착(Cat-CVD)법이 개발되어 OLED에 적용되었다.[51] 촉매화학기상증착법을 사용하여 100[°C]의 온도하에서 OLED 디바이스의 열화손상 없이 SiN_x, SiO_xN_y 등을 증착할 수 있다. 호쿠리쿠 첨단과학기술대학원대학(JAIST)[11]의 오가와 등은 200[nm] 두께의 SiN_x와 300[nm] 두께의 SiO_xN_y의 이중층을 PET 박막 위에 증착하여 0.018[g/m^2/day]의 수증기 투과율을 구현하였다.[51] 이들이 구현한 수증기 투과율 수치값은 가스차단층이 없는 PET 박막의 경우(4.6[g/m^2/day])에 비해서 매우 낮은 값이다. 이들은 또한 SiN_x와 SiO_xN_y로 이루어진 300[nm] 두께의 부동화피막층을 OLED에 적층하였으며, 60[°C]/99[%RH]의 보관조건하에서 1,000[hr] 동안 아무런 손상도 관찰되지 않았다. 이들에 따르면, 가속계수가 약 50이기 때문에 가혹조건하에서의 1,000[hr]은 정상 온습도 조건하에서의 50,000[hr]에 해당한다고 언급하였다.

홀스트센터/TNO와 필립스연구소(네덜란드)의 리 등은 저온 **플라스마증강 화학기상증착**(PE-CVD)을 사용하여 박막형 질화실리콘(SiN_x) 차단적층을 개발하였다.[52] 이들에 따르면, SiN_x 박막은 본질적으로 수분차폐 특성을 갖추고 있어서, 수증기 투과율이 10^{-6}[g/m^2/day]에 이를 정도로 매우 작은 값을 갖는다. 이러한 SiN_x 박막을 OLED 디바이스에 적용하여 60[°C]/99[%RH]의 보관조건하에서 500[hr] 동안의 가속 보관 수명시험을 통해서 암점의 증가가 발생하지 않았음을 검증하였다.

5.7.2 건조기술

OLED 디바이스에 사용되는 전통적인 건조제들은 실리카 겔이나 **분자시브**[12]와 같은 물리적인 흡착성질을 갖춘 무기소재인 반면에, BaO 및 CaO와 같이 화학반응을 일으키는 새로운 건조제들도 개발되어 있다.

후타바社(일본)[13]에서는 OleDry라는 명칭의 투명액상 건조제를 개발하였다.[53,54] 이 건조제

10 ELiA Tech Co. Ltd.

11 北陸先端科学技術大学院大学.

12 molecular sheave.

는 주로, **그림 5.30**에 도시되어 있는 유기금속 화합물로 이루어진다. 이 소재는 **그림 5.28**의 (c)에 적용할 수 있다. 이들에 따르면, 이 소재는 투명한 액상으로서, 투과율이 98% 이상(막두께 12[μm])이므로 하부발광형 OLED뿐만 아니라 상부발광형 OLED에도 적용할 수 있다. OleDry 소재 내의 화합물들은 수분과 화학반응을 일으키므로, 실리카 겔이나 분자시브와는 달리, 열로 인한 수분의 재방출이 일어나지 않는다.

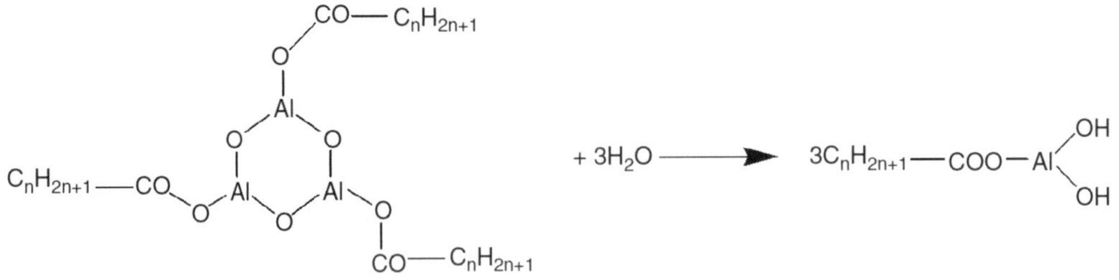

CO — C_nH_{2n+1}
O
Al
O
O
C_nH_{2n+1} — CO
O
Al
O
Al
O
CO — C_nH_{2n+1}
+ $3H_2O$
$3C_nH_{2n+1}$ — COO — Al
OH
OH

그림 5.30 OleDry의 일반적인 화학식과 수분과의 반응특성[53,54]

JSR社(일본)에서는 코팅이나 프린트가 가능한 고체상 투명 건조제를 발표하였다.[55,56] 이 건조제는 유기금속 화합물과 폴리머 결합제로 이루어져 있다. 이 건조제는 투명하며 용제를 사용하지 않는 코팅소재이다. 이 소재는 **액정적하주입**(ODF) 방법을 사용하여 기판 위에 도포할 수 있으며, **그림 5.28**의 (c)와 같은 디바이스 구조를 만들 수 있다. 표면파 플라스마 CVD (SWP-CVD)를 사용하여 1[μm] 두께의 SiN_x 부동화 피막층을 증착한 OLED 디바이스에 건조제를 도포한 경우에는 60[°C]/99[%RH]의 보관조건하에서 500[hr] 동안의 보관 수명시험에서 아무런 결함도 발생하지 않은 반면에 건조제를 사용하지 않은 경우에는 동일한 시험에 의해서 약간의 암점이 발생하였다.

13 双葉電子工業.

》참고문헌

[1] D. R. Baigent, R. N. Marks, N. C. Greenham, R. H. Friend, S. C. Moratti and A. B. Holmes, *Appl. Phys. Lett.*, **65**, 2636-2638 (1994).

[2] C. W. Chen, P. Y. Hsieh, H. H. Chiang, C. L. Lin, H. M. Wu, C. C. Wu, Appl. Phys. Lett., **83(25)**, 5127-5129 (2003).

[3] S. F. Hsu, C.-C. Lee, A. T. Hu, C. H. Chen, *Current Applied Physics*, **4**, 663-666 (2004); S.-F. Hsu, C.-C. Lee, S.-W. Hwang, H.-H. Chen, C. H. Chen, A. T. Hu, *Thin Solid Films*, **478**, 271-274 (2005).

[4] L. S. Hung, C. W. Tang, M. G. Mason, P. Raychaudhuri, J. Madathil, *Appl. Phys. Lett.*, **78(4)**, 544-546 (2001).

[5] T. Sasaoka, M. Sekiya, A. Yumoto, J. Yamada, T. Hirano, Y. Iwase, T. Yamada, T. Ishibashi, T. Mori, M. Asano, S. Tamura, T. Urabe, *SID 01 Digest*, 24.4L(p. 384) (2001).

[6] V. Bulovic, G. Gu, P. E. Burrows, S. R. Forrest, M. E. Thompson, *Nature*, **380**, 29-29 (1996); G. Gu, V. Boluvic, P. E. Burrows, S. R. Forrest and M. E. Thompson, *Appl. Phys. Lett.*, **68**, 2606-2608 (1996).

[7] K. Morii, M. Ishida, T. Takashima, T. Shimoda, Q. Wang, M. K. Nazeeruddin, M. Gratzel, *Appl. Phys. Lett.*, **89**, 183510 (2006).

[8] Y. Meng, W. Xie, N. Zhang, S. Chen, J. Li, W. Hu, Y. Zhao, J. Hou, S. Liu, *Microelectronics Journal*, **39**, 723-726 (2008).

[9] K.-H. Kim, S.-Y. Huh, S.-M. Seo, H. H. Lee, *Organic Electronics*, **9**, 1118-1121 (2008).

[10] J. K. Noh, M. S. Kang, J. S. Kim, J. H. Lee, Y. H. Ham, J. B. Kim, M. K. Joo, S. Son, *Proc. IDW'08*, OLED3-1 (p. 161) (2008).

[11] Y. Lee, J. Kim, S. Kwon, C.-K. Min, Y. Yi, J. W. Kim, B. Koo, M. P. Hong, *Organic Electronics*, **9**, 407-412 (2008).

[12] H. Fukagawa, K. Morii, M. Hasegawa, Y. Nakajima, T. Takei, G. Motomura, H. Tsuji, M. Nakata, Y. Fujisaki, T. Shimizu, T. Yamamoto, *SID 2014 Digest*, P-154 (p. 1561) (2014).

[13] J. Kido, K. Hongawa, K. Okuyama and K. Nagai, *Appl. Phys. Lett.*, **64(7)**, 815-817 (1994).

[14] J. Kido, M. Kimura and K. Nagai, *Science*, **267**, 1332-1334 (1995).

[15] Y. Sun, N. C. Giebink, H. Kanno, B. Ma, M. E. Thompson, S. R. Forrest, *Nature*, **440**, 908-912 (2006).

[16] S. Tokito, T. Iijima, T. Tsuzuki, F. Sato, *Appl. Phys. Lett.*, **83(3)**, 569-571 (2003).

[17] S. Tokito, T. Tsuzuki, F. Sato, T. Iijima, *Current Appl. Phys.*, **5**, 331-336 (2005).

[18] G. Cheng, Y. Zhang, Y. Zhao, Y. Lin, C. Ruan, S. Liu, T. Fei, Y. Ma, Y. Cheng, *Appl. Phys. Lett.*, **89**, 043504 (2006).

[19] S. Reineke, F. Lindner, G. Schwartz, N. Seidler, K. Walzer, B. Lussem, K. Leo, *Nature*, **459**, 234 (2009).
[20] B. W. D'Andrade, R. J. Holmes, S. R. Forrest, *Adv. Mater.*, **16(7)**, 624-628 (2004).
[21] K. Mameno, R. Nishikawa, T. Omura, S. Matsumoto, S. A. VanSlyke, A. D. Arnold, T. K. Hatwar, M. V. Hettel, M. E. Miller, M. J. Murdoch, J. P. Spindler, *Proc. IDW'04*, AMD2/OLED4-1 (2004).
[22] C. Hosokawa, M. Eida, M. Matsuura, K. Fukuoka, H. Nakamura, T. Kusumoto, *Synth. Met.*, **91**, 3-7 (1997).
[23] C. Hosokawa, E. Eida, M. Matsuura, F. Fukuoka, H. Nakamura, T. Kusumoto, *SID 97 Digest*, L2.3, p. 1037 (1997).
[24] C. Hosokawa, M. Eida, M. Matsuura, H. Nakamura, T. Kusumoto, *J. SID*, **5**, 331 (1997).
[25] M. Matsuura, M. Eida, M.Funahashi, K. Fukuoka, H. Tokairin, C. Hosokawa, T. Kusumoto, *Proc. IDW'97*, **581** (1997).
[26] P. E. Burrows, V. Khal"n, G. Gu, S. R. Forrest, *Appl. Phys. Lett.*, **73**, 435 (1998).
[27] J. Kido, Y. Yamagata, G. Harada, *Extended Abstracts of the 44th Spring Meeting 1997, Japan Society of Applied Physics and Related Societies*, 29-NK-14, p. 1156 (1997).
[28] K. Mameno, S. Matsumoto, R. Nishikawa, T. Sasatani, K. Suzuki, T. Yamaguchi, K. Yoneda, Y. Hamada, N. Saito, *Proc. IDW'03*, AMD4/OEL5-1 (p. 267) (2003).
[29] M. Kashiwabara, K. Hanawa, R. Asaki, I. Kobori, R. Matsuura, H. Yamada, T. Yamamoto, A. Ozawa, Y. Sato, S. Terada, J. Yamada, T. Sasaoka, S. Tamura, T. Urabe, *SID 04 Digest*, 29.5L (p. 1017) (2004).
[30] T. Tsujimura, S. Mizukoshi, N. Mori, K. Miwa, Y. Maekawa, M. Kohno, K. Onomura, K. Mameno, T. Anjiki, A. Kawakami, S. VanSlyke, *Proc. IDW'08*, OLED2-1 (p. 145) (2008).
[31] M. Kashiwabara, K. Hanawa, R. Asaki, I. Kobori, R. Matsuura, H. Yamada, T. Yamamoto, A. Ozawa, Y. Sato, S. Terada, J. Yamada, T. Sasaoka, S. Tamura and T. Urabe, *SID 04 Digest*, 29.5L(p. 1017) (2004).
[32] E. F. Schubert, N. E. J. Hunt, M. Micovic, R. J. Malik, D. L. Sivco, A. Y. Cho, G. J. Zydzik, *Science*, **256**, 943-945 (1994).
[33] J. Yamada, T. Hirano, Y. Iwase, T. Sasaoka, *Proc. AM-LCD'02*, OD-2 (p. 77) (2002).
[34] T. Urabe, *Proc. IDW'03*, AMD3/OEL4-1 (p. 251) (2003).
[35] S. F. Hsu, C.-C. Lee, A. T. Hu, C. H. Chen, *Current Applied Physics*, **4**, 663-666 (2004).
[36] A. Chen, H.-S. Kwok, *Organic Electronics*, **12**, 2065-2070 (2011).
[37] J. Cao, X. Liu, M. A. Khan, W. Q. Zhu, X. Y. Jiang, Z. L. Zhang, S. H. Xu, *Current Applied Physics*, **7**, 300-304 (2007).
[38] H. K. Kim, S.-H. Cho, J. R. Oh, Y.-H. Lee, J.-H. Lee, J.-G. Lee, S.-K. Kim, Y.-I. Park, J.-W. Park, Y. R. Do, *Organic Electronics*, **11**, 137-145 (2010).

[39] J. Kido, J.Endo, T.Nakada, K.Mori, A.Yokoi, T.Matsumoto, *Japan Society of Applied Physics, 49th Spring Meet.*, Ext.Abstr(p. 1308), 27p-YL-3 (2002).

[40] T. Matsumoto, T. Nakada, J. Endo, K. Mori, N. Kawamura, A. Yokoi, J. Kido, *SID 03 Digest*, 27.5L (p. 979) (2003).

[41] T. Matsumoto, T. Nakada, J. Endo, K. Mori, N. Kawamura, A. Yokoi, J. Kido, *Proc. IDW'03*, OEL2-1 (2003).

[42] J. Kido, H. Sasabe, D. Yokoyama, Y. J. Pu, *SID 2012 Digest*, 57.2 (2012).

[43] Y. J. Pu and J. Kido, *Oyobutsuri*, **80(4)**, 295-299 (2011).

[44] L. S. Liao, K. P. Klubek, C. W. Tang, *Appl. Phys. Lett.*, **84(2)**, 167-169 (2004).

[45] C. W. Law, K. M. Lau, M. K. Fung, M. Y. Chan, F. L. Wong, C. S. Lee, S. T. Lee, *Appl. Phys. Lett.*, **89**, 133511 (2006).

[46] H. Kanno, R. J. Holmes, Y. Sun, S. Kena-Cohen, S. R. Forrest, *Adv. Mater.*, **18**, 339-342 (2006).

[47] P. E. Burrows, B. Bulovic, S. R. Forrest, L. S. Sapochak, D. M. McCarty, M. E. Thompson, *Appl. Phys. Lett.*, **65(23)**, 2922-2924 (1994).

[48] V. N. Savvate'ev, A. V. Yakimov, D. Davidov, R. M. Pogreb, R. Neumann, Y. Avny, *Appl. Phys. Lett.*, **71(23)**, 3344-3346 (1997).

[49] M. Schaer, F. Nuesch, D. Berner, W. Leo, L. Zuppiroli, *Adv. Funct. Mater.*, **11(2)**, 116-121 (2001).

[50] K. M. Kim, B. J. Jang, W. S. Cho, S. H. Ju, *Current Applied Physics*, **5**, 64-66 (2005).

[51] Y. Ogawa, K. Ohdaira, T. Oyaidu, H. Matsumura, *Thin Solid Films*, **516**, 611-614 (2008); A. Heya, T. Minamikawa, T. Niki, S. Minami, A. Masuda, H. Umemoto, N. Matsuo, H. Matsumura, *Thin Solid Films*, **516**, 553-557 (2008).

[52] F. M. Li, S. Unnikrishnan, P. van de Weijer, F. van Assche, J. Shen, T. Ellis, W. Manders, H. Akkerman, P. Bouten, T. van Mol. *SID 2013 Digest*, 18.3 (p. 199) (2013).

[53] Y. Tsuruoka, S. Hieda, S. Tanaka, H. Takahashi, *SID'03 Digest*, 21.2 (p. 860) (2003).

[54] T. Niiyama, S. Tanaka, Y. Hoshina, M. Sisikura, and R. Kajiyama, *SID 2013 Digest*, 55.3 (2013); Y. Hoshina, T. Niyama, S. Tanaka, M. Miyagawa, *Proc. IDW'13*, OLED4-5L (2013).

[55] K. Konno, T. Arai, M. Takahashi, T. Kajita, *13th Japanese OLED Symposium*, S3-2 (2011); T. Arai, K. Konno, T. Miyasako, M. Takahashi, M, Nishikawa, K. Azuma, T. Ueno, and M. Hasuta, *15th Japanese OLED Symposium*, S7-4 (2012).

[56] H. Katsui, T. Miyasako, T. Arai, M. Takahashi, N. Onimaru, N. Takamatsu, T. Yamamura, K. Konno, K. Kuriyama, *Proc. IDW'14*, OLED3-3 (2014).

CHAPTER 06

OLED 제조공정

CHAPTER 06

OLED 제조공정

요 약 이 장에서는 OLED 디바이스의 제조공정에 대해서 살펴보기로 한다. 일반적으로, OLED는 건식공정이나 습식공정을 통해서 제조한다. 건식공정의 경우에는 일반적으로 진공증착 방식을 사용한다. 이 장에서는 세 가지 방식의 진공증착기법에 대해서 살펴본다. 습식공정의 경우, 미세패터닝이 없는 코팅공정을 수행한 다음에 미세패턴 생성공정을 수행한다.

개별 유기물층들에 대한 증착기법들과 더불어서, RGB 패터닝기법들이 중요하다. 이 RGB 패터닝 기술들은 미세금속 마스크를 사용한 진공증착, 잉크제트, 노즐프린팅, 릴리프 패터닝 등과 같은 습식공정 그리고 레이저 패터닝공정 등으로 구분할 수 있다.

키워드 공정, 건식공정, 습식공정, 진공증착, 마스크증착, 용액, 패터인, 코팅, 레이저, 잉크제트, 노즐프린팅, 릴리프프린팅

6.1 진공증착공정

진공증착공정은 OLED 디바이스를 제조하기 위해서 사용되는 가장 일반적인 기법이다. **그림 6.1**에서는 이 기법에 대해서 개략적으로 설명하고 있다. 이 공정에서는 10^{-5}~10^{-7}[torr]의 진

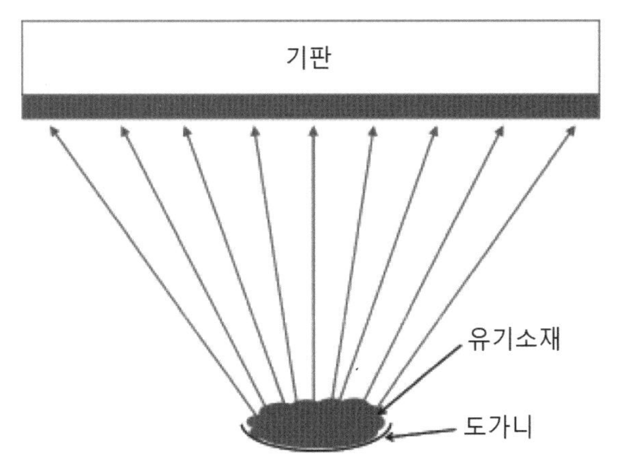

그림 6.1 진공증착기법의 개념도

공하에서 도가니에 담겨 있는 유기소재들의 온도를 높여서 기체 상태로 변화시킨다. 기화된 소재들은 기판 위에 증착되며, 기판의 온도가 도가니의 온도보다 훨씬 낮기 때문에 유기소재는 고체상태로 변하게 된다.

6.1.1 마스크증착

총천연색을 구현하기 위한 하위픽셀 발광패턴 제조에 **마스크 패터닝**공정이 널리 사용되고 있다.[1] 마스크증착의 개념도은 **그림 6.2**에 도시되어 있다. **섀도마스크**[1]증착은 이론상 단순한 기법이지만, 실제의 섀도마스크증착은 그리 쉬운 일이 아니며, 특히 고해상도 디스플레이와 대면적 디스플레이의 경우에는 마스크의 왜곡이나 결함발생확률의 증가 등으로 인하여 제조가 어려워진다.

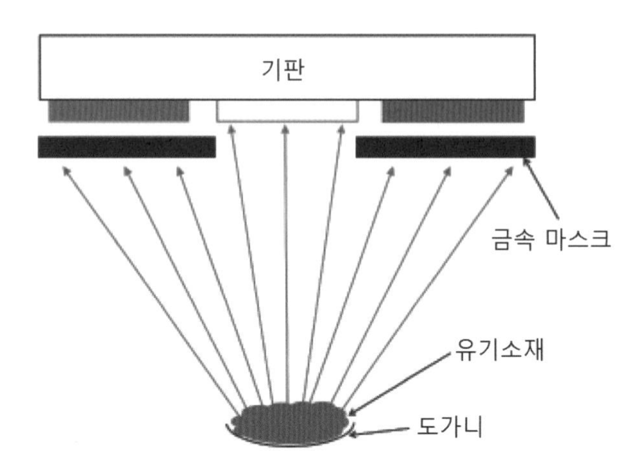

그림 6.2 마스크증착의 개념도

6.1.2 세 가지 증착방법

증착 소스와 기판 사이의 상관관계로부터, 점 소스, 선형 소스 그리고 평면형 소스와 같이 세 가지 유형의 **증착 소스**들로 구분할 수 있다. 이에 대해서는 **그림 6.3**에서 보여주고 있다.

1 shadow mask.

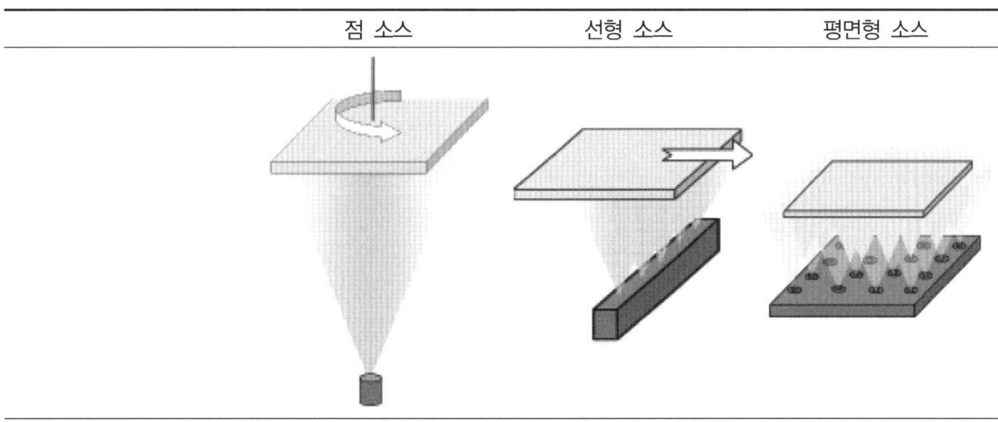

	점 소스	선형 소스	평면형 소스
소재수율	낮음	높음	높음
적합한 기판 크기	G2~G4	G4~G8	G4~G8
양산성	중간 수량 생산	소품종 대량생산	다품종 중간 수량 생산

그림 6.3 세 가지 유형의 증착기법들

점 소스는 가장 단순한 방법이며 연구개발 및 소형이나 중간 크기의 기판 제작에 널리 사용되는 방법이다. 이 방법의 경우, 증착소재는 점 형상의 개구부를 갖춘 도가니(소스)에서 기화되어 방출되며 기판은 도가니에서 일정한 거리에 설치된다. 유기소재 층의 증착두께 균일성을 얻기 위해서 일반적으로 기판을 회전시킨다.

게다가 증착된 유기물층의 두께 균일성을 확보하며 기판으로 조사되는 복사광선의 영향을 저감하기 위해서는 표적(소스)과 기판 사이의 거리(**T/S 거리**)가 매우 커야만 한다. 일반적으로 이 거리는 수십 센티미터 수준이다. 이 T/S 거리가 크기 때문에 기화된 소재들 중 대부분이 기판에 증착되지 않고 진공 챔버의 벽에 증착되어버린다. 그러므로 점 소스 증착의 소재수율은 일반적으로 10[%] 미만에 불과하다. 만일 이 방법을 대형 기판에 적용한다면, 증착장비가 극도로 커져버린다. 그러므로 점 소스 증착기법은 소형 및 중간 크기의 기판에 국한하여 사용된다. 이 기법을 적용할 수 있는 기판크기의 한계는 G4(730×920[mm])인 것으로 생각된다.

반면에, **선형 소스**는 대형 기판에 적용할 수 있다. 이 방법의 경우, 직선 형상의 기화소스가 사용되며 기판이 움직인다. T/S 거리는 점 소스에 비해서 짧다. 그러므로 소재수율을 높일 수 있다.

또 다른 방법은 **평면형 소스**를 사용한 방법으로서, 평면형상의 기화소스가 사용되며 기판은 움직이지 않는다. 선형 소스를 사용하는 경우에서와 마찬가지로 T/S 거리를 줄일 수 있다. 히다치조선社[2]의 후지모토 등은 **그림 6.4**에 도시되어 있는 평면형 소스장비를 개발하였다.[2]

이들은 T/S 거리를 200[mm]라고 가정하여 평면형 소스에서 기화된 소재의 수율에 대한 시뮬레이션을 수행하였으며, 이를 통해서 두께 균일성이 ±3[%] 미만이라는 결과를 얻었다. 이 시뮬레이션 결과는 **그림 6.5**에 도시되어 있다. 기판의 크기가 G2나 G3처럼, 그리 크지 않은 경우에 대해서 시뮬레이션된 소재수율은 20~30[%]에 불과하였다. 반면에, 기판의 크기가 G6~G8

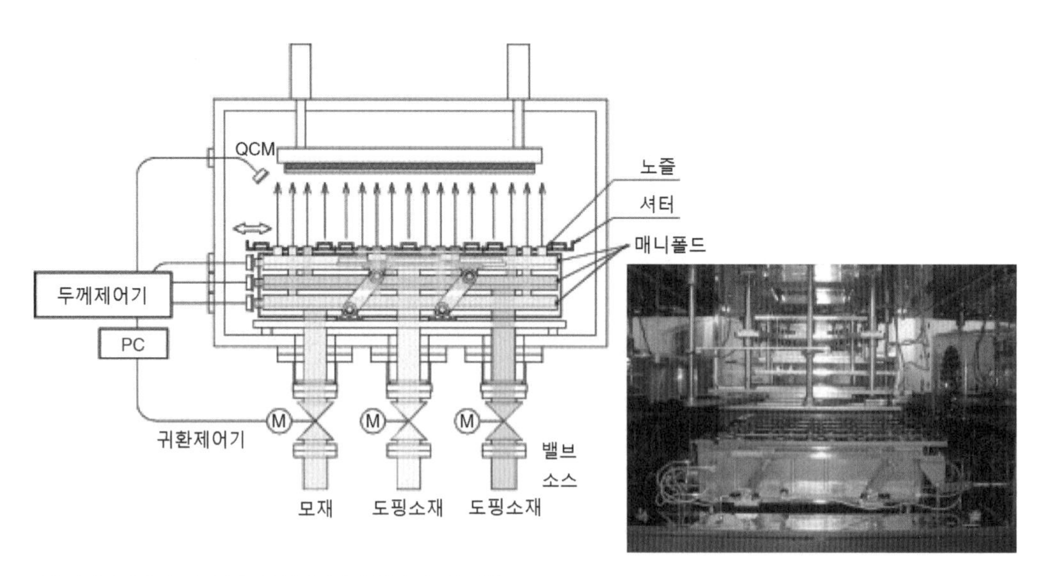

그림 6.4 평면형 소스를 사용한 증착장비의 사례[2]

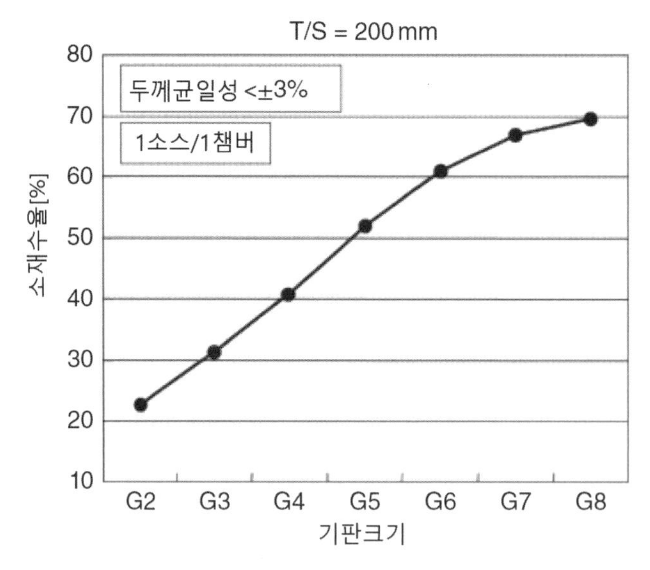

그림 6.5 평면형 소스 증착의 소재수율 시뮬레이션 결과[2]

---

2 日立造船株式会社.

로 증가하게 되면, 소재의 수율이 60~70[%]로 크게 증가하였다. 이들은 G6 기판용 평면형 소스 증착 시스템을 실제로 제작하였다.

6.1.3 초고진공

진공증착의 경우, 압력과 잔류수분이 OLED의 성능에 중요한 영향을 미친다고 보고되었다. 호쿠리쿠첨단과학기술대학원대학(JAIST), PRESTO社와 기타노 세이키社[3]의 이케다 등은 진공챔버 내의 압력이 OLED의 성능에 미치는 영향에 대해서 연구하였다.[3] OLED 소재를 증착하기 위한 진공압력을 일반적으로 10^{-5}~10^{-7}[torr]이지만, 이들은 10^{-7}~10^{-9}[torr]에 발하는 진공압력을 구현할 수 있는 증착용 챔버를 제작하였다. 이들은 세 가지 서로 다른 진공조건하에서 유리/ITO(150[nm])/CuPc(10[nm])/α-NPD(50[nm])/Alq_3(65[nm])/LiF(5[nm])/Al(80[nm])와 같은 구조를 가지고 있는 OLED 디바이스를 제작하였다. **표 6.1**에서는 진공압력과 증착과정에서 측정된 잔류가스성분들의 상관관계를 보여주고 있다. 이들에 따르면 시편A의 제조공정에서 가장 지배적이었던 가스성분은 수분이었으며, 시편B의 경우에는 수분/질소 그리고 시편C의 경우에는 질소였다. 또한 **표 6.1**에서는 초기휘도가 약 10,000[cd/cm^2]에 해당하는 250[mA/cm^2]의 일정한 직류전류하에서 절반수명(LT_{50})도 제시되어 있다. 이 결과를 통해서 잔류수분의 양이 수명에 큰 영향을 미친다는 것을 명확하게 확인할 수 있다. 이들은 논문의 토론을 통하여 시편A의 경우에는 기판과 충돌하는 수분 분자의 숫자가 Alq_3 분자의 숫자보다 10배나 더 많았다고 말하였다. 또한 디바이스의 수명은 Alq_3 층 속의 수분함량에 의해서 결정된다고 결론지었다.

표 6.1 진공압력이 증착과정에서의 잔류가스 성분과 수명에 미치는 영향[3]

시편	압력		이온전류[A]				절반수명 LT_{50}[hr]*
	기본압력	공정압력	H_2O^+ (m/z=18)	N_2^+ 또는 CO^+ (m/z=28)	O_2^+ (m/z=32)	CO_2^+ (m/z=44)	
A	5.0×10^{-7}	3.2×10^{-7}	3.8×10^{-8}	2.0×10^{-9}	4.0×10^{-10}	5.5×10^{-10}	1.2
B	4.0×10^{-8}	4.8×10^{-8}	2.7×10^{-9}	1.6×10^{-9}	3.3×10^{-10}	4.1×10^{-10}	24.2
C	2.0×10^{-9}	1.6×10^{-8}	5.9×10^{-10}	1.0×10^{-9}	6.9×10^{-11}	6.9×10^{-10}	31.0

* 구동전류는 250[mA/cm^2]의 직류이며, 이는 약 10,000[cd/m^2]의 초기휘도(L0)에 해당.

유니버설 디스플레이社(미국)의 야마모토 등은 **초고진공**(UHV) 조건이 인광 OLED 디바이

3 北野精機.

스의 수명에 미치는 영향에 대해서 연구하였다.[4] 6.5×10^{-7}[Pa]의 초고진공조건하에서 제작한 인광 OLED 디바이스는 1,880[cd/m^2]의 휘도로 5[hr] 동안 작동한 다음에도 단지 6[%]의 휘도가 감소했을 뿐인 반면에, 7.6×10^{-6}[Pa]의 고진공(HV)하에서 제작한 인광 OLED 디바이스의 경우에는 1,774[cd/m^2]의 휘도로 5[hr] 동안 작동한 다음에는 11[%]의 휘도 감소가 발생하였다. 이들에 따르면, 디바이스 발광층 내에 함유된 수분의 양은 초고진공하에서 제작한 디바이스의 경우에는 9×10^9[$molecules/cm^2$]인 반면에 고진공하에서 제작한 디바이스의 경우에는 3×10^{12} [$molecules/cm^2$]이며, 이는 10^{-4}[mol%]와 0.05[mol%]에 해당한다. 따라서 함유수분이 디바이스의 퇴화에 중요한 역할을 한다는 것이 명확하다. 이들에 따르면, OLED에 공급되는 전형적인 전기장(~10^6[V/cm^2])이 수분의 전기화학적 감소를 유발하기에 충분하여 작동 중에 수산이온(OH^-)과 수소이온(H^+)을 생성한다. 이들은 발광층 속에 혼합된 소량의 이온물질들이 수분과 전기화학적으로 반응하면 퇴화공정이 유발된다고 추측하였다.

이들은 또한 수분이 녹색 인광 OLED 디바이스에 미치는 영향에 대해서도 연구하였다. 디바이스의 퇴화에 영향을 미치는 주요 인자에 대해서 고찰하기 위해서, ITO/HATCN/α-NPD/CBP:$Ir(ppy)_3$/BAlq/LiF/Al 구조를 갖춘 녹색 PH-OLED의 정밀한 위치에 수분을 국부적으로 도핑하였다. 여섯 가지 유형에 대한 실험을 통하여 α-NPD/발광층 계면이 수분에 매우 민감하다는 것을 발견하였다. 이들은 α-NPD/발광층 계면의 재결합 영역 내에 존재하는 화학반응성 이온물질인 OH^-와 H^+가 발광층 소재들과 반응하여 소광물질처럼 작용하게 만들기 때문에 디바이스의 수명이 감소한다고 설명하였다.

6.2 습식공정

이 절에서는 잉크제트 프린팅, 노즐 프린팅, 릴리프 프린팅 그리고 스프레이 등과 같이 OLED 디스플레이를 제작하는 **습식공정**들에 대해서 살펴보기로 한다.

그림 6.6에서는 다양한 습식공정들을 보여주고 있으며, 이들은 미세패터닝이 없는 코팅공정과 미세패턴 제조공정의 두 가지 부류로 구분할 수 있다. 미세패터닝이 없는 공정은 디바이스 영역 전체에 유기막을 증착하는 데에 사용된다. 그러므로 이러한 코팅공정들은 OLED 조명용 백색 OLED와 컬러필터를 갖춘 OLED 디스플레이, 그리고 OLED 디스플레이 내의 정공 주입층이나 정공 전송층과 같은 비발광성 유기물층의 코팅공정에 사용할 수 있다. 반면에 병렬배치 RGB 발광층에 사용되는 유기물층은 미세패터닝이 필요하다. 이런 경우에는 별도의 미세

패턴공정이 필요하다.

그림 6.6 OLED 제조에 사용되는 습식공정들의 분류

미세패턴이 없는 코팅을 위해 사용되는 전형적인 기법은 **스핀코팅**으로서, 균일한 박막층의 생성이 가능하다는 장점 때문에, 용액을 사용한 박막생성에 자주 사용되고 있다. **그림 6.7**에 도시되어 있는 것처럼, 스핀코팅기법에서, 용질을 함유한 용액을 기판에 주입한 후에 기판을 1,000~3,000[rpm]의 고속으로 회전시킨다. 스핀코팅공정은 실험과 같은 경우에는 매우 편리하지만, 스핀코팅을 시행하는 과정에서 다량의 소재가 낭비되기 때문에 대량생산에는 적합하지 않다.

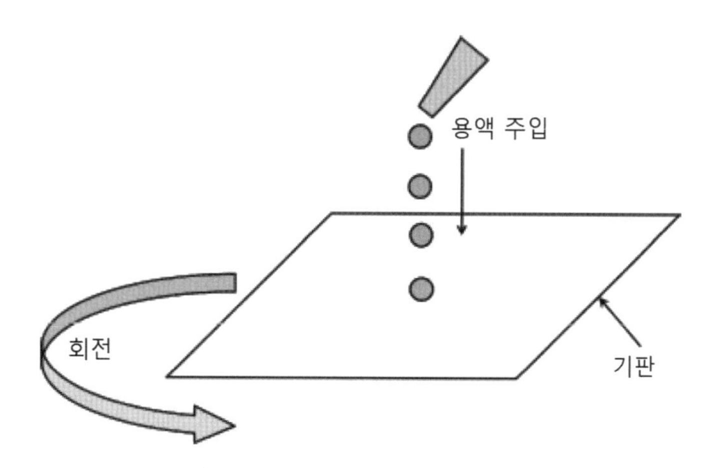

그림 6.7 스핀코팅에 대한 개념도

슬릿노즐 코팅은 미세패턴이 없는 또 다른 전형적인 코팅공정으로서, 원래는 대형 LCD 기판의 생산을 위해서 개발되었지만, OLED 습식공정에도 적용이 가능하다. **그림 6.8**에서는 슬릿코팅에 대한 개념도를 보여주고 있다. 특정한 폭의 슬릿 노즐에서 조절된 체적과 속도로 용액이 배출된다. 이런 코팅공정은 실험용도뿐만 아니라 미세패턴이 없는 제품의 생산에도 적용할 수 있다. 그러므로 이 기법은 OLED 조명에 적용할 수 있다.

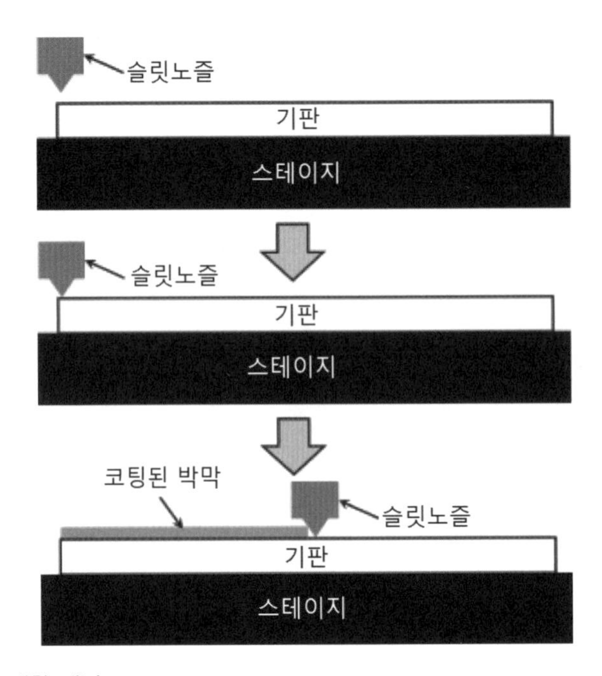

그림 6.8 슬릿코팅에 대한 개념도

반면에, 하위픽셀들이 병렬로 배열되어 있는 RGB 패턴을 만들기 위해서는 미세패턴공정이 필요하다. 전형적인 미세패턴공정들 중 하나는 **잉크제트**공정이다. **그림 6.9**에서는 전형적인 잉크제트공정과 이 공정을 위해서 필요한 성질들을 보여주고 있다.

압전 기반 다중 잉크제트 노즐들은 작은 잉크방울들을 OLED 디스플레이의 하위픽셀과 같은 표적위치로 배출한다. 잉크방울의 체적은 수~수십[$p\ell$]에 불과하며, 주로 잉크제트 노즐의 크기에 의해서 결정된다. 잉크제트 노즐과 기판 사이의 거리는 일반적으로 하위픽셀의 크기보다 훨씬 더 크기 때문에, 잉크배출의 방향 정확성은 매우 중요하다. 게다가 잉크제트 노즐의 정확한 체적조절과 안정적인 배출속도 역시 박막두께의 변화와 공정 반복성에 영향을 미치기 때문에 중요하다.

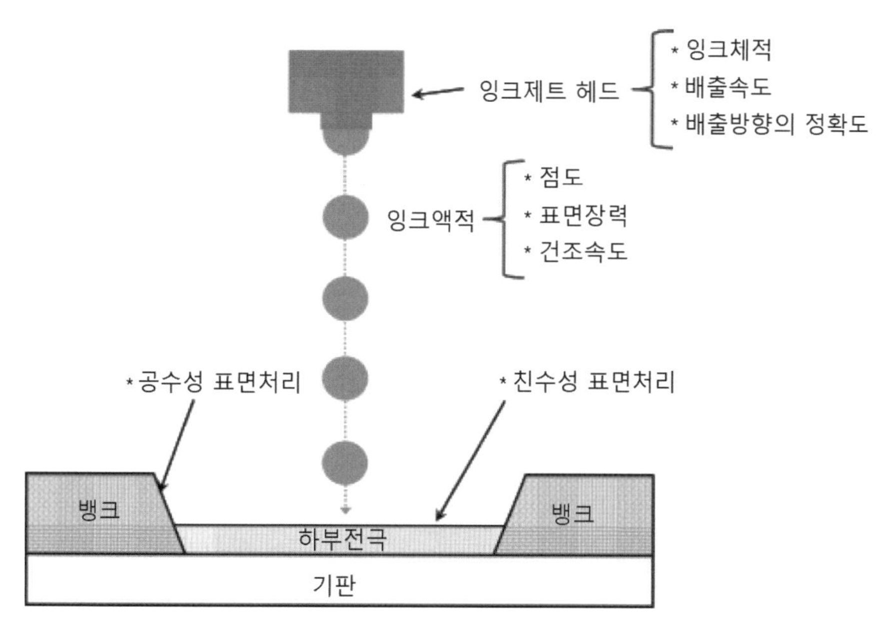

그림 6.9 잉크제트 프린팅에 대한 개념도

그림 6.10에서는 잉크제트 프린팅의 박막생성공정에 대해서 개략적으로 보여주고 있다. 배출성능을 좋게 만들기 위해서 용액의 점도를 낮추었기 때문에 주입된 용액은 기판 위에서 퍼져 버린다. 그러므로 용액을 하위픽셀 속에 가둬두기 위해서는 **뱅크 구조**가 필요하다. 게다가 용액의 퍼짐특성을 좋게 만들기 위해서는 기판의 표면상태가 매우 중요하다. 표면처리는 일반적으로 친수성 기판표면처리와 공수성 뱅크 표면처리의 두 플라스마공정으로 이루어진다. 수분과 친화적인 기판 표면과 수분이 붙지 않는 뱅크를 만들면서 픽셀 내부에 평면을 구현하기 위해서는 섬세한 최적화가 필요하다.

잉크의 조성도 제트 안정성, 제트 정확도 그리고 잉크제트 이후에 건조된 박막의 편평도 등에 중요한 영향을 미친다. 잉크가 건조될 때에, 박막은 소위 커피얼룩을 생성하는 경향이 있다. 이런 커피 얼룩의 문제를 해결하는 방법은 비등온도가 낮은 용제와 비등온도가 높은 용제를 혼합하여 사용하는 것이다. 용제의 조성과 기판 및 뱅크의 표면상태를 최적화하여 균일한 박막을 얻을 수 있다.

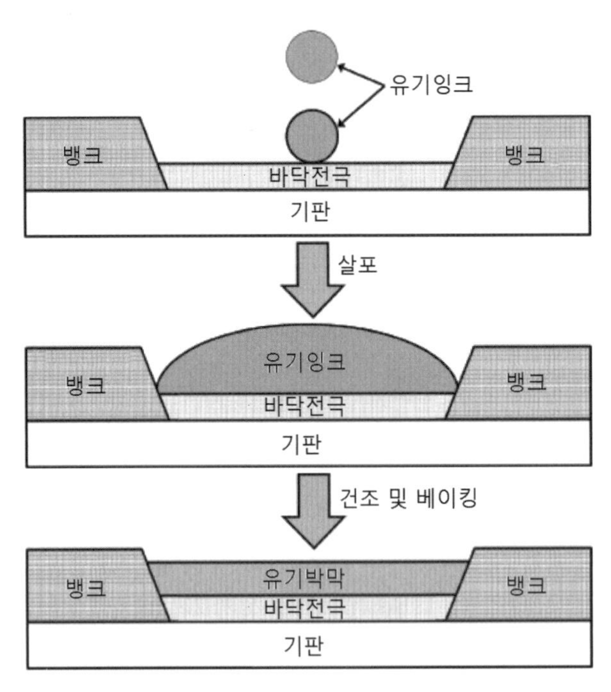

그림 6.10 잉크제트 프린팅의 박막생성공정에 대한 개념도

잉크제트 프린트 방식으로 제작한 다양한 프로토타입 아몰레드 디스플레이들이 **표 6.2**에 요약되어 있다. 2006년 샤프社의 고다 등은 잉크제트 프린트 방식으로 제작한 가장 분해능이 높은 디스플레이를 발표하였다.[12] 이들은 분해능이 202[ppi]인 3.6인치 총천연색 폴리머 OLED 디스플레이를 개발하였다. 이 디바이스의 구조는 **그림 6.11**에 도시되어 있다. 이들은 CG-실리콘(연속결정 실리콘)[14]의 배면에 능동화소 회로를 갖추었으며, 이 CG-실리콘은 수정된 저온폴리실리콘(LTPS)으로 분류한다. 적색 및 녹색 픽셀의 경우에는 PEDOT:PSS와 발광

표 6.2 잉크제트 프린트기법으로 제작한 아몰레드 디스플레이 시제품들의 사례

제조사	크기(대각선[in])	픽셀숫자	분해능[ppi]	구동방식	연도	참고문헌
세이코엡손	2.5	200×150	100	LTPS-TFT	2001	[5]
세이코앱손	2.1		130	LTPS-TFT	2002	[6]
TMD	17	1,280×768	88	LTPS-TFT	2002	[7]
필립스	2.6	220×176	107	LTPS-TFT	2004	[8]
필립스	13	576×324	154	LTPS-TFT	2004	[9]
카시오	2.1	160×128	101	a-Si-TFT	2004	[10]
삼성	7.0	480×320	82	a-Si-TFT	2005	[11]
샤프	3.6	640×360	202	CG-실리콘TFT	2006	[12]
Au옵토닉스	65	1,920×1,080	34	a-ITGO-TFT	2014	[13]

TMD: 도시바 마츠시타 디스플레이 주식회사

폴리머층의 2층 구조를 사용하였다. 반면에, 청색 픽셀은 긴 수명을 구현하기 위해서 3층 구조를 사용하였다. 뱅크 구조는 광민감성 유기박막을 사용하여 제조하였다.

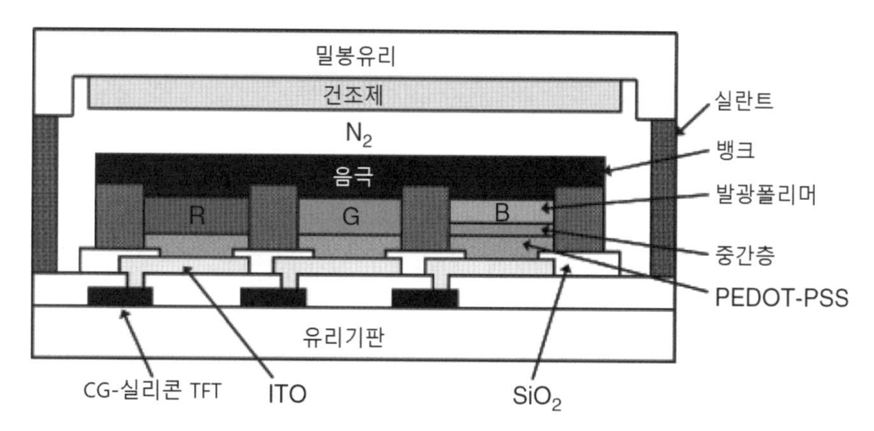

그림 6.11 분해능 202[ppi]인 3.6인치 총천연색 폴리머 OLED의 디바이스 구조[12](컬러 도판 283쪽 참조)

픽셀 설계는 **그림 6.12**에 도시되어 있다. 202[ppi]의 경우, 픽셀의 피치는 42[μm]이다. 1회 분사량이 7[$p\ell$]인 잉크제트 헤드를 사용한 잉크제트 프린트 방식으로 PEDOT:PSS, 중간층, 그리고 발광 폴리머 등의 3개 층을 제작하였다. 잉크방울의 크기는 약 23.7[μm]이며, 필요한 액적 분사위치 정확도는 ±5.4[μm]이다.

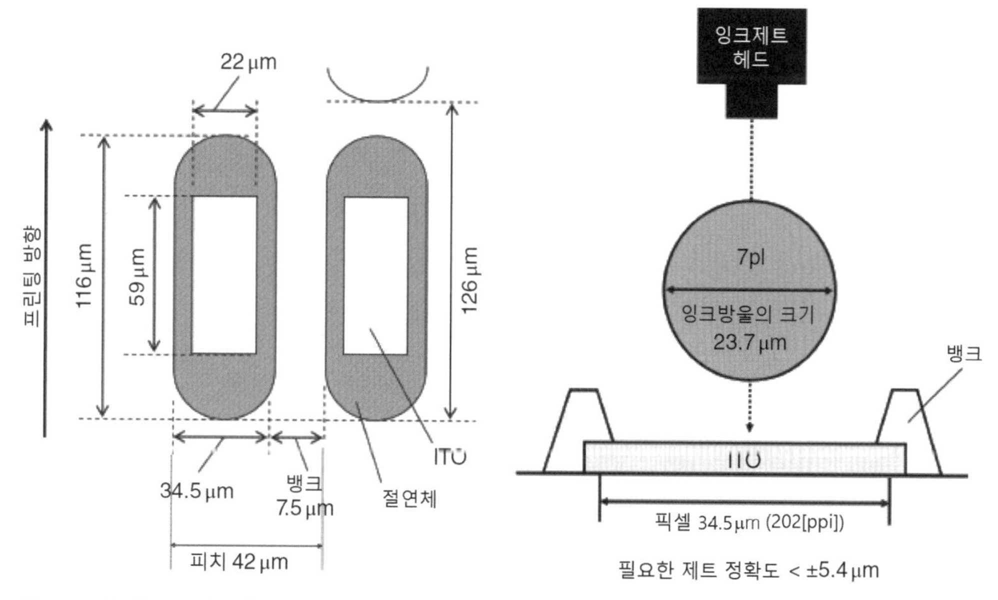

그림 6.12 분해능 202[ppi]인 3.6인치 총천연색 폴리머 OLED의 픽셀구조[12]

앞서 설명했듯이, 202[ppi]와 같은 높은 분해능을 구현하기 위해서는, 매우 정확한 패터닝 기술이 필요하다. 만일 공정조건이 최적화되어 있지 않다면, **그림 6.13(a)**에 도시되어 있는 것처럼, 디스플레이의 영상품질이 나빠진다. 잉크제트 프린팅의 문제로 인하여 수많은 결함들이 나타난다. 인듐-주석 산화물 표면의 친수성 표면처리, 뱅크 표면의 공수성 표면처리, 뱅크 소재, 잉크제트 장비 잉크 조성, 등의 공정조건들을 최적화시켜야만 한다. **그림 6.13(b)**에서는 다양한 인자들을 최적화한 이후에 구현한 디스플레이 영상을 보여주고 있다.

(a) 공정조건이 최적화되지 않음

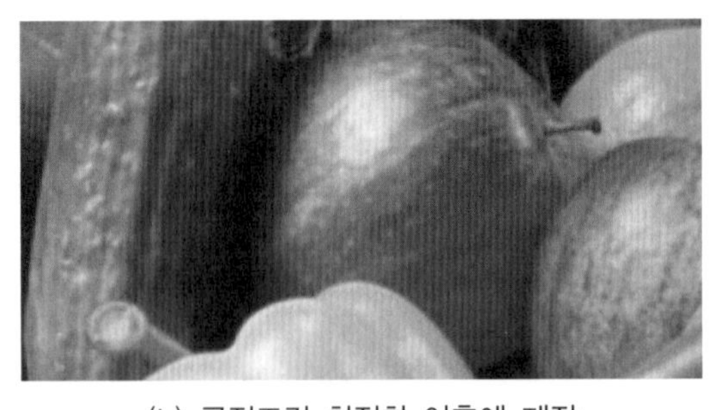

(b) 공정조건 최적화 이후에 제작

그림 6.13 분해능 202[ppi]인 3.6인치 총천연색 폴리머 OLED 디스플레이[12](컬러 도판 284쪽 참조)

잉크제트 프린트기법으로 제작한 가장 큰 OLED 패널은 AU 옵트로닉스社(대만)의 첸 등이 발표한 65인치 아몰레드 디스플레이이다.[13]

OLED 제조에 사용되는 또 다른 습식공정도 발표되었다. 예를 들어, 듀퐁 디스플레이社는 다이니폰 스크린제조社(일본)[4]와 함께 개발한 **연속 노즐프린팅**기법을 발표하였다.[15,16] **그림 6.14**에는 노즐프린팅기법의 개념도가 도시되어 있다. 연속 노즐프린팅기법의 경우, 고정된 오리피스에서 방출되어 기판 위에 도포되는 층류 액체제트를 사용한다. 액체 제트를 함침할 영역과 함침하지 않을 영역에 대해서 미리 정렬이 맞춰져 있는 기판 위로 이동시키면서 프린트공정을 수행한다. 이 기법을 사용하여 제작한 4.4인치 아몰레드 디스플레이가 발표되었다.[16]

4 大日本スクリーン製造株式会社.

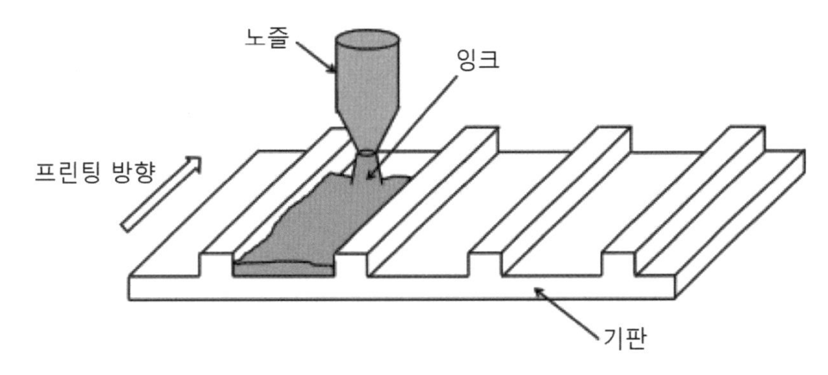

그림 6.14 노즐 프린팅에 대한 개념도[15,16]

토판프린팅社(일본)[5]의 타케시타와 오노하라 등은 **릴리프 프린팅**기법에 대해서 발표하였다.[17,18] 이 기법은 **그림 6.15**에 도시되어 있는 것처럼, 일종의 직접 프린팅 방법이다. 필요한 패턴은 릴리프 판 위에 볼록패턴으로 생성한다. 첫 번째 단계에서는 잉크 팬에서 **아닐록스 롤러**로 공급된 잉크는 릴리프 판의 인쇄패턴 형상으로 설계되어 있는 볼록 부위로 전사된다. 두 번째 단계에서는 릴리프 판 위의 볼록 패턴위의 잉크가 기판 위로 전사된다. 프린트된 박막 두께는 아닐록스 롤러 위에 묻어 있는 잉크의 양에 의해서 결정된다. 이들에 따르면 프린트된 박막의 균일성과 형상은 기판으로 전사되는 순간의 잉크 성질에 의해서 영향을 받는다. 이들은 이 기법을 사용하여 5인치 크기의 총천연색 폴리머 OLED를 제작하였다.

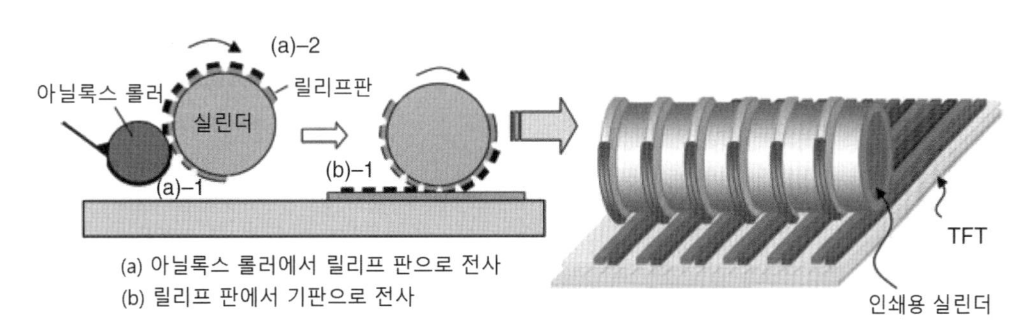

그림 6.15 릴리프 프린팅에 대한 개념도[18](컬러 도판 284쪽 참조)

생산속도가 빠른 롤투롤 프린팅기법은 저가형 OLED의 생산에 있어서 매력적인 기술이다. 다양한 프린팅기법들이 검토되었다. VTT社(핀란드)의 코폴라 등은 그라비어 프린팅기법을

5 凸版印刷.

OLED에 적용하였다.[19] VTT社 기술연구소의 하스트 등은 롤투롤 그라비어 프린팅기법을 사용하여 OLED 디바이스를 제작하였다.[20]

일본화학혁신기구(JCII)[6]의 타카투와 등은 나노임프린트기법으로 제작한 폴리(디메틸실록산)(PDMS) 탄성중합체 스템프를 사용한 마이크로접촉 방식의 미세패터닝기법에 대해서 고찰을 수행하였다.[21] 패턴화된 픽셀의 크기는 400×2,000[μm]였다.

국립타이완대학교(대만)의 셰이 등은 새로운 패턴코팅 기술인 OLED 디바이스용 **공기기포코팅**방법을 개발하였다.[22]

파나소닉社는 프린팅 방법만을 사용하여 55인치 4K2K OLED 디스플레이를 제작하였다.[23] 이들은 IGZO 배면과 상부발광 OLED 디바이스 구조를 활용하였다. 이 디바이스의 사양을 살펴보면, 픽셀 숫자는 3,850×2,160, 피크 휘도는 500[cd/m^2], 영상대비는 1,000,000:1, NTSC 색영역은 110[%], 그레이스케일 10[bit] 등이다.

6.3 레이저공정

레이저를 사용한 패터닝공정이 제안 및 개발되었다. 이 절에서는 삼성社 및 3M社에서 제안된 **레이저 열전사**(LITI)기법과 소니社에서 개발한 **레이저 승화식 패터닝**(LIPS)기법과 같은 두 가지 방식의 레이저 패터닝공정에 대해서 살펴보기로 한다.

레이저 열전사기법은 삼성 SDI社와 3M社 디스플레이소재 기술센터(미국)의 이 등이 처음으로 제안하였다.[24] **그림 6.16**에는 레이저 열전사기법의 개념이 제시되어 있다.[25]

레이저 열전사기법에서는 주개박막, 레이저 노출 시스템 그리고 기판 등이 사용된다. **주개박막**은 광열변환(LTHC)층을 구비한 투명한 박막이다. 이 광열변환층은 조사된 빛을 흡수하여 열로 변환시켜준다. 이 등에 따르면, 적외선 스펙트럼 대역의 빛을 흡수하는 카본블랙이나 흑연 등의 다이소재를 광열변환층에 사용할 수 있다.

이 주개박막 위에 유기소재 층을 증착한 다음에, 이 주개박막을 기판과 밀착한 다음 레이저 노출을 시행한다. 레이저에 조사된 영역에서는 광열변환층의 체적팽창이 발생하며, 이로 인하여 유기소재가 주개박막에서 기판으로 전사된다.

---

6 一般財団法人 化学研究評価機構.

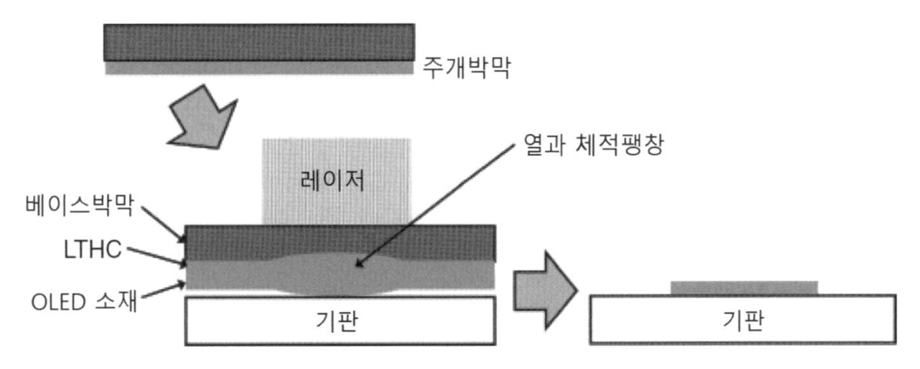

그림 6.16 레이저 열전사(LITI)기법에 대한 개념도[25]

레이저를 사용하면 높은 분해능을 구현할 수 있으며, 최종 영상의 포맷과 크기가 자유롭다는 장점이 있다. 이 등에 따르면, 전체적인 위치 정확도는 전형적으로 ±2.5[μm] 미만이다.[24] 삼성 SDI社의 유 등은 레이저 열전사공정을 사용하여 상부발광 구조에 302[ppi]의 분해능을 가지고 있는 2.6인치 총천연색 VGA 아몰레드 디스플레이를 개발하였다.[25] 이들은 각 픽셀들마다 여섯 개의 박막 트랜지스터와 하나의 커패시터를 갖춘 전압 보상형 픽셀회로를 구비한 **저온폴리실리콘**(LTPS) 배면을 사용하였다.

소니社(일본)의 히라노 등은 레이저 승화식 패터닝(LIPS)기법을 제안하였다.[26] **그림 6.17**에는 레이저 승화식 패터닝기법의 개념이 제시되어 있다.

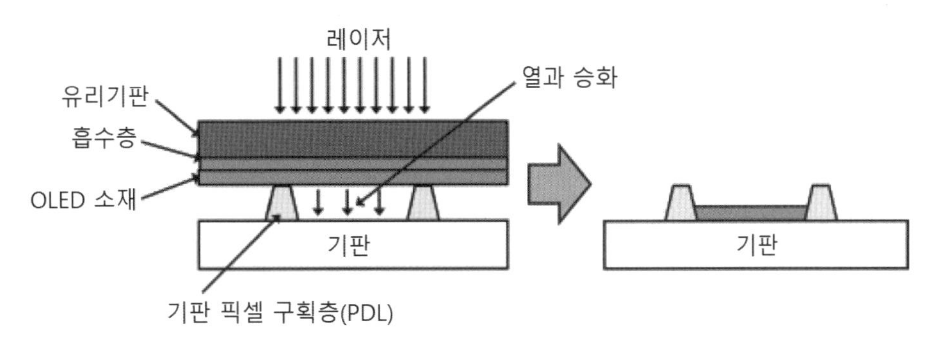

그림 6.17 레이저 승화식 패터닝기법에 대한 개념도[26]

볼리브덴 흡수층이 덮여 있는 주개 유리판 위에 유기소재가 증착되어 있으며, OLED 기판에는 **픽셀구획층**(PDL)이 필요하다. 진공챔버 속에서 공기에 노출시키지 않은 상태에서 일정한 거리를 두고 OLED 기판과 주개 유리판을 설치한다. 기판과 레이저 헤드의 정렬을 맞추고 나면, 레이저 빔을 주사하여 주개 유리판 위의 지정된 위치를 가열한다. 이들은 800[nm] 다이오드 레이저를 광원으로 사용하였다. 전사할 패턴의 폭에 따라서 레이저 빔의 폭을 조절하였다. 주사된 레이저 광선에 의해서 OLED 소재들이 주개 유리판에서 기판으로 정밀하게 전사되었다. 이들에 따르면, 패턴 폭 편차는 ±2[μm]이었다.

이들은 레이저 승화식 패터닝기법을 사용하여 27.3인치 크기의 총천연색 아몰레드 디스플레이를 제작하였다. 이 27.3인치 디스플레이의 사양은 **표 6.3**에 제시되어 있다.

표 6.3 레이저 승화식 패터닝기법으로 제작한 27.3인치 총천연색 아몰레드 디스플레이[26]

디스플레이 크기	27.3[in](대각선)
픽셀 수	1,920×1,080(Full HD)
픽셀 피치	315×315[μm]
광도	전체 백색: 200[cd/m^2]
	피크: 600[cd/m^2] 이상
영상대비	1,000,000:1 이상

참고문헌

[1] H. Kubota, S. Miyaguchi, S. Ishizuka, T. Wakimoto, J. Funaki, Y. Fukuda, T. Watanabe, H. Ochi, T. Sakamoto, T. Miyake, M. Tsuchida, I. Ohshita, T. Tohma, *Journal of Luminescence*, **87**, 56-60 (2000).

[2] E. Fujimoto, H. Daiku, K. Kamikawa, E. Fujimoto, Y. Matsumoto, *SID 10 Digest*, 46.3 (p. 695) (2010).

[3] T. Ikeda, H. Murata, Y. Kinoshita, J. Shike, Y. Ikeda, M. Kitano, *Chem. Phys. Lett.*, **426**, 111-114 (2006).

[4] H. Yamamoto, M. S. Weaver, H. Murata, C. Adachi, J. J. Brown, *SID 2014 Digest*, 52.3 (p. 758) (2014).

[5] S. K. Heeks J. H. Burroughes, C. Town, S. Cina, N. Baynes, N. Athanassopoulou, J. C. Carter, *SID 01 Digest*, 31.2 (2001).

[6] T. Funamoto, Y. Matsueda, O. Yokoyama, A. Tsuda, H. Takeshita, S. Miyashita, *SID 02 Digest,* 27.5L (p. 899) (2002).

[7] M. Kobayashi, J. Hanari, M. Shibusawa, K. Sunohara, N. Ibaraki, *Proc. IDW'02*, AMD3-1 (p. 231) (2002).

[8] M. Fleuster, M. Klein, P. v. Roosmalen, A. d. Wit, H. Schwab, *SID 04 Digest*, 44.2 (p. 1276) (2004).

[9] N. C. van der Vaart, H. Lifka, F. P. M. Budzelaar, J. E. J. M. Rubingh, J. J. L. Hoppenbrouwers, J. F. Dijksman, R. G. F. A. Verbeek, R. van Woudenberg, F. J. Vossen, M. G. H. Hiddink, J. J. W. M. Rosink, T. N. M. Bernards, A. Giraldo, N. D. Young, D. A. Fish, M. J. Childs, W. A. Steer, D. Lee, D. S. George, *SID 04 Digest*, 44.4 (2004).

[10] T. Shirasaki, T. Ozaki, K. Sato, M. Kumagai, M. Takei, T. Toyama, S. Shimoda, T. Tano, *SID 04 Digest*, 57.4L (p. 1516) (2004).

[11] D. Lee, J.-K. Chung, J.-S. Rhee, J.-P. Wang, S.-M. Hong, B.-R.Choi, S.-W.Cha, N.-D.Kim, K. Chung, H. Gregory, P. Lyon, C. Creighton, J. Carter, M. Hatcher, O. Bassett, M. Richardson, P. Jerram, *SID 05 Digest*, P-66 (p. 527) (2005).

[12] T. Gohda, Y. Kobayashi, K. Okano, S. Inoue, K. Okamoto, S. Hashimoto, E. Yamamoto, H. Morita, S. Mitsui, M. Koden, SID 06 Digest, 58.3 (2006); M. Koden, Y. Hatanaka, Y. Fujita, Y. Kobayashi, E. Yamamoto, K. Ishida, S. Mitsui, *3rd Japanese OLED Forum*, S7-1 (2006).

[13] P.-Y. Chen, C. L. Chen, C. C. Chen, L. Tsai, H. C. Ting, L.-F. Lin, C.-C. Chen, C.-Y. Chen, L.-H. Chang, T.-H. Shih, Y.-H. Chen, J.-C. Huang, M.-Y. Lai, C.-M. Hsu, Y. Lin, *SID 2014 Digest*, 30.1 (p. 396) (2014).

[14] H. Sakamoto, N. Makita, M. Hijikigawa, M. Osame, Y. Tanada, S. Yamazaki, *SID 00 Digest*,

53.1 (p. 1190) (2000).
[15] W. F. Feehery, *SID 07 Digest*, 69.1 (p. 1834) (2007).
[16] R. Chesterfield, A. Johnson, C. Lang, M. Stainer, J. Ziebarth, *Information Display*, 1/11, p. 24 (2011).
[17] K. Takeshita, H. Kawakami, T. Shimizu, E. Kitazume, K. Oota, T. Taguchi, I. Takashima, *Proc. IDW/D'05*, OLED2-2 (p. 597) (2005).
[18] J. Onohara, K. Mizuno, Y. Kubo and E. Kitazume, *SID 2011 Digest*, 62.2 (2011).
[19] P. Kopola, M. Tuomikoski, R. Suhonen, A. Maaninen, *Thin Solid Films*, **517**, 5757-5762 (2009).
[20] J. Hast, M. Tuomikoski, R. Suhonen, K.-L. Vaisanen, M. Valimaki, T. Maaninen, P. Apilo, A. Alastalo, A. Maaninen, *SID 2013 Digest*, 18.1 (p. 192) (2013).
[21] A. Takakuwa, M. Misaki, Y. Yoshida, K. Yase, *Thin Solid Films*, **518**, 555-558 (2009).
[22] Y.-W. Hsieh, P.-T. Pan, A.-B. Wang, L. Tsai, C.-L. Chen, P.-Y. Chen, W.-J. Cheng, *SID 2014 Digest*, 30.4 (p. 407) (2014).
[23] H. Hayashi, Y. Nakazaki, T. Izumi, A. Sasaki, T. Nakamura, E. Takeda, T. Saito, M. Goto, H. Takezawa, *SID 2014 Digest*, 58.3 (p. 853) (2014).
[24] S. T. Lee, J. Y. Lee, M. H. Kim, M. C. Suh, T. M. Kang, Y. J. Choi, J. Y. Park, J. H. Kwon, H. K. Chung, J. Baetzold, E. Bellmann, V. Savvate'ev, M. Wolk, S. Webster, *SID 02 Digest*, 21.3 (p. 784) (2002).
[25] K.-J. Yoo, S.-H. Lee, A.-S. Lee, C.-Y. Im, T.-M. Kang, W.-J. Lee, S.-T. Lee, H.-D. Kim, H.-K. Chung, *SID 05 Digest*, 38.2 (p. 1344) (2005); S. T. Lee, M. C. Suh, T. M. Kang, Y. G. Kwon, J. H. Lee, H. D. Kim and H. K. Chung, *SID 07 Digest*, 53.1(p. 1158) (2007).
[26] H. Hirano, K. Matsuo, K. Kohinata, K. Hanawa, T. Matsumi, E. Matsuda, R. Matsuura, T. Ishibashi, A. Yoshida and T. Sasaoka, *SID 2007 Digest*, 53.2 (p. 1592) (2007).

CHAPTER 07

OLED의 성능

OLED의 성능

요 약 OLED 디바이스의 성능은 과학연구의 측면뿐만 아니라 실용적인 디바이스와 상용제품의 측면에서도 매우 중요하다. 앞서의 장들을 통해서 OLED 디바이스의 다양한 특성과 인자들에 대해서 이미 살펴보았지만, 이 장에서는 OLED 디바이스의 전형적인 특성과 인자들에 대해서 살펴보며, 현재의 OLED 성능에 대해서도 논의하기로 한다. 주요 특성값들은 I-V-L 특성, 효율, 및 수명 등이다. 또한 이 장에서는 실제 사용 시 수명에 영향을 미치는 중요한 고려사항인 OLED 디바이스의 온도 상승 현상에 대해서도 논의한다.

키워드 성능, I-V-L 특성, 효율, 수명, 온도 상승

7.1 OLED의 특성

기초과학 분야에서 중요하게 생각하는 OLED 디바이스의 특성은 양자효율이다. OLED의 경우에는 **내부양자효율**(IQE) η_{int}과 **외부양자효율**(EQE) η_{ext}과 같이, 두 가지 양자효율이 존재한다.

내부양자효율(η_{int})은 재결합된 정공과 전자의 숫자에 대한 발광된 광자 숫자의 비율로 정의된다. 3.4절에서 설명했듯이, 발광된 광자의 숫자는 OLED 디바이스의 외부에서 관찰되는 광자의 숫자와 일치하지 않는다. **외부광방출효율**(η_{out})은 OLED 디바이스 내부에서 발광된 광자의 숫자에 대한 OLED 디바이스의 외부에서 관찰된 광자 숫자의 비율로 정의된다. 그러므로 외부양자효율(η_{ext})은 내부양자효율(η_{int})과 외부광방출효율(η_{out})의 곱으로 정의되며, 다음의 방정식으로 나타낼 수 있다.

$$\eta_{ext}(EQE) = \eta_{out} \times \eta_{int}(IQE)$$

응용과학과 실용기술 분야에서는 I-V-L(전류－전압－휘도)특성이 더 중요하게 취급되고 있다. 그런데 L(휘도)의 경우에는 인간의 눈과 관련되어 있는 **시감도**[1]가 포함된다. 게다가 **휘도**

는 평판 및 곡면 OLED 디바이스에 따른 관찰방향에 따라서 변하지만, 일반적으로 평판형 OLED 디바이스의 수직 방향에서만 휘도를 측정한다. 발광특성은 OLED 디바이스의 발광 프로파일에 의존하기 때문에, 발광특성을 휘도만으로 나타낼 수 없다는 점에 주의하여야 한다.

그럼에도 불구하고, **I-V-L 특성**은 유용하며 자주 사용되고 있다. I-V-L 특성과 발광 스펙트럼의 사례가 **그림** 7.1~**그림** 7.3에 도시되어 있다.

그림 7.1에서는 OLED 디바이스의 전형적인 **I-V 특성**을 보여주고 있다. **그림** 7.1(a)와 (b)에서 알 수 있듯이, 두 가지 형태의 표현방식이 자주 사용되고 있다. (a)의 경우에는 수직축 전류값을 로그 스케일 나타낸 반면에, (b)의 경우에는 수직축 전류값을 선형스케일로 표시하고 있다. (a)에서와 같이 로그 스케일을 사용하면 두 가지 장점이 있다. 우선, **켜짐전압**이 명확하게 표시된다. **그림** 7.1(a)를 살펴보면 켜짐전압은 2.0[V]이다. 하지만 **그림** 7.1(b)를 살펴보면 켜짐전압을 명확하게 구분할 수 없다. 두 번째로, (a)에서와 같이 로그 스케일을 사용하면 OLED 디바이스의 **누설전류** 수준을 명확하게 나타낼 수 있다. 잘 만들어진 일반적인 OLED 디바이스는 켜짐전압하에서의 전류수준이 10^{-4}[mA/cm^2] 이하를 나타낸다. 그런데 만일 OLED 디바이스에 결함이나 여타의 누설전류를 유발하는 원인이 존재한다면, I-V 특성이 10^{-4}[mA/cm^2] 이상을 나타내게 된다. 그러므로 로그스케일을 사용하면 디바이스의 파손 여부에 대한 정보를 얻을 수 있다. 그런데 (b)의 선형스케일을 사용한다면 디바이스 파손과 같은 정보의 추출이 어렵다.

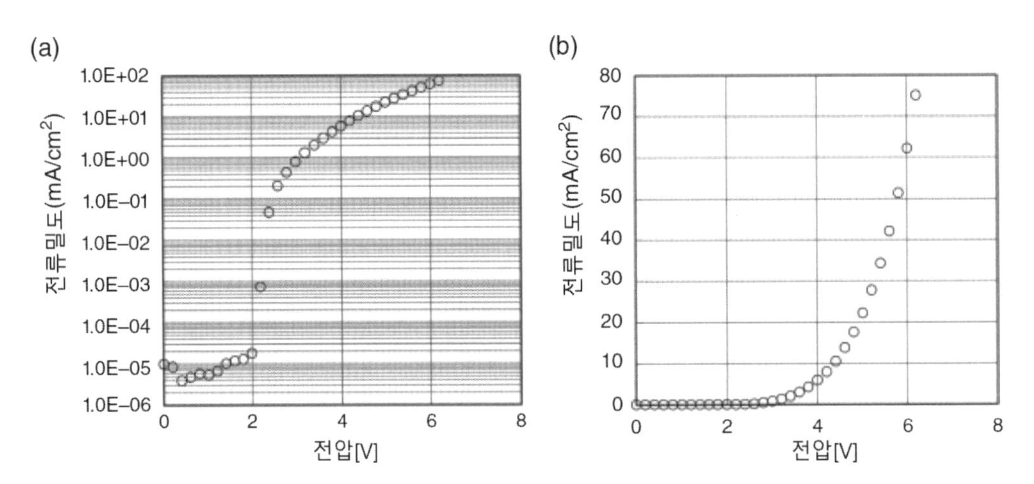

그림 7.1 유리/ITO(150[nm])/MoO3(10[nm])/α-NPD(40[nm])/DPB:Liq(25[wt%])(43.5[nm]/Al(100[nm])의 구조를 가지고 있는 OLED 디바이스의 I-V 특성

---

1 luminosity function.

그림 7.2에서는 **그림 7.1**과 동일한 디바이스의 **L-I 특성**을 보여주고 있다. 일반적으로 두 좌표 축들은 로그 스케일을 사용한다. L-I 특성의 경우, 그래프는 거의 선형관계를 나타내고 있다.

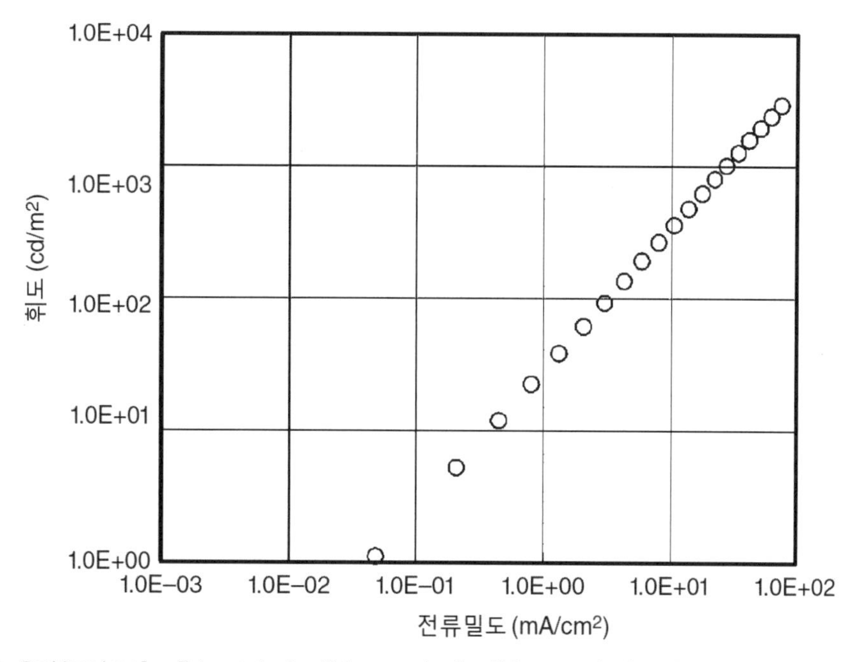

그림 7.2 유리/ITO(150[nm])/MoO_3(10[nm])/α-NPD(40[nm])/DPB:Liq(25[wt%])(43.5[nm]/Al(100[nm])의 구조를 가지고 있는 OLED 디바이스의 L-I 특성

상용제품의 경우에는 컬러가 중요한 인자이기 때문에 발광 스펙트럼은 중요한 데이터이다. 게다가 발광 스펙트럼은 OLED 디바이스의 내부 정보를 보여준다. 이를 통해서 층의 두께, 재결합 위치, 발광종류, 여기자 등 발광 스펙트럼에 영향을 미치는 인자들에 대한 정보를 얻을 수 있다. 전형적인 발광 스펙트럼의 사례가 **그림 7.3**에 도시되어 있다.

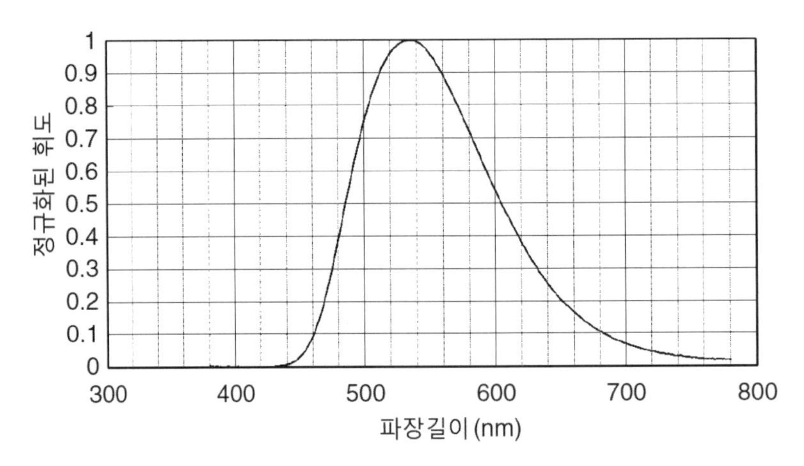

그림 7.3 유리/ITO(150[nm])/MoO_3(10[nm])/α-NPD(40[nm])/DPB:Liq(25[wt%])(43.5[nm]/Al(100[nm])의 구조를 가지고 있는 OLED 디바이스의 발광 스펙트럼

발광효율도 OLED 디바이스의 전력소모와 관련되어 있기 때문에 매우 중요하다. 전류효율[cd/A]과 전력효율[lm/W]의 두 가지 발광효율이 사용된다. 이 값들은 **그림 7.1**과 **그림 7.2**에 도시되어 있는 것처럼, I-V-L 특성으로부터 계산된다. OLED 조명의 경우, 전력효율은 전력소모와 직접적인 관련성을 가지고 있다. 그런데 OLED 디스플레이의 경우에는 회로와 박막 트랜지스터 구동에 소모되는 전력을 무시할 수 없다. 그러므로 전력효율은 OLED 디스플레이의 전력소모에 비례하지 않는다.

적색, 녹색 및 청색 OLED 디바이스의 전형적인 성능들이 **표 7.1**에 제시되어 있으며, 백색 OLED의 전형적인 성능에 대해서는 9.5절에서 논의할 예정이다. 긴 수명을 가지고 있는 심청색 인광 OLED는 아직 개발되지 않았으며, 담청색 인광 OLED의 경우에는 긴 수명을 구현하였다. 코니카 미놀타社의 이토 등은 300[cd/m^2]의 휘도하에서 양자효율이 23[%]이며 LT_{50} 수명이 100,000[hr]에 달하는 담청색 인광 OLED를 개발하였다.[2]

표 7.1 R, G 및 B OLED 디바이스의 전형적인 성능

OLED의 유형		색상	효율[cd/A]	CIE 색상좌표	LT50[hr]	제조사	참고문헌
증착형	소분자	B	4.7	(0.148,0.062)	>10,000@500[cd/m^2]	머크	[1]
				담청색	100,000@300[cd/m^2]	코니카미놀타	[2]
			50	(0.18,0.42)	20,000	UDC	[3]
		G	85	(0.31,0.63)	400,000	UDC	[3]
			93.3			LG 케미컬	[4]
		R	30	(0.64,0.36)	900,000	UDC	[3]
			39.7	(0.666,0.334)		SEL	[5]
액상형	소분자	B	6.2	(0.14,0.14)	24,000	듀퐁	[6]
		G	68.3	(0.32,0.63)	125,000		[6]
		R	20.3	(0.65,0.35)	200,000		[6]
	폴리머	B	12	(0.14,0.12)	>10,000	스미토모화학	[7]
		G	76	(0.32,0.63)	450,000		[7]
		R	31	(0.62,0.38)	350,000		[7]

7.2 수 명

수명은 OLED의 중요한 특성들 중 하나이다. 수명에는 보관수명과 작동수명의 두 가지 유형이 있다. 이들 두 가지 수명에 대해서 **그림 7.4**에서 요약하여 보여주고 있다.

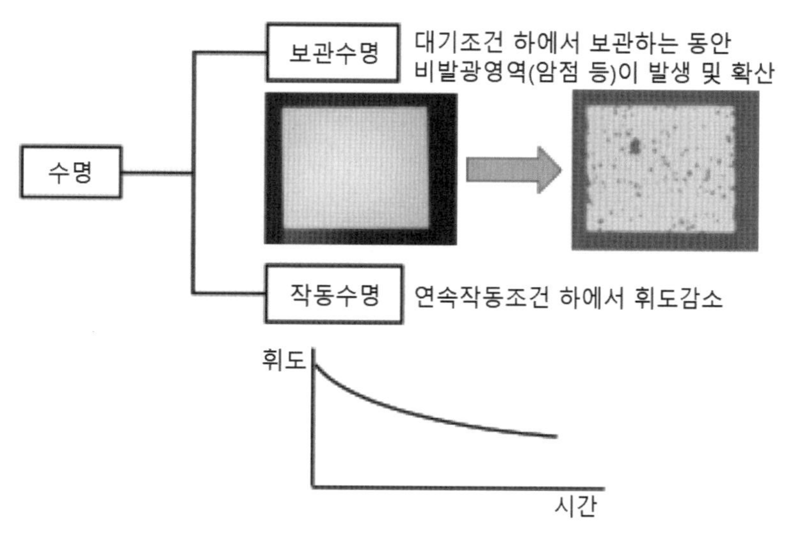

그림 7.4 OLED의 두 가지 수명

보관수명은 특정한 보관조건하에서 작동하지 않는 경우에 발생하는 **퇴화현상**과 관련되어 있다. 실제의 경우, 보관수명은 제품이 사용 가능한 성능을 유지하는 기간으로 정의된다. 다양한 인자들이 보관수명에 영향을 미치지만, 실제의 경우, 보관수명은 수분과 산소의 침투 방지와 밀접한 관계를 가지고 있다. 수분과 산소의 투과로 인하여 **그림 7.4**에 도시되어 있는 것처럼, 소위 **암점**과 **암역**이 발생한다.

반면에, 작동수명은 작동조건하에서의 휘도감소 현상과 관련되어 있다.

7.2.1 보관수명

일반적으로, OLED의 **보관수명**은 대기조건하에서 보관하는 동안 **비발광영역**(암점, 암역 등)의 출현과 확산현상과 관계된다. 이러한 퇴화현상은 대기 중의 수분과 산소가 OLED 디바이스 속으로 침투하기 때문에 유발된다. 그러므로 보관수명은 5.7절에서 논의했던 밀봉기술들과 밀접한 관련이 있다.

상용제품의 경우, 비발광영역 생성의 허용수준은 상용 제품의 일반적인 개념에 기초하여 만들어진다.

보관 수명시간은 일반적으로 높은 온도와 습도조건하에서 가속하여 측정한다. 자주 사용되는 가속조건들은 60[°C]/90[%RH], 85[°C]/90[%RH] 등이다. 아라이 등은 **표 7.2**에 제시되어 있는 것과 같이, 다양한 측정조건들에 대한 **가속계수값**들을 발표하였다.[8]

표 7.2 몇 가지 측정조건들에 따른 가속계수값들[8]

조건	25[°C]/60[%RH]	40[°C]/90[%RH]	60[°C]/90[%RH]	85[°C]/90[%RH]
가속계수	1	7	39	260

7.2.2 작동수명

작동수명은 작동 중인 OLED 디바이스의 휘도저하와 관련되어 있다. 수명곡선과 수명에 대한 다양한 정의들이 **그림 7.5**에 도시되어 있다. 작동수명의 측정을 위해서는 일반적으로 일정한 작동전류하에서 휘도의 저하를 측정한다. 또한 OLED는 사용과정에서 작동전압이 증가하므로, 작동전압의 증가 역시 자주 평가기준으로 사용된다.

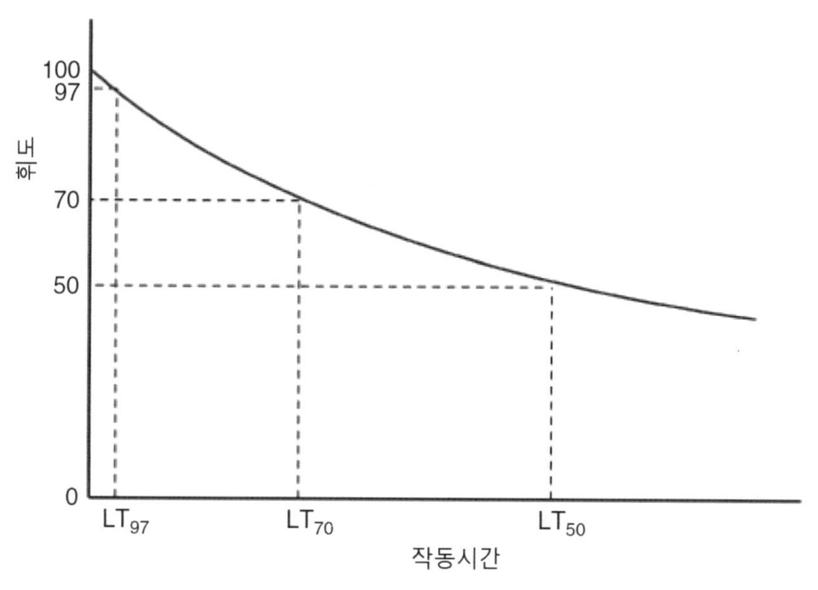

그림 7.5 수명곡선과 수명에 대한 다양한 정의에 대한 개략적인 설명

작동수명은 전통적으로 **절반수명**(LT_{50})을 사용하여 정의한다. 절반수명은 특정한 작동조건 하에서 휘도가 **초기휘도**(L_0)의 절반에 도달하는 시간으로 정의된다.

그런데 절반수명 시의 휘도가 초기휘도에 비해서 너무 어둡기 때문에 실제의 조명에서 LT_{50}은 적합지 못하다. 그러므로 OLED 조명의 경우에는 LT_{70}이 자주 사용된다.

디스플레이 용도의 경우에는 **열화현상**의 발생으로 인하여 상황이 더 복잡해진다. **그림 7.6**에서는 열화효과에 대해서 개략적으로 보여주고 있다. 이 경우, 검은색 배경에 'OLED'라고 표기되어 있는 고정된 패턴을 표시한 다음 화면을 디스플레이한다고 가정한다. 'OLED'라고 표기되었던 픽셀 B의 누적 작동시간이 픽셀 A에 비해서 더 길기 때문에 픽셀 B의 휘도 저하가 픽셀 A에 비해서 더 크게 발생한다. 그러므로 화면영상을 디스플레이하면 'OLED'라는 고정 패턴이 열화된 것을 확인할 수 있다.

핸드폰이나 디지털 TV의 경우에는 고정된 패턴을 자주 사용하기 때문에, 이런 현상이 자주 발생한다. 그러므로 디스플레이의 경우에는 LT_{97}이 자주 사용된다.

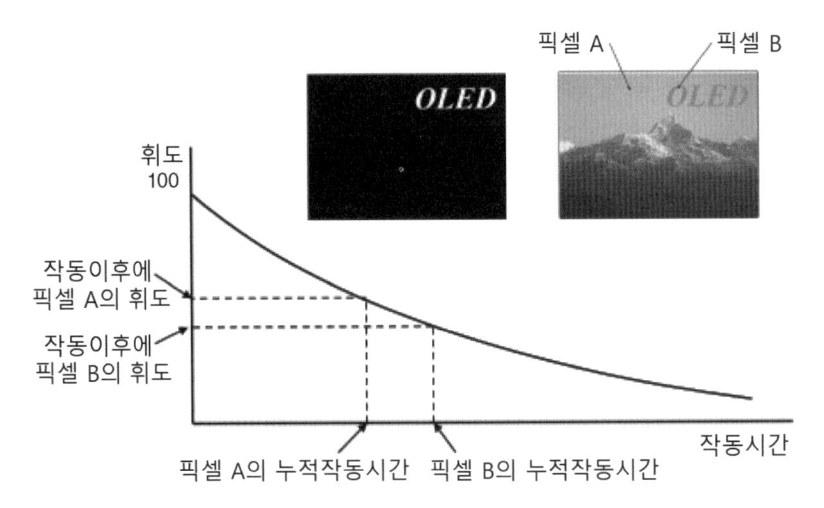

그림 7.6 열화효과에 대한 개략적인 설명

일반적으로 **고온가속**, **고휘도가속** 등과 같은 **가속시험**을 통해서 수명을 평가한다. 고휘도 가속은 가장 일반적으로 사용되는 방법이다. 전형적인 고휘도 가속시험의 사례가 **그림 7.7**에 도시되어 있다. 수명과 초기휘도 사이의 상관관계를 다음의 방정식으로 나타낼 수 있다. 여기서 T는 수명이며, L_0는 초기휘도이다.

$$T \propto \left(\frac{1}{L_0}\right)^n$$

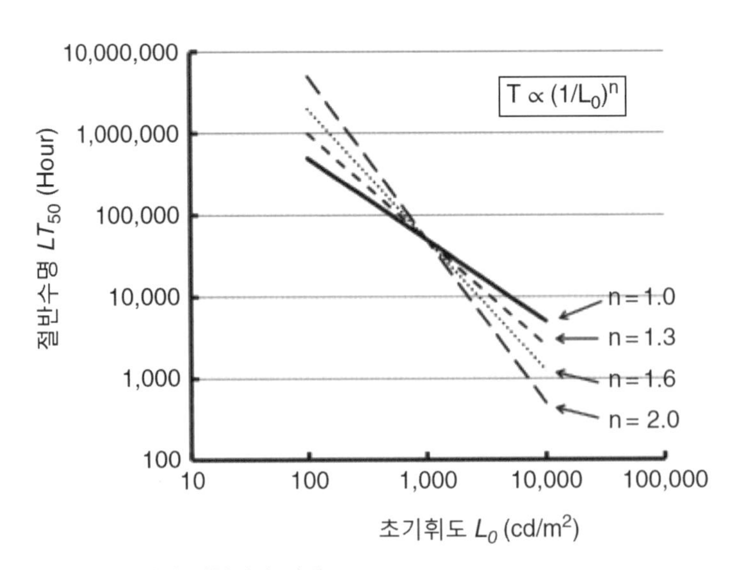

그림 7.7 고휘도 가속수명평가의 전형적인 사례

만일 휘도 감소가 누적된 작동전류에 비례한다면 n은 1이다. 그런데 n의 실제값은 일반적으로 1이 아니다. 경험적으로 소분자 OLED의 n값은 1.3~1.5이며 폴리머 OLED의 n값은 1.8~2.0이다.

고온 가속환경하에서의 수명시험에 대하여 다수의 논문이 발표되었다. 파커 등에 따르면, 25[°C]의 절반수명이 85[°C] 환경에 비해서 100배 이상 더 길다.[9] 반면에 샤프社의 고덴 등이 수행한 폴리머 OLED 수명의 온도의존성 연구결과에 따르면, 20[°C]에서의 수명은 80[°C]의 수명에 비해서 수십 배 더 길다.[10] 이시이 등도 이와 유사한 가속계수값을 발표하였다.[11,12] 가속계수들 사이에 편차가 발생하는 이유는 전류가열현상이 OLED 디바이스의 온도 상승을 유발하기 때문에 OLED의 효율이 가속계수에 영향을 미친 결과라고 설명할 수 있다.

7.3 OLED 디바이스의 온도측정

OLED 디바이스의 작동이 온도 상승을 유발하여 수명을 감소시킨다는 것은 잘 알려진 사실이다. 그런데 발광유기소재의 온도는 OLED 디바이스 기판의 온도와 동일하지 않기 때문에, OLED 디바이스의 온도측정은 쉬운 일이 아니다.

다양한 평가기술들이 연구 및 발표되었다. 작동과정에서 온도 상승에 의하여 유발되는 유기소재의 스펙트럼 변화를 활용하는 방안에 대해서 많은 연구들이 수행되었다. 이 연구들에는 **발광 스펙트럼** 분석,[13,14] **적외선 영상화**,[15] **주사열현미경**(SThM)[16] 그리고 **라만 스펙트럼** 분석[17,18] 등이 포함되어 있다.

그런데 이런 스펙트럼 분석을 사용한 온도평가 방법들은 몇 가지 제약이 존재한다. 우선, 분석장비와 분석기법이 필요하다. 두 번째로, 이런 평가에 적합한 스펙트럼을 나타내는 적절한 OLED 소재가 필요하기 때문에 적용 가능한 OLED 디바이스의 유형이 제한된다.

한 가지 유용하고 손쉬운 온도측정 방법은 OLED 디바이스의 I-V 특성의 온도 의존성을 사용하는 것이다.[10] 이 방법의 첫 번째 단계는 **그림 7.8**에 도시되어 있는 것처럼, I-V 특성의 온도 의존성을 측정하는 것이다. 공급전압과 전류밀도의 변화에 따라서 온도가 상승한다. 두 번째 단계에서는 작동상태에서 전류밀도의 변화를 측정한다. 예를 들어, **그림 7.9(a)**에서는 **그림 7.8**에서 사용된 OLED 디바이스에 일정한 전압을 공급하면서 연속작동하에서 전류밀도의 변화를 보여주고 있다. 연속작동 상태에서는 온도 상승으로 인하여 전류밀도가 증가한다. **그림 7.8**에 제시되어 있는 데이터와 **그림 7.9(a)**의 데이터 사이의 비교에 따른 온도 상승 평가

결과가 **그림 7.9(b)**에 도시되어 있다.

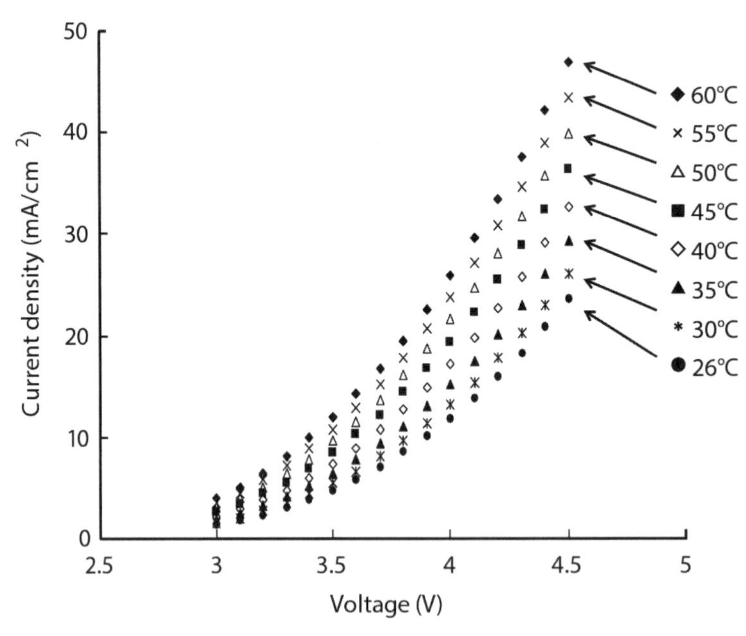

그림 7.8 ITO/PEDOT–PSS/LEP/Ca/Ag 구조를 갖춘 OLED 디바이스의 I–U 특성을 가지고 있는 온도의존성

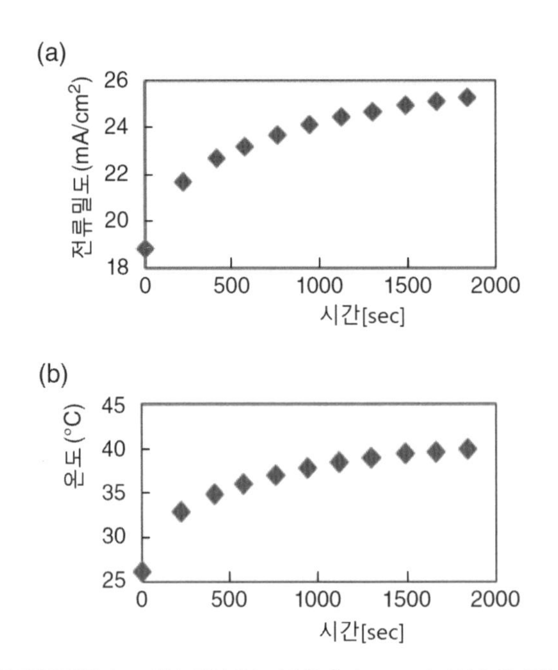

그림 7.9 4.3[V]의 일정한 작동전압으로 연속작동하는 경우에 OLED 디바이스의 전류변화와 온도 상승. 디바이스의 구조는 ITO/PEDOT:PSS/LEP/Ca/Ag이다(**그림 7.8**과 동일). 초기휘도는 900[cd/m^2]이다.

OLED 디바이스의 I-V 특성을 손쉽게 평가할 수 있기 때문에, 이 방법은 모든 OLED 디바이스의 온도 상승 평가에 적용할 수 있다. **그림 7.10**에서는 두 가지 중요한 정보를 보여주고 있다. 우선, 초기휘도가 동일하다 하더라도, 일정한 작동전류하에서의 온도 상승은 일정한 작동전압하에서의 온도 상승보다 작다. 이는, 온도가 상승하면 전류가 증가하기 때문에, 온도 상승이 공급에너지를 증가시키기 때문이다. 반면에, 정전류 작동의 경우에는 온도 상승에 따라서 전류는 일정하며 전압은 감소하기 때문에 공급되는 에너지가 감소하게 된다. **그림 7.10(b)**에 따르면, 온도 상승이 그리 크지 않다는 것을 알 수 있다. 정전류 작동의 경우, 초기휘도가 900[cd/m^2]인 경우에 온도 상승은 7[°C]에 불과하며, 디바이스의 효율은 그리 높지 않다(약 6[cd/A]).

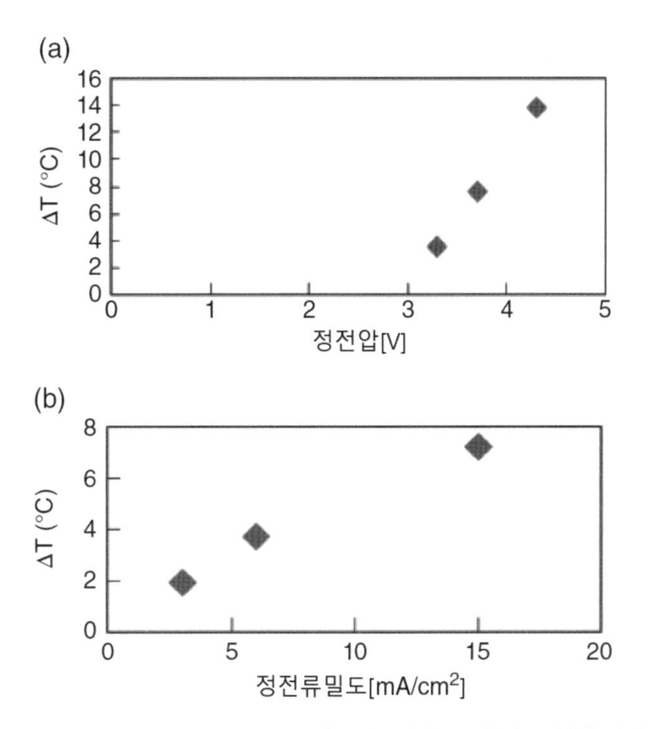

그림 7.10 30[min] 동안의 연속작동 이후에 OLED 발광폴리머의 온도 상승(ΔT).[10] 디바이스의 구조는 ITO/PEDOT:PSS/LEP/Ca/Ag이다(**그림 7.8**과 동일). (a) 정전압 작동, (b) 정전류 작동

》 참고문헌

[1] H. Heil, L. Rodriguez, B. Burkhart, S. Meyer, S. Riedmueller, A. Darsy, C. Pflumm, H. Buchholz, E. Boehm, *SID 2014 Digest*, 35.1 (p. 495) (2014).

[2] H. Ito, K. Kiyama, H. Kita, *Proc. IDW'13*, OLED1-3 (p. 860) (2013).

[3] Home page of Universal Display Corporation: www.udcoled.com/default.asp?contentID=604 (March 2015).

[4] J. K. Noh, M. S. Kang, J. S. Kim, J. H. Lee, Y. H. Ham, J. B. Kim, M. K. Joo, S. Son, *Proc. IDW'08*, OLED3-1 (p. 161) (2008).

[5] H. Inoue, T. Yamaguchi, S. Seo, H. Seo, K. Suzuki, T. Kawata, N. Ohsawa, *SID Digest 2014*, 35.4 (p. 505) (2014).

[6] N. Herron, W. Gao, *SID 10 Digest*, 32.3 (p. 469) (2010).

[7] T. Yamada, Y. Tsubata, D. Fukushima, K. Ohuchi, N. Akino, *Proc. IDW'14*, OLED5-1 (2014).

[8] T. Arai, K. Konno, T. Miyasako, M. Takahashi, M. Nishikawa, K. Azuma, S. Ueno, M. Yomogida, *Proc. of 15th Japanese OLED Forum*, S7-4 (p. 49) (2012).

[9] I. D. Parker, Y. Cao, C. Y. Yang, *J. Appl. Phys.*, **85(4)**, 2441-2447 (1999).

[10] M. Koden, S. Okazaki, Y. Fujita and S. Mitsui, *Proc. IDW'03*, OEL3-3 (p. 1313) (2003).

[11] M. Ishii, Y. Taga, *Appl. Phys. Lett.*, **80(18)**, 3430-3432 (2002).

[12] T. Sato and M. Ishii, *Proc. 5th Japanese OLED Forum*, S7-1 (p. 37) (2007).

[13] N. Tessler, T. Harrison, D. S. Thomas and R. H. Friend, *Appl. Phys. Lett.*, **73(6)**, 732-734 (1998).

[14] J. M. Lupton, *Appl. Phys. Lett.*, **81(13)**, 2478-2480 (2002).

[15] X. Zhou, J. He, L. S. Liao, M. Lu, X. M. Ding, X. Y. Hou, X. M. Zhang, X. Q. He, and S. T. Lee, *Adv. Mater.*, **12**, 265 (2000).

[16] F. A. Boroumand, M. Voigt, A. D. G. Lidzey, Hammiche, G. Hill, *Appl. Phys. Lett.*, **84(24)**, 4890-4892 (2004); F. A. Boroumand, A. Hammiche, G. Hill, D. G. Lidzey, *Adv. Mater.*, **16**, 252 (2004).

[17] R. Iwasaki, M. Hirose and Y. Furukawa, Jpn. *J. Appl. Phys.*, **52**, 05 DC16 (2013).

[18] T. Sugiyama, H. Tsuji, Y. Furukawa, *Chem. Phys. Lett.*, **453**, 238-241 (2008).

CHAPTER 08

OLED 디스플레이

OLED 디스플레이

요 약 OLED는 디스플레이에 적용하기에 뛰어난 특징들을 많이 가지고 있기 때문에, 디스플레이는 OLED의 중요한 적용 분야이다. 이 장에서 OLED 디스플레이 관련 기술에 대해서 논의하기 전에, 우선 현재 디스플레이에 주로 사용되고 있는 액정(LCD) 디스플레이와 비교하여 OLED 디스플레이의 독특한 특징들을 살펴보기로 한다.

OLED 디스플레이는 작동방식에 따라서 정적 작동, 수동화소 작동 및 능동화소 작동 등으로 구분할 수 있다. 정적 작동방식으로는 매우 작은 양의 정보를 보여줄 수 있을 뿐이다. 수동화소 OLED(PM-OLED)는 중간 정도의 정보송출 능력을 가지고 있으며, 차량용 오디오, 핸드폰 보조디스플레이, 피쳐폰용 소형주 디스플레이 등에 적용되었다. 반면에 능동화소 OLED(아몰레드)는 일반적으로 박막 트랜지스터를 사용하여 구동하며 다량의 정보를 송출할 수 있다. 그러므로 아몰레드는 핸드폰, 스마트폰, 태블릿 디스플레이 그리고 텔레비전 등 광범위한 적용 분야를 가지고 있다. 아몰레드의 경우 능동화소 LCD와는 박막 트랜지스터기술에서 차이가 난다. 이 장에서는 아몰레드 디스플레이용 박막 트랜지스터용 소재와 박막 트랜지스터 회로기술에 대해서 살펴보기로 한다.

키워드 **디스플레이, 정적 작동, 수동화소 작동, 능동화소 작동, 박막 트랜지스터, 회로, 총천연색**

8.1 OLED 디스플레이의 특징

OLED는 높은 대비, 높은 광도, 최대휘도특성, 넓은 시야각, 빠른 응답시간, 높은 색 재현성, 높은 분해능 그리고 높은 정보송출능력 등을 포함하는 뛰어난 화질을 구현할 수 있기 때문에 디스플레이는 OLED의 중요한 적용 분야이다. 게다가 OLED 디스플레이는 얇고 가벼우며, 전력소모가 작고 생산비가 낮다는 매력적인 특징들을 가지고 있다.

반면에 현재의 주류 디스플레이로는 LCD가 사용되고 있기 때문에, OLED 디스플레이를 LCD와 비교해보는 것이 중요하다.

일반적으로 LCD는 액정 디바이스와 편광이 결합되어 나타나는 **광학셔터효과**를 이용한다. LCD의 셔터효과는 분자배향의 변동과 분자 스위칭의 불완전 등에 의해서 방해받기 때문에, LCD의 영상대비는 제한적이다. 게다가 LCD는 일반적으로 액정분자들의 이방성 분자배향에 대한 스위칭을 이용하기 때문에, 영상대비의 저하와 시야각도에 따른 색상변화 등 시야각도 특성에 문제가 존재한다. 반면에 OLED는 자체발광 디바이스이기 때문에, 실제로 제작한 디바이스에서도 근원적으로 **영상대비**가 일정하고 매우 높은 값(1,000,000:1 이상)을 갖으며, 방향에 따른 색상변화가 작다.

또한 LCD는 일반적으로 이방성 분자형상을 가지고 있는 액정 분자들의 배향 스위칭을 사용하기 때문에 응답속도가 수 밀리초에 이를 정도로 느리다. 반면에 OLED는 약 100[nm]에 불과한 얇은 두께 내에서 전하주입, 여기 및 발광을 구현하며, 분자의 동적 이동이 발생하지 않으므로, OLED의 스위칭 속도는 마이크로초 단위에 불과할 정도로 매우 빠르다. 디스플레이 내에서 동영상의 선명도가 디바이스의 응답시간과 비례할 뿐만 아니라 작동방식에 의해서도 영향을 받지만,[1] OLED는 여전히 장점을 가지고 있다.

LCD의 최대광도는 후방조명의 휘도에 의해서 제한되기 때문에, 최대광도는 화면영상에 의존하지 않는다. 반면에 OLED는 전류구동방식 자체발광 디스플레이기 때문에, 검은색 배경에 백색 점의 피크광도가 전체가 백색인 영상의 광도보다 더 높다. 게다가 유기소재와 층간구조 등의 최적화를 통해서, OLED는 높은 광도와 훌륭한 색상 재현성을 구현할 수 있다.

LCD와는 달리, OLED는 후방조명 시스템을 필요로 하지 않기 때문에, OLED 패널을 LCD 패널보다 더 얇게 제작할 수 있다.

현재까지는 전력소모와 생산비용이 여전히 문제로 남아 있지만, OLED는 컬러필터, 후방조명 그리고 편광판 등을 필요로 하지 않기 때문에, OLED는 LCD보다 전력소모 저감과 생산비용 절감의 가능성이 더 크다.

마지막으로, 유연한 OLED를 제작할 수 있다. 그러므로 유연 OLED 디스플레이가 활발하게 개발되고 있다.

8.2 OLED 디스플레이의 유형

OLED 디스플레이는 **그림 8.1**에 도시되어 있는 것처럼, 작동방법에 따라서 분류할 수 있다. OLED 디스플레이의 작동방법은 정적(세그먼트) 작동과 동적 작동으로 나눌 수 있다.

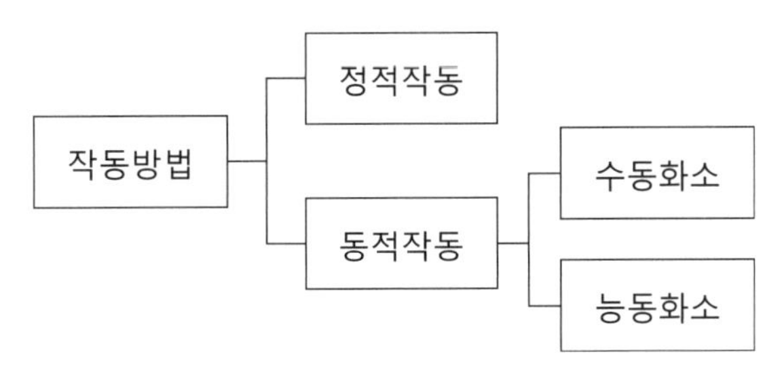

그림 8.1 OLED 디스플레이의 작동방식 분류

세그먼트 작동방식의 경우, 각 발광영역 또는 픽셀들을 개별적으로 구동한다. 그러므로 작동방법이 그리 복잡하지 않다. 하지만, 발광영역 또는 픽셀들의 숫자와 전극의 숫자가 동일하기 때문에, 다량의 정보송출은 현실적으로 불가능하다.

반면에, **동적 작동방식**의 경우에는 x-방향 및 y-방향 신호선을 통해서 픽셀들의 발광을 제어할 수 있기 때문에, 다량의 정보송출이 가능하다. 동적작동 OLED는 **그림 8.2**에 도시되어 있는 것처럼, **수동화소 OLED**(PM-OLED)와 **능동화소 OLED**(AM-OLED: 일명 **아몰레드**)로 구분할 수 있다.

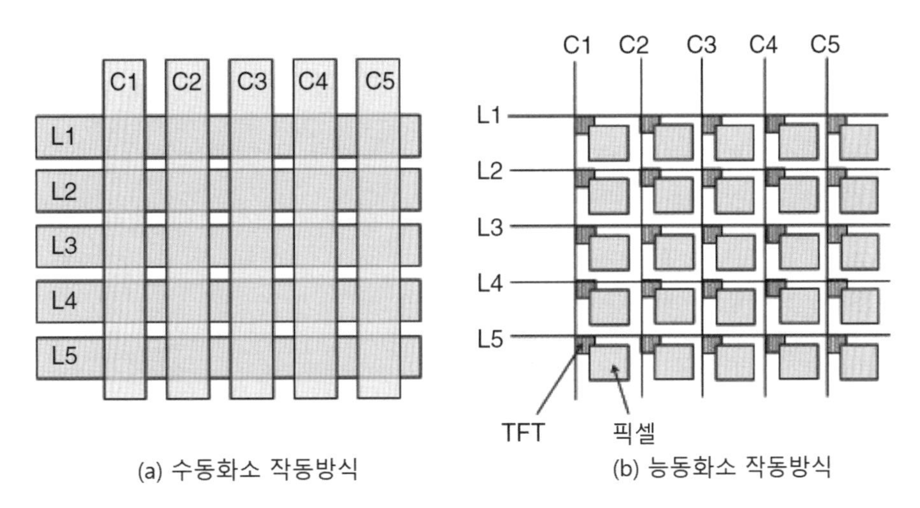

(a) 수동화소 작동방식

(b) 능동화소 작동방식

그림 8.2 수동화소 OLED와 능동화소 OLED(아몰레드)

수동화소 OLED를 **단순화소 OLED** 또는 **멀티플렉스 작동방식 OLED**라고도 부른다. 수동화소 OLED의 경우, 행방향 전극(x-라인)에는 한선씩 시간 순차적으로 연결되어 데이터가 송출된다. 각 픽셀들의 발광 강도는 해당 열(y-라인)에 연결되어 있는 전극들에 의해서 제어된다.

반면에, 능동화소 OLED의 경우에는 일반적으로 x-라인과 y-라인의 교차위치에 배치되어 있는 각 픽셀들에 부착되어 있는 박막 트랜지스터(TFT)들을 사용하여 각 픽셀들의 발광을 제어한다. 행방향 전극(x-라인)들은 순차적으로 각 선들의 데이터를 송출한다. 각 픽셀들의 발광강도는 해당 열방향 전극(y-라인)으로부터의 신호에 의해서 제어된다. LCD는 용량형 디바이스이기 때문에 일반적으로 능동화소 LCD의 경우에 각 픽셀에 부착되어 있는 박막 트랜지스터의 숫자는 단 하나인 반면에 OLED는 전류형 디바이스이기 때문에 능동화소 OLED의 구동에는 다수의 박막 트랜지스터가 필요하다. 능동화소 OLED 구동용 박막 트랜지스터에 사용하기 위해서, 비정질 실리콘(a-Si), 폴리실리콘, 단결정 실리콘, 금속산화물 그리고 유기반도체 등의 다양한 소재들이 검토되었으며, 이들 중 일부는 사용화되었다. 이에 대해서는 뒤에서 자세히 다룰 예정이다.

수동화소 OLED와 능동화소 OLED의 비교가 **표 8.1**에 요약되어 있다. 수동화소 OLED의 경우에는 박막 트랜지스터 제조공정이 필요 없기 때문에, 단순한 디바이스 구조가 장점으로 꼽힌다. **표 8.1**을 통해서 알 수 있듯이, 수동화소 OLED는 몇 가지 단점을 가지고 있으며, 이로 인하여 각 픽셀들의 수명이 짧아진다. 행방향 전극을 시간순차적으로 선택하기 때문에, 선정된 행에 위치한 픽셀들의 발광주기가 제한된다. 예를 들어, 행의 숫자가 100개이며 패널의 휘도가 500[cd/m^2]라면, 필요한 각 픽셀들의 휘도는 50,000[cd/m^2]로서 500[cd/m^2]의 100배에 달하게 된다. 이토록 높은 휘도를 내기 위해서 전압을 올리면 소비전력이 증가하며 높은 전류밀도로 인하여 수명이 감소하게 된다. 반면에, 아몰레드는 박막 트랜지스터를 사용하기 때문에 수동화소 OLED의 이런 문제들을 해결할 수 있지만, 박막 트랜지스터의 제조는 복잡하고 오랜 시간이 소요되기 때문에 비용의 증가를 수반한다.

표 8.1 수동화소 OLED와 능동화소 OLED(아몰레드)의 비교

작동방법	수동화소	능동화소
박막 트랜지스터	사용 안함	2개 이상 사용
구조	단순	복잡
전력소모	많음	작음
수명	짧음	긺
픽셀숫자	작음	많음

8.3 수동화소 OLED 디스플레이

수동화소 OLED 디스플레이는 박막 트랜지스터와 같은 능동화소 어레이를 사용하지 않기

때문에, 능동화소 OLED에 비해서 구조가 단순하다. 그런데 수동화소 OLED 디스플레이는 일반적으로 **음극분리기술**이라고 부르는 독특한 기술을 필요로 한다. 정적작동 OLED나 능동화소 OLED의 경우에는 이 음극분리기술을 사용하지 않는다. 수동화소 OLED 디스플레이는 유기물층 위에 다중음극 라인이 필요하다. OLED 내부의 유기물층들을 공기나 수분으로부터 보호해야만 하기 때문에, 음극배선들은 진공이나 불활성가스 환경하에서 제조해야만 한다. 그러므로 노광 같은 일반적인 패터닝기법을 사용할 수 없다. 대신에 줄무늬 패턴이 성형되어 있는 미세금속마스크를 사용한 음극금속 증착과 같은 대체기술을 사용해야만 한다. 그런데 생산 중에 이런 줄무늬 패턴이 성형된 미세금속마스크를 취급하는 것은 매우 어려운 일이다. 이런 배경 때문에, 현실적인 생산기술로서 음극분리기술이 개발되었다.

음극분리는 파이오니아社가 발표한 기술이다.[2] **그림 8.3**에서는 음극분리기술을 사용하기 위한 개략적인 공정 흐름도가 도시되어 있다. 음극분리막은 역 테이퍼나 T-형 단면형상을 가지고 있으며, 유기물층과 음극 금속을 증착하기 전에 제작한다. 이 구조로 인하여, 유기물층 위에 증착된 음극 금속소재의 각 라인들이 서로 분리된다. 이 기술은 1997년에 파이오니아社가 세계 최초로 상용 OLED 디스플레이에 적용하였다.

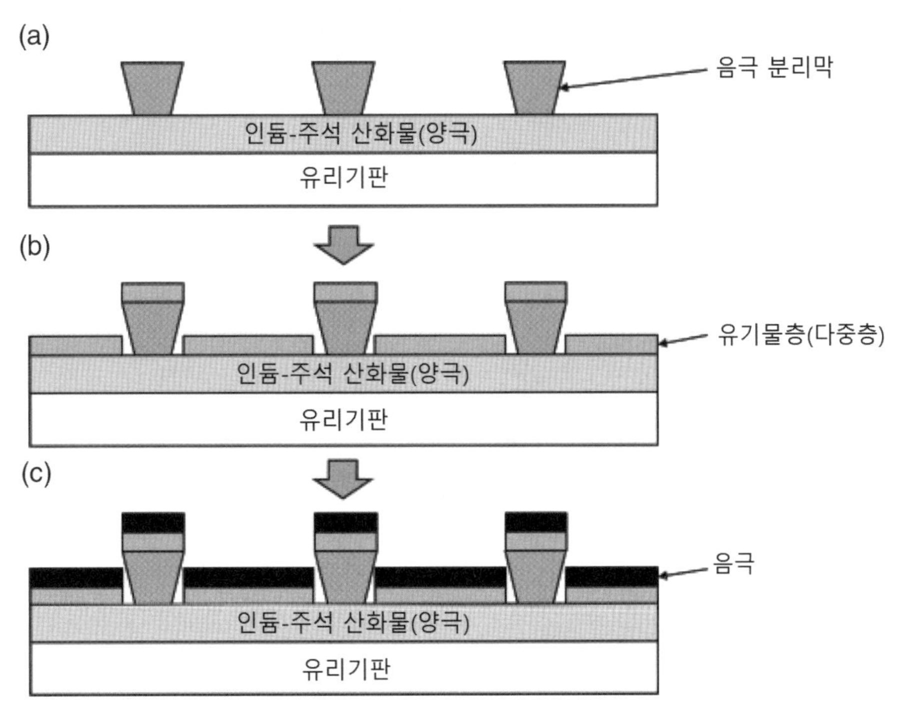

그림 8.3 음극 마이크로 패터닝공정의 개략도. (a) 음극 분리막 생성, (b) 유기소재 증착, (c) 음극금속 증착[2]

파이오니어社에서 상용화한 OLED 디스플레이(**그림 1.2**)는 소분자 증착방식으로 제작한 단색 수동화소 방식 OLED인 반면에, 다양한 유형의 수동화소방식 OLED들이 개발 및 상용화되었다.

파이오니아社의 구보타와 후쿠다 등은 정밀 **섀도우 마스크**와 고정밀 마스크 이송 메커니즘을 사용한 소분자 유기소재의 선택적 증착기법을 개발하여 총천연색 수동화소 OLED를 발표하였다.[3] 여기에 사용된 중요한 기술들 중 하나는 기판과 마스크 사이의 간극조절이었다. 이들에 따르면, **그림 8.4**에 도시되어 있는 것처럼, 음극 분리막을 섀도우 마스크의 스토퍼로 활용하여 기판과 섀도우 마스크 사이의 간극을 5[μm]로 유지하였다. 음극 분리막은 음극 금속을 분리시켜주는 역할을 수행할 뿐만 아니라 기판과 섀도우 마스크 사이의 간극을 조절해주는 역할도 함께 수행하였다.

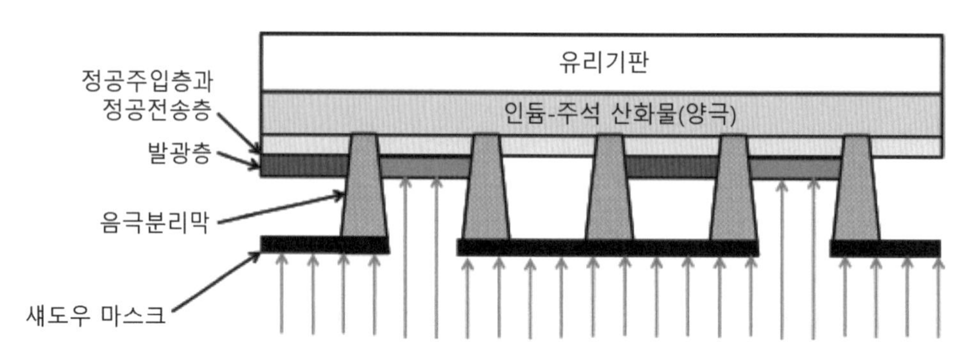

그림 8.4 정밀한 섀도우 마스크와 음극 분리막을 사용한 RGB 패터닝기법(컬러 도판 284쪽 참조)

음극 분리막은 음극 금속을 사이를 분리시켜줄 뿐만 아니라 기판과 섀도우 마스크 사이를 분리시켜 준다. **그림 8.5**에 도시되어 있는 것처럼, 특정한 색상의 발광층을 증착한 다음에, 섀도우 마스크를 옆으로 이동시키고, 뒤이어 다른 색상의 발광층을 증착한다. 유기소재와 음극 금속을 증착하는 동안 수분과 산소를 함유한 공기의 침투를 방지하기 위해서, OLED 디바이스를 진공조건으로 유지하여야 하기 때문에, 이들은 또한 진공챔버 내에서 움직이는 고정밀 섀도우 마스크 이송 시스템을 개발하였다. 이들은 QGVA 포맷(도트수 320×240)의 5.2인치 크기를 갖는 총천연색 PM-OLED를 제작하였으며, 150[cd/m^2]의 휘도와 모든 색상에 대해서 64단계의 그레이스케일을 구현하였다.

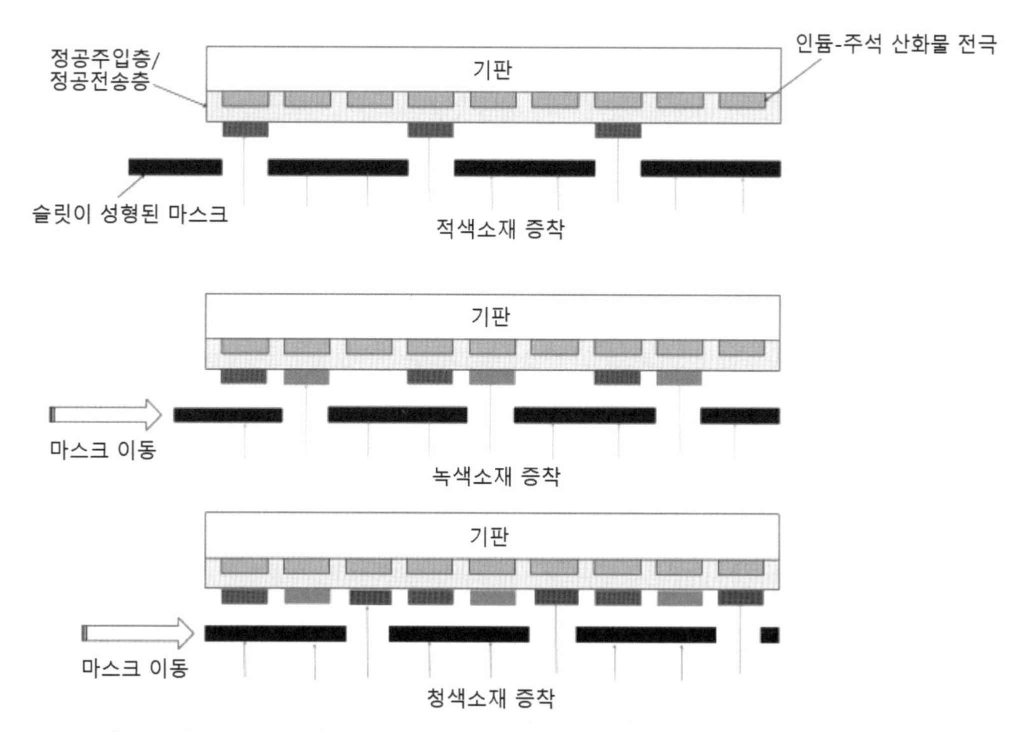

그림 8.5 섀도우 마스크를 사용한 RGB 패터닝기법[3,4](컬러 도판 285쪽 참조)

NEC社의 모리 등도 슬릿 마스크 이동기법을 사용하여 총천연색 수동화소 OLED 디스플레이를 발표하였다.[5] 이들은 5.7인치 크기의 총천연색 PM-OLED 디스플레이(도트수 320×240)를 제작하였으며, 140[cd/m^2]의 휘도를 구현하였다.

앞 절에서 설명했듯이, PM-OLED로는 대형 디스플레이를 제작할 수 없다. 대안기술로서, 면적분할기법이 개발되었다. 미쓰비시전기社[1]와 도호쿠 파이오니아社가 협동으로 PM-OLED를 사용한 **면적분할 기술**을 개발하였다. 이들은 **그림 8.6**에 도시되어 있는 것처럼, 2,880개의 PM-OLED 패털을 사용하여 155인치(3.93[m]) 크기의 디스플레이 시제품을 제작하였다. 이 시스템은 평판 디스플레이뿐만 아니라 **그림 1.3**에 도시되어 있는 지구본과 같은 입체 디스플레이에도 적용할 수 있다.

1 三菱電機株式会社.

실물 사진: 영문판에 대해서만 사진의 판권이 허용되어 있음

그림 8.6 A 155″ tiling OLED display systems using PM-OLEDs[6](Photo: provided from Mitsubishi Electric Corporation)

출처: Z. Hara, K. Maeshima, N. Terazaki, S. Kiridoshi, T. Kurata, T. Okumura, Y. Suehiro, T. Yuki, SID 10 Digest, 25.3 (2010); S. Kiridoshi, Z. Hara, M. Moribe, T. Ochiai, T. Okumura, Mitsubishi Electric Corporation Advance Magazine, 45, 357(2012).

8.4 능동화소 OLED 디스플레이

능동화소 OLED(아몰레드) 디스플레이는 휴대폰, 스마트폰, 디지털 카메라, 텔레비전 등 다양한 디스플레이에 적용할 수 있다. 아몰레드 디스플레이는 일반적으로 OLED 디스플레이의 배면에 박막 트랜지스터(TFT)를 설치한다. 비정질 실리콘(a-Si) TFT, 저온폴리실리콘(LTPS) TFT, 산화물 TFT, 유기소재 TFT(OTFT) 등과 같이, 다양한 박막 트랜지스터 기술들이 연구되었으며, OLED 디스플레이에 적용되었다. 이 절에서는 박막 트랜지스터 회로기술, 박막 트랜지스터 디바이스기술 그리고 아몰레드 디스플레이의 시제품과 상용화에 대해서 살펴보기로 한다.

8.4.1 박막 트랜지스터 회로기술

LCD는 용량형 디바이스인 반면에 OLED는 전류기반 디바이스이기 때문에, 능동화소 OLED 디스플레이는 LED에 사용되는 것과는 다른 형태의 박막 트랜지스터 회로를 필요로 한다. 일반적으로 능동화소 LCD의 각 픽셀들은 하나의 박막 트랜지스터를 사용하여 구동할 수 있지만, 아몰레드의 각 픽셀들은 다수의 박막 트랜지스터를 사용하여야 한다.

능동화소 LCD와 능동화소 OLED(아몰레드) 구동용 박막 트랜지스터 회로의 기본적인 구조가 **그림 8.7**에 도시되어 있다. 능동화소 LCD의 경우, 액정 디바이스는 **그림 8.7(a)**에 도시되어

있는 것처럼 커패시터로 모델링된다. 주사선(게이트 라인)들은 순차적으로 작동한다. 즉, 선택된 주사선에 연결되어 있는 트랜지스터 게이트 전극에 켜짐 신호가 전송된다. 켜짐주기 동안에 데이터 라인(소스 라인)에 연결되어 있는 액정 디바이스의 픽셀이 필요로 하는 투과도에 해당하는 신호전압이 데이터 라인을 통해서 트랜지스터의 소스 전극에 공급된다. 그리고 트랜지스터의 드레인 전극을 통해서 액정 디바이스에 신호전압이 공급된다.

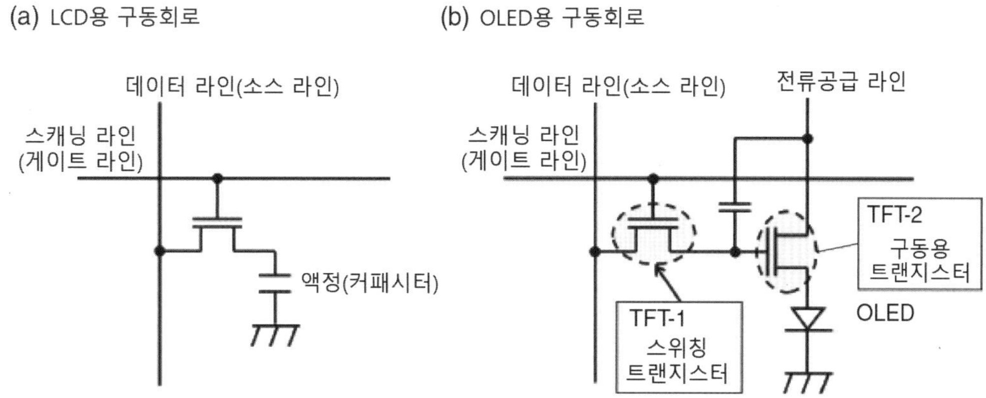

그림 8.7 능동화소 LCD와 능동화소 OLED의 기본적인 TFT 회로

그림 8.7(b)에서는 두 개의 트랜지스터를 사용하는 단순한 아몰레드 구동용 박막 트랜지스터 회로를 보여주고 있다. 주사선(게이트 라인)에 연결되어 있는 TFT-1을 **스위칭 트랜지스터**라고 부르며, OLED 디바이스에 연결되어 있는 TFT-2를 **구동용 트랜지스터**라고 부른다. 능동화소 LCD용 트랜지스터의 경우에서와 마찬가지로, 주사선을 순차적으로 작동시킨다. 선택된 주사선에 연결되어 있는 트랜지스터의 게이트 전극에 켜짐신호가 공급된다. 켜짐주기 동안, OLED 디바이스의 픽셀이 필요로 하는 휘도에 해당하는 신호전압이 데이터 라인을 통해서 스위칭 박막 트랜지스터(TFT-1)의 소스 전극에 공급된다. TFT-1의 드레인 전극이 커패시터와 구동용 트랜지스터(TFT-2)의 게이트 전극에 연결되어 있으므로, 신호전압은 커패시터에 저장되며 TFT-2의 레이트 전극에 공급된다. TFT-2의 소스 전극은 전류공급라인에 연결되어 있다. 전류공급라인을 통해서 공급된 전류는 TFT-2를 통해서 OLED 디바이스에 공급된다. 구동용 트랜지스터(TFT-2)는 포화영역에서 작동하며, 전류는 주로 게이트 전압에 의해서 조절된다.

두 개의 트랜지스터만을 사용하는 박막 트랜지스터 회로는 단순하기는 하지만 약간의 문제가 있다. 이 단순한 회로는 박막 트랜지스터 문턱전압의 편차나 이동도 등을 보상할 수 없기 때문에, 박막 트랜지스터의 특성편차가 **화상불균일**을 초래하게 된다. 박막 트랜지스터 특성의 편차를 보상하기 위해서, 다양한 유형의 박막 트랜지스터 회로에 대한 연구가 수행되었으며, 각 픽셀에 일반적으로 4~6개의 트랜지스터를 사용하게 되었다.

그림 8.8에서는 구동회로의 유형이 분류되어 있으며, 이에 따르면 우선적으로, **그레이스케일** 구현방법에 따라서 구동방법을 **디지털 방식**과 **아날로그 방식**으로 나눌 수 있다. 디지털 구동방법은 그레이 스케일을 가장 손쉽게 조절할 수 있는 방법이다. 디지털 구동의 경우, **임시디서**[2]나 **공간디서** 방법이 사용된다. 일부의 경우에는 이들 두 가지 디서방법들을 조합하여 사용한다. 공간디서의 경우, 픽셀 요소들은 다수의 하위픽셀들로 분할된다. 그러므로 매우 작은 크기의 하위픽셀이 필요하게 되므로, 제조공정의 난이도가 높아지게 된다. 임시디서의 경우에는 발광시간이 다수의 하위주기들로 분할된다. 그러므로 매우 높은 작동주파수가 필요하며, 박막 트랜지스터 구동의 난이도가 높아지게 된다.

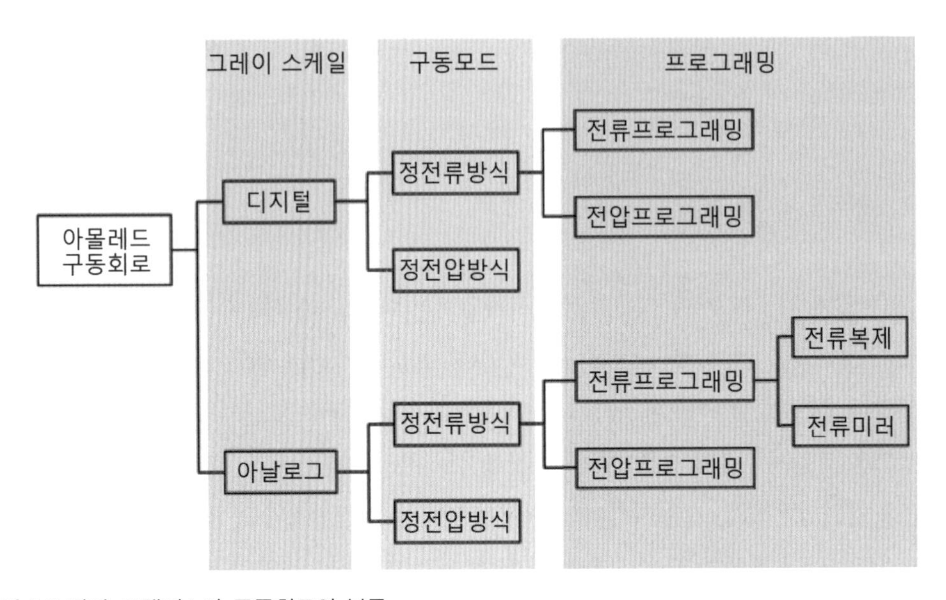

그림 8.8 박막 트랜지스터 구동회로의 분류

현재, 아날로그 구동방법이 자주 사용되지만, 박막 트랜지스터 특성의 편차로 인하여 그레이스케일 제어가 쉽지 않다. 박막 트랜지스터의 특성편차는 주로 문턱전압, 이동도 그리고 작동조건하에서 이들의 변화에 의해서 유발된다. 이런 편차를 보상하기 위해서, 다음과 같이

2 역자 주) dither: 화상 처리 등의 회로에서 표본화, 양자화를 할 때 재생 화상에 잡음 발생을 방지하기 위해서 미리 넣어두는 잡음신호.

다양한 유형의 보상용 박막 트랜지스터 회로들이 제안되었다.

두 번째 분류 항목은 구동방법으로서, **정전류 방식**과 **정전압 방식**으로 구분할 수 있으며, 정전압 방식이 더 쉽다. 그런데 OLED의 휘도는 전류에 의해서 결정되며, 이 전류는 온도변화에 따라서 변한다는 점을 명심해야 한다. 그러므로 정전류 구동방식이 현재 주로 사용되고 있다.

세 번째 분류항목은 프로그래밍 방법으로, **전압 프로그래밍**과 **전류 프로그래밍**으로 구분할 수 있다. 전압 프로그래밍 방법이 전류프로그래밍 방법보다 구현하기 용이하다. 전압프로그래밍 방법의 경우, **데이터 전압**은 선택 스위치에 의해서 구동용 트랜지스터의 게이트에 기록되며 저장용 커패시터에 저장된다. **그림 8.9**에서는 사노프社의 도슨이 발표한 전압프로그래밍 회로를 보여주고 있다.[7] 이 회로는 하나의 픽셀당 4개의 박막 트랜지스터와 두 개의 커패시터가 사용되었다.

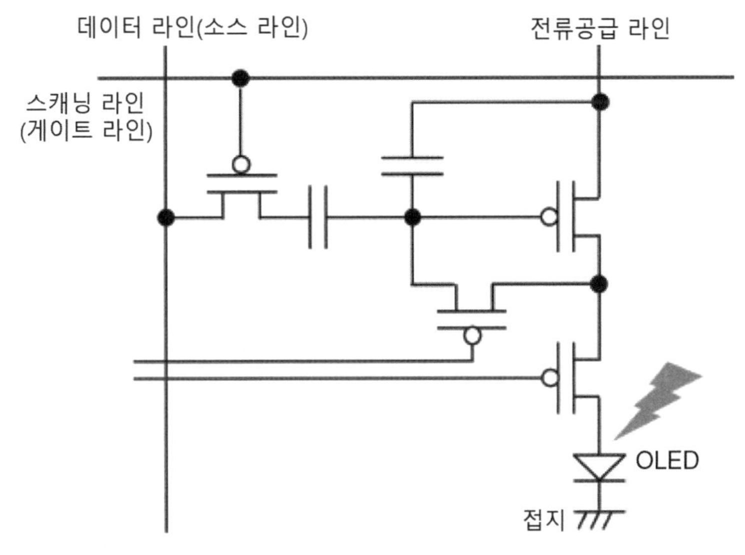

그림 8.9 전압 프로그래밍 방식 픽셀구동회로의 사례[7]

삼성 SDI社의 유 등도 여섯 개의 박막 트랜지스터와 하나의 커패시터를 사용하는 전압 프로그래밍 방식의 픽셀 구동회로를 발표하였다.[8] 이 회로는 각 픽셀들을 구동하는 박막 트랜지스터들의 V_{th} 편차를 보상할 수 있지만, 이동도 편차는 보상하지 못한다. 전압 프로그래밍 방법이 가지고 있는 문제들 중 하나는 구동용 박막 트랜지스터의 이동도 편차에 의해서 유발되는 픽셀간 휘도 불균일이다. 실제로, 저온폴리실리콘은 무시할 수 없는 수준의 이동도 편차를 가지고 있다.

전류 프로그래밍 방법의 픽셀회로를 도입하여 전압프로그래밍 방법이 가지고 있는 휘도 불균일 문제를 해결할 수 있다. 이 회로는 입력전류를 검출하여 동일한 전류를 복제하거나 증폭하여 OLED 디바이스로 공급한다.

잘 알려진 전류프로그래밍 방법은 **그림 8.10**에 도시되어 있는 **전류 미러**[9]와 **그림 8.11**에 도시되어 있는 **전류복제**[10]라는 두 가지 방법이 잘 알려져 있다. 각각의 박막 트랜지스터 회로들은 화면영상에 의해서 결정되는 필요전류를 픽셀에 공급하도록 프로그래밍된다. OLED 디스플레의 각 픽셀 휘도는 공급된 전류에 비례하므로, 전류 프로그래밍 방법은 양호한 균일성을 구현할 수 있다. 다시 말해서, 이 방법을 사용하여 이동도와 문턱전압 편차를 자동적으로 보상할 수 있다. 그런데 기생 칼럼정전용량은 크고, 대형 디스플레이의 경우에 특히 그레이레벨이 낮을 경우에는 프로그램 전류가 작기 때문에 이 회로에 대한 프로그래밍 속도는 느리다.

화질 불균일 문제를 해결하기 위한 또 다른 방법은 **IGZO**(In-Ga-Zn-O) 박막 트랜지스터를 사용하는 것이다. 이 트랜지스터는 소자간 편차가 작다. 도시바社의 사이토 등이 IGZO 박막 트랜지스터를 사용하여 제작한 3인치 크기의 아몰레드 디스플레이는 두 개의 트랜지스터와 하나의 커패시터를 사용하는 단순한 비보상 박막 트랜지스터 회로를 사용하여 뛰어난 휘도 균일성을 나타내었다.[11]

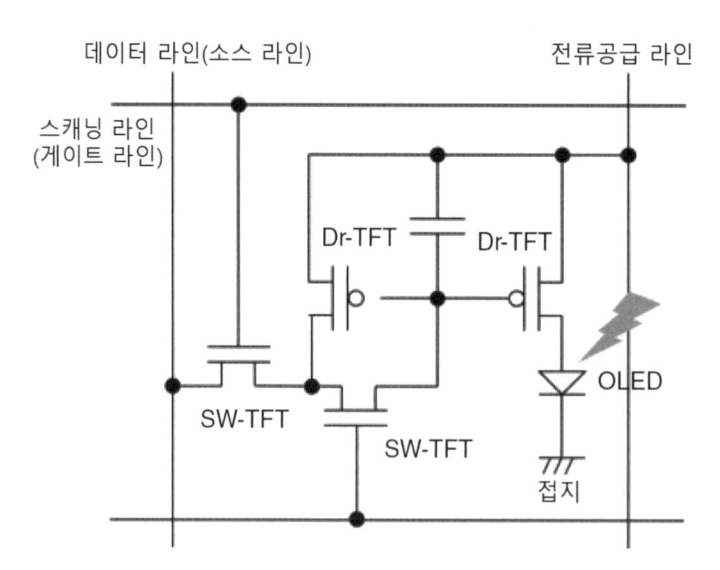

그림 8.10 박막 트랜지스터 회로의 전류 미러 사례[9]

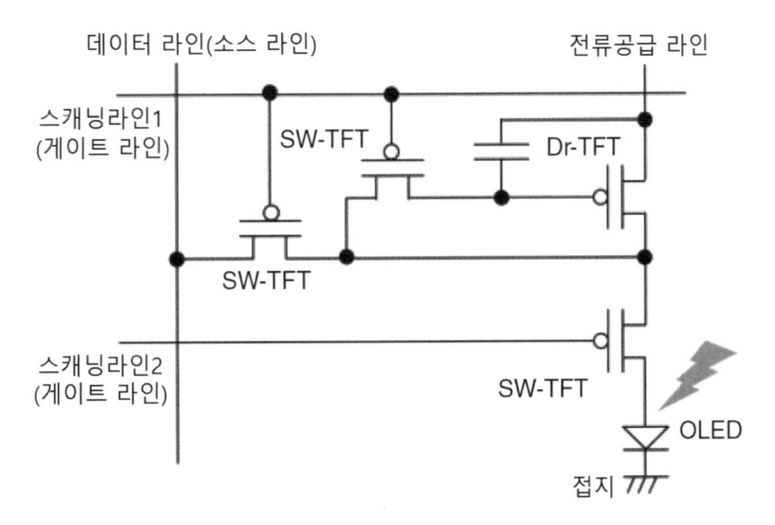

그림 8.11 박막 트랜지스터 회로의 전류복제 사례[10]

8.4.2 박막 트랜지스터 디바이스 기술

비정질 실리콘(a-Si), 저온폴리실리콘(LTPS), 마이크로 크리스탈 실리콘, 단결정 실리콘, 산화물 박막 트랜지스터 또는 유기소재 박막 트랜지스터(OTFT) 등과 같이, 다양한 박막 트랜지스터를 사용하여 OLED 디바이스를 구동할 수 있다. 이들은 **그림 8.12**에서와 같이 분류할 수 있으며, **표 8.2**에서는 이들을 상호비교하여 놓았다.

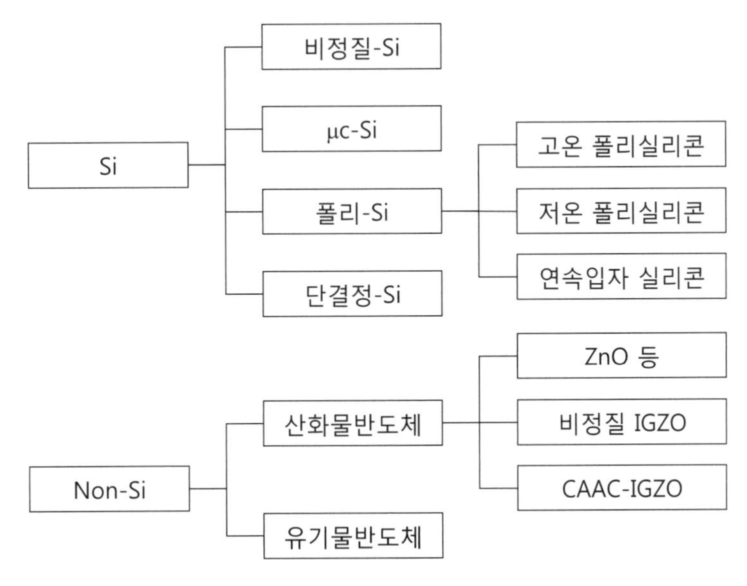

그림 8.12 OLED 디스플레이용 박막 트랜지스터의 분류

표 8.2 아몰레드 디스플레이용 박막 트랜지스터의 상호 비교

	a-Si	LTPS*	IGZO#	유기소재
구동능력	나쁨	뛰어남	뛰어남	여전히 나쁨
전계효과 이동도[cm^2/Vs]	0.3~1	~100	10~30	0.1~1
V_{th} 균일성	양호	나쁨	양호	이슈
V_{th} 안정성	나쁨	뛰어남	양호	나쁨

* CG 실리콘 포함
# CAAC-IGZO 포함

현재 아몰레드 디스플레이에 가장 일반적으로 사용되는 박막 트랜지스터는 저온폴리실리콘(LTPS)과 일종의 산화물 박막 트랜지스터인 IGZO이다. 특히 마이크로 디스플레이와 같은 아몰레드 디스플레이에는 단결정 실리콘도 사용되다. 이동도가 낮음에도 불구하고, 비정질 실리콘 박막 트랜지스터를 사용하여 아몰레드 디스플레이를 구동할 수 있지만, 비정질 실리콘 박막 트랜지스터는 여전히 본질적으로 작동 안정성의 측면에서 심각한 문제를 가지고 있다. 유기박막 트랜지스터는 미래기술로 간주되고 있으며, 11.2절에서 이에 대해서 논의할 예정이다.

8.4.2.1 저온폴리실리콘

저온폴리실리콘 박막 트랜지스터(LTPS-TFT)는 비록 비정질 실리콘 박막 트랜지스터나 IGZO 박막 트랜지스터 등보다는 공정비용이 훨씬 더 비싸지만, 뛰어난 이동도(약 100[cm^2/Vs])와 양호한 안정성을 장점으로 가지고 있다. 실제로, 대부분의 아몰레드 디스플레이들은 저온폴리실리콘 박막 트랜지스터를 사용하고 있다.

저온폴리실리콘 박막 트랜지스터 제조에 사용되는 제조공정과 장비들은 기존 비정질 실리콘 박막 트랜지스터들에서 사용되는 것들과는 현저히 다르다. 저온폴리실리콘은 직선형 레이저 결정화장비, 탈수소반응장비 그리고 이온도핑장비 등을 필요로 한다.

저온폴리실리콘은 n-형과 p-형 트랜지스터의 **상보쌍**[3]을 사용한다. 높은 이동도 때문에, 저온폴리실리콘을 사용하면 디스플레이 주변부에 구동회로를 통합할 수 있다. 이것은 소형 또는 이동식 디스플레이에서 구동 전자회로의 비용을 크게 줄일 수 있기 때문에 큰 장점이다. 엑시머 레이저를 사용한 풀림열처리공정을 사용하는 저온폴리실리콘 제조공정은 과거 수년간 능동화소 LCD 생산을 통해서 완성된 기술이다. 현재 엑시머 레이저 풀림열처리공정에

3 complementary pair.

사용되는 빔의 크기는 130[cm]으로서, 두 번의 스캔을 통해서 G8 유리기판을 처리할 수 있다.[12]

저온폴리실리콘 박막 트랜지스터가 가지고 있는 문제들은 박막 트랜지스터 특성의 편차로 인해서 발생하는 문턱전압과 이동도의 불균일이다. 이러한 박막 트랜지스터 성능의 불균일로 인하여, 앞 절에서 언급했던 것처럼, 각 픽셀마다 4~6개의 박막 트랜지스터를 갖춘 보상형 박막 트랜지스터 회로들이 널리 사용되고 있다.

8.4.2.2 산화물 박막 트랜지스터와 IGZO

IGZO(In-Ga-Zn-O) 박막 트랜지스터와 같은 산화물 박막 트랜지스터는 10~30[cm^2/Vs]에 이르는 높은 이동도, 양호한 균일성 그리고 낮은 누설전류 등의 특성을 가지고 있기 때문에, 최근 들어서, 이를 OLED 디스플레이의 배면에 설치하는 방안이 많은 관심을 받고 있다. 산화물 박막 트랜지스터의 제조에는 기존의 비정질 실리콘 박막 트랜지스터 제조라인을 수정하여 활용할 수 있기 때문에, 비교적 제조비용이 낮다는 장점을 가지고 있다. 그러므로 **표 8.4** 및 **표 8.5**에 제시되어 있는 것처럼, IGZO-TFT를 사용한 아몰레드 디스플레이 시제품들이 다수 제작 및 발표되었다. IGZO와 같은 산화물 반도체소재들은 산소가 부족하기 때문에, 능동적인 나르개는 전자이다. 그러므로 산화물 반도체를 사용해서는 NMOS만을 구현할 수 있다.

2004년에 동경 공업대학교 호소노 그룹의 노무라 등은 투명 박막 트랜지스터의 능동 채널에 대해서 IGZO 시스템을 사용한 투명 비정질 산화물 반도체(a-IGZO)를 제안하였다.[13] 이들은 상온에서 폴리에틸렌 텔레프탈레이트 위에 a-IGZO를 증착하였으며, 10[cm^2/Vs] 이상의 이동도를 구현하였다고 발표했다.

다양한 유형의 박막 트랜지스터 구조들이 연구 및 발표되었으며, **그림 8.13**에 도시되어 있는 전형적인 박막 트랜지스터의 구조의 경우 (a)에서는 식각 차단층이 없는 반면에 (b)에는 식각 차단층이 구비되어 있다. **그림 8.13(b)**에 도시되어 있는 식각 차단층이 널리 사용된다. 식각 차단층은 에칭 및 플라스마공정과 같은 박막 트랜지스터 제조공정을 수행하는 도중에 산화물 반도체를 보호할 수 있다. 상온에서 수행되는 DC 스퍼터링기법을 사용하여 비정질 IGZO 박막을 생성할 수 있다.

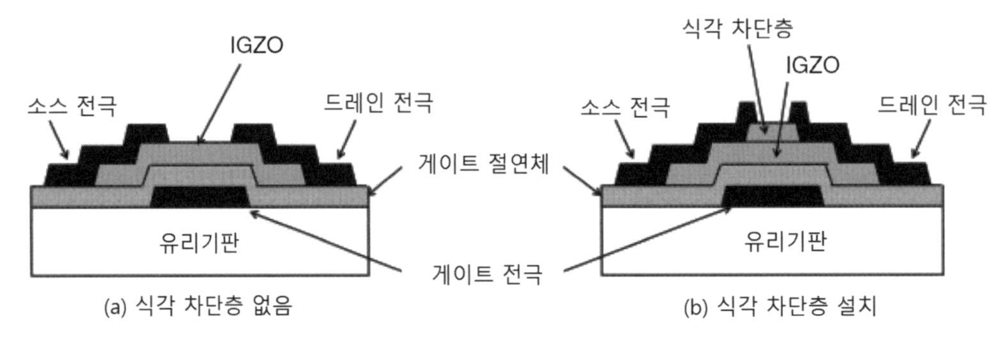

그림 8.13 IGZO-TFT의 디바이스 구조 사례

세미컨덕터 에너지랩社(SEL社)의 야마자키 등은 **C-축정렬 결정체(CAAC)** IGZO를 개발하였다.[14,15] 이 CAAC 산화물 반도체(CAAC-OS)는 분자배향이 정렬되어 있는 결정구조를 가지고 있으며 꺼짐상태에서의 전류가 극도로 작은 전계효과 트랜지스터를 구현해준다. 이동도는 30[cm^2/Vs] 이상이다.

IGZO의 높은 가능성과 현재의 개발상태에 기초하여, IDTech社는 배면에 산화물 박막 트랜지스터가 설치된 OLED 디스플레이의 시장이 160억 달러에 이를 것으로 추정하였다.[16]

8.4.2.3 비정질 실리콘

비록 **비정질 실리콘** 박막 트랜지스터(a-Si-TFT)의 전계효과 이동도가 0.3~1.0[cm^2/Vs]에 불과할 정도로 낮지만, 이 트랜지스터를 사용하여 아몰레드 디스플레이를 구동할 수 있다. 비정질 실리콘 박막 트랜지스터의 장점들 중 하나는 트랜지스터 문턱전압의 균일성이다. 비정질 실리콘 박막 트랜지스터는 능동화소 LCD를 통해서 완성된 기술이기 때문에, **표 8.3**에 제시되어 있는 것처럼, 이 트랜지스터를 아몰레드에 적용하는 방안에 대한 연구가 수행되었다.

표 8.3 비정질 실리콘 박막 트랜지스터로 구동하는 아몰레드 디스플레이의 사례

제조사	연도	크기[in]	포맷	총천연색	발광방향	OLED 공정	비고	참조
IDT	2003	20	WXGA.HDTV	RGB 병렬배치	상부	증착		[17]
AU옵트로닉스	2003	4	234×160	RGB 병렬배치	하부	증착		[18]
카시오	2004	2.1	160×128	RGB 병렬배치	하부	잉크제트	101[ppi]	[19]
삼성	2005	7.0	HVGA	RGB 병렬배치	하부	잉크제트		[20]
LG케미컬	2008	3.5	QVGA	RGB 병렬배치	상부	증착	도립방향	[21]

* 1저자의 소속사
# QVGA: 320×240, HVGA: 480×320

그런데 비정질 실리콘 박막 트랜지스터를 아몰레드에 적용하는 과정에서 발생하는 가장 심각한 문제들 중 하나는 작동 시 문턱전압 시프트가 크게 발생한다는 것이다. OLED는 전류 구동 방식의 디바이스이기 때문에, 아몰레드를 비정질 실리콘 박막 트랜지스터로 구동하는 과정에서 발생하는 문턱전압 시프트는 능동화소 LCD에 비해서 훨씬 더 크다. 그러므로 아몰레드를 구동하기 위해서는 비정질 실리콘 박막 트랜지스터에 대한 보상회로가 반드시 필요하다. 예를 들어, IDTech社의 츠지무라 등은 전압제어되는 4개의 박막 트랜지스터로 이루어진 보상회로를 제안하였다.[17]

비정질 실리콘 박막 트랜지스터로 구동되는 아몰레드 디스플레이에 대한 디바이스와 구동 기술들이 개발되었지만, 최근 들어서는 비정질 실리콘 박막 트랜지스터를 사용하는 아몰레드에 대한 개발이 축소되는 추세이다. 이는 비정질 실리콘 박막 트랜지스터의 구동 시에 발생하는 큰 문턱전압 시프트의 문제를 근원적으로 해결하기가 어렵기 때문에 비정질 실리콘 박막 트랜지스터를 상용 아몰레드에 적용하는 것이 거의 불가능하다고 판단했기 때문인 것으로 추정된다.

8.4.3 아몰레드 디스플레이 시제품과 상용화

박막 트랜지스터 기술과 총천연색 OLED 기술을 결합하여 실용적인 총천연색 아몰레드 디스플레이를 제작할 수 있다.

하부발광 디바이스 구조는 5.1절에서 설명했던 것처럼 개구율의 제한이 존재한다. 일반적으로 상부발광 디바이스 구조가 하부발광 디바이스보다 **개구율**이 더 크기 때문에, 휘도와 수명을 증가시킬 수 있지만, 제조공정은 하부발광의 경우보다 더 복잡하다. **그림 8.14**에서는 상부발광 총천연색 아몰레드 디스플레이의 전형적인 디바이스 구조가 도시되어 있다. 특히 분

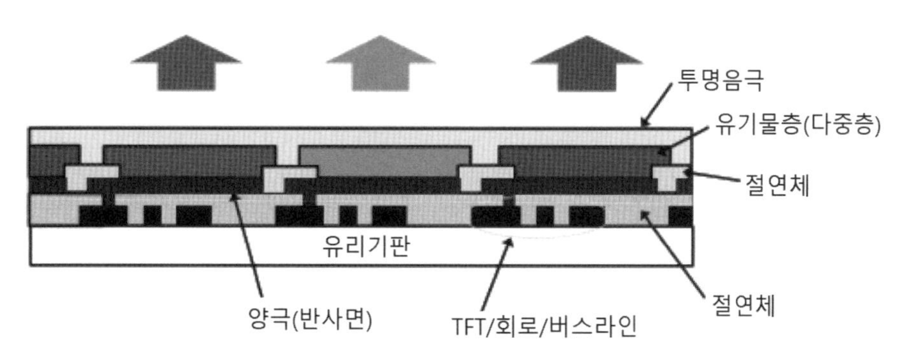

그림 8.14 전형적인 상부발광 방식의 총천연색 아몰레드 디스플레이의 디바이스 구조(컬러 도판 285쪽 참조)

해능이 높은 모바일 디스플레이의 경우에는 개구율의 측면에서 상부발광 디바이스 구조를 채택하는 경향이 있다.

상용 아몰레드 디스플레이의 경우에는 RGB 병렬배치나 백색발광/컬러필터 방식을 사용하는 총천연색 기술을 사용한다. 이들 두 가지 방법의 장점과 단점에 대해서는 5.4절에서 논의한 바 있다. 백색발광/컬러필터 방식을 사용하면 미세금속 마스크를 사용하는 증착공정의 어려움을 피할 수 있기 때문에, 현재는 고분해능 모바일 디스플레이와 초대형 디스플레이에 백색발광/컬러필터 방식이 사용되고 있다.

표 8.4에서는 상용화된 **아몰레드** 디스플레이 제품들의 사례를 요약하여 보여주고 있다. 세계 최초의 아몰레드 디스플레이는 2003년에 산요전기社 및 이스트먼 코닥社와의 합작회사인 SK 디스플레이社에 의해서 상용화되었다.[22] 이것은 모바일용 디스플레이로서 디지털 스틸카메라에 적용되었다. 2007년 삼성社는 모바일폰용 아몰레드 디스플레이를 세계 최초로 상용화하였다.[23] 모바일용 디스플레이의 최근 트렌드는 고분해능이다. 예를 들어, 삼성社는 2,560×1,600개의 도트를 갖춘 8.4인치 디스플레이를 상용화하였다. 반면에, OLED 텔레비전의 경우에는 소니社가 2007년에 세계 최초로 OLED-TV를 상용화하였다.[24] 이 디스플레이의 크기는 11인치였다. 최근 들어, 소니社는 25~30인치 크기의 대형 아몰레드 디스플레이를 방송용 모니터로 상용화하였다.[25] 게다가 LG 디스플레이社는 최근 들어서, 55인치 크기의 대형 OLED-TV를 상용화하였다. 이 디스플레이는 곡면형상이었다.

표 8.4 상용화된 아몰레드 디스플레이 제품의 사례들

제조사	연도	크기[in]	포맷	TFT	총천연색	발광방향	OLED 공정	비고	참조
SK디스플레이	2003	2.16	521×218	LTPS	병렬배치	하부	증착		[22]
삼성	2007	2.4	QVGA	LTPS	병렬배치	상부	증착		[23]
소니	2007	11	96-×540	LTPS	병렬배치	상부	증착	컬러필터	[24]
소니	2011	25	1920×1080	LTPS	병렬배치	상부	증착	컬러필터	[25]
LG디스플레이	2013	55	FHD	IGZO	병렬배치	하부	증착	평판&곡면	[26]
삼성	2014	8.4	2560×1600	LTPS	병렬배치	상부	증착	Pentile	
소니	2014	30	4096×2160	LTPS	병렬배치	상부	증착	컬러필터	[27]
LG디스플레이	2015	55	3840×2160		백색/컬러필터		증착	커브드	

표 8.5에서는 다양한 유형의 아몰레드 디스플레이 시제품들을 요약하여 보여주고 있다. 잉크제트 프린팅, 비정질 실리콘 박막 트랜지스터, 또는 유연기판 등의 기법을 사용하여 제작한 아몰레드 디스플레이 시제품들에 대해서는 **표 6.2**, **표 8.3** 그리고 **표 10.3**에 각각 요약되어 있다.

표 8.5 아몰레드 디스플레이 시제품의 사례들

제조사[1]	연도	크기[in]	포맷[2]	TFT[3]	총천연색	발광방향	OLED 공정	비고	참조
소니	2001	13	800×600	LTPS	mRGB 병렬	상부	증착	컬러필터	[9]
산요전기	2003	2.5	320×240	LTPS	백색/컬러필터	하부	증착		[28]
소니	2004	12.5	850×480	LTPS	백색.컬러필터	상부	증착		[29]
삼성SDI	2005	2.6	640×480	LTPS	RGB 병렬	상부	증착	302[ppi]	[30]
소니	2007	27	1920×1080	마이크로Si	백색/컬러필터	상부	증착		[31]
LG	2007	3.5	220×176	IGZO	RGB 병렬	상부	증착		[32]
SEL	2012	13.5	4k2k	CAAC-IGZO	백색/컬러필터	상부	증착	326[ppi]	[33]
AUO	2012	32	1920×1080	IGZO	RGB 스트라이프	하부	증착		[34]
소니	2013	56	4k2k	IGZO	백색/컬러필터	상부	증착		[35]
SEL	2014	13.3	8k4k	CAAC-IGZO	백색/컬러필터	상부	증착	664[ppi]	[36]
SCSOT[4]	2014	31	FHD	IGZO	미세금속마스크	하부	증착		[37]
삼성	2014	55	FHD	LTPS	미세금속마스크		증착		[38]
파나소닉	2014	55	4k2k	IGZO	프린팅	상부	프린팅		[39]
BOE	2014	55	4k2k		백색/컬러필터	하부	증착		[40]
AUO	2014	65	FHD	IGZO	미세금속마스크	하부	증착		[41]
LG	2014	77	4k2k	산화물TFT	백색/컬러필터	하부	증착	곡면	[42]
SEL	2015	2.78	WQHD	CAAC-IGZO	백색/컬러필터	상부	증착	1058[ppi]	[43]

1) 1저자의 소속사
SEL: Semiconductor Energy Laboratory Co. Ltd.
2) FHD: 1920×1080, 4k2k: 3840×2160, 8k4k:7680×4320
3) CAAC: c-축 정렬 결정
4) Shenzhen China Star Optoelectronics Technology Co., Ltd.(华星光电)

아몰레드 디스플레이의 초창기 연구개발 단계에 가장 큰 영향을 미친 디스플레이는 2001년에 소니社에서 발표한 13인치 아몰레드 시제품이었다.[9] 이 시제품은 그 당시 가장 큰 OLED 디스플레이였으며, 미세공동효과를 이용한 상부발광 디바이스, 컬러필터와의 조합 그리고 고체상태 밀봉기술 등의 여러 최첨단 기법들을 채용하여 미려한 영상을 구현하였다. 이 기술들은 2007년에 상용화된 세계 최초의 OLED-TV에 적용되었다.

이런 유형의 아몰레드 디스플레이는 저온폴리머실리콘과 미세패턴 금속마스트를 사용한 진공증착공정을 사용하여 제작한 반면에, 산화물 박막 트랜지스터와/또는 백색발광/컬러필터 구조를 갖춘 다양한 아몰레드 디스플레이 시제품들이 개발 및 발표되었다. 개발의 경향은 모바일 디스플레이용 고분해능과 텔레비전용 대형 디스플레이였다.

모바일 디스플레이의 경우, 일본의 SEL社가 8k4k 포맷(도트수 7,680×4,320)과 664[ppi]를 갖춘 13.3인치 크기의 아몰레드 디스플레이를 개발하였다(그림 1.7 참조). 더욱이, SEL社는 1,058[ppi]의 초고분해능 아몰레드 디스플레이를 2.8인치 크기로 제작하였다(그림 8.15).[43]

그림 8.15 SEL社가 개발한 초고화질 아몰레드 디스플레이[43]
디스플레이 크기: 2.8인치(61×35[mm])
픽셀숫자: 2,560×1,440(WQHD)
분해능: 1,058[ppi]
디바이스 구조: 백색 텐덤 OLED(상부발광)+컬러필터
작동: CAAC-IGZO TFT를 이용한 능동화소방식

OLED-TV의 경우 소니社,[35] 파나소닉社,[39] 삼성社,[38] LG 디스플레이社,[42] AUO社[42] 그리고 BOE社[40] 등이 모두, 2012~2014년 사이에 55인치 또는 56인치 OLED-TV를 개발하였다. 게다가 AUO社[41]와 LG 디스플레이社[42]는 각각 65인치와 77인치 크기의 OLED-TV를 개발하였다.

아몰레드 기술들은 헤드마운트 디스플레이와 같은 마이크로 디스플레이에도 역시 적용할 수 있다. 예를 들어, eMagin社는 능동화소 OLED 마이크로 디스플레이를 개발하였다.[44] 이들은 구동회로를 갖춘 실리콘 웨이퍼 위에 OLED를 제작하였다. 실리콘 웨이퍼는 투명하지 않기 때문에, 이 OLED는 상부발광 방식을 사용하였다. 총천연색을 구현하기 위해서, 백색발광 OLED와 컬러필터를 조합하였다.

››› 참고문헌

[1] T. Kurita, T. Kondo, *Proc. IDW'00*, LCT4-1 (p. 69) (2000).

[2] K. Nagayama, T. Yahagi, H. Nakada, T. Tohma, T. Watanabe, K. Yoshida, S. Miyaguchi, *Jpn. J. Appl. Phys.*, **36(11B)**, L1555-L1557 (1997).

[3] H. Kubota, S. Miyaguchi, S. Ishizuka, T. Wakimoto, J. Funaki, Y. Fukuda, T. Watanabe, H. Ochi, T. Sakamoto, T. Miyake, M. Tsuchida, I. Ohshita, T. Tohma, *Journal of Luminescence*, **87**, 56-60 (2000);Y. Fukuda, T. Watanabe, T. Wakimoto, S. Miyaguchi, M. Tsuchida, *Synthetic Metals*, **111-112**, 1-6 (2000).

[4] I. Ohshita, *PIONEER R&D*, **22**, 24-33 (2013).

[5] K. Mori, Y. Sakaguchi, Y. Iketsu, J. Suzuki, *Displays*, **22**, 43-47 (2001).

[6] Z. Hara, K. Maeshima, N. Terazaki, S. Kiridoshi, T. Kurata, T. Okumura, Y. Suehiro, T. Yuki, *SID 10 Digest*, 25.3 (2010);S. Kiridoshi, Z. Hara, M. Moribe, T. Ochiai, T. Okumura, *Mitsubishi Electric Corporation Advance Magazine*, **45**, 357 (2012).

[7] R. M. A. Dawson, M. G. Kane, *SID 01 Digest*, 24.1 (p. 372) (2001).

[8] K.-J. Yoo, S.-H. Lee, A.-S. Lee, C.-Y. Im, T.-M. Kang, W.-J. Lee, S.-T. Lee, H.-D. Kim, H.-K. Chung, *SID 05 Digest*, 38.2 (p. 1344) (2005).

[9] T. Sasaoka, M. Sekiya, A. Yumoto, J. Yamada, T. Hirano, Y. Iwase, T. Yamada, T. Ishibashi, T. Mori, M. Asano, S. Tamura, T. Urabe, et al., *SID 01 Digest*, 24.4L (p. 384) (2001); J. Yamada, T. Hirano, Y. Iwase, T. Sasaoka, *Proc. AM-LCD'02*, D-2 (p. 77) (2002).

[10] M. Ohta, H. Tsutsu, H. Takahara, I. Kobayashi, T. Uemura, Y. Takubo, *SID 03 Digest*, 9.4 (p. 108) (2003).

[11] N. Saito, T. Ueda, S. Nakano, Y. Hara, K. Miura, H. Yamaguchi, I. Amemiya, A. Ishida, Y. Matsuura, A. Sasaki, J. Tonotani, M. Ikagawa, *Proc. IDW'10*, AMD-9 (2010).

[12] M. Mativenga, D. Geng, J. Jang, *SID 2014 Digest*, 3.1 (p. 1) (2014).

[13] K. Nomura, H. Ohta, A. Takagi, T. Kamiya, M. Hirano, H. Hosono, *Nature*, **432**, 488-492 (2004).

[14] S. Yamazaki, J. Koyama, Y. Yamamoto, K. Okamoto, *SID 2012 Digest*, 15.1 (p. 183) (2012).

[15] S. Yamazaki, *SID 2014 Digest*, 3.3 (p. 9) (2014).

[16] K. Ghaffarzadeh, IDTechEX, "Metal Oxide TFT Backplanes for Displays 2014-2024: Technologies, Forecasts, Players" (2014).

[17] T. Tsujimura, Y. Kobayashi, K. Murayama, A. Tanaka, M. Morooka, E. Fukumoto, H. Fujimoto, J. Sekine, K. Kanoh, K. Takeda, K. Miwa, M. Asano, N. Ikeda, S. Kohara, S. Ono, C.-T. Chung, R.-M. Chen, J.-W. Chung, C.-W. Huang, H.-R. Guo, C.-C. Yang, C.-C. Hsu, H.-J. Huang, W. Riess, H. Riel, S. Karg, T. Beierlein, D. Gundlach, F. Libsch, M. Mastro, R. Polastre, A. Lien,

J. Sanford, R. Kaufman, *SID 03 Digest*, 4.1 (p. 6) (2003); S. Ono, Y. Kobayashi, K. Miwa, T. Tsujimura, *Proc. IDW'03*, AMD3/OEL4-2 (p. 255) (2003).

[18] J.-J. Lih, C.-F. Sung, M. S. Weaver, M. Hack, J. J. Brown, *SID 03 Digest*, 4.3 (p. 14) (2003).

[19] T. Shirasaki, T. Ozaki, K. Sato, M. Kumagai, M. Takei, T. Toyama, S. Shimoda, T. Tano, *SID 04 Digest*, 57.4L (p. 1516) (2004).

[20] D. Lee, J.-K. Chung, J.-S. Rhee, J.-P. Wang, S.-M. Hong, B.-R. Choi, S.-W.Cha, N.-D.Kim, K. Chung, H. Gregory, P. Lyon, C. Creighton, J. Carter, M. Hatcher, O. Bassett, M. Richardson, P. Jerram, *SID 05 Digest*, 527 (2005).

[21] J. K. Noh, M. S. Kang, J. S. Kim, J. H. Lee, Y. H. Ham, J. B. Kim, M. K. Joo, S. Son, *Proc. IDW'08*, OLED3-1 (p. 161) (2008).

[22] K. Mameno, R. Nishikawa, K. Suzuki, S. Matsumoto, T. Yamaguchi, K. Yoneda, Y. Hamada, H. Kanno, Y. Nishio, H. Matsuola, Y. Saito, S. Oima, N. Mori, G. Rajeswaran, S. Mizukoshi, T. K. Hatwar, *Proc. IDW'02*, **235** (2002).

[23] News release of KDDI, 20 March 2007. www.kddi.com/corporate/news_release/2007/0320/

[24] News release of Sony Corporation, 1 October 2007. www.sony.jp/CorporateCruise/Press/200710/07-1001/

[25] News release of Sony Corporation, 9 September 2011. www.sony.co.jp/SonyInfo/News/Press/2011/09/11-107/

[26] C.-W. Han, J.-S. Park, Y.-H. Shin, M.-J. Lim, B.-C. Kim, Y.-H. Tak, B.-C. Ahn, *SID 2014 Digest*, 53.2 (p. 770) (2014); J.-S. Yoon, S.-J. Hong, J.-H. Kim, D.-H Kim, T. Ryosuke, W.-J.Nam, B.-C. Song, J.-M. Kim, P.-Y. Kim, K.-H. Park, C.-H. Oh, B.-C. Ahn, *SID 2014 Digest*, 58.2 (p. 849) (2014).

[27] News release of Sony Corporation, 9 September 2011. www.sony.co.jp/SonyInfo/News/Press/201411/14-114/

[28] K. Mameno, S. Matsumoto, R. Kishikawa, T. Sasatani, K. Suzuki, T. Yamaguchi, K. Yoneda, Y. Hamada, N. Saito, *Proc. IWD'03*, AMD4/OLED5-1 (p. 267) (2003).

[29] M. Kashiwabara, K. Hanawa, R. Asaki, I. Kobori, R. Matsuura, H. Yamada, T. Yamamoto, A. Ozawa, Y. Sato, S. Terada, J. Yamada, T. Sasaoka, S. Tamura and T. Urabe, *SID 04 Digest*, 29.5L (p. 1017) (2004).

[30] K.-J. Yoo, S.-H. Lee, A.-S. Lee, C.-Y. Im, T.-M. Kang, W.-J. Lee, S.-T. Lee, H.-D. Kim, H.-K. Chung, *SID 05 Digest*, 38.2 (p. 1344) (2005).

[31] T. Urabe, T. Sasaoka, K. Tatsuki, J. Takai, *SID 07 Digest*, 13.1 (p. 161) (2007); T. Arai, N. Morosawa, Y. Hiromasu, K. Hidaka, T. Nakayama, A. Makita, M. Toyota, N. Hayashi, Y. Yoshimura, A. Sato, K. Namekawa, Y. Inagaki, N. Umezu, K. Tatsuki, *SID 07 Digest*, 41.2 (p. 1370) (2007).

[32] H.-N. Lee, J. Kyung, S. K. Kang, D. Y. Kim, M.-C. Sung, S.-J. Kim, C. N. Kim, H. G. Kim,

S.-t. Kim, *SID 07 Digest*, 68.2 (p. 1826) (2007).

[33] S. Yamazaki, J. Koyama, Y. Yamamoto, K. Okamoto, *SID 2012 Digest*, 15.1 (p. 183) (2012);T. Tanabe, S. Amano, H. Miyake, A. Suzuki, R. Komatsu, J. Koyama, S. Yamazaki, K. Okazaki, M. Katayama, H. Matsukizono, Y. Kanzaki, T. Matsuo, *SID 2012 Digest*, 9.2 (p. 88) (2012);S. Eguchi, H. Shinoda, T. Isa, H. Miyake, S. Kawashima, M. Takahashi, Y. Hirakata, S. Yamazaki, M. Katayama, K. Okazaki, A. Nakamura, K. Kikuchi, M. Niboshi, Y. Tsukamoto, S. Mitsui, *SID 2012 Digest*, 27.4 (p. 367) (2012).

[34] T.-H. Shih, T.-T. Tsai, K.-C. Chen, Y.-C. Lee, S.-W. Fang, J.-Y. Lee, W.-J. Hsieh, S.-H. Tseng, Y.-M. Chiang, W.-H. Wu, S.-C. Wang, H.-H. Lu, L.-H. Chang, L. Tsai, C.-Y. Chen, Y.-H. Lin, *SID 2012 Digest*, 9.3 (p. 92) (2012).

[35] News release of Sony Corporation, 8 January 2013. www.sony.co.jp/SonyInfo/News/Press/201301/13-002/index.html

[36] S. Yamazaki, *SID 2014 Digest*, 3.3 (p. 9) (2014); S. Kawashima, S. Inoue, M. Shiokawa, A. Suzuki, S. Eguchi, Y. Hirakata, J. Koyama, S. Yamazaki, T. Sato, T. Shigenobu, Y. Ohta, S. Mitsui, N. Ueda, T. Matsuo, *SID 2014 Digest*, 44.1 (p. 627) (2014).

[37] C. Y. Su, W.-H. Li, L.-Q. Shi, X.-W. Lv, K.-Y. Ko, Y.-W. Liu, J.-C. Li, S.-C. Liu, C.-Y. Tseng, Y.-F. Wang, C.-C. Lo, *SID 2014 Digest*, 58.1 (p. 846) (2014).

[38] M. Choi, S. Kim, J.-m. Huh, C. Kim, H. Nam, *SID 2014 Digest*, 3.4L (p. 13) (2014).

[39] H. Hayashi, Y. Nakazaki, T. Izumi, A. Sasaki, T. Nakamura, E. Takeda, T. Saito, M. Goto, H. Takezawa, *SID 2014 Digest*, 58.3 (p. 853) (2014).

[40] Exhibition at SID 2014 Display Week (2014).

[41] T.-H. Shih, H.-C. Ting, P.-L. Lin, C.-L. Chen, L. Tsai, C.-Y. Chen, L.-F. Lin, C.-H. Liu, C.-C. Chen, H.-S. Lin, L.-H. Chang, Y.-H. Lin, H.-J. Hong, *SID 2014 Digest*, 53.1 (p. 766) (2014).

[42] C.-W. Han, J.-S. Park, Y.-H. Shin, M.-J. Lim, B.-C. Kim, Y.-H. Tak, B.-C. Ahn, *SID 2014 Digest*, 53.2 (p. 770) (2014).

[43] Demonstrated by Semiconductor Energy Laboratory (SEL) in Display Innovation 2014 (October, 2014); K. Yokoyama, S. Hirasa, N. Miyairi, Y. Jimbo, K. Toyotaka, M. Kaneyasu, H. Miyake, Y. Hirakata, S. Yamazaki, M. Nakada, T. Sato, N. Goto, *SID 2015 Digest*, 70.4 (p. 1039) (2015).

[44] O. Prache, *Displays*, 22, 49-56 (2001).

CHAPTER 09

OLED 조명

OLED 조명

요 약 조명기술은 고대의 횃불에서 현재의 전기조명까지 발전해왔다. 기존에는 백열등과 형광등을 주로 사용해왔지만, 근래에 들어서 발광 다이오드(LED)를 거쳐서 이제는 상용 OLED 조명제품이 출시되는 등의 큰 변화가 일어나고 있다. OLED 조명은 얇고, 평평하며, 경량에, 연색평가지수가 높고, 효율을 더 높일 수 있으며, 유연하고, (수은과 같은)독성물질을 사용하지 않으며 자외선을 방출하지 않으며, 약한 청색을 방출하는 등의 다양한 장점들을 가지고 있다.
이 장에서는 여타 조명과의 비교를 포함하여 OLED 조명기술과 응용에 대해서 살펴보기로 한다.

키워드 조명, 외부광방출, 백색, 다중광자

9.1 OLED 조명의 외형

인류역사에서 조명기술은 단계별로 발전해왔다. 선사시대에는 목초를 태운 불을 사용해서만 조명을 얻을 수 있었다. 고대와 중세시대에 들어서면서, 기름등잔과 양초가 조명으로 추가되었다. 따라서 인류역사의 대부분의 기간 동안 태양과 불이 유일한 조명수단이었다고 말할 수 있다.

현대로 들어서면서 새로운 조명수단이 나타나게 되었다. 가스등, 백열등 그리고 형광등이 발명되었다. 백열등과 형광등이 널리 사용되어왔지만, 발광다이오드(LED) 조명은 효율이 높고 수명이 길며 수은을 사용하지 않는 등의 특징을 가지고 있기 때문에, 최근 들어서 백열등과 형광등에서 LED 조명으로 빠른 세대교체가 진행되고 있다.

반면에 OLED 조명은 미쓰비시중공업社, 롬社, 토판프린팅社, 미쓰이社 그리고 키도 교수 등이 투자하여 설립한 OLED 조명 벤처회사인 루미노텍社에 의해서 2011년에 최초로 상용화되었다.[1]

OLED 조명의 가능성은 OLED의 초기 연구개발 단계부터 뛰어났다. 1994년에 키도 등은 백색발광 OLED 디바이스에 대한 과학논문[2]을 발표하였으며, 1995년에 키도 등은 그들의 논문[3]을 통하여 다중적층 백색발광 OLED 디바이스에 대한 중요한 내용을 소개하였다. 이들에 따르면, 백색 OLED의 적용분야에는 종이두께의 광원이 포함되며, 이는 항공기나 스페이스 셔틀과 같이 경량조명이 필요한 분야에서 특히 유용하다.

키도 등의 논문이 발표되고 나서, 조명분야에 적용하기 위한 백색 OLED 기술과 OLED 조명기술에 대한 개발이 활발하게 이루어졌다. 고효율 인광소재에 대한 연구개발을 통하여 과거 20여 년 동안에 백색 OLED의 효율은 엄청나게 향상되었다. **그림 9.1**에서는 백색 OLED 디바이스의 연도별 전력효율 향상을 보여주고 있다. OLED조명의 개발과정에서는 인광 OLED, 다중광자기술 그리고 외부광방출기술 등의 세 가지 중요한 기술들이 백색 OLED 디바이스의 성능향상에 크게 기여하였다.

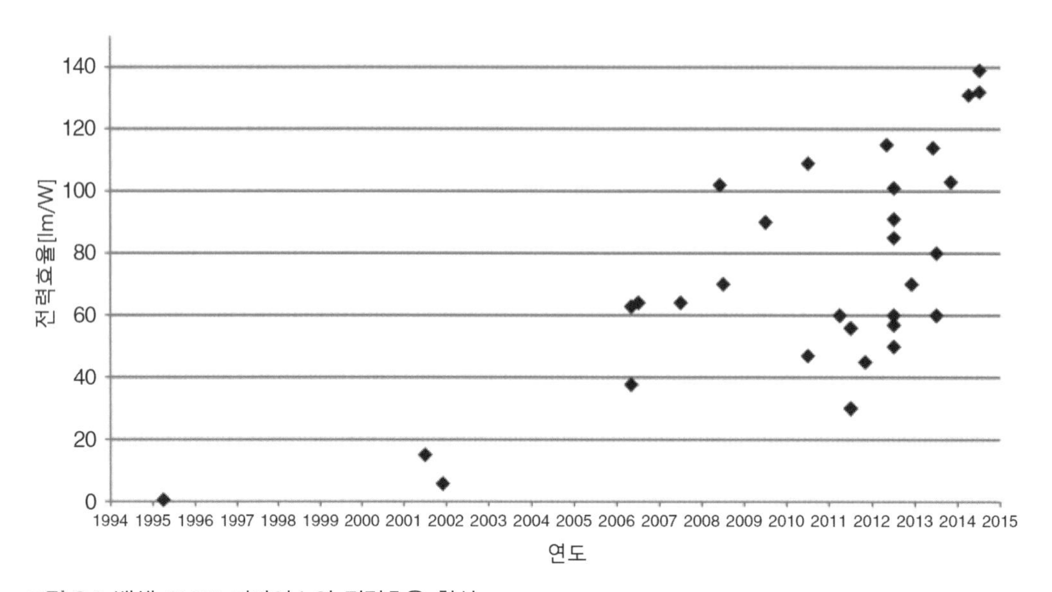

그림 9.1 백색 OLED 디바이스의 전력효율 향상

9.2 OLED 조명의 특징

OLED 조명은 새롭게 나타난 **고체상 조명기술**이다. 이 기술은 얇고, 평평하며, 경량에, 연색평가지수가 높고, 효율이 높으며, 설계유연성이 크고, 유연한 디바이스를 만들 수 있으며, (수은과 같은) 독성물질을 사용하지 않고 자외선을 방출하지 않으며, 약한 청색을 방출하는 등의 다양한 장점들을 가지고 있다.

표 9.1에서는 다양한 조명들 사이의 상호비교가 제시되어 있다.

표 9.1 조명기술들의 상호비교

	백열등	형광등	LED조명	OLED 조명	
				상용제품	개발 수준
메커니즘	줄가열 복사	플라스마 여기 무기형광	무기물반도체	유기물반도체	유기물반도체
형상	구형	튜브	점형상	평면형상	평면형상
효율[lm/W]	~15	~80	~140	~80	~130
수명[hr]	1000~3000	6000~12000	~40000	10000~30000	~40000
가격[$/klm]	1	1~3	~5	100 이상	
수은	없음	사용	없음	없음	없음
자외선	없음	발생	발생	없음	없음
청색광 문제	없음	없음	있음	없음	없음

19세기에 토마스 에디슨에 의해서 발명된 백열등은 100년 이상 사용되어왔다. 백열등은 따듯한 백색광선을 방출하며 1[$/klm] 내외의 비용으로 값싸게 생산할 수 있다. 하지만 백열등은 효율이 15[lm/W]에 불과하며 수명이 짧다는 두 가지 단점을 가지고 있다.

특히 효율이 낮은 백열등은 온실가스 방출저감에 적합지 않다는 점이 널리 인식되고 있다. 이런 의견에 기초하여 많은 나라들에서 백열등의 사용을 법으로 금지하고 있다. 많은 제조업체들이 최근 들어서 백열등 생산을 중단하거나 중단할 예정이라고 발표하였다.

형광등은 20세기 중반 이후에 사용하기 시작했으며, 현재도 널리 사용되고 있다. 형광등의 효율은 약 80[lm/W]로서, 백열등보다 훨씬 더 높다. 형광등의 수명은 6,000~12,000[hr]로서, 이 또한 백열등에 비해서 훨씬 더 길다. 가격도 1~3[$/klm]에 불과하다. 이런 매력적인 특성들 때문에, 20세기 후반 들어서 대부분의 조명에는 주로 형광등을 사용하였다. 그런데 이 조명은 유독성 수은을 사용하며 자외선을 방출한다는 근본적인 문제를 가지고 있다. 최근 들어서는 LED 기술이 크게 발전하였으며, 가격도 감소하여서 형광등이 빠르게 LED 조명으로 대체되고 있는 추세이다.

LED 조명의 가장 매력적인 특징은 40,000시간에 이르는 긴 수명과 140[lm/W]에 달하는 높은 효율이다. 게다가 LED는 수은과 같은 독성물질을 사용하지 않기 때문에, 환경적 측면에서 형광등보다 더 좋은 것으로 생각된다.

이들 세 가지 조명기술들과 비교해서 OLED 조명은 근본적으로 뛰어난 특징들을 가지고 있다. OLED 조명의 독특한 특징 중 하나는 평면형상이라는 점이다. 백열등과 형광등은 매우 큰 3차원 형상을 가지고 있으며, LED 조명은 점형상이다. 이런 뛰어난 특징 덕분에, OLED

조명을 사용해서는 두께가 얇고 경량의 **평면형 조명**을 만들 수 있다. LED의 경우에도 물론, 다수의 LED 칩들을 평면형 기판에 배열하여 평면형 조명을 만들 수는 있겠지만, 다음의 세 가지 문제들을 염두에 두어야만 한다.

1. 발열
2. 평면조명의 두께 증가
3. 평면조명 구현에 필요한 에너지 소모

LED는 **점조명**이라는 근본적인 특징 때문에 LED에는 발열문제가 존재한다. 이 발열문제 때문에, LED의 경우에는 방열기술이 추가적으로 필요하다. 반면에 OLED는 본질적으로 평면 형상이기 때문에 추가적인 방열기술이 필요 없다.

LED 칩들을 사용하여 평면형 조명을 구현하기 위해서는 다양한 판들이 필요하다. LED 칩들을 배열하기 위한 기판과 더불어서, 광확산판과 방열판 들이 일반적으로 필요하다. 이런 판들은 특정한 두께를 가지고 있다. 반면에, OLED 디바이스는 그 자체를 평면형 조명으로 사용할 수 있다. 그러므로 OLED 조명이 LED 칩들을 사용한 평면형 조명보다 훨씬 더 얇다.

평면형 LED 조명의 전력효율은 개별 LED 칩들의 효율에 비해서 훨씬 더 낮은 반면에 평면형 OLED 조명의 전력효율은 개별 OLED 조명 디바이스와 거의 동일하다. 실제로, LED 평면조명의 전력효율은 개별 LED 칩의 효율에 비해서 50~70%에 불과하다.

OLED 조명은 수은과 같은 독성물질을 사용하지 않으며 자외선이 방출되지 않으며 청색방출이 미약하다. 청색광선이 눈에 손상을 유발하며 바이오리듬을 해친다는 주장이 있기 때문에, 청색광선 문제는 논쟁의 여지가 있다.

이런 매력적인 특징들 때문에, OLED 조명은 차세대 평면조명으로서 큰 가능성을 가지고 있다. OLED 조명의 잠재시장으로는 가정, 사무실, 상가, 병원, 개인장비, 실외, 디자인조명 등뿐만 아니라 차량용 조명등 매우 광범위하다.[4]

현재는 가격이 여전히 높으며, 상용제품의 성능이 여타의 조명들과 경쟁하기에 여전히 충분치 못하여, 단지 소수의 조명용 OLED 디바이스들이 시장에 진입하였을 뿐이다.

그런데 OLED의 조명의 성능은 꾸준히 향상되고 있다. **표 9.1**에서는 현재의 OLED 조명성능을 상용제품과 개발수준에 대해서 서로 비교하여 보여주고 있다. 개발수준을 살펴보면, OLED 조명은 큰 잠재력을 가지고 있다. 게다가 생산 배치를 늘리고 제조기술을 개선 또는 혁신하면 가격을 크게 낮출 수 있다.

OLED 조명에 필요한 사양들은 백열등, 형광등 및 LED와 같은 여타의 경쟁조명들과의 비교를 통해서 결정된다. OLED 조명의 주요 요구조건들은 **표 9.2**에 요약되어 있다.

표 9.2 OLED 조명의 주요 요구조건들

휘도	5,000~7,000[cd/m^2]
효율	>150[lm/W]
수명	>40,000[hr]
연색평가지수	>90

OLED의 휘도는 약 5,000~7,000[cd/m^2]이 되어야 하며, 이보다 더 높을 필요는 없다. 10,000[cd/m^2]에 이를 정도로 휘도가 높으면, 인간의 눈에는 너무 밝다. 15[m^2] 크기의 실내에 대해서는 약 6,000[lm]이 필요하다. 휘도가 5,000[cd/m^2]인 OLED 조명패널을 사용한다면 단지 60[cm] 크기의 사각형 패널을 사용하여 이 휘도를 구현할 수 있다.

LED 전력효율의 최근의 발전과 미래의 예상을 살펴보면, OLED 전력효율은 150[lm/W] 이상이 되어야만 한다. 이토록 높은 효율은 경제적인 이유뿐만 아니라 온실가스 때문에도 필요하다. 세계 에너지 소모의 약 20%가 조명이기 때문에, 세계적으로 이산화탄소 방출량을 저감하기 위해서는 고효율 조명이 필수적이다. 2020년에 LED의 효율은 200[lm/W] 이상이 될 것으로 예상되기 때문에, OLED 조명의 효율도 200[lm/W] 이상이 되어야 한다. 더욱이, OLED 조명은 90 이상의 높은 **연색평가지수**(CRI)와 40,000[hr] 이상의 긴 수명을 필요로 한다.

OLED 조명의 가격은 여전히 너무 높다. 비록 제조장비가 비싸고 OLED 소재뿐만 아니라 유리기판과 인듐-주석 산화물과 같은 소재 가격도 비싸기는 하지만, 가장 큰 이유는 현재까지는 생산량이 너무 작기 때문이다. LCD의 역사를 살펴보면, 기판크기의 증가와 다양한 소재 및 장비가격의 감소로 인하여 우리가 상상하는 것보다 훨씬 빠른 속도로 가격이 떨어질 것이다. OLED 조명시장이 커지면서 생산량이 증가하면 OLED 조명의 가격은 엄청나게 떨어질 것이다.

OLED 조명의 가격이 크게 떨어지게 된다면, 평면형 대형 조명의 시장에서 LED와 경쟁할 수 있을 것이다. 물론, LED 칩들을 사용하여 대형 평면조명 디바이스를 제작할 수 있겠지만, LED는 본질적으로 점광원이기 때문에, LED를 사용한 평면형 조명은 여러 가지 단점이 있다. 그러므로 평면형 조명을 구현하기 위해서는 **확산판**이 필요하며, 이로 인하여 약 20~30%만큼의 효율이 감소하고, 두께가 증가한다. 반면에, OLED 조명은 본질적으로 평면형상을 가지고 있으며, 확산판이 필요 없으므로, OLED 평면조명 디바이스의 효율은 일반 OLED 디바이스와 거의 동일한 반면에 LED 평면조명의 효율은 LED 칩보다 낮다. 게다가 OLED 평면조명은 LED 평면조명보다 얇고 가볍게 만들 수 있다. 더욱이, OLED를 사용하면 LED로는 만들기 어려운 **유연평면조명** 디바이스를 만들 수 있다. 결론적으로, 일단 OLED의 가격이 LED와 경쟁할 수준으로 낮아지고, 유연한 OLED 조명이 구현된다면, OLED 조명이 LED 평면조명을 제치고 평면조명의 주 기술로 자리잡게 될 것이다.

9.3 OLED 조명의 기본기술

OLED 조명의 일반적으로 백색광원을 필요로 하기 때문에, 기본기술은 백색 OLED에 기반을 두고 있으며, 이에 대해서는 5.3절에서 논의한 바 있다.

백색 발광을 구현하기 위해서 다양한 방법들이 있지만, 가장 일반적인 방법은 서로 다른 발광 스펙트럼을 가지고 있는 다수의 발광층들을 적층하는 것이다. **그림 9.2**에서는 적층된 발광층들을 갖추고 있는 백색 OLED의 사례를 보여주고 있으며, 일반적으로 2층 또는 3층의 발광층을 사용한다. 두 개의 발광층만을 사용하는 경우에는 일반적으로 청색 발광층과 황색이나 오렌지색 발광층을 조합하여 사용한다. 이 기술은 3층을 적층하는 것 보다는 단순하지만,

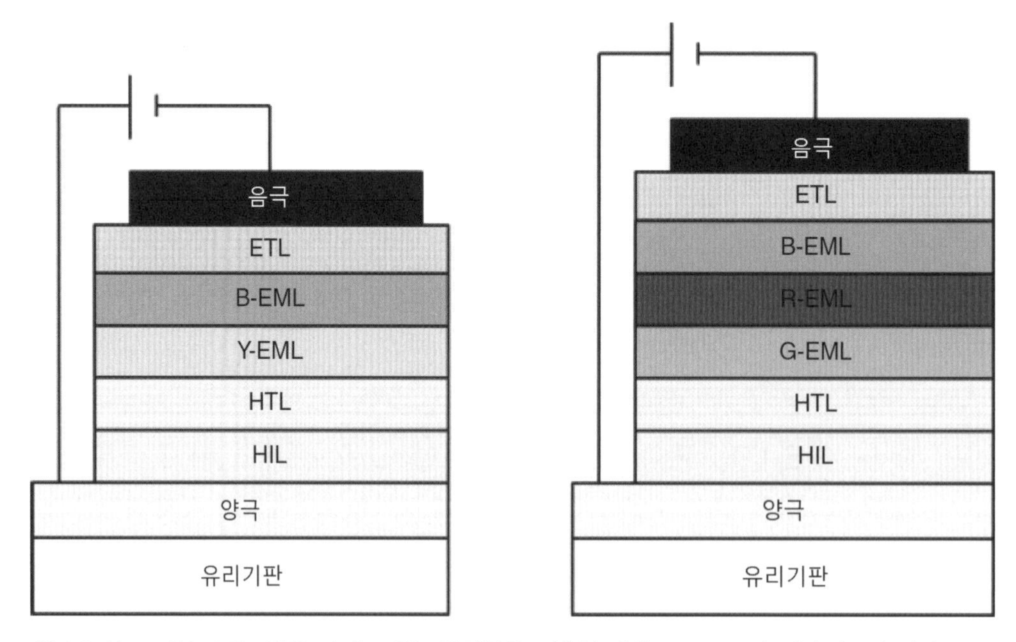

그림 9.2 서로 다른 스펙트럼을 가지고 있는 발광층을 적층한 백색 OLED 조명 디바이스의 사례 (컬러 도판 286쪽 참조)

단 두 색만을 조합하여 높은 연색평가지수를 구현하기는 어려우며, 적색, 녹색 및 청색과 같이 3개의 발광층들을 적층한다면, 높은 연색평가지수를 구현할 수 있다. 3개의 발광층들을 적층하면 90 또는 그 이상의 연색평가지수를 구현할 수 있다.

백색 OLED 조명을 제작하기 위해서는, 5.6절에서 설명했던 것처럼, 다중광자 기술이 매우 유용하다. 다중광자 기술은 높은 효율을 구현할 수 있을 뿐만 아니라 유기물층의 총 두께를 증가시켜주기 때문에 생산수율을 높여준다. 다중광자 기술을 사용한 백색 OLED에는 몇 가지 유형이 있다. **그림 9.3**에서는 다중광자 구조를 사용하는 백색 OLED의 세 가지 사례들을 보여주고 있다. (a)에서는 두 가지 발광유닛들이 결합되어 있으며, 각각의 발광유닛들은 백색으로 발광한다. (b)의 경우에도 두 가지 발광유닛들이 결합되어 있지만, 이들 두 발광유닛들은 서로 다른 색상을 발광한다. 실제의 경우 (b) 구조의 첫 번째 발광유닛은 적색과 녹색 인광소재로 제작되며, 두 번째 발광층은 청색형광소재로 제작된다. 이는 적색과 녹색 인광소재들은 상용 수준의 성능을 구현하고 있지만, 청색 인광은 여전히 문제가 있기 때문이다. (c)에서는 세 가지 발광유닛들이 결합되어 있으며, 각 유닛들은 각각의 색상을 발광한다. 물론, 여타의 다중광자 구조들도 제작이 가능하다.

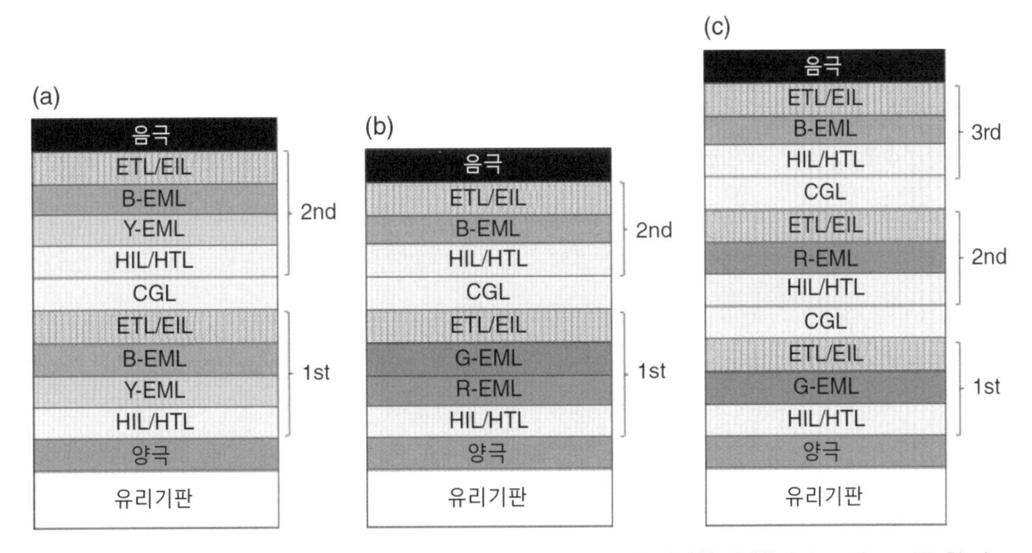

그림 9.3 다중광자 기술을 사용하는 백색 OLED 조명 디바이스의 다양한 유형(컬러 도판 286쪽 참조)

그림 9.4에서는 OLED 디스플레이와 OLED 조명을 서로 비교하여 보여주고 있다. 이들 모두 다양한 변형들이 존재하지만, **그림 9.4**에서는 전형적인 경우인 상부발광 아몰레드 디스플레이

와 다중광자 구조를 가지고 있는 백색 OLED 조명을 비교하여 보여주고 있다.

	OLED 디스플레이	OLED 조명
기판	TFT기판	유리기판
발광층	RGB 픽셀	RGB 적층(백색)
디바이스 구조	상부발광	하부발광, 다중광자
구동방법	복잡	단순
스펙트럼	선명한 RGB	광대역
경쟁대상	LCD	LED
	TFT기판	유리기판

그림 9.4 전형적인 아몰레드와 다중광자방식의 OLED 조명 디바이스의 상호 비교(컬러 도판 287쪽 참조)

아몰레드 디스플레이의 디바이스는 화소구동을 위한 박막 트랜지스터 구조와 총천연색 영상을 구현하기 위한 RGB 픽셀 등으로 인하여 구조가 복잡해지는 반면에 OLED 조명은 총천연색 화면영상을 구현할 필요가 없기 때문에 비교적 구조가 단순하다. 게다가 백색 아몰레드는 상부발광 디바이스 구조를 자주 사용하며, 다중광자 구조를 거의 사용하지 않는 반면에, OLED 조명은 일반적으로 하부발광 디바이스 구조를 사용하며 다중광자 디바이스 구조를 자주 사용한다. 아몰레드 디스플레이의 구동기술은 OLED 조명에 비해서 더 복잡하다. 총천연색 OLED 디스플레이의 경우, RGB 각 색상이 선명해야만 한다. 반면에, OLED 조명의 경우에는 가시광선의 모든 파장대역을 포함하는 넓은 발광 스펙트럼이 필요하다.

9.4 광선방출 증강기술

추가적인 **광선방출증강**(LEE)기술이 적용되지 않는다면 OLED에서 방출되는 광선들 중 대부분이 외부로 방출되지 않기 때문에, 광선방출증강(LEE)기술(외부광방출기술)은 OLED 조명에서 매우 중요한 기술이다. 실제로, 일반적인 OLED의 경우에 내부광자효율은 100%에 근접

하는 반면에, 광선방출 효율(외부광방출효율)은 20~30%에 불과하다. 이 절에서는 OLED의 광선방출증강기술과 구현된 성능에 대해서 살펴보기로 한다.

일반적으로, OLED 내부에서의 광선방출 방향에 따라서 **그림 9.5**에서와 같이, **외부 모드(에어 모드)**, **기판 모드**, **도파로 모드**(WGM) 그리고 **표면플라즈몬 모드**(SPM) 등으로 구분된다.

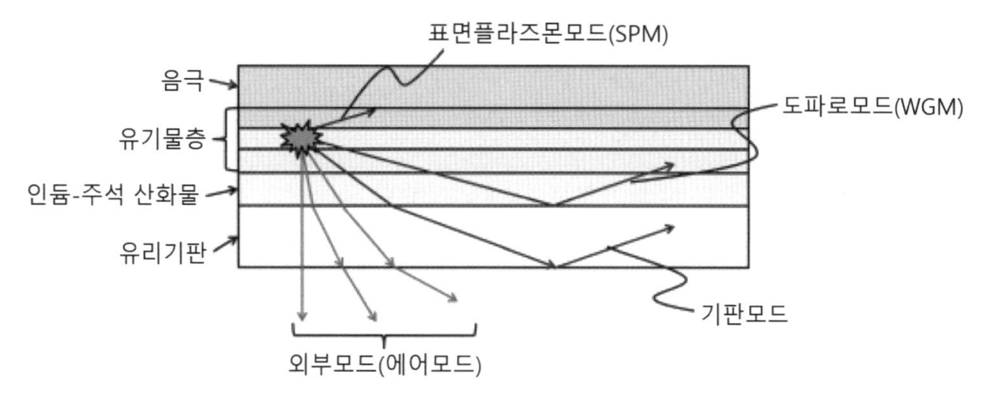

그림 9.5 OLED 내부에서의 광선방출 방향

외부 모드의 경우, 방출된 광선은 OLED 디바이스의 외부로 나가버린다. 기판 모드의 경우에는 방출된 광선이 기판 내부를 이동한다. 기판 모드는 기판과 대기 사이의 굴절계수 차이로 인하여 기판과 대기 사이의 계면에서 내부전반사가 발생하는 현상이다. 도파로 모드에서는 방출된 빛이 유기물층과 투명한 전극 속을 이동한다. 표면플라즈몬 모드의 경우 금속 음극과 관련된 표면 플라즈몬과의 결합에 의해서 여기자들이 소멸된다.

이런 모드들로 인하여 유리 위에 성형된 일반적인 하부발광 OLED 구조에서는 방출된 빛 중에서 단지 20~30%만이 외부모드에 의해서 방출되며, 여타의 빛들은 OLED 내부에서 소멸되어버린다. 그러므로 광선방출증강기술은 OLED 조명에서 핵심적인 기술이다.

기판 모드에서 광선을 방출시키기 위해서, 가장 일반적으로 사용되는 기법은 기판 위에 특수한 광학층을 추가하는 것이다. 이 광학층은 **그림 9.6**에 도시되어 있는 것처럼, 기판으로 입사되는 광선빛의 방향을 변화시킨다. 이런 층들은 **마이크로렌즈어레이**(MLA),[6~11] **마이크로구조박막**,[12] 또는 **샌드블라스팅 표면**[13] 등을 사용한다.

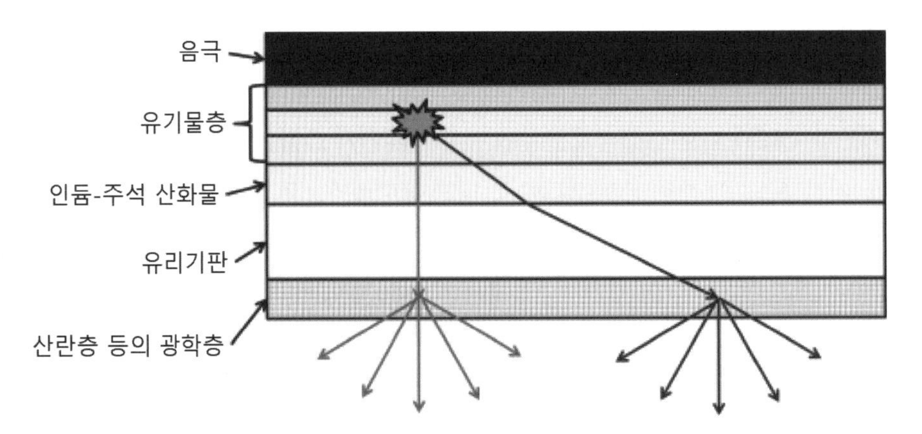

그림 9.6 기판에 불균일/비평면 구조를 부착한 광선방출증강방법

묄러와 포레스트는 유리기판에 10[μm] 직경의 마이크로렌즈 어레이를 부착하여 광선방출 효율을 렌즈를 사용하지 않은 경우에 비해서 1.5배 이상 증가시켰다고 발표하였다.[6] 이 디바이스의 구조는 **그림 9.7**에 도시되어 있다.

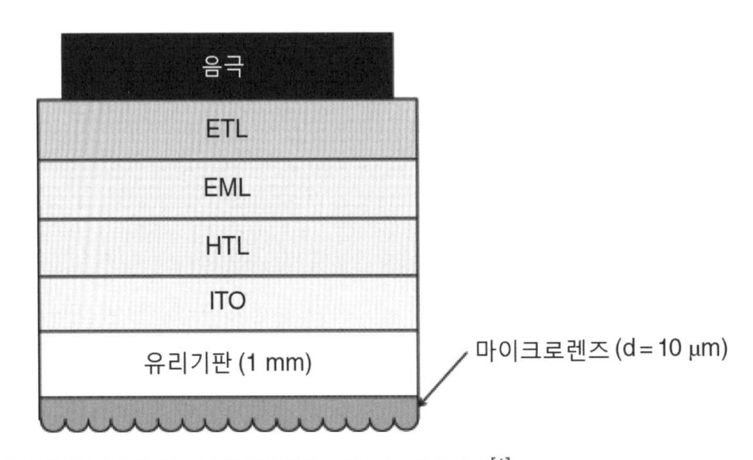

그림 9.7 마이크로렌즈 어레이가 부착되어 있는 OLED 디바이스[6]

갈레오티 등은 마이크로렌즈 어레이가 광선방출 증강에 미치는 영향에 대해서 연구하였다.[10] 이들의 결과는 **표 9.3**에 요약되어 있다.

표 9.3 마이크로렌즈 어레이의 효과[10]

직경[μm]	SD	높이[μm]	RMS	θ[deg]	증강비율[%]
1.2	0.05	0.3	0.09	53	19
1.8	0.32	0.4	0.16	48	17
3.0	0.16	0.6	0.19	43	22
6.0	1.12	2.5	0.58	80	32

린 등은 상용 **확산필름**(대만, 케이와社, BS-702)이나 **광도강화필름**(3M, VikutiTTM BEF II 90/50)이 부착되어 있는 OLED 디바이스의 광선방출효율에 대해서 연구하였다. 이러한 확산필름이나 BEF를 상용 백색 OLED에 부착하면, OLED의 휘도전류효율이 각각 34%와 31%만큼 증가한다.

그런데 이 방법들은 얇고 투명한 전극과 유기물층들 사이에 갇혀있는 나머지 광선들을 방출시킬 수 없다. 이런 문제 때문에, **그림 9.8**에 도시되어 있는 것처럼, 도파로 모드를 저감하며, 내부광선을 외부로 방출하기 위하여 산란층이나 회절격자를 유리기판과 투명전극 사이의 계면에 설치하였다. 내부광선 외부방출층은 광선의 방향을 변화시켜서 투명전극과 유리기판 사이 계면의 전반사를 방지하여 도파로 모드를 줄일 수 있다.

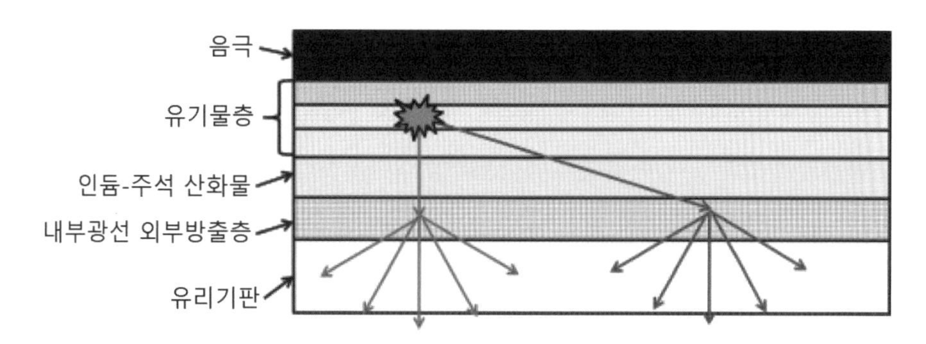

그림 9.8 내부광선 외부방출층을 갖춘 OLED 디바이스

이런 기술의 사례로는 굴절계수값이 작은 **실리카 에어로겔 박막**,[14] **브래그격자**,[15,16] 주기적인 마이크로구조에서 유발되는 **브래그산란**[17,18] 그리고 **광결정(PC)구조**[19~23] 등이 있다.

츠츠이 등은 OLED 디바이스에 실리카 **에어로겔층**을 삽입하여 광선방출을 증강시켰다고 발표하였다.[14] 이 디바이스의 구조는 **그림 9.9**에 도시되어 있다. 실리카 에어로겔은 **졸겔법**[1]을

1 sol-gel method.

사용하여 제조하며 굴절률이 1.01~1.10에 불과할 정도로 극도로 낮은 값을 가지고 있다. 이 디바이스의 외부양자효율은 1.39%인 반면에, 에어로겔이 없는 기준 디바이스의 외부양자효율은 0.765%에 불과하였다. 따라서 실리카 에어로겔을 삽입하여 얻은 강화계수값은 1.8이다.

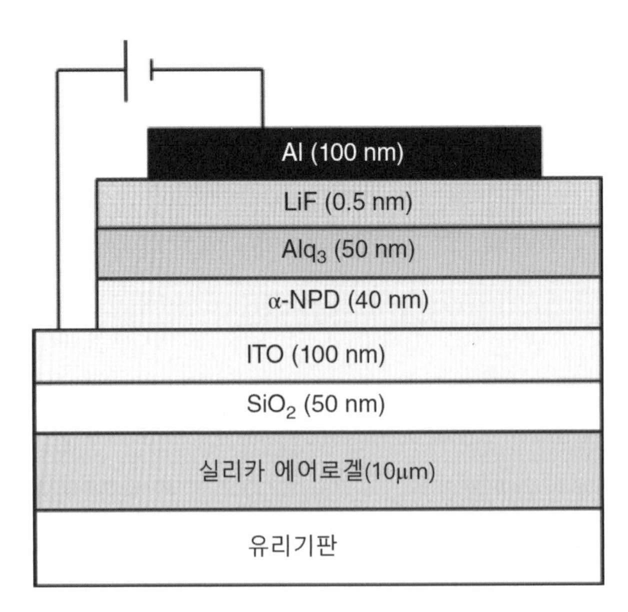

그림 9.9 실리카 에어로겔층을 삽입한 OLED[14]

국민대학교, 삼성 SDI社의 그리고 KAIST의 도 등은 2차원 SiO_2/SiN_x 광자결정층을 갖춘 OLED 디바이스에 대한 연구를 수행하였다.[19] 이 디바이스의 구조는 **그림 9.10**에 도시되어 있다. 전형적인 경우로, 이들은 굴절계수값이 작은 SiO_2(n=1.48)와 굴절계수값이 작은 SiN_x(n=1.90~1.95)를 사용하여 격자상수 $\Lambda_{cutoff}=350$[nm]인 **광자결정패턴**을 제조하였다. 이 기판을 사용한 OLED 디바이스는 기존의 OLED 디바이스에 비해서 전류효율이 1.52배에 달하는 것으로 보고되었다.

표면 플라즈몬 모드를 사용한 광선방출증강기술에 대한 연구도 수행되었다.[24~28] 예를 들어, 홉슨 등에 따르면 **그림 9.11**에 도시되어 있는 것처럼, 표면 플라즈몬 모드에서의 전력손실은 적절한 주기를 가지고 있는 미세구조를 사용하여 복구할 수 있다.[24]

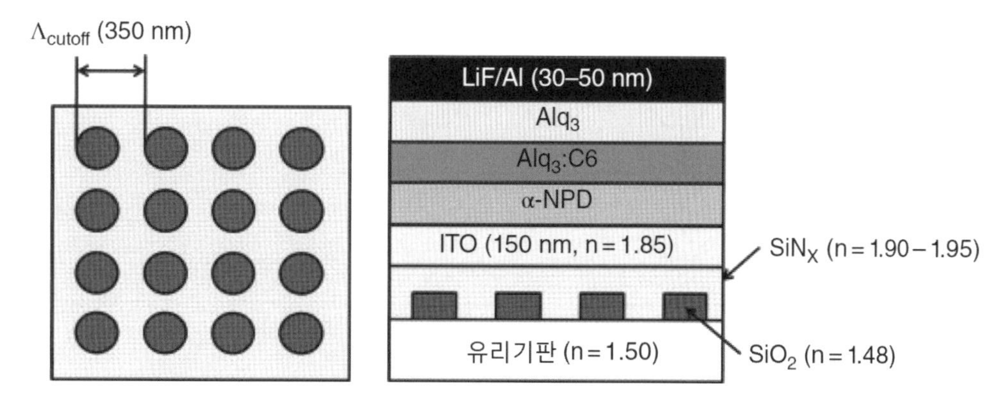

그림 9.10 2차원 SiO_2/SiN_x 광자결정(PC)층을 갖춘 OLED 디바이스[19]

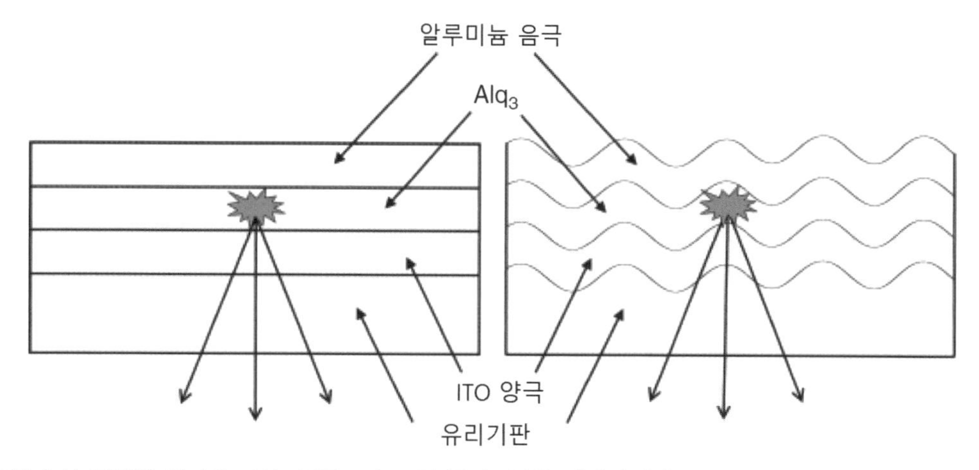

그림 9.11 적절한 주기의 마이크로구조가 표면 플라즈몬을 저감시킴[24]

오카모토 등은 **플라즈몬 구조**를 가지고 있는 OLED로부터의 광선방출에 대해서 발표하였다.[25] **그림 9.12**에는 이들이 사용한 디바이스의 구조가 도시되어 있다. 그는 **랭뮤어 블로드젯 기법**을 사용하여 수백 나노미터 직경의 등방성 실리카 입자들을 실리카 기판 위에 증착한 후에 이 입자들을 마스크 삼아서 반응성 이온에칭을 사용하여 기판을 에칭하는 **콜로이드 노광기술**을 사용하여 공칭깊이의 편차(0~80[nm])를 가지고 있는 플라즈몬 결정구조를 제조하였다. 공칭깊이가 0[nm]인 평판 디바이스에 비해서 공칭깊이가 60[nm]인 디바이스의 경우에 전력효율은 2.35배 향상되었다고 발표하였다.

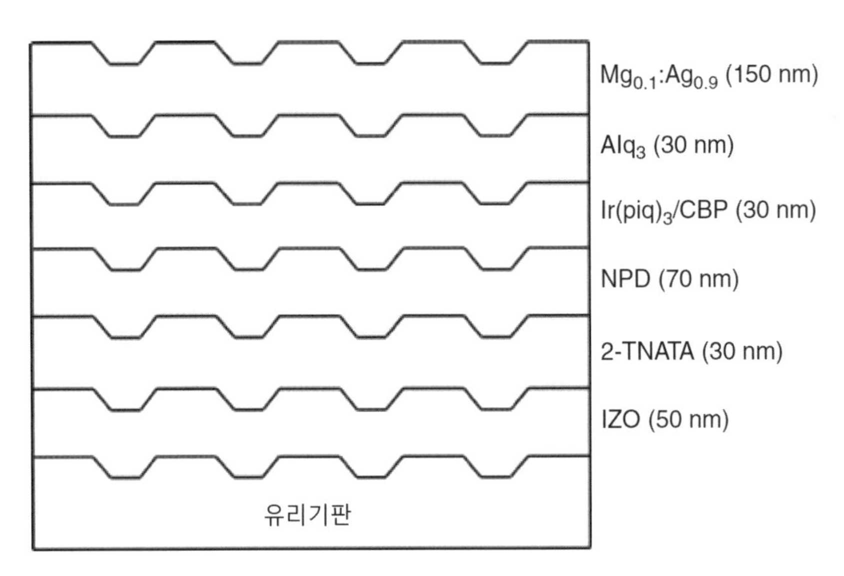

그림 9.12 플라즈몬 구조를 사용한 디바이스의 구조[25]

노바LED社의 무라노 등은 전자전송층에 표면주름소재를 첨가하여 플라즈몬 흡수손실을 크게 저감시켰다고 발표하였다.[26] 주사전자현미경 사진에 따르면, 표면주름이 음극층에 전사되었기 때문에, 음극층의 표면은 평면이 아니었다.

JX 일본 오일 & 에너지社의 시바누마 등은 자가생성된 준 주기성 구조를 가지고 있는 주름진 기판을 사용한 광선방출기술에 대해서 발표하였다.[27] 동시 자가생성된 **블록공중합체**(BCP)를 사용하여, 이들은 마이크로미터 이하 크기의 준-주기성 구조를 제조하였다. 이들은 이를 사용하여 증강계수 1.5~2.7을 구현하였다.

플로리다 대학교 소-그룹의 윤 등은 주름구조를 사용하여 표면 플라즈몬 모드를 추출하고, 마이크로렌즈 어레이를 사용하여 외부양자효율을 63.2%까지 상승시켰다.[11]

코모다 등은 47%에 달하는 높은 외부방출효율과 85[lm/W]에 달하는 높은 효율을 구현하였다.[29]

또 다른 방법은 발광층 유기소재의 **분자배향**을 활용하는 것이다. 4.5절에서 설명했듯이, 프리쉬아이젠 등은 발광소재의 분자배향 효과를 사용하여 외부광방출 효율을 45%에 이를 정도로 현저히 높였다고 발표하였다.[30]

9.5 OLED 조명의 성능

OLED 조명의 성능은 꾸준히 개선되고 있다. 예를 들어, LG 케미컬社는 80[lm/W], 3,000[K], CRI>80, LT_{70}=20,000[hr]의 사양을 갖춘 100×100[mm] 크기의 OLED 조명패널을 상용화하였다고 발표하였다.[31] 이 제품의 효율은 형광등에 버금가지만, LED에 비해서는 여전히 충분치 못하다.

그런데 비교의 대상이 되는 백색 OLED 디바이스들의 효율은 **그림 9.13**에 도시되어 있는 것처럼 빠르게 향상되고 있다.

표 9.4에서는 개발단계인 다양한 OLED 조명 디바이스들을 보여주고 있다. 이 OLED들은 130[lm/W] 이상의 효율을 구현하였으며, 수명시간은 40,000[hr]을 넘어서고 있다.

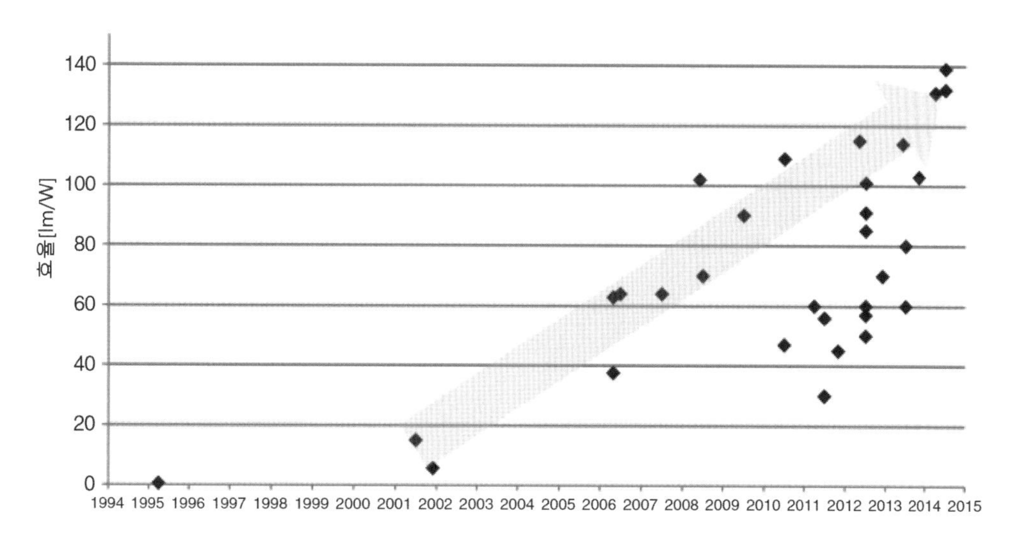

그림 9.13 백색 OLED 디바이스의 효율 향상

표 9.4 개발단계에 있는 다양한 OLED 조명들

제조사	연도	휘도[cd/m²]	효율[lm/W]	CRI	CIE	기술	비고	참조
UDC	2008	1	102			LEE		[32]
레오	2009		90			LEE		[33]
UDC	2010	1,000	109	80	(0.428,0.421)	LEE	3295K, LT_{50}=1,5000h	[34]
코니카미놀타	2014		139				LT_{50}=55,000h (1000cd/m²)	[35]
파나소닉	2014		133	84	(0.48,0.43)	LEE	10×10cm	[36]
퍼스트라이트	2014		111.7	85		LEE,MPE(3)		[37]

CRI: 연색평가지수
LEE: 광선방출증강
MPE: 다중광자방출, 괄호 속 숫자는 적층유닛의 숫자

9.6 색상 조절이 가능한 OLED 조명

색상 조절이 가능한 **조명패널**은 조명설계의 관점에서 흥미로운 기술이다. 특히, 조명의 색상변화는 인간의 감성과 생체리듬에 큰 영향을 미친다는 점을 인식해야 한다. 색상 조절이 가능한 조명은 RGB 줄무늬 패턴을 갖춘 OLED를 사용하여 구현할 수 있으며, 이 **줄무늬 패턴**들은 각각 개별적인 전류구동기를 사용하여 작동시킨다. **그림 9.14**에서는 RGB 색상의 줄무늬 패턴들이 병렬로 배치되어 있는 색상 조절이 가능한 OLED 조명패널을 개략적으로 보여주고 있다. 이 기술은 수동화소 디스플레이의 수정된 버전이다.

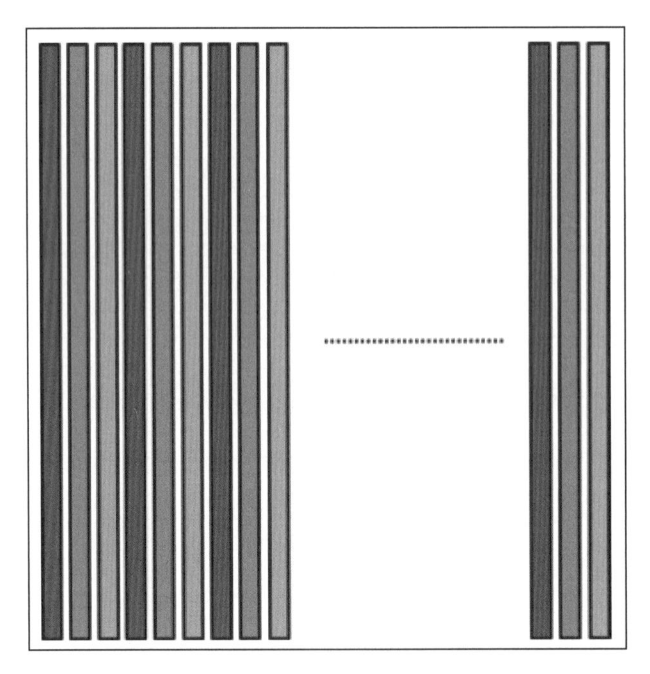

그림 9.14 RGB 색상이 발광되는 줄무늬 패턴을 갖춘 색상 조절이 가능한 OLED 조명[40](컬러 도판 287쪽 참조)

파이오니아社와 미쓰비시 케미컬社는 RGB 줄무늬 패턴을 사용하여 색상 조절이 가능한 OLED 조명패널을 개발하였다.[38,39] 파이오니아社의 오시타는 일본 학회지에 이 기술을 발표하였다.[40] 이들은 외부광방출용 박막을 사용하여 (1,000[cd/m^2] 하에서) 50[lm/W]의 전력효율과 (2,000[cd/m^2]의 초기휘도하에서) 8,000[hr]의 T_{70} 수명을 구현하였다.

유니버설 디스플레이社(UDC)와 어큐어티 브랜드 라이팅社의 위버 등은 색상 조절이 가능한 인광 백색 OLED 조명패널을 개발하였다.[41] 이들이 보유한 기술의 성능수준에 대해서는

표 9.5에 요약되어 있다.

표 9.5 색상 조절이 가능한 인광 OLED 조명패널의 사례[41]

	청색	녹색	적색
1931 CIE(x,y)	(0.17,0.39)	(0.41,0.57)	(0.64,0.36)
전류효율[cd/A]	53	74	30
전압[V]	4.7	2.6	3.0
1,000[cd/m^2]에서의 전력효율[lm/W]	35	89	32

9.7 OLED 조명의 활용 – 시제품과 상용화

OLED 조명산업은 시장에서 다른 형태의 조명들과 경쟁해야만 한다. OLED 조명은 평면형 발광특성, 얇고 가벼우며 높은 효율, 유연성과 높은 연색평가지수, 등과 같은 장점들 때문에 미래의 조명으로 큰 가능성을 가지고 있어서 앞으로 시장확대가 예상되고 있다. 그림 9.15에는 OLED 조명패널의 사례들이 제시되어 있다.[42]

그림 9.15 OLED 조명제품의 사례[42]

후지키메라종합연구소[2]는 2011년 OLED 조명시장의 규모가 2.5[M$]에 불과했지만, 2020년에는 500[M$]로 성장할 것으로 예측하였다.

IDTechEX社에 따르면, 2019년까지는 OLED 조명시장이 매우 느리게 성장하여, 패널 수순의 판매량이 세계적으로 200[M$] 미만일 것이라고 예상하였다. 그런데 이들도 2025년에는

2 富士キメラ総研.

시장이 1.9[B$]로 커질 것이라는 긍정적인 시나리오를 제시하였다.[44]

세계적인 상업조명시장의 규모는 2013년에 40[B$]이었으며, 2020년에는 50[B$]로 성장할 것이다.[45,46] 이토록 큰 시장규모에 비하면, 2020년의 OLED 시장규모는 여전히 미미하다. 2025년에 OLED 조명의 예상 시장규모인 1.9[B$]는 결코 작은 규모가 아니지만, 전체 조명시장에 비하면 단지 몇 퍼센트에 불과할 뿐이다. 그러므로 OLED 조명은 큰 시장이 기다리고 있다는 것을 알 수 있다.

OLED 조명의 현재 가격은 대량생산되는 상용제품의 분야에서 LED 조명과 경쟁하기에는 너무 비싸므로, OLED 조명은 독특한 특징을 기반으로 하여 틈새시장을 공략하여야만 한다. 예를 들어, 일본 야마가타소재의 타카하타전자社[3]는 의료용 OLED 조명을 개발하여 상용화하였다.[47] 일부 제품의 사례가 **그림 9.16**과 **그림 9.17**에 도시되어 있다. 독창적인 제품 중 하나가 **그림 9.16**에 도시되어 있는 색상 조절이 가능한 **간호조명**이다. 야간에 병원 내에서 간호사는 자주 **펜라이트**를 사용한다. 그런데 펜라이트는 강한 점광원이기 때문에 환자들을 불편하게 한다는 문제가 있다. 반면에 부드러운 OLED 조명을 사용한 간호조명은 환자들을 깨우거나 불편하게 만들지 않는다. 또한 OLED 조명은 평면광원이기 때문에 이 간호조명을 사용하여 환자의 안색과 피부색을 확인할 수 있다. 더욱이 이 간호조명을 사용하면, 간호사의 두 손이 자유롭기 때문에, 업무수행이 용이해진다.

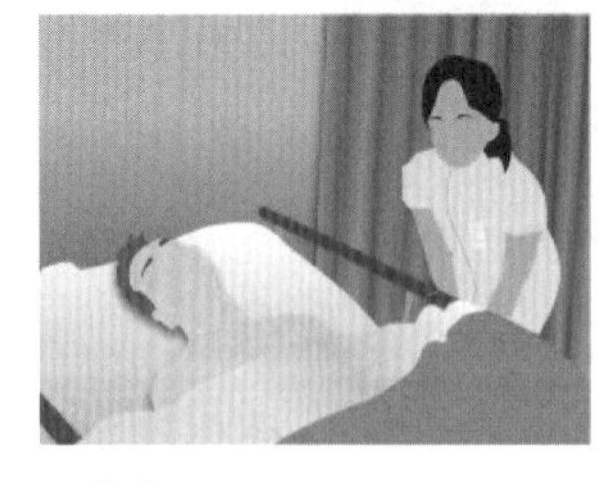

그림 9.16 간호조명[47]

---

3 株式会社タカハタ電子.

그림 9.17 OLED 조명제품의 사례[47]

OLED 조명은 자외선을 포함하지 않기 때문에 미술품에 손상을 주지 않아서, 미술관에서도 사용하기 시작하였다.

OLED 조명을 활용한 여타의 제품들이 **그림 9.18**과 **그림 9.19**에 도시되어 있으며, 특히 **그림 9.18**은 화장용 조명을 보여주고 있다.

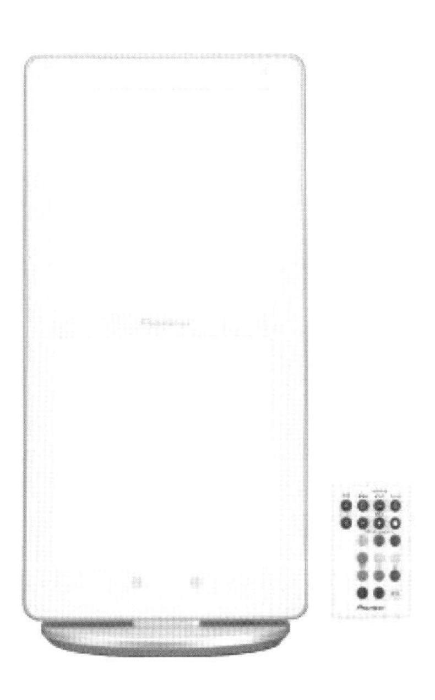

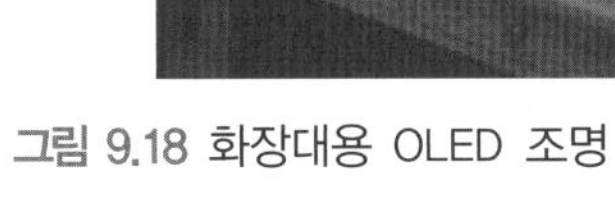

그림 9.18 화장대용 OLED 조명

그림 9.19 OLED 조명 시제품과 상용제품의 사례

LED 조명과 같은 여타 형태의 조명들과 사업적으로 경쟁하는 과정에서 유연성은 독특한 설계와 적용처를 창출할 수 있기 때문에 매우 중요한 성질이다. 유연 OLED 조명기술에 대해서는 10.4절에서 설명할 예정이다.

》 참고문헌

[1] News release of Lumiotec, 24 July 2011. www.lumiotec.com/pdf/110727_LumiotecNewsRelease%20JPN.pdf

[2] J. Kido, K. Hongawa, K. Okuyama and K. Nagai, *Appl. Phys. Lett.*, **64(7)**, 815-817 (1994).

[3] J. Kido, M. Kimura and K. Nagai, *Science*, **267**, 1332-1334 (1995).

[4] K. Ghaffarzadeh, N. Bardsley, "OLED *Lighting Opportunities 2014-2025: Forecasts, Technologies, Players*", IDTechEX (2014).

[5] United States Department of Energy, "Solid-State Lighting Research and Development" Multi-Year Program Plan, April 2014.

[6] S. Möller, S. R. Forrest, *J. Appl Phys.*, **91(5)**, 3324-3327 (2002).

[7] S.-H. Eom, E. Wrzesniewski, J. Xue, *Org. Electron.*, **12**, 472-476 (2011).

[8] M. K. Wei, H. Y. Lin, J. H. Lee, K. Y. Chen, Y. H. Ho, C. C. Lin, C. F. Wu, H. Y. Lin, J. H. Tsai, T. C. Wu, *Opt. Commun.*, **281**, 5625-5632 (2008).

[9] M. K. Wei, I. L. Su, *Opt. Express.*, **12**, 5777-5782 (2004).

[10] F. Galeotti, W. Mroz, G. Scavia, C. Botta, *Organic Electronics*, **14**, 212-218 (2013).

[11] W. Youn, J. Lee, M. Xu, C. Xiang, R. Singh, F. So, *SID 2014 Digest*, 5.3 (p. 40) (2014).

[12] H.-Y. Lin, J.-H. Lee, M.-K. Wei, C.-L. Dai, C.-F. Wu, Y.-H. Ho, H.-Y. Lin, T.-C. Wu, *Optics Communications*, **275**, 464-469 (2007).

[13] J. Zhou, N. Ai, L. Wang, H. Zheng, C. Luo, Z. Jiang, S. Yu, Y. Cao, J. Wang, *Org. Electron.*, **12**, 648-653 (2011).

[14] T. Tsutsui, M. Yahiro, H. Yokogawa, K. Kawano, M. Yokoyama, *Adv. Mater.*, **13(15)**, 1149-1152 (2001).

[15] J. M. Lupton, B. J. Matterson, D. Ifor, W. Samuel, M. J. Jory, W. L. Barnes, *Appl. Phys.* Lett., **77**, 3340 (2000).

[16] J. M. Ziebarth, A. K. Saafir, S. Fan, M. D. McGehee, *Adv. Funct. Mater.*, **14**, 451-456 (2004).

[17] J. M. Lupton, B. J. Matterson, I. D. W. Samuel, M. J. Joy, W. L. Barnes, *Appl. Phys. Lett.*, **77**, 3340 (2000).

[18] A. Kock, E. Gornik, M. Hauser, K. Beinstingl, *Appl. Phys. Lett.*, **57**, 2327 (1990).

[19] Y. R. Do, Y-C. Kim, Y-W. Song, Y.-H. Lee, *J. Appl. Phys.*, **96(12)**, 7629-7636 (2004).

[20] A. O. Altun, S. Jeon, J. Shim, J. H. Jeong, D. G. Choi, K. D. Kim, J. H. Choi, S. W. Lee, E. S. Lee, H. D. Park, J.R. Youn, J. J. Kim, Y. H. Lee, J. W. Kang, *Org. Electron.*, **11**, 711-716 (2010).

[21] K. Ishihara, M. Fujita, I. Matsubara, T. Asano, S. Noda, H. Ohata, A. Hirasawa, H. Nakada, N. Shimoji, *Appl. Phys. Lett.*, **90**, 111114 (2007).

[22] S. Jeon, J. W. Kang, H. D. Park, J. J. Kim, J. R. Youn, J. H. Jeong, D. G. Choi, K. D. Kim, A. O. Altun, Y. H. Lee, *Appl. Phys. Lett.*, **92**, 223307 (2008).

[23] M. Fujita, K. Ishihara, T. Ueno, T. Asano, S. Noda, H. Ohata, T. Tsuji, H. Nadaka, N. Shimoji, *Jpn J. Appl. Phys.*, **44(6A)**, 3669-3677 (2005).

[24] P. A. Hobson, S. Wedge, J. A. E. Wasey, I. Sage, W. L. Barnes, *Adv. Matter.*, **14(19)**, 1393-1396 (2002).

[25] T. Okamoto, *Proc IDW/AD'12*, OLED1-3 (2012); T. Okamoto, K. Shinotsuka, *Appl. Phys. Lett.*, **104(9)**, 093301 (2014).

[26] S. Murano, D. Pavicic, M. Furno, C. Rothe, T. W. Canzler, A. Haldi, F. Löser, O. Fadhel, F. Cardinali, O. Langguth, *SID 2012 Digest*, 51.2 (p. 687) (2012).

[27] T. Shibanuma, T. Seki, S. Toriyama, S. Nishimura, *SID 2014 Digest*, P-152 (p. 1554) (2014).

[28] J. Frischeisen, Q. Niu, A. Abdellah, J. B. Kinzel, R. Gehlhaar, G. Scarpa, C. Adachi, P. Lugli, W. Brutting, *Optics Express*, **19**, A7-A19 (2011).

[29] K. Yamae, H. Tsuji, V. Kittichungchit, Y. Matsuhisa, S. Hayashi, N. Ide, T. Komoda, *SID 2012 Digest*, 51.4 (p. 694) (2012).

[30] J. Frischeisen, D. Yokoyama, A. Endo, C. Adachi, W. Brutting, *Organic Electronics*, **12**, 809-817 (2011).

[31] LG Chem, Press release, 30 September 2013:
www.lgchem.com/global/lg-chem-company/information-center/press-release/news-detail-567

[32] B. W. D'Andrade, J. Esler, C. Lin, V. Adamovich, S. Xia, M. S. Weaver, R. Kwong, J. J. Brown, *Proc. IDW'08*, OLED1-4L (p. 143) (2008).

[33] S. Reineke, F. Lindner, G. Schwartz, N. Seidler, K. Walzer, B. Lu¨sseml, K. Leo, *Nature*, **459**, 234-238 (2009).

[34] P. A. Levermore, V. Adamovich, K. Rajan, W. Yeager, C. Lin, S. Xia, G. S. Kottas, M. S. Weaver, R. Kwong, R. Ma, M. Hack, J. J. Brown, *SID 10 Digest*, 52.4 (p. 786) (2010).

[35] Oral presentation by T. Tsujimura at the session 10.1 of SID 2014 (2014); T. Tsujimura, J. Fukawa, K. Endoh, Y. Suzuki, K. Hirabayashi, T. Mori, *SID 2014 Digest*, 10.1 (p. 104) (2014).

[36] K. Yamae, V. Kittichungchit, N. Ide, M. Ota, T. Komoda, *SID 2014 Digest*, 47.4 (p. 682) (2014).

[37] Y.-S. Tyan, Y.-X. Shen, J.-J. Peng, L. Z., C. Feng, Y.-W. Sui, H. Lu, Y.-C. Wu, H.-J. Ren, Q.-H. Tian, X.-Y. Gu, G.-Y. Huang, *SID 2014 Digest*, 47.2 (p. 675) (2014).

[38] News release of Pioneer Corporation, 3 Jun 2013 (in Japanese). http://pioneer.jp/corp/news/press/index/1636.

[39] News release of Mitsubishi Chemical Corporation, 3 Jun 2013 (in Japanese). www.m-kagaku.co.jp/newsreleases/2013/20130603-1.html.

[40] I. Ohshita, *Pioneer T&D*, **22**, 24-32 (2013).

[41] M. S. Weaver, X. Xu. H. Pang, R. Ma, J. J. Brown, M.-H. Lu, *SID 2014 Digest*, 47.1 (p.

672) (2014).

[42] see homepage of Lumiotec Inc. www.lumiotec.eu/index-en.html.

[43] Fuji Chimera Research Institute, Inc., "*Report on the future's possibility of flexible/transparent/printed electronics*" (2012).

[44] K. Ghaffarzadeh, N. Bardsley, "OLED *Lighting Opportunities 2014-2025: Forecasts, Technologies, Players*", IDTechEX (2014).

[45] "*Energy Efficient Lighting for Commercial Markets*", prepared by Navigant Research, 2Q 2013.

[46] United States Department of Energy, *Solid-State Lighting Research and Development, Multi-Year Program Plan*, April 2014.

[47] see homepage of Takahata Electronics Corporation. www.takahata-denshi.co.jp/.

CHAPTER 10

유연 OLED

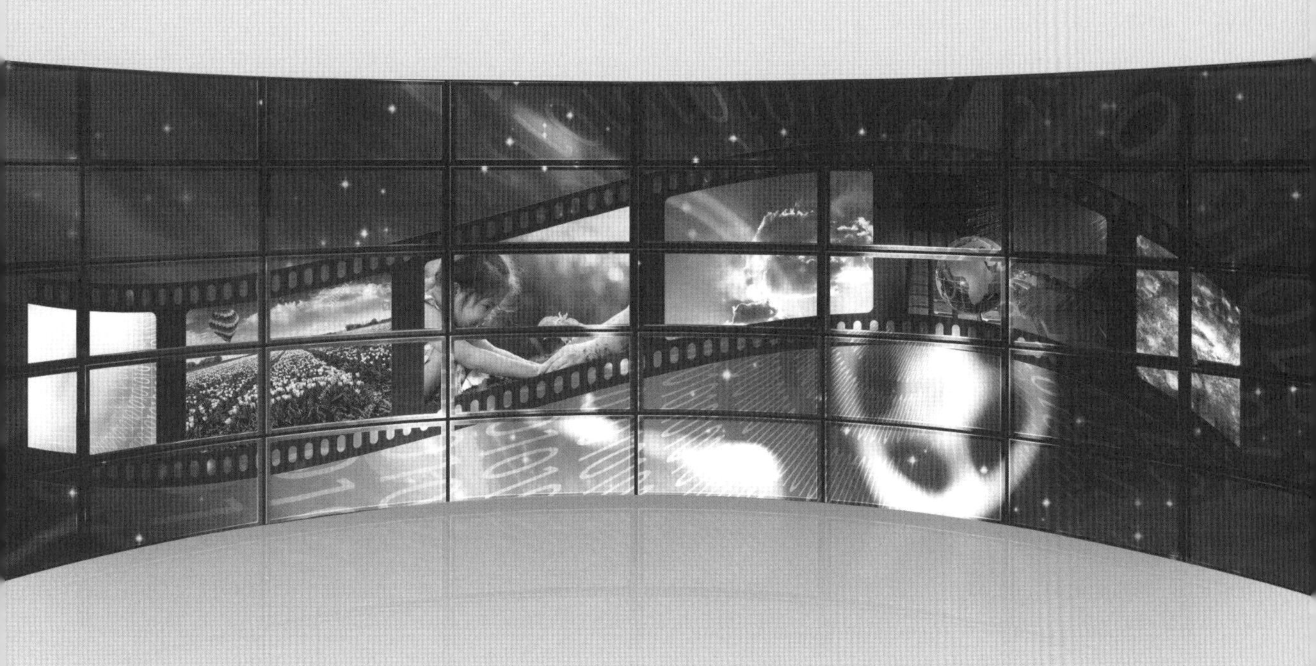

CHAPTER 10

유연 OLED

요 약 OLED의 중요한 장점들 중 하나는 유연기판 위에 이 디바이스를 제작할 수 있다는 점이다. 기존의 유리기판 대신에 유연기판을 사용하면 디스플레이와 조명의 두께와 무게를 현저히 줄일 수 있다. 게다가 유연 OLED를 사용하면 곡면, 절곡, 접힘, 감김 그리고 유연한 제품을 설계할 수 있기 때문에, 제품설계의 관점에서 매력적인 특성을 갖추고 있다. 더욱이, 유연기판을 사용하면 대량생산 비용을 낮출 수 있는 롤투롤(R2R)공정을 사용한 생산혁신이 가능하다. 유연기판의 후보소재로는 초박형 유리, 스테인리스 박판 그리고 플라스틱 필름 등이 잘 알려져 있다. 이 장에서는 이들 세 가지 유형의 유연기판들의 현재 상태와 향후 전망에 대해서 살펴보며, 이들을 유연 OLED 디스플레이에 활용하는 방안에 대해서도 논의하기로 한다.

키워드 **유연, 초박형 유리, 스테인리스 박판, 플라스틱 필름, 차단층, 평면화 유연디스플레이, 유연조명**

10.1 유연 OLED에 대한 초기연구

OLED 연구개발의 초기단계부터 **유연 OLED**에 대한 연구와 발표가 수행되었다.

1992년 유니액스社의 구스타프슨 등은 폴리에틸렌 테레프탈레이트(PET) 박막기판(두께 100[μm]), 폴리아닐린(PANI)박막 정공주입전극(200[Ω/sq], 가시광선 투과율 70%), 폴리(2-메톡시, 5-(2′-에틸-헤속시)-1,4-페닐렌-비닐렌)(MEH-PPV) 소재의 발광 폴리머 그리고 칼슘을 전자주입 음극으로 사용한 유연 OLED를 발표하였다.[1] 이들에 따르면, 이 디바이스의 외부양자 효율은 1%였다.

1997년에 프린스턴 대학교와 남가주대학교의 구 등은 인듐-주석 산화물 전극을 갖춘 투명 플라스틱 박막 위에 진공증착을 통해서 유연 OLED를 제조하였다.[2] 이들에 따르면, 유연 OLED의 성능은 유리기판 위에 증착된 기존 OLED와 유사하였으며, 반복적인 굽힘에 의해서도 성능이 저하되지 않았다.

1997년 프린스턴 대학교 포레스트 그룹의 유 등은 4×4[cm] 크기의 비정질 Si-TFT/OLED 디스플레이를 발표하였다.[3] 이들은 두께가 76~230[μm]인 430 스테인리스강 박판을 사용하였다. OLED부의 구조는 Pt/PVK:PBD:C6/Mg:Ag/ITO였으며, 여기서 PVK는 정공전송 매트릭스 폴리머인 폴리(N-비닐카르바졸), PBD는 전자전송 모재인 2(-4비페닐)-5-(4-터르트-부틸-페닐)-1,3,4-옥사디아졸 그리고 C6는 쿠마린6이다. 이 디스플레이는 100[cd/m^2]의 광도를 나타내었으며, 30피트 높이에서의 낙하나 굽힘과 같은 큰 기계적 응력에도 견딜 수 있었다.

10.2 유연기판

유연기판들은 유연 OLED를 구현할 수 있는 가장 중요한 기술들 중 하나이다. 유연기판이 가지고 있는 성질들 중에서, **가스 차단**이 중요한 인자이다. 가스차단성질에 대한 논의에서 가장 자주 사용되는 인자는 **수증기 투과율**(WVTR)로서, [g/m^2/day]의 단위로 나타낸다. **그림 10.1**에서는 다양한 용도에서 필요로 하는 유연기판들의 수증기 투과율을 보여주고 있다. 음식, 의약품 그리고 전자소자들의 포장에 사용되는 소재의 경우에 필요로 하는 수증기 투과율은 비교적 높은 값을 가지고 있다. 반면에, LCD, LED, PV, OPV 그리고 OLED 등의 전자디바이스들은 수증기 투과율이 낮은 소재를 필요로 한다. 특히 OLED의 경우에는 유기물층과 전극들이 수분에 의해서 쉽게 손상되기 때문에, 수증기 투과율이 매우 낮아야만 한다. 유연 OLED 디바이스의 경우에는 일반적으로 10^{-6} 수준의 수증기 투과율이 필요하다.

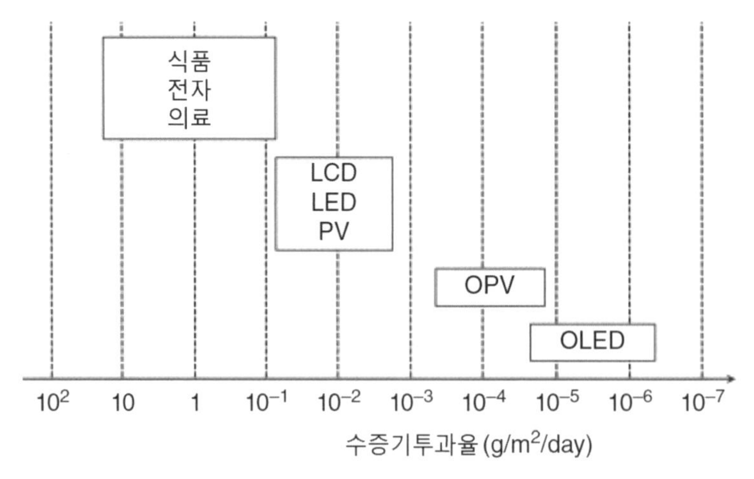

그림 10.1 유연소재의 용도별 허용 수증기 투과율

이 절에서는 세 가지 유형의 유연기판(초박형 유리, 스테인리스 박판 그리고 플라스틱 필름)

들을 서로 비교하여 설명하고 있다. **표 10.1**에서는 세 가지 유형의 유연기판의 성질들을 서로 비교하여 보여주고 있다. 각각의 기판들은 각자의 장점과 근본적인 문제를 가지고 있다.

표 10.1 세 가지 유형의 유연기판들의 성질들

	초박형 유리	스테인리스 박판	플라스틱 필름
비중	~2.5	~7.8	~1.4
온도저항성	탁월, Tg:600[°C]	탁월, Tg:1,400[°C]	낮음 PET:110[°C](Tg) PEN:180[°C](Tg)
열팽창계수	탁월 3~8[ppm/°C]	양호 14~16[ppm/°C]	나쁨 PEN:18~20[ppm/°C] COP:60~65[ppm/°C]
표면평활도	탁월	평탄하지 않음	평탄하지 않음
취급상의 문제	취성	전도도	강도 부족
롤투롤	경험 부족	경험 부족	경험 풍부
증기차폐	탁월	탁월	나쁨

PET: 폴리에틸렌 텔레프탈레이트
PEN: 폴리에틸렌 나프탈레이트
COP: 환상올레핀 폴리머

그런데 **유리기판**은 두께가 줄어들면 유연한 기판으로 변한다. 실제로, 두께가 100[μm] 또는 50[μm]으로 감소하면, 유리기판은 명확하게 유연성을 나타낸다. 이런 초박형 유리기판은 뛰어난 온도저항성과 뛰어난 화학저항성, 낮은 열팽창계수, 뛰어난 표면 평탄도 그리고 뛰어난 증기차폐특성 등과 같은 다양한 장점들을 가지고 있다. 그런데 이런 유리소재는 깨지기 쉽기 때문에, 생산과정에서 초박형 유리의 취급 문제는 여전히 문제를 가지고 있다. 그러므로 초박형 유리기판을 롤투롤 장비에 적용하는 방안은 아직 널리 적용되지 않고 있다.

스테인리스 박판도 두께가 감소하면 유연한 기판으로 변한다. 스테인리스 박판은 뛰어난 온도저항성과 스테인리스소재의 본질적인 장점인 뛰어난 증기차단성능과 같은 여러 가지 장점들을 갖추고 있다. 그런데 스테인리스 박판 모재의 표면은 그리 매끄럽지 않다. 게다가 스테인리스는 도전성 소재이므로 OLED 디바이스에 적용하기 위해서는 절연기술이 필요하다.

일반적인 롤투롤 생산의 측면에서는 **플라스틱 필름**이 널리 사용되고 있지만, 이를 OLED에 적용하기 위해서는 플라스틱 박막은 몇 가지 문제를 가지고 있다. 가장 심각한 문제는 가스차단 특성이다. 게다가 온도저항성, 화학저항성, 표면평탄도, 열팽창계수 등 플라스틱 필름은 다양한 문제들을 가지고 있다.

유연박막의 흥미로운 대안들 중 하나는 **셀룰로오스 나노섬유**(CNF) 박막으로서, 일종의 투명한 종이이다.[4,5] 일반적인 종이소재는 마이크로미터 수준의 셀룰로오스 섬유로 인하여 불

투명하지만, 나노섬유가 15[nm] 수준으로 작아지면 셀룰로오스 나노섬유는 투명해진다. 게다가 셀룰로오스 나노섬유는 낮은 열팽창계수(<10[ppm/°C]), 높은 영계수(>11[GPa]), 높은 열저항성(0~250[°C]의 온도범위에 유리전이점 없음) 등의 다양한 장점을 갖추고 있다.

10.2.1 초박형 유리

일반적으로 OLED 디바이스용 기판은 **그림 10.1**에 도시되어 있는 것처럼, 10^{-6}[g/m^2/day]의 뛰어난 가스차단특성을 갖추어야 한다. 플라스틱 필름으로는 이런 높은 수준의 가스차단성능을 구현할 수 없는 반면에, 유리소재는 두께가 50[μm]까지 감소하여도 이 값을 손쉽게 구현할 수 있다.

이런 **초박형 유리**는 오버플로우 방법으로 만들 수 있으며, 롤 형태로 감을 수 있다. 예를 들어, 일본전기초자社[1]는 **그림 10.2**에 도시되어 있는 것처럼, 두께가 50[μm]인 초박형 유리 롤을 개발하였다.[6]

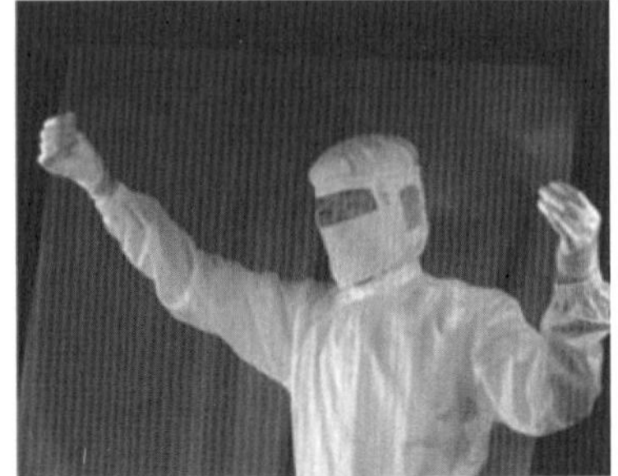

그림 10.2 초박형 유리 롤[6]

그림 10.3에서는 굽힘 곡률반경 R과 곡률 상산에서의 응력 σ 사이의 상관관계를 보여주고 있다. 다음 방정식에서는 곡률상단에서의 응력 σ와 곡률 R 사이의 상관관계에 대해서 보여주고 있다.

$$\sigma = \frac{ET}{2R}$$

1 日本電気硝子.

여기서 E는 영계수이며 T는 유리두께이다. 이 방정식과 **그림 10.3**을 통해서 유리의 두께가 감소할수록 유연성이 증가한다는 것을 명확하게 알 수 있다. 유리의 파괴응력은 유리의 테두리 조건에 의해서 영향을 받으며, 약 50[MPa] 이상의 응력에서 파괴된다. 그러므로 두께가 100[μm]인 초박형 유리는 70[mm] 이상의 반경을 버틸 수 있으며, 두께가 50[μm]인 초박형 유리는 약 40[mm]의 반경을 버틸 수 있다.

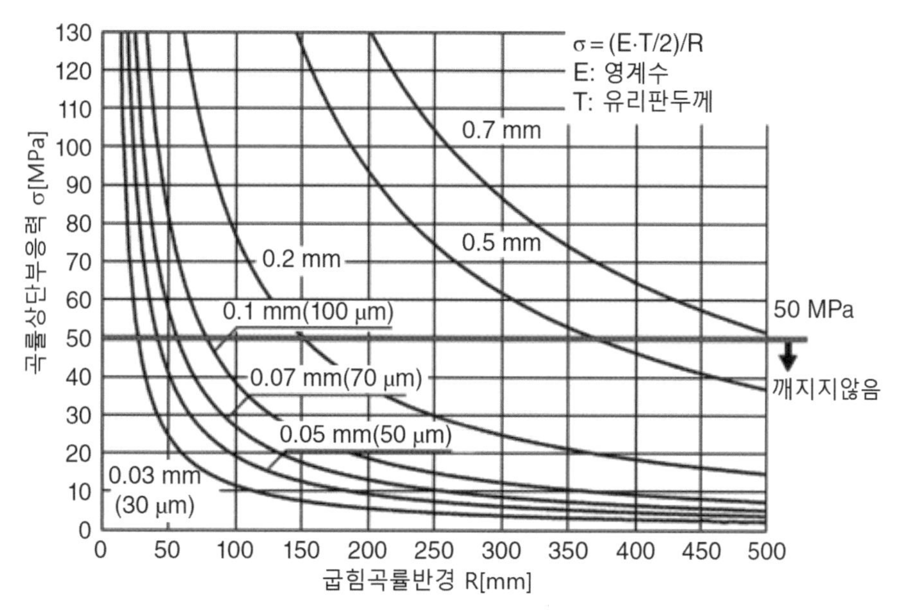

그림 10.3 굽힘곡률반경 R과 곡률상단부응력 σ 사이의 상관관계[6]

반면에, 초박형 유리의 심각한 문제들 중 하나는 깨지기 쉬워서 취급이 어렵다는 것이다. 아사히유리社(일본)에서는 **캐리어 유리판** 접합기술을 발표하였다.[7] 이 기술에서는 **그림 10.4**에 도시되어 있는 것처럼, 예를 들어 0.5[mm] 두께의 캐리어 유리판을 0.1[mm] 두께의 초박형 유리판에 매질층을 사용하여 적층한다. 이렇게 적층된 기판은 양호한 열, 화학 및 기계적 안정성을 갖추고 있으며, 기존 OLED 제조장비에 투입할 수 있다. 디바이스의 제조 및 조립공정이 끝나고 나면, 캐리어 유리를 얇은 유연디바이스로부터 분리해낸다.

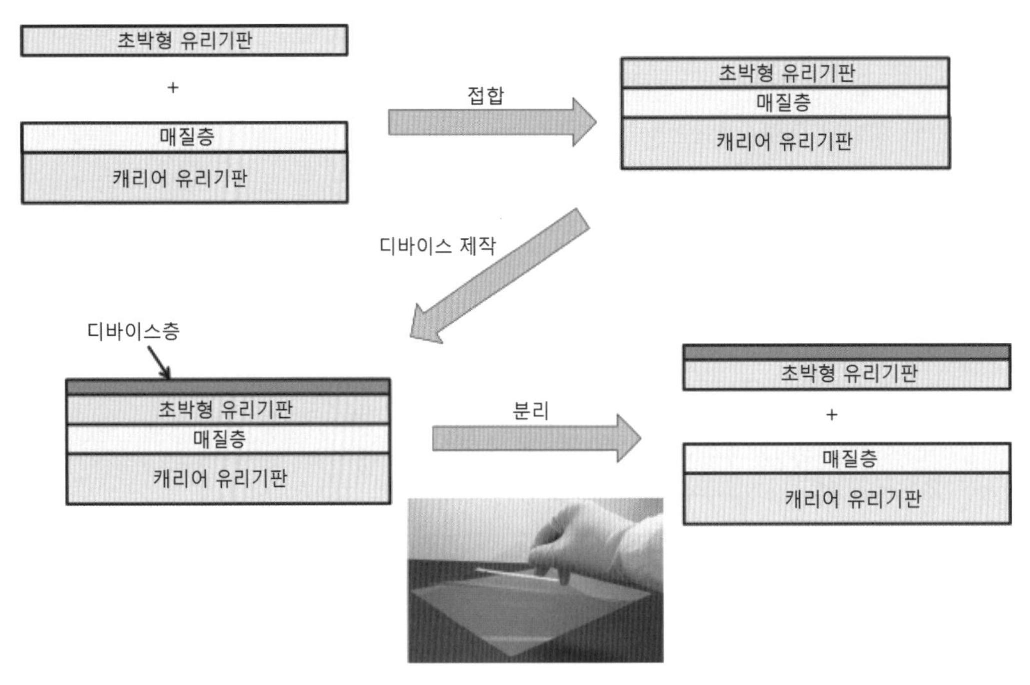

그림 10.4 캐리어 유리기판이 접합된 초박형 유리기판[7]

유리기판의 절단도 유리의 깨짐 성질과 밀접한 관련을 가지고 있다. 만일 절단 모서리에 결함이 존재한다면, 디바이스 제조공정에서 유리는 쉽게 깨져버린다. 일본전기초자社는 이 문제를 해결하기 위해서 새로운 절단기술을 발표하였다.[8] 이 기술은 CO_2 레이저를 사용한 레이저 용융절단으로서, 초박형 유리에 용융된 테두리를 만들어준다.

고베제강社(일본)[2]에서는 초박형 유리기판에 적용할 수 있는 롤투롤 DC 마그네트론 스퍼터링 증착 시스템을 개발하였다.[9] 이들은 실험에서 길이가 500[mm]이며 폭이 120[mm]이고, 10[wt%]의 SnO_2가 도핑된 인듐-주석 산화물 표적에 대하여 안정된 **마그네트론 방전**을 생성하기 위해서 30[kHz] 펄스형 DC 전력을 공급하였다. 메인드럼의 온도는 300[°C]로 설정하였다. 이들은 길이 10[m], 폭 300[mm]이며, 두께는 50[μm]인 롤투롤 초박형 유리기판을 사용하였다. 이들은 190[nm] 두께의 인듐-주석 산화물 박막을 증착하여 시트저항 7.5[Ω/sq]와 83.2[%]의 투과율을 구현하였다.

2 神戸製鋼.

10.2.2 스테인리스 박판

스테인리스 박판은 뛰어난 가스차단성능, 뛰어난 온도저항성, 뛰어난 기계적 강도 그리고 가벼운 무게 등의 매력적인 성질들을 가지고 있어서 유리소재를 대체할 수 있는 재료들 중 하나이다.

그런데 스테인리스 박판은 표면거칠기와 절연의 필요성 등과 같은 문제를 가지고 있다. 표면 편평도가 나쁘기 때문에, OLED 디바이스의 양극과 음극 사이에서 전기누설이 쉽게 발생한다.

표면 평탄도와 절연 문제를 해결하기 위해서 스테인리스 박판 위에 박막을 코팅하는 기술에 대한 연구들이 수행되었다. 코팅된 박막은 스테인리스 박판의 장점을 해치지 않으면서 높은 열 저항성과 가스 차단특성을 갖춰야만 한다.

홍콩시티 대학교(중국)[3]과 싱가포르 과학기술연구국의 지 등은 스테인리스 박판 위에 20[μm] 두께의 **스핀온유리**(SOG)박막을 도포하였다.[10] 이들에 따르면 1[μm] 두께의 스핀온유리 박막이 거칠은 도전성 스테인리스 표면에 대해서 평탄화/절연층으로 작용하였다. 이들은 또한 스핀온유리 박막이 뛰어난 박막두께 균일성, 금속표면과의 강한 접착성 그리고 고온에서의 공정수행능력 등을 갖추고 있다. 이들은 이 스테인리스 박판 위에 상부발광 OLED 디바이스를 제조하였다. 스테인리스 박판 위에 제조한 상부발광 OLED 디바이스의 구조와 발광영상이 **그림 10.5**에 도시되어 있다. 이 디바이스는 4.4[cd/A]로서, 동일한 유기물층을 사용하여 제작한 하부발광 OLED의 3.7[cd/A]에 비해서 뛰어난 성능을 구현하였다.

굴절률 매칭을 위한 Alq_3(60 nm)
Sm 투명음극(30nm)
Alq_3 (60 nm)
α-NPD (60 nm)
CFx (0.3 nm)
Ag 양극 (60 nm)
SOG (1 μm)
스테인리스 박판 (20 μm)

그림 10.5 스테인리스 박판 위에 제작된 상부발광 OLED 디바이스의 구조와 화면영상[10]

3 香港城市大学.

신일본제철社와 스미토모금속공업그룹[4]의 야마다 등은 스테인리스 박판 위에 졸겔법을 사용하여 도포한 무기물-유기물 하이브리드소재를 사용하였다.[11] 이들은 스테인리스 박판 위에 50[μm] 두께로 이 소재를 코팅하였다. 스테인리스 박판 표면은 Ra=10.8[nm]로, 매우 거칠은 표면을 가지고 있지만, 코팅된 표면은 Ra=2.1[nm]로서, **그림 10.6**에 도시되어 있는 것처럼 매끄러운 표면이 생성되었다. 스테인리스 박판은 뛰어난 기계적 안정성과 가스차단특성을 가지고 있기 때문에, OLED 디바이스의 기판으로 유용할 뿐만 아니라 OLED 기판 밀봉에도 유용하다. 야마가타 대학교 유기박막 디바이스 컨소시엄에서는 초박형 유리기판 위에 제작한 OLED 조명 디바이스를 스테인리스 박판으로 밀봉하였다.[12] 이 디바이스에 대해서는 10.4.1 절에서 논의할 예정이다.

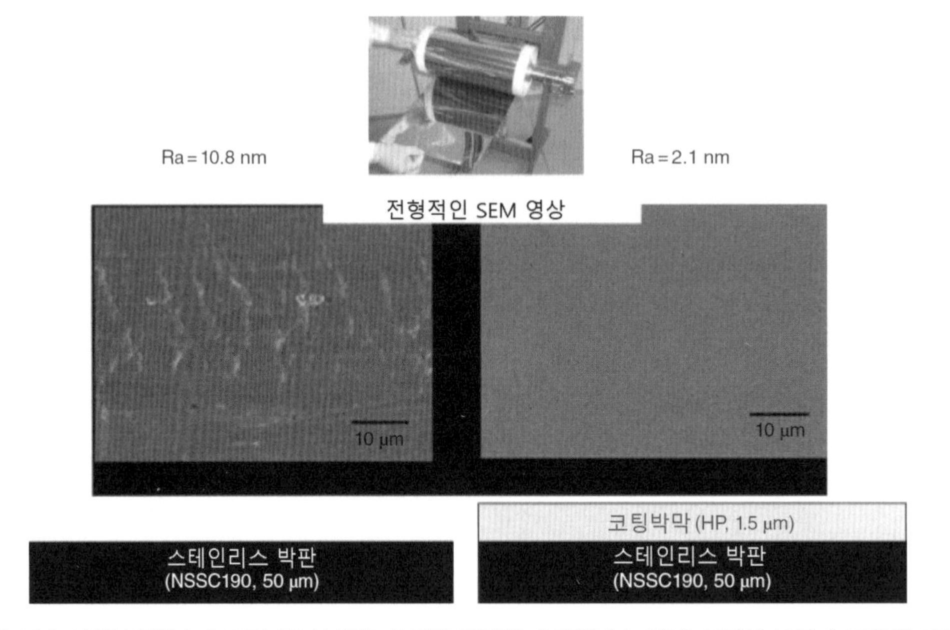

그림 10.6 신일본제철과 스미토모금속공업그룹에서 제작한 스테인리스 박판 모재의 표면과 코팅된 표면

10.2.3 플라스틱 박막

OLED 디바이스에 적용하려는 플라스틱 필름은 **폴리에틸렌 텔레프탈레이트**(PET), **폴리에틸렌 나프탈레이트**(PEN) 그리고 **폴리이미드**(PI) 등이 있다. 이 박막들의 분자구조는 **그림 10.7**

---

4 新日鐵住金株式会社.

에 도시되어 있다. PET는 저가의 소재이다. 그런데 PET는 유리전이온도(Tg)가 80[°C]에 불과하여 온도저항성이 부족하다는 문제를 가지고 있다. PEN은 PET에 비해서 온도저항성이 좋지만(Tg≃155[°C]), 여전히 저온 박막 트랜지스터공정이 필요하며, PET보다 소재 가격이 더 높다. PI 필름은 Tg가 300[°C] 이상이기 때문에 박막 트랜지스터공정을 견딜 수 있다. 그런데 폴리이미드필름이 가지고 있는 심각한 문제들 중 하나는 착색이 어렵다는 점이다.

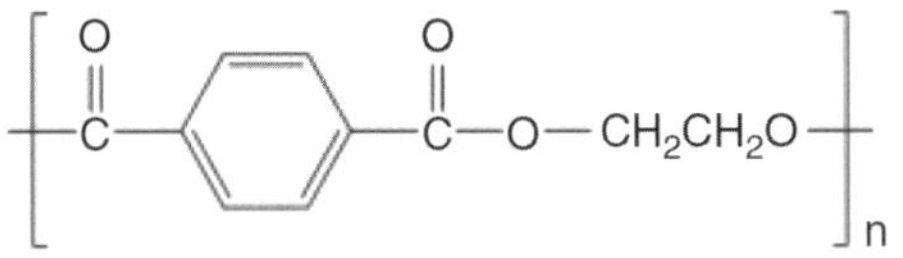

폴리에틸렌 텔레프탈레이트(PET)

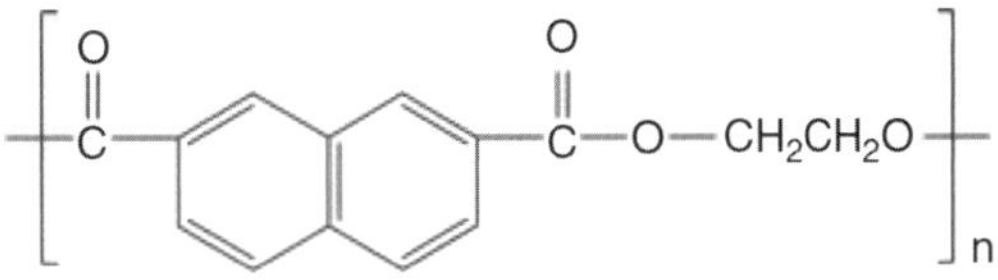

폴리에틸렌 나프탈레이트(PEN)

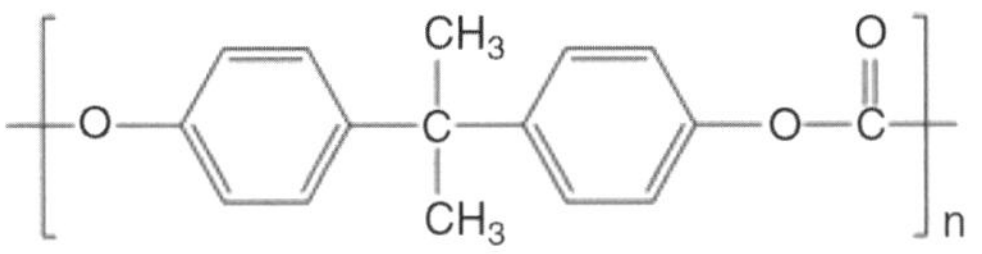

폴리카보네이트(PC)

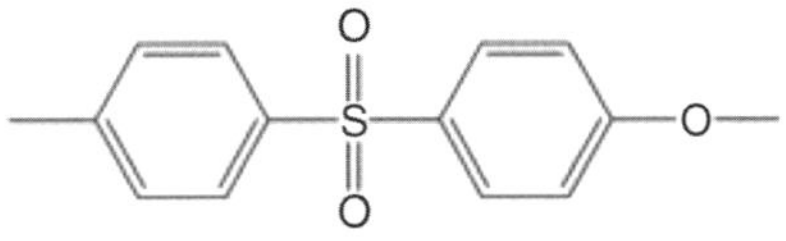

폴리에틸렌술폰(PES)

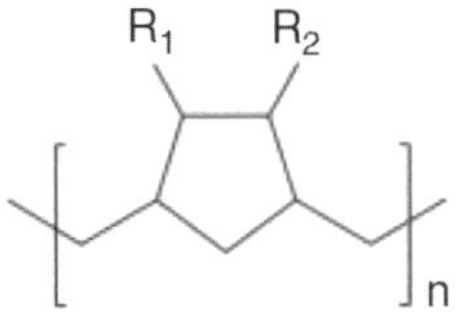

환상올레핀 폴리머(COP)

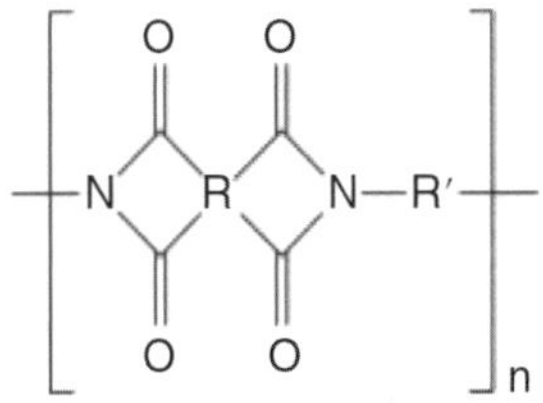

폴리이미드(PI)

그림 10.7 유연 OLED 디바이스용 플라스틱 필름들의 분자구조

플라스틱 필름을 OLED 디바이스에 적용하기에는 수증기 차단성능이 충분히 못하기 때문에, 수증기 차단기술이 매우 중요하다.

다양한 용도에 대해서 필요로 하는 수증기 차단성능이 **그림 10.1**에 도시되어 있지만, 폴리머의 수증기 투과율값은 10~0.1[g/cm^2/day] 수준이다. 따라서 저급 또는 중간급 차단기술을 박막에 적용하면 수증기에 민감한 일부 식품이 필요로 하는 차단성능을 구현할 수 있다는 것을 의미한다. 그런데 OLED의 경우에는 일반적으로 10^{-6}[g/cm^2/day]에 이를 정도로 매우 높은 수준의 차단성능을 필요로 한다. 이토록 높은 차단성능을 구현하기 위해서, 다양한 기술들이 연구개발되었다.

대략적으로 말해서, 플라스틱 필름의 차단성능을 개선하기 위해서는 두 가지 방법이 사용된다. 한 가지 방법은 고품질 저결함 **무기소재 단일층**을 사용하는 것이며, 다른 하나는 **무기소재 차단층**과 **유기소재(폴리머) 중간층**을 교대로 적층한 **다중층**을 사용하는 것이다.

스퍼터링, 화학기상증착(CVD), 원자층 증착(ALD) 등의 기법을 사용하여 증착한 산화규소, 질화규소 그리고 산화알루미늄 등과 같은 무기물 층들을 차단층으로 사용한다.

그런데 단일분자막에는 핀구멍, 크랙 그리고 오염된 입자 등의 결함이 존재하기 때문에 이를 사용하여 수분의 투과를 차단하기 쉽지 않다. 다중층 차단막은 결함을 덮어서 수분확산 경로길이를 증가시켜주며(소위 **미로 모델**이라고 부른다) 기계적인 안정성을 개선시켜주기 때문에 널리 사용된다. **그림 10.8**에서는 다중층 차단막구조의 개략도가 도시되어 있다.

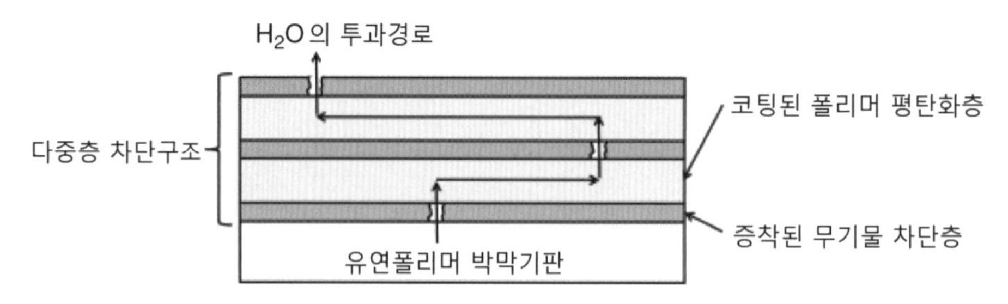

그림 10.8 다중층 차단구조의 개념도

차단기술로는 퍼시픽 노스웨스트 국립연구소(미국)와 비텍스 시스템스社(미국)의 버로우스 등은 Al_2O_3와 같은 진공차단소재 다중층들 사이에 진공 증착된 폴리아크릴레이트층들이 삽입된 다중층 구조를 개발하였다.[13] 이들은 38[°C]에서 0.005[cm^3/m^2/day] 미만의 O_2 차단성능과 0.005[g/m^2/day] 미만의 H_2O 차단성능을 구현하였다.

유니버설 디스플레이社와 퍼시픽 노스웨스트 국립연구소의 위버 등은 175[μm] 두께의 PET 박막과 유기소재-무기소재 다중층이 적층된 차단필름을 개발하였으며, 2×10^{-6}[g/m^2/day]의 수증기 투과율을 구현하였다.[14] 이들은 폴리아크릴레이트 필름과 10~30[nm] 두께의 Al_2O_3가 교대로 쌓인 다중층 구조를 사용하였다.

최근 들어서, 린텍社(일본)[5]의 스즈키 등은 **차단막 전구체** 습식코팅 기술과 플라스마 보조 표면개질을 사용하여 다중층 차단막을 개발하였다.[15] 세라믹 전구체 습식코팅과 플라스마 표면개질기법을 사용하여 하나의 차단층을 제작한 다음에 두 번째 차단층을 그 위에 덮어씌운다. 습식 코팅으로 제작된 2차 차단 전구체가 첫 번째 차단층의 결함들을 덮을 수 있을

5 リンテック株式会社.

것으로 기대된다. 3층 구조를 사용하여 이들은 40[°C] 90[%RH] 조건하에서 10^{-5}[g/m^2/day]의 성능을 구현하였다.

코니카미놀타社의 츠지무라 등은 수증기 투과율이 각각 5.9×10^{-5}[g/m^2/day]와 6.9×10^{-5}[g/m^2/day]인 두 가지 차단막을 개발하였다.[16] 이 차단막들을 사용하여 OLED 디바이스를 제조하면, 85[°C]/85[%RH]의 보관조건하에서 암점의 증가가 매우 작거나 거의 증가하지 않았다. 이들은 플라스틱 차단막을 사용하여 세계 최초로 롤투롤 OLED 장비로 유연 OLED를 제조했다고 발표하였다.

원자층 증착(ALD)을 사용하면 고밀도 박막증착이 가능하기 때문에 미래기술로서 관심을 받고 있다.

콜로라도 대학교(미국)의 그로너 등은 원자층증착기법을 사용하여 증착한 Al_2O_3 박막을 발표하였다.[17] 이들에 따르면, 5[nm] 이상의 두께를 가지고 있는 Al_2O_3 원자층 증착 박막의 산소 투과율은 MOCON社 장비의 시험한계인 5×10^{-3}[g/m^2/day] 미만이었다고 발표했다. 더 민감한 **방사선 추적자법**을 사용하여 측정한 결과, 폴리머 위에 26[nm] 두께의 단면 Al_2O_3 원자층 증착 박막의 H_2O-수증기 투과율은 1×10^{-3}[g/m^2/day] 내외였다.

원자층 증착의 문제점들 중 하나는 증착률이 낮다는 것이다. 원자층 증착을 실용화시키기 위해서는 추가적인 개발이 필요하다.

10.3 유연 OLED 디스플레이

플라스틱 필름을 **유연 OLED** 디스플레이에 적용한 유명한 초기제품들 중 하나는 파이오니아社에서 개발한 3인치 크기의 수동화소 OLED이다.[18,19] **표 10.2**에서는 이 디스플레이의 사양을 보여주고 있다.

표 10.2 파이오니아社에서 개발한 3인치 유연 수동화소 OLED 디스플레이의 사양

디스플레이 크기	대각선 3인치
픽셀숫자	160×120
휘도	70[cd/m^2]
색상	총천연색(256 그레이스케일)
디바이스 구조	하부발광
작동방법	수동화소
두께	0.2[mm]
질량	3[gram](집적회로 포함)

유연 디스플레이를 제조하기 위해서, 이들은 SiON을 사용하여 신뢰성이 높은 차단층을 개발하였으며, 이를 사용하여 차단성능 부족에 의해서 유발되는 퇴화현상에 대한 연구를 수행하였다. 개발된 디바이스의 구조와 시제품의 사진이 각각 **그림 10.9**와 **그림 10.10**에 도시되어 있다.[18,19]

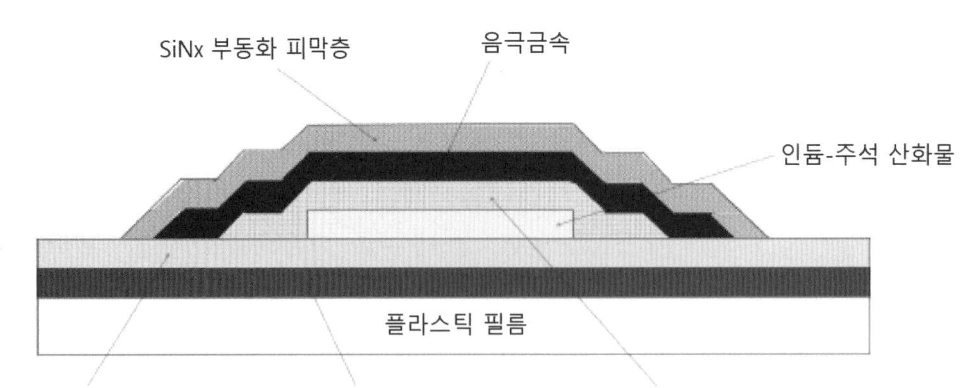

그림 10.9 파이오니아社에서 개발한 유연 OLED의 디바이스 구조[18,19]

그림 10.10 파이오니아社에서 개발한 3인치 수동화소 유연 OLED 디스플레이[18,19]

이 OLED 디바이스는 두 개의 차단층 사이에 끼워져 있다. 차단층들 중 하나는 플라스틱 기판 위에 증착되어 있으며, 다른 하나는 OLED 디바이스 위에 도포된 부동화 피막층이다.

게다가 거칠은 표면은 차단층에 핀구멍과 같은 결함을 유발하기 때문에, 암점의 발생을 방지하기 위해서, 플라스틱 필름 위에 5[μm] 두께의 자외선 경화형 평탄화층을 코팅하였다.

플라스틱 필름 위에 스퍼터링기법을 사용하여 SiON 박막 차단층을 200[nm] 두께로 증착하였다. 이들은 SiON 박막 차단층을 갖춘 OLED 디바이스의 비발광 영역에 대한 평가를 통해서 SiON 박막상의 O와 (O+N) 분자비율이 박막의 투과율과 차단성능에 미치는 영향에 대해서 연구하였다. 이들은 O/(O+N)의 비율이 40~80%일 때에 투과율과 차단성능이 최적화된다는 것을 발견하였다.

플라스마증강 화학기상증착기법을 사용하여 유연 OLED 디바이스의 음극 위에 SiNx 부동화 피막층을 증착한다. OLED에 손상을 주지 않도록 증착온도는 낮아야만 한다. 화학기상증착의 장점은 기계적 응력 조절과 단차피복특성이 양호하다는 점이다. 화학기상증착의 공정조건을 최적화하여 이들은 장기간 보관 안정성을 구현하였다.

앞서 설명한 기법을 사용하여, 60[°C]/95[%RH]의 보관조건하에서 500[hr]이 경과하여도 아무런 퇴화가 관찰되지 않았다.

이들의 발표가 있은 후에, 유연 OLED에 대한 수많은 연구개발이 수행되었으며, 이 절에서는 이에 대해서 살펴보기로 한다.

10.3.1 초박막 유리 위에 부착한 유연 OLED 디스플레이

10.2절에서 설명했듯이, 초박형 유리기판은 높은 가스차폐성능, 뛰어난 화학 및 온도저항성, 뛰어난 표면평활도 그리고 낮은 열팽창계수 등의 많은 장점을 가지고 있다. 이런 매력적인 특성은 박막 트랜지스터 제조공정을 적용할 수 있다는 점이다. 그러므로 만일 초박형 유리기판이 가지고 있는 취성문제를 해결하고 제조장비기술을 발전시킨다면, 초박형 유리가 유연 아몰레드 디스플레이용 기판의 강력한 후보가 될 것이다.

충화픽처튜브社(대만)[6]의 쿠오 등은 a-Si-TFT 회로를 사용하여 초박형 유리 위에 증착한 480×640 도트의 6인치 총천연색 아몰레드 디스플레이를 개발하였다.[20] 초박형 유리의 두께는 100[μm]이며, 아몰레드 패널의 두께는 200[μm]이다.

---

6 中華映管股份有限公司.

10.3.2 스테인리스 박판에 부착한 유연 OLED 디스플레이

스테인리스 박판 위에 OLED 디스플레이를 제조하기 위한 다양한 시도가 수행되었다. 스테인리스 박판은 투명하지 않기 때문에, 스테인리스 박판 위에 제작한 디스플레이는 상부발광 디바이스 구조를 사용할 필요가 있다.

1996년에 프린스턴 대학교(미국)의 타이스와 바그너는 OLED 디스플레이 배면을 개발하기 위해서, 스테인리스 박판 위에 a-Si:H 박막 트랜지스터 디스플레이를 제작하였다.[21]

1997년에 프린스턴 대학교 포레스트 그룹의 우 등은 비정질 Si-TFT로 구동되는 4×4[cm] 크기의 OLED 디스플레이를 발표하였다.[3]

리하이 대학교(미국) 하탈리스 그룹의 트로콜리 등은 스테인리스 박판 위에 폴리실리콘 TFT 회로를 증착하여 300[cm^2/Vs] 이상의 전자이동도를 구현하였다.[22]

삼성 SDI社의 진 등은 스테인리스 박판 위에 5.6인치 크기의 총천연색 상부발광 아몰레드 디스플레이를 제작하였다.[23] 이 디스플레이는 160×350개의 픽셀과 66[ppi]의 분해능을 갖추고 있다. 스테인리스 박판의 표면은 매우 거칠기 때문에(rms=81.4[nm]), 이들은 저가형 거울면 평탄화기법을 개발하여, 고가의 화학적 기상증착으로 구현할 수 있는 수준의 rms=3.3[nm]인 매끄러운 표면을 제작하였다. 금속 기판으로부터 폴리실리콘 활성층을 절연하기 위해서 스테인리스 박판 위에 1[μm] 두께의 SiO_2를 증착하였으며, 기존의 **저온폴리실리콘**(LTPS)공정을 사용하여 박막 트랜지스터 어레이를 제작하였다. 이렇게 만들어진 p-채널 저온폴리실리콘 박막 트랜지스터의 스테인리스 박판 위에서의 전계효과 이동도는 71.2[cm^2/Vs]였다. 박막 트랜지스터 구조 위에 이들은 반사성 양극, 유기물층 그리고 투명음극을 순차적으로 증착하여 상부발광 OLED를 제작하였다. 밀봉을 위해서, 바이텍스 시스템社에서 공급하는 다중층 박막구조를 OLED 구조에 적용하였다.

CEA-LETI社(프랑스)의 템플라이어 등은 스테인리스 박판을 사용하여 2.8인치 크기의 저온폴리실리콘-OLED용 유연성 배면판을 제작하였다.[24] 이 배면판의 사양은 픽셀숫자 120×160(×3), 분해능 70[ppi], 전계효과 이동도 83[cm^2/Vs] 그리고 전류비율은 10^7 이상이다.

유니버설 디스플레이社(미국)와 경희대학교의 마 등은 스테인리스 박판 위에 제작된 3인치 크기의 아몰레드 디스플레이를 개발하였다.[25] 이들은 2-TFT 구조를 가지고 있는 a-Si TFT 회로를 제작하였으며, 이를 상부발광 인광 OLED와 결합시켰다. 이 디스플레이 시제품의 사양은 150[cd/m^2]과 67[ppi]이다.

10.3.3 플라스틱 박막에 부착한 유연 OLED 디스플레이

유연 플라스틱 필름 위에 능동화소 OLED(아몰레드) 디스플레이를 제작하기 위해서는 박막 트랜지스터(TFT)를 플라스틱 필름 위에 제작해야만 한다.

유연한 플라스틱 필름 위에 유연 아몰레드 디스플레이를 제작하는 전형적인 방법들 중 하나는 **그림 10.11**에 개략적으로 도시되어 있는 **코팅/탈착 방법**이다. 이 방법의 경우, 유리기판 위에 코팅하여 플라스틱 필름을 제작한다. 플라스틱 필름소재로는, 열안정성이 높고 유리전이 온도(Tg)가 높으며, 화학저항성이 뛰어난 폴리이미드 필름이 자주 사용된다. 이러한 장점들로 인하여 박막 트랜지스터 제조공정을 적용할 수 있다. 유리기판은 박막 트랜지스터의 배면과 OLED 제조공정을 수행하는 동안 캐리어 기판으로 사용된다. 게다가 유리기판은 박막 트랜지스터 제조공정을 수행하는 동안 크기변화를 막아주는 역할을 수행한다. 이 기판 위에 박막 트랜지스터와 OLED 층들을 제작한다. 능동화소 OLED의 밀봉까지 끝마치고 나면, 이 유리기판을 최종적으로 탈착한다. 탈착에 사용되는 두 가지 일반적인 방법은 기계식 탈착과 **레이저 탈착**이다.[27]

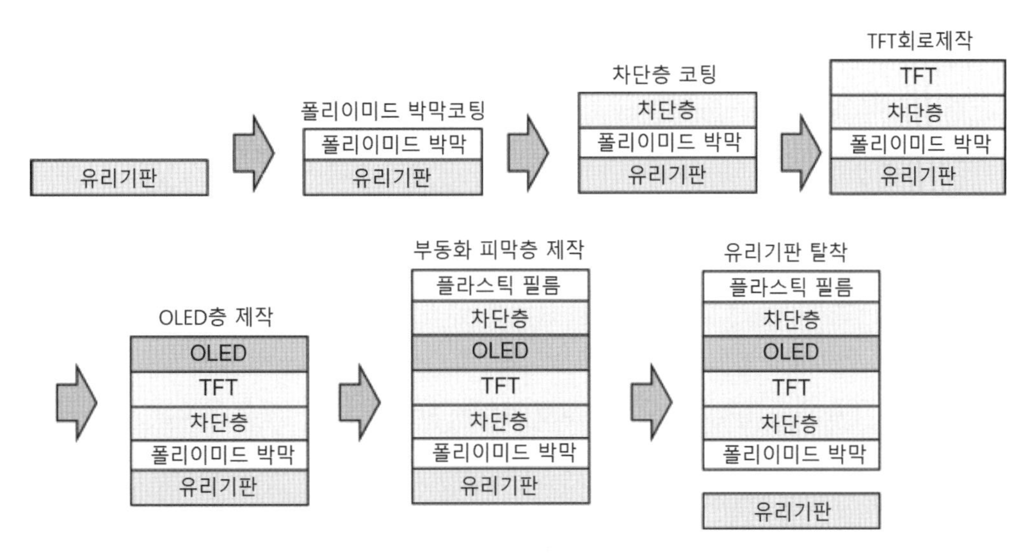

그림 10.11 코팅/탈착방법의 개략도

접착/탈착 방법도 발표되었다. 이 방법의 경우, 플라스틱 필름을 유리기판 위에 접착한다. 이후의 공정들은 코팅/탈착 방법과 동일하다.

반면에, **전달법**도 발표되었다.[28] **그림 10.12**에 도시되어 있는 공정흐름도에서 디바이스 구조의 상부발광 OLED는 컬러필터를 갖추고 있다. 이 방법의 경우, 무기소재 분리층, 부동화 피막층, 박막 트랜지스터층 그리고 OLED 층을 유리기판 위에 증착한다. 반면에 대응유리기판의 경우, 무기소재 분리층, 부동화 피막층 그리고 컬러필터층 등을 생성한다. 다음 단계에서는 TFT/OLED 기판과 컬러필터 기판을 접착한다. 접착 이후에는 물리적 힘을 가하여 유리기판을 부동화 피막층으로부터 분리한다. 마지막으로, 유연기판을 아몰레드 디바이스에 접착한다.

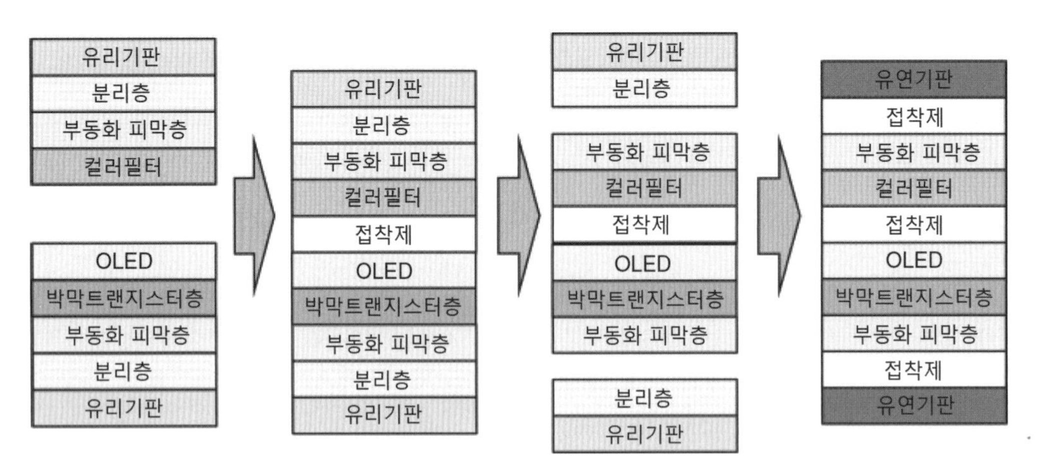

그림 10.12 SEL社에서 발표한 전달법의 개략도[28]

플라스틱 기판을 갖춘 유연 아몰레드 디스플레이의 일부 사례들 이 **표 10.3**에 요약되어 있다.

도시바社에서는 코팅/탈착방법을 사용하여 100[μm] 두께의 폴리이미드 필름 기반의 11.7인치 유연 아몰레드 디스플레이를 개발하였다.[29] 이 디스플레이는 분해능이 94[ppi]인 QHD 포맷(도트수 960×540)을 구현하였다. 이들은 두 개의 트랜지스터와 하나의 커패시터(2Tr+1C)를 갖춘 a-IGZO TFT, 컬러필터를 갖춘 백색발광 그리고 하부발광 디바이스 구조를 사용하였다.

소니社에서는 IGZO FTF로 구동되는 9.9인치 크기의 유연 OLED를 개발하였다.[30] 이들은 코팅/탈착 방법을 사용하였으며, 코팅방법을 사용하여 300[°C] 이상의 온도에 대해서 높은 열저항성을 갖춘 유연기판을 유리기판 위에 직접 제작하였다. 이 기판 위에 두 개의 트랜지스터를 사용하는 IGZO TFT를 제작하였다. 이 소자들의 전계효과 이동도(μ)는 13.4[cm^2/Vs]였다. OLED의 디바이스 구조는 상부발광 방식과 RGBW 픽셀 컬러필터 기판을 조합하여 사용하였다. 이 유연 OLED 디스플레이는 분해능이 111[ppi]인 QHD 포맷(도트수 960×540)을 구현하였으며 색 재현율은 106%였다.

표 10.3 플라스틱 필름을 사용한 유연 능동화소 OLED 디스플레이의 사례

제조사*	크기 [in]	포맷	분해능 [ppi]	TFT	RGB	발광 방향	기판	공정	비고	참조
도시바	11.7	QHD	94	a-IGZO	백색/CF	하부	PI	코팅/탈착		[29]
소니	9.9	QHD	111	IGZO	백색/CF	상부		코팅/탈착	106%NTSC	[30]
SEL	5.9	720×1280	249	CAAC-IGZO	백색/CF	상부	PI	전송	폴딩	[28]
SEL	5.2	QVGA	302	CAAC-IGZO	백색/CF	상부		전송	측면롤, 상부롤	[28]
SEL	13.5	8k4k	664	CAAC-IGZO	백색/CF	상부		전송	폴딩	[31]
SEL	81	8k4k		CAAC-IGZO	백색/CF	상부		전송	가와라	[32]
삼성	5.7	QHD	388						상용화	[33]
LG	5.97		245	ELA-TFT	RGB	상부	PI	코팅/레이저 탈착	상용화	[27]
LG	18	WXGA		IGZO	RGB	상부	PI	코팅/레이저 탈착		[34]
AUO	4.3	QHD		LTPS		상부	PI	기계식 탈착		[26]
홀스트센터	6cm	QQVGA	85	IGZO용액	단색	상부	PI	탈착		[35]
홀스트센터			200	IGZO		상부	PEN	접착/적층		[36]
BOE	9.55	640×432		a-IGZO	FMM	상부	PI	탈착		[37]
NHK#	8	VGA	100	IGZO	RGB 병렬	하부	PEN	접착/탈착		[38]
플라스틱로직	3.86	100		OTFT	단색	하부	PET 등			[39]

* 1저자의 소속사
\# 日本放送協会
FMM: 미세금속마스크기술

2013년에 삼성社[33]와 LG 디스플레이社[27]는 각각 유연 아몰레드 디스플레이를 상용화하였다. 이들의 디스플레이들은 곡면형상을 갖추었다.

삼성社의 곡면 OLED 디스플레이는 5.7인치 크기로서, 1,920×1,080 개의 픽셀과 388[ppi]의 분해능을 갖추고 있었으며, 곡률반경은 400[mm]였다.[33]

LG 디스플레이社가 상용화한 유연 OLED 디스플레이[27]는 5.98인치 크기로서, 720×1,280개의 픽셀과 245[ppi]의 분해능, 폴리이미드 배면판 위에 ELA-TFT를 설치하였으며, 곡률반경은 700[mm]였다.

SEL社는 전송방법을 사용하여 다양한 형태의 유연 아몰레드 디스플레이를 개발하였다.[28,31,32] 이들 중 일부는 13.5인치 대화면, 664[ppi]의 고분해능, 측면롤, 상부롤, 폴더블기능 그리고 **가와라형** 등의 특징을 갖추었다. **그림 10.13**에서는 가와라형 다중 디스플레이 기술을 사용한 81인치 유연 아몰레드 디스플레이를 보여주고 있다.[32]

그림 10.13 가와라형 다중 디스플레이 기술을 사용한 81인치 아몰레드 디스플레이[32].
디스플레이 크기: 81인치(13.5인치 패널 36개(6×6)를 사용한 가와라형 다중 디스플레이)
픽셀 수: 7,680×4, 320(8K UHD), 분해능: 108(ppi), 색상: 총천연색,
디바이스 구조 백색 탠덤 OLED(상부발광)+컬러필터, 구동: CAAC-IGZO TFT 능동화소방식

LG 디스플레이社의 윤 등은 세계 최초로 대형 18인치 유연 OLED 디스플레이를 개발하였다.[34] **그림 10.14**에서는 개발된 18인치 크기의 유연 OLED 디스플레이를 보여주고 있다.

그림 10.14 윤 등이 발표한 18인치 유연 OLED 디스플레이[34]

저온 안정성을 갖춘 다양한 플라스틱 필름을 사용하기 위해서 저온 박막 트랜지스터 기술도 함께 개발되었다. 슈투트가르트 대학교(독일)의 프루호프 등은 최고온도 160[°C]에서 IGZO TFT를 제작할 수 있음을 입증하였다.[40] **그림 10.15**에는 이들이 사용한 디바이스 구조가 도시되어 있다.

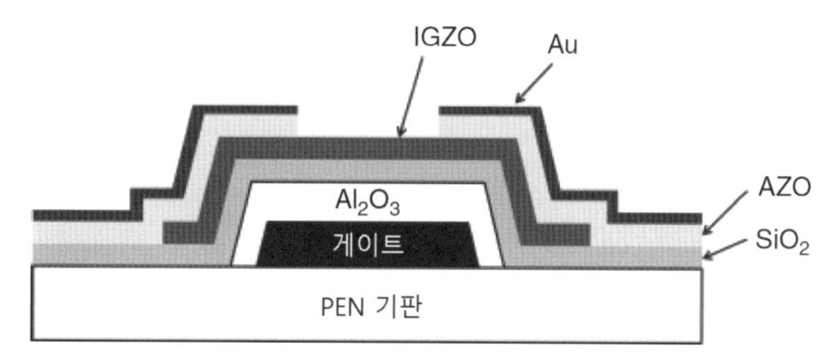

그림 10.15 프루호프 등이 개발한 IGZO TFT의 전형적인 단면구조[40]

10.4 유연 OLED 조명

OLED 조명에 유연성을 추가하면 독특한 조명제품을 만들 수 있을 뿐만 아니라 소비자 측면에서 다양한 장점들을 제공하여 LED와 같은 경쟁기술과 경쟁할 수도 있다. 유연성은 LED를 포함하는 기존의 조명기술들로는 구현할 수 없는, 얇고 가벼우며 유연한 형상을 만들 수 있다는 뛰어난 장점을 실현할 수 있다. 게다가 유연성 덕분에 롤투롤(R2R)공정을 통한 생산비용을 크게 낮추는 혁신을 이룰 수 있다.

10.2절에서 설명했던 세 가지 유형의 유연기판(초박형 유리, 스테인리스 박판 그리고 플라스틱 필름)들을 유연 OLED 조명에 적용할 수 있다.

10.4.1 초박막 유리 위에 부착한 유연 OLED 조명

2013년에 LG케미컬社에서는 세계 최초로 초박형 유리기판 위에 제조한 유연 OLED 조명 패널을 상용화하였다.[41,42] 이 제품의 사양은 크기 210×50[mm], 전력효율 55[lm/W] 그리고 색온도 4,000[K]이다. 이 패널의 두께는 0.2[mm]이며 무게는 단지 0.6[g]이다. 이 OLED 디바이스는 하이브리드 구조(인광과 현광발광체의 조합)를 가지고 있다.

게다가 초박형 유리기판을 사용하는 유연 OLED의 개발은 꾸준히 지속되고 있다.

NEC 라이팅社(일본)[7]에서는 스테인리스 박판으로 밀봉된 초박형 유리를 사용하여 9.2×9.2[cm] 크기의 OLED 패널을 개발하였다.[12] 이들은 일본전기초자社에서 개발한 초박형 유리를 사용

7 NEC ライティング.

하였다.[6] 스테인리스 박판 밀봉구조를 사용하여 기계적인 신뢰성을 높였다. **그림 10.16**에서는 이 디바이스의 구조와 발광장면을 보여주고 있다.

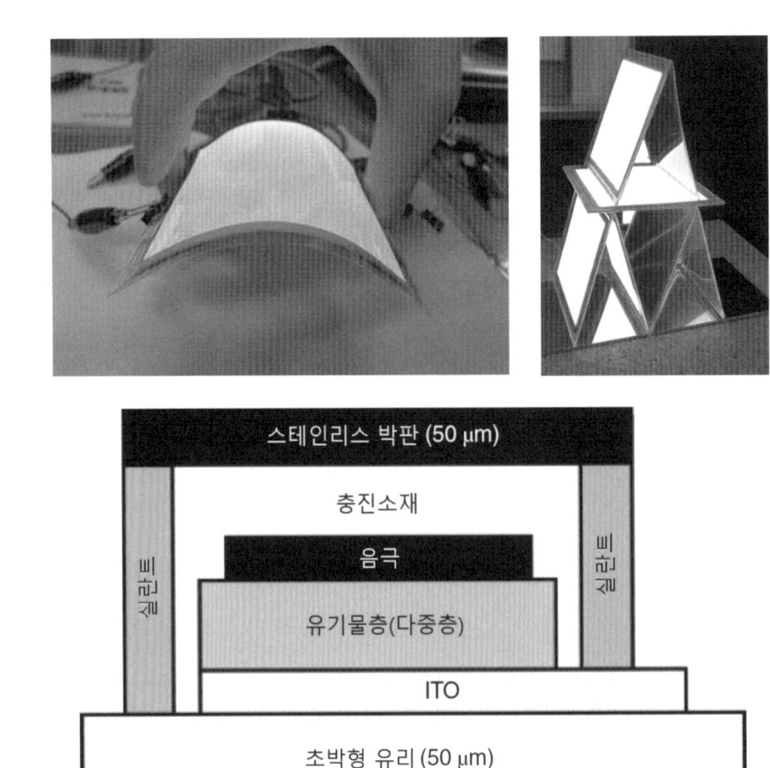

그림 10.16 초박형 유리기판 위에 제작한 OLED 조명 시제품[12]
기판 크기: 50×50[mm], 발광 영역: 32×32[mm], 패널 제작: NEC 라이팅社
초박형 유리: 일본전기초자社, 스테인리스 박판: 신일본제철과 스미토모금속공업그룹

후루카와 등은 야마가타 대학교와 야마가타 대학교 유기박막 디바이스 컨소시엄에 참여하는 일곱 개의 기업들이 공동으로 개발한 초박형 유리기판을 사용한 유연 OLED 디바이스를 발표하였다.[43] 이들은 두께 50[μm], 길이 300[mm]인 롤 유리기판을 사용하였다. **그림 10.17**에는 인듐-주석 산화물 패턴을 제작하기 위한 공정흐름도가 도시되어 있다.

FEBACS社(일본)[8]에서 개발한 롤투롤 습식세척장비를 사용하여 초박형 유리롤을 세척한 다음에, 고베제강社(일본)에서 개발한 롤투롤 증착장비를 사용하여 인듐-주석 산화물층을

8 株式会社FEBACS(フェバックス).

증착한다. 스퍼터링된 인듐-주석 산화물 표적은 10[wt%]의 SnO_2를 함유하고 있다. -20[°C]에서 증착된 인듐-주석 산화물 박막은 250[°C]에서 증착된 인듐-주석 산화물 박막에 비해서 맴브레인 응력이 매우 낮고, 결정크기가 작으며 평평한 표면을 생성한다고 발표되었다. -20[°C]에서 증착된 인듐-주석 산화물 박막을 250[°C]의 온도에서 풀림처리를 수행한 다음에 측정한 저항과 투과율은 각각, 18[Ω/sq]와 85[%]이다. 인듐-주석 산화물 박막의 패터닝기법으로, 이들은 일반적인 노광기법 대신에 에칭 페이스트를 사용하였다. 롤투롤 습식 세척장비를 사용하여 인듐-주석 산화물 박막이 증착된 초박형 유리기판에 대한 습식세척을 수행한 다음에, 토카이쇼지社(일본)[9]에서 개발한 롤투롤 스크린 프린팅 장비를 사용하여 에칭 페이스트를 프린트하였다.[44] 열처리를 통해서 에칭 페이스트가 인듐-주석 산화물 박막을 용해시킨다. 인듐-주석 산화물을 에칭한 다음에, 롤투롤 습식세척장비를 사용하여 초박형 유리를 다시 세척한다. 초박형 유리를 사용하여, 이들은 **그림 10.17**에 도시되어 있는 발광영역이 32[mm] 크기인 OLED 디바이스를 제작하였다.

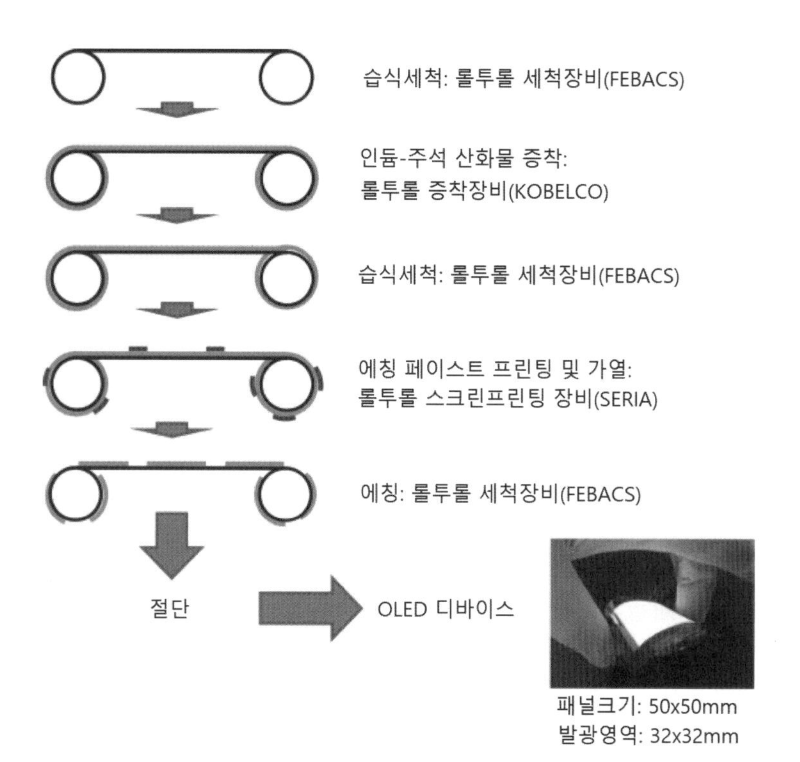

그림 10.17 인듐-주석 산화물 패턴을 생성한 초박형 유리기판을 사용한 유연 OLED 디바이스의 제조공정 흐름도[43]

9 東海商事.

10.4.2 스테인리스 박판에 부착한 유연 OLED 조명

스테인리스 박판은 투명하지 않기 때문에, 스테인리스 박판 위에 제작된 OLED는 상부발광 디바이스 구조를 사용해야만 한다.

유니버설 디스플레이社(미국)의 마 등은 30[μm] 두께의 스테인리스 박판과 인광 OLED를 사용하여 15×15[cm] 크기의 유연 OLED 조명패널을 개발하였다.[45] 스테인리스 박판 표면을 평탄화시키기 위해서, 이들은 스핀코팅기법을 사용하여 열경화성 폴리이미드 박막을 코팅하였다. 양극의 저항을 줄이기 위해서, 알루미늄 버스라인이 사용되었다.

야마다 등은 야마가타 대학교와 신일본제철社와 스미토모금속공업그룹이 공동으로 개발한 스테인리스 박판을 사용하여 유연 OLED 조명을 제작하였다.[12,46] **그림 10.18**에는 디바이스 구조, V-I 특성과 발광장면 등이 도시되어 있다. 스테인리스 박판에는 3[μm] 두께의 무기물-유기물 하이브리드 절연층이 코팅되어 있다.[11] **그림 10.18**의 V-I 특성에서 확인할 수 있듯이, 켜짐전압 이전의 누설전류가 매우 작다. 이는 절연층이 효과적으로 양극과 음극 사이의 전기적인 누전을 효과적으로 차단한다는 것을 의미한다. 이들은 무기물-유기물 하이브리드 절연층이 코팅되어 있는 스테인리스 박판을 사용하여 32×32[mm] 크기의 발광영역을 갖춘 OLED 조명패널을 성공적으로 제작하였다.

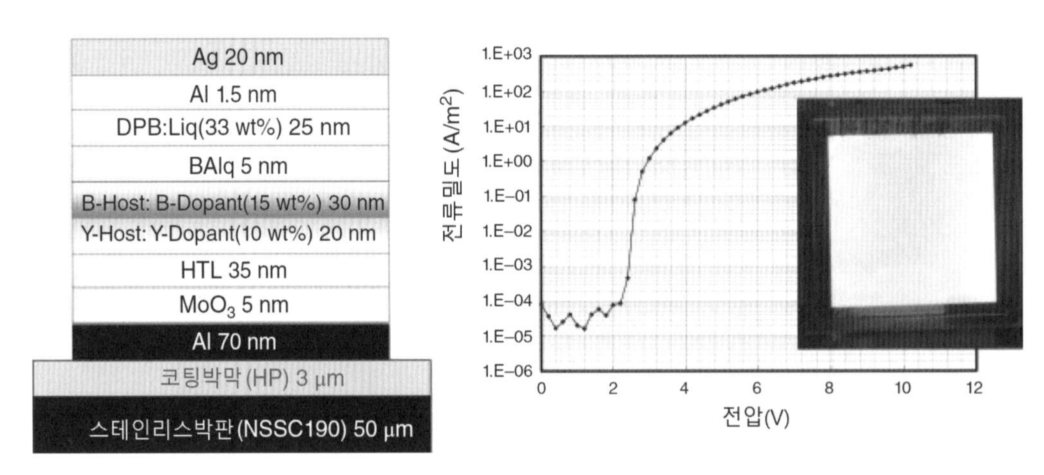

그림 10.18 스테인리스 박판 위에 제작된 OLED 디바이스의 디바이스구조, V-I 특성 및 발광장면[12,46]

이들은 또한 코팅된 스테인리스 박판을 사용하여 발광영역의 크기가 75×75[mm]인 OLED 디바이스를 성공적으로 제작하였다. NEC 라이팅社는 스테인리스 박판 위에 상부발광 OLED 디바이스 구조를 제작하였다. 이 디바이스의 구조와 발광장면이 **그림 10.19**에 도시되어 있다.[12]

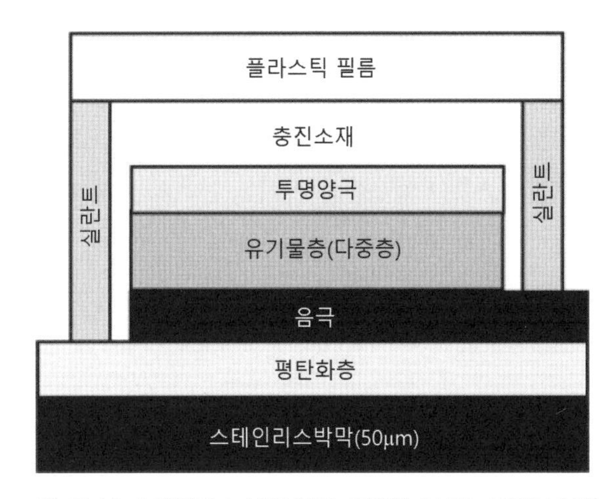

그림 10.19 스테인리스 박판위에 제작한 OLED 디바이스[12]
패널 제조: NEC 라이팅社, 스테인리스 박판: 신일본제철과 스미토모금속공업그룹
패털 크기: 92×92[mm], 발광영역: 75×75[mm]

10.4.3 플라스틱 박막에 부착한 유연 OLED 조명

유니버설디스플레이社(미국)의 마 등은 평탄화된 PEN 기판, 인광 OLED 그리고 외부광방출 박막 등을 사용하여 15×15[cm] 크기의 유연 OLED 조명패널을 개발하였다.[45] 이 조명의 사양은 휘도 3,000[cd/m^2], 효율 43[lm/W], CRI는 84, 1931 CIE는 (0.435, 0.426) 그리고 CCT는 3,200[K]이다.

어드밴스 필름 디바이스社(일본)[10]와 SEL社의 오사와 등은 전달법을 사용하여 360×360[mm] 크기의 유연 OLED 조명 시제품을 개발하였다.[47] 이 디바이스는 스테인리스 박판으로 밀봉하였다. 이 디바이스의 사양은 휘도 1,000[cd/m^2], 전력효율 111[lm/W], CIE(0.49, 0.50) 그리고 CCT 2,860[K]이다.

코니카 미놀타社(일본)의 츠지무라 등은 세계 최초로 롤투롤 장비를 사용하여 플라스틱 차단필름으로 유연 OLED 패널을 제작하였다고 발표하였다.[16] 이 패널은 2014년에 상용화되었다. 이들은 수증기 투과율(WVTR)이 5.9×10^{-5}[g/m^2/day] 미만인 뛰어난 가스차단필름을 사용하였으며, 85[°C]/85[%RH] 조건하에서 300[hr]이 경과한 후에도 암점이 발생하지 않았다.

---

10 アドバンスト フィルム ディバイス インク株式会社.

10.5 유연 디바이스로의 전환

그림 10.20에서는 디스플레이와 조명의 세대변화 양상을 보여주고 있다. 전통적인 디스플레이와 조명 디바이스들은 음극선관(CRT), 백열등 그리고 형광등과 같이 3차원 형상을 가지고 있었다. 20세기에 들어서면서, 액정디스플레이(LCD), 플라스마 디스플레이 패널(PDP), 전자발광 무기소재 디바이스(EL) 그리고 LED를 사용한 평판조명 등과 같은 평판형상 디바이스들로 전환이 일어났다. 특히 디스플레이 분야에서 평판으로의 전환은 평판 디스플레이를 사용하여 노트북 컴퓨터, 핸드폰, 스마트폰, 디스플레이 내장형 디지털 카메라, 디스플레이 내장형 비디오카메라 그리고 대형 텔레비전 등을 만들 수 있게 되면서, 사회와 생활에 엄청난 영향을 미치게 되었다. 만일 평판 디스플레이가 개발되지 않았다면, 이메일이나 핸드폰을 사용하여 친구들과 접속할 수 없으며, 스마트폰을 사용하여 인터넷, 온라인게임, 또는 다양한 네트워크 통신 등을 할 수 없었을 것이다. 이제는 감히 "평판디스플레이 없이는 삶도 없다."라고 말할 수 있게 되었다.

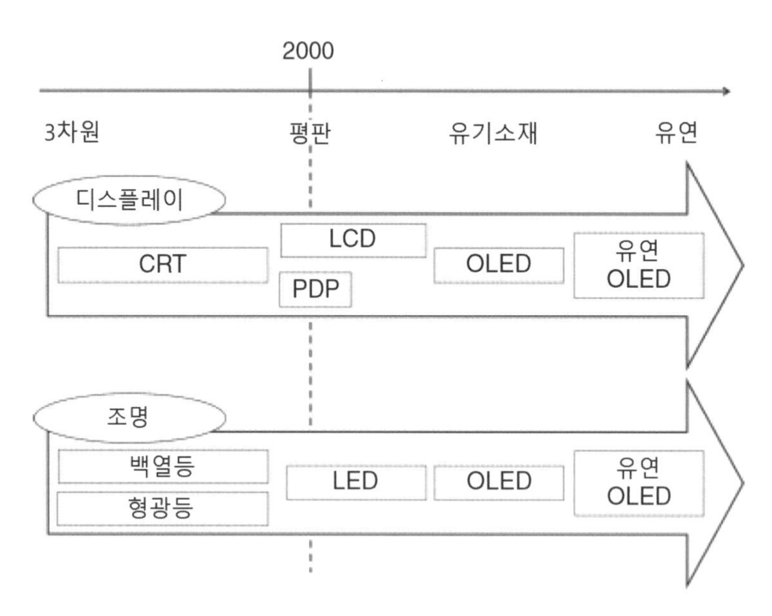

그림 10.20 디스플레이와 조명의 세대 변화

비록 진입장벽이 결코 낮지 않지만, OLED는 현재의 평판형상 디바이스를 대체하는 것을 목표로 하고 있다. 반면에, 유연 OLED가 매력적인 특성들을 가지고 있으며 과학자와 공학자들의 노력을 통해서 현재의 기술이 발전하고 있기 때문에, 차세대 디바이스는 유연성을 갖출 것이라고 믿고 있다. 유연 OLED를 구현할 수 있다면, 현재의 평판 디바이스는 유연 OLED로 전환될 것이다. 유연 OLED에 대한 도전은 우리의 생활을 변화시킬 것이며 LCE가 과거 30여 년 동안 그랬던 것처럼 커다란 시장을 창출할 것이다.

›› 참고문헌

[1] G. Gustafsson, Y. Cao, G. M. Treacy, F. Klavetter, N. Coleneri and A. J. Heeger, *Nature*, **357**, 477-479 (1992).

[2] G. Gu, P. E. Burrows, S. Venkatesh, S. R. Forrest, M. E. Thompson, *Opt. Lett.*, **22**, 172 (1997).

[3] C. C. Wu, S. D. Theiss, G. Gu, M. H. Lu, J. C. Sturm, S. Wagner, S. R. Forrest, *SID 97 Digest*, 7.2 (p. 67) (1997).

[4] M. Nogi, S. Iwamoto, A. N. Nakagaito, H. Yano, *Adv. Mater.*, **21**, 1595-1598 (2009).

[5] G. Banzashi, H. Fushimi, S. Iwai, M. Tsunoda, E. Mikami, *Proc. IDW'14*, FLX5-3 (p. 1452) (2014).

[6] K. Fujiwara, *New Glass*, **24**, 90 (2009).

[7] Y. Matsuyama, K. Ebata, D. Uchida, T. Higuchi and S. Kondo, *Proc. IDW'13*, FLX2-1 (p. 1518) (2013).

[8] N. Inayama and T. Fujii, *Proc. IDW'13*, FLX4-4 (2013).

[9] Y. Ikari and H. Tamagaki, *Proc. IDW'12*, FLX5/FMC5-1 (p. 1493) (p. 1552) (2012).

[10] Z. Xie, L. S. Hung, F. Zhu, *Chem. Phys. Lett.*, **381**, 691-696 (2003).

[11] N. Yamada, T. Ogura, S. Ito and K. Nose, *Proc. IDW'10*, FLXp-5 (p. 2217) (2010); N. Yamada, T. Ogura, S. Ito, and K. Nose, *Proc. IDW'11*, FLX6-2 (p. 2013) (2011).

[12] M. Koden, H. Kobayashi, T. Moriya, N. Kawamura, T. Furukawa and H. Nakada, *Proc. IDW'14*, FLX6/FMC-1 (p. 1454) (2014); M. Koden, *Proc. The Twenty-second International Workshop on Active-matrix Flatpanel Displays and Devices (AM-FPD 15)*, 2-1 (p. 13) (2015).

[13] P. E. Burrows, G. L. Graff, M. E. Gross, P. M. Martin, M. K. Shi, M. Hall, E. Mast, C. Bonham, W. Bennett, M. B. Sullivan, *Displays*, **22**, 65-69 (2001).

[14] M. S. Weaver, L. A. Michalski, K. Rajan, M. A. Rothman, J. A. Silvernail J. J. Brown, P. E. Burrows, G. L. Graff, M. E. Gross, P. M. Martin, M. Hall, E. Mast, C. Bonham, W. Bennett, M. Zumhoff, *Appl. Phys. Lett.*, **81(16)**, 2929-2931 (2002).

[15] Y. Suzuki, K. Nishijima, S. Naganawa, K. Nagamoto, T. Kondo, *SID 2014 Digest*, 6.4 (p. 56) (2014).

[16] T. Tsujimura, J. Fukawa, K. Endoh, Y. Suzuki, K. Hirabayashi, T. Mori, *SID 2014 Digest*, 10.1 (p. 104) (2014).

[17] M. D. Groner, S. M. George, R. S. McLean, P. F. Carcia, *Appl. Phys. Lett.*, **88**, 051907 (2006).

[18] T. Miyake, A. Yoshida, T. Yoshizawa, A. Sugimoto, H. Kubota, T. Miyadera, M. Tsuchida, H. Nakada, *Proc. of IDW'03*, OEL2-2 (p. 1289) (2003).

[19] A. Sugimoto, A. Yoshida, T. Miyadera, *Technical Report of Pioneer R&D*, **11(3)**, 48-56; T. Nagashima, H. Yamada, M. Hanaoka, T. Ichikawa, T. Ishida, K. Oda, *Pioneer R&D*, **13(3)**,

65-73.

[20] C. C. Kuo, J.-Y. Chiou, S.-F. Liu, C.-H. Chiu, C.-H. Lin, Y.-C. Sun, M.-C.-Chen, Y.-W Chiu, *Proc. IDW'13*, OLED3-3 (p. 886) (2013).

[21] S. D. Theiss, S. Wagner, *IEEE Electron Dev. Lett.*, **17(12)**, 578-580 (1996).

[22] M. N. Troccoli, A. J. Roudbari, T.-K. Chuang, M. K. Hatalis, *Solid-State Electronics*, **50**, 1080-1087 (2006).

[23] D. U. Jin, J. K. Jeong, H. S. Shin, M. K. Kim, T. K. Ahn, S. Y. Kwon, J. H. Kwack, T. W. Kim, Y. G. Mo, H. K. Chung, *SID 06 Digest*, 64.1 (p. 1855) (2006).

[24] F. Templier, B. Aventurier, P. Demars, J.-L. Botrel, P. Martin, *Thin Solid Films*, **515**, 7428-7432 (2007).

[25] R.-Q. Ma, K. Rajan, M. Hack, J. J. Brown, J. H. Cheon, S. H. Kim, M. H. Kang, W. G. Lee, J. Jang, *SID 08 Digest*, 30.3 (p. 425) (2008).

[26] Y.-L. Lin, T.-Y. Ke, C.-J. Liu, C.-S. Huang, P.-Y. Lin, C.-H. Tsai, C.-H. Tu, P.-F. Wang, H.-H. Lu, M.-T. Lee, K.-L. Hwu, C.-S. Chuang, Y.-H. Lin, *SID 2014 Digest*, 10.4 (p. 114) (2014).

[27] S. Hong, C. Jeon, S. Song, J. Kim, J. Lee, D. Kim, S. Jeong, H. Nam, J. Lee, W. Yang, S. Park, Y. Tak, J. Ryu, C. Kim, B. Ahn, S. Yeo, *SID 2014 Digest*, 25.4 (p. 334) (2014).

[28] R. Kataish, T. Sasaki, K. Toyotaka, H. Miyake, Y. Yanagisawa, H. Ikeda, H. Nakashima, N. Ohsawa, S. Eguchi, S. Seo, Y. Hirakata, S. Yamazaki, C. Bower, D. Cotton, A. Matthews, P. Andrew, C. Gheorghiu, J. Bergquist, *SID 2014 Digest*, 15.3 (p. 187) (2014); Y. Jimbo, T. Aoyama, N. Ohno, S. Eguchi, S. Kawashima, H. Ikeda, Y. Hirakata, S. Yamazaki, M. Nakada, M. Sato, S. Yasumoto, C. Bower, D. Cotton, A. Matthews, P. Andrew, C. Gheorghiu, J. Bergquist, *SID 2014 Digest*, 25.1 (p. 322) (2014); R. Komatsu, R. Nakazato, T. Sasaki, A. Suzuki, N. Senda, T. Kawata, H. Ikeda, S. Eguchi, Y. Hirakata, S. Yamazaki, T. Shiraishi, S. Yasumoto, C. Bower, D. Cotton, A. Matthews, P. Andrew, C. Gheorghiu, J. Bergquist, *SID 2014 Digest*, 25.2 (p. 326) (2014); J. Koezuka, K. Okazaki, S. Idojiri, Y. Shima, K. Takahashi, D. Nakamura, S. Yamazaki, *Proc. AMFPD'15*, 4-1 (p. 205) (2015).

[29] H. Yamaguchi, T. Ueda, K. Miura, N. Saito, S. Nakano, T. Sakano, K. Sugi, I. Amemiya, M. Hiramatsu, A. Ishida, *SID 2012 Digest*, 74.2L (p. 1002) (2012); H. Yamaguchi, T. Ueda, K. Miura, N. Saito, S. Nakano, T. Sakano, K. Sugi, I. Amemiya, *Proc. IDW/AD'12*, AMD8/FLX7-1 (p. 851) (2012).

[30] M. Noda, K. Teramoto, E. Fukumoto, T. Fukuda, K. Shimokawa, T. Saito, T. Tanikawa, M. Suzuki, G. Izumi, S. Kumon, T. Arai, T. Kamei, M. Kodate, S. No, T. Sasaoka, K. Nomoto, *SID 2012 Digest*, 74.1L (p. 998) (2012); K. Teramoto, E. Fukumoto, T. Fukuda, K. Shimokawa, T. Saito, T. Tanikawa, M. Suzuki, G. Izumi, M. Noda, S. Kumon, T. Arai, T. Kamei, M. Kodate, S. No, T. Sasaoka, K. Nomoto, *Proc. IDW/AD'12*, AMD8/FLX7-2 (p. 855) (2012).

[31] K. Takahashi, T. Sato, R. Yamamoto, H. Shishido, T. Isa, S. Eguchi, H. Miyake, Y. Hirakata,

S. Yamazaki, R. Sato, H. Matsumoto, N. Yazaki, *SID 2015 Digest*, 18.4 (p. 250) (2015).
[32] D. Nakamura, H. Ikeda, N. Sugisawa, Y. Yanagisawa, S. Eguchi, S. Kawashima, M. Shiokawa, H. Miyake, Y. Hirakata, S. Yamazaki, S. Idojiri, A. Ishii, M. Yokoyama, *SID 2015 Digest*, 70.2 (p. 1031) (2015).
[33] News release of Samsung Electronics, 9 October 2013: http://global.samsungtomorrow.com/?p=28863.
[34] J. Yoon, H. Kwon, M. Lee, Y.-Y. Yu, N. Cheong, S. Min, J. Choi, H. Im, K. Lee, J. Jo, H. Kim, H. Choi, Y. Lee, C. Yoo, S. Kuk, M. Cho, S. Kwon, W. Park, S. Yoon, I. Kang, S. Yeo, *SID 2015 Digest*, 65.1 (p. 962) (2015).
[35] B. Cobb, F. G. Rodriguez, J. Maas, T. Ellis, J.-L. van der Steen, K. Myny, S. Smout, P. Vicca, A. Bhoolokam, M. Rockele, S. Steudel, P. Heremans, M. Marinkovic, D.-V. Pham, A. Hoppe, J. Steiger, R. Anselmann, G. Gelinck, *SID 2014 Digest*, 13.4 (p. 161) (2014).
[36] F. Li, E. Smits, L. van Leuken, G. de Haas, T. Ellis, J.-L. van der Steen, A. Tripathi, K. Myny, M. Ameys, S. Schols, P. Heremans, G. Gelinck, *SID 2014 Digest*, 32.2 (p. 431) (2014).
[37] S. Shi, D. Wang, J. Yang, W. Zhou, Y. Li, T. Sun, K. Nagayama, *SID 2014 Digest*, 25.3 (p. 330) (2014).
[38] H. Fukagawa, K. Morii, M. Hasegawa, Y. Nakajima, T. Takei, G. Motomura, H. Tsuji, M. Nakata, Y. Fujisaki, T. Shimizu, T. Yamamoto, *SID 2014 Digest*, P-154 (p. 1561) (2014).
[39] C. W. M. Harrison, D. K. Garden, I. P. Horne, *SID 2014 Digest*, 20.3L (p. 256) (2014).
[40] N. Fruehauf, M. Herrmann, H. Baur, M. Aman, *Proc. AM-FPD'15*, S1-2 (p. 39) (2015).
[41] LG Chem, Press release, 3 April 2013: www.lgchem.com/global/lg-chem-company/information-center/pressrelease/news-detail-527
[42] LG Chem, Press release, 30 September 2013: www.lgchem.com/global/lg-chem-company/information-center/press-release/news-detail-567
[43] T. Furukawa, K. Mitsugi, H. Itoh, D. Kobayashi, T. Suzuki, H. Kuroiwa, M. Sakakibara, K. Tanaka, N. Kawamura, M. Koden, *Proc. IDW'14*, FLX4-3L (p. 1428) (2014).
[44] D. Kobayashi, N. Naoi, T. Suzuki, T. Sasaki, T. Furukawa, *Proc. IDW'14*, FLX3-1 (p. 1417) (2014).
[45] R. Ma, H. Pang, P. Mandlik, P. A. Levermore, K. Rajan, J. Silvernail, E. Krall, J. Paynter, M. Hack, J. J. Brown, *SID 2012 Digest*, 57.1 (p. 772) (2012).
[46] N. Yamada, H. Kobayashi, S. Yamaguchi, J. Nakatsuka, K. Nose, K. Uemura, M. Koden, H. Nakada, *Proc. IDW'14*, FLX6/FMC6-4L (p. 1465) (2014).
[47] N. Ohsawa, S. Idojiri, K. Kumakura, S. Obana, Y. Kobayashi, M. Kataniwa, T. Ohide, M. Ohno, H. Adachi, N. Sakamoto, S. Yatsuzuka, T. Aoyama, S. Yamazaki, *SID 2013 Digest*, 66.4 (p. 923) (2013).
[48] K Furukawa, K. Kato, T. Iwasaki, *Proc. IDW'13*, OLED5-1 (p. 902) (2013); K. Hirabayashi, H. Ito, T. Mori, *Proc. IDW'13*, FLX4-2 (p. 1546) (2013).

CHAPTER 11

차세대 기술

CHAPTER 11

차세대 기술

요 약 새로운 기술이 산업의 혁신을 촉발한다. 이 절에서는 비-인듐-주석 산화물 투명전극, 유기소재 박막 트랜지스터, 박막 트랜지스터 습식공정, OLED 습식공정, 롤투롤 장비 그리고 퀀텀도트 등과 같은 새로운 기술들에 대해서 살펴보기로 한다. 이 기술들 중 대부분은 습식공정과 유연소재의 적용이 가능하다. 습식공정과 유연소재의 적용을 통해서 제품에 새로운 가치가 부여되며 가격을 낮출 수 있기 때문에, 습식공정과 유연소재 적용이 절실하게 필요하며, 유기전자기술의 세대변화를 촉발할 수 있다.

키워드 **비-인듐-주석 산화물 투명전극, 도전성 폴리머, 은 나노와이어, 탄소나노튜브, 프린팅, 롤투롤, 유기소재 박막 트랜지스터, 습식공정, 퀀텀도트**

11.1 ITO를 사용하지 않는 투명전극

인듐-주석 산화물(ITO)은 OLED뿐만 아니라 LCD에서도 가장 자주 사용되는 투명전극이다. 그런데 특히 유연 디바이스의 경우에는 인듐-주석 산화물이 몇 가지 문제를 가지고 있다. 우선, 인듐-주석 산화물은 굽힘에 대해서 취성을 가지고 있으며, 크랙과 결함을 생성하기 때문에, 기계적 유연성이 제한되어 있다. 두 번째로, 인듐-주석 산화물 박막을 제조하기 위해서는 일반적으로 진공증착과 노광공정을 포함하는 다수의 공정단계를 필요로 하므로 많은 초기투자가 필요하다. 세 번째로, 인듐은 희귀금속이므로, 자원고갈에 따른 안정적인 공급문제가 유발된다. 뒤의 두 가지 이유들 때문에 인듐-주석 산화물은 고가이다.

그러므로 인듐-주석 산화물을 대체할 수 있는 전극소재에 대한 강력한 수요가 존재하며, 이것이 최근에 가장 관심을 받는 주제가 되었다. 후보물질에는 도전성 폴리머,[1~10] 은을 사용한 적층,[11~16] 은 나노와이어(AgNW),[4~6,17~19] 탄소나노튜브(CNT),[20~29] 금속망사 그리고 그래핀 등이 포함된다. **그림 11.1**에서는 다양한 투명전극소재들의 가격과 도전성 사이의 상관관계를 보여주고 있다.[30]

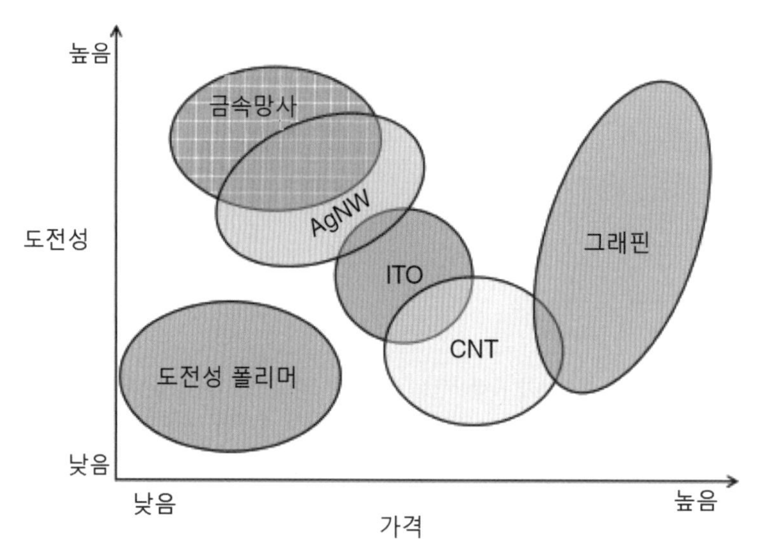

그림 11.1 다양한 투명전극소재들의 가격과 도전성 사이의 상관관계[30]

도전성 폴리머는 인듐-주석 산화물보다 도전성이 훨씬 낮지만, 가격이 낮다는 장점을 가지고 있다. 은을 사용한 비-인듐-주석산화물 투명소재를 사용하여 인듐-주석 산화물보다 낮은 가격과 높은 전도성을 구현할 수 있을 것으로 판단된다. 반면에, 탄소나노튜브나 그래핀과 같은 탄소소재들은 여전히 가격과 도전성 문제를 가지고 있다.

11.1.1 도전성 폴리머

가장 가능성이 높은 **도전성 폴리머**는 폴리(3,4-에틸렌디옥시티오펜):폴리(스티렌-술포네이트)(PEDOT:PSS)와 유사 유도체들이다. PEDOT:PSS의 분자구조는 **그림 4.36**에 도시되어 있다. 비록 PEDOT:PSS는 OLED에서 정공주입과 정공전송소재로 사용할 수 있지만, 전극소재로도 사용이 가능하다.

PEDOT:PSS 자체의 도전성은 그리 높지 않다. 예를 들어, 바이엘社가 공급하는 PEDOT:PSS 소재에 자주 사용되는 베이트론 P의 도전성은 10[S/cm] 미만이다. 그런데 폴리알코올(각 분자마다 두 개 이상의 OH 그룹이 붙어 있는 알코올),[1] 디메틸술폭시드(DMSO)와 같은 고유전성 솔벤트[2] 그리고 N,N-디메틸포름아미드(DMAc)[3] 등의 화합물들을 첨가하면 PEDOT:PSS의 도전성이 크게 향상된다.

미국해군연구소의 김 등은 소량의 글리세롤을 함유한 PEDOT:PSS를 사용하여 인듐-주석 산화물을 사용한 OLED와 유사한 성능을 구현하는 OLED 디바이스를 발표하였다.[1]

캘리포니아 대학교 로스앤젤레스 캠퍼스의 오우양 등은 에틸렌 글리콜이나 메조-에리스리톨을 첨가하여 PEDOT:PSS의 전도성을 160[S/cm]으로 향상시켰다고 발표하였다.[2] 이들은 고전도성 PEDOT:PSS를 사용하여 폴리머 OLED 디바이스를 제작하였으며, 인듐-주석 산화물을 사용한 OLED 디바이스와 유사한 성능을 구현하였다.

드레스덴 공과대학교와 H.C.스탁社(독일)의 페세 등은 인듐-주석 산화물 대신에 PEDOT:PSS 전극을 갖춘 인광 OLED 디바이스를 발표하였다.[3] PEDOT:PSS에는 DMSO 5[%]를 함유한 베이트론 PH500(H.C.스탁社)을 사용하였다. 실험결과는 **표 11.1**에 제시되어 있다. PEDOT:PSS를 사용한 OLED 디바이스는 인듐-주석 산화물을 사용한 OLED에 비해서 동일하거나 더 낳은 성능을 나타내었다.

표 11.1 PEDOT:PSS를 사용한 인광 OLED 디바이스[3]

색상	전극	전압 [V]	전류밀도 [mA/cm^2]	전류효율 [cd/A]	전력효율 [lm/A]	CIE 좌표
녹색	PEDOT:PSS	3.07±0.06	0.16±0.02	62.0±2.3	63.5±3.3	(0.30,0.64)
	ITO	3.16±0.05	0.19±0.03	54.1±1.1	53.8±1.9	(0.32,0.62)
청색	PEDOT:PSS	3.25±0.06	2.35±0.05	4.2±0.1	4.0±0.1	(0.16,0.24)
	ITO	3.51±0.04	2.70±0.05	3.7±0.1	3.3±0.1	(0.16,0.22)
적색	PEDOT:PSS	2.61±0.02	0.75±0.10	13.2±3.0	15.9±3.1	(0.65,0.36)
	ITO	2.64±0.03	0.70±0.10	14.6±3.3	17.3±4.1	(0.64,0.35)

OLED 디바이스의 휘도: 100[cd/m^2]

야마시타 대학에 근무하는 저자와 동료들은 OLED 디바이스에 도전성 폴리머를 적용하였다.[4~6] **그림 11.2**에서는 이 디바이스의 구조와 전형적인 성능이 인듐-주석 산화물을 사용하는 비교대상과 함께 제시되어 있다. 개발된 도전성 폴리머의 전도성은 약 100[S/cm]이다. **그림 11.2**에서는, 도전성 폴리머를 사용하는 OLED의 I-V-L 특성을 기준이 되는 인듐-주석 산화물을 사용한 OLED와 비교하여 보여주고 있다. 도전성 폴리머를 사용하는 OLED의 구동전압은 인듐-주석 산화물을 사용하는 OLED에 비해서 약간 더 높다. 이는 도전성 폴리머와 인듐-주석 산화물의 도전성 차이에 기인한다. 이 결과에 따르면, OLED의 성능에 심각한 영향을 미치지 않으면서 도전성 폴리머를 OLED에 사용할 수 있다는 것을 알 수 있다.

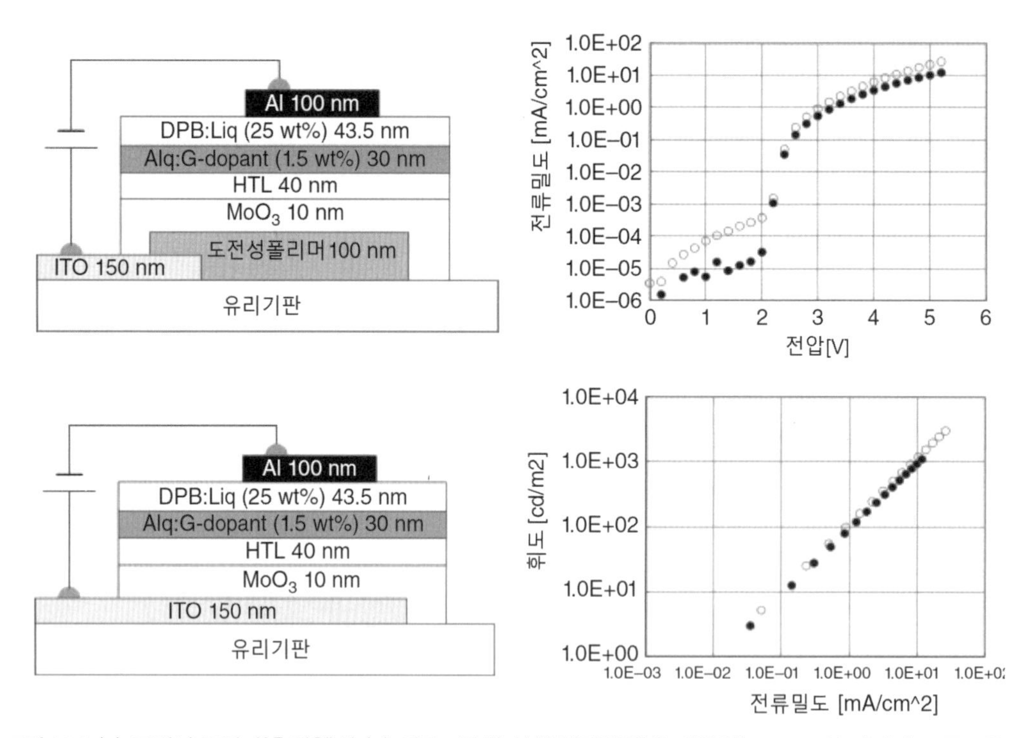

그림 11.2 (a) 도전성 폴리머(흑색원)와 (b) 인듐-주석 산화물(적색원)을 사용하는 OLED의 디바이스 구조와 전형적인 OLED 성능(컬러 도판 288쪽 참조)

우리는 또한 **그림 11.3**에 도시되어 있는 것처럼, 도전성 폴리머를 사용하여 5×5[cm] 크기의 OLED 패널을 제작하였다.[4,5] 이 OLED 패널에는 전기저항을 줄이기 위해서 1.5[mm] 피치로

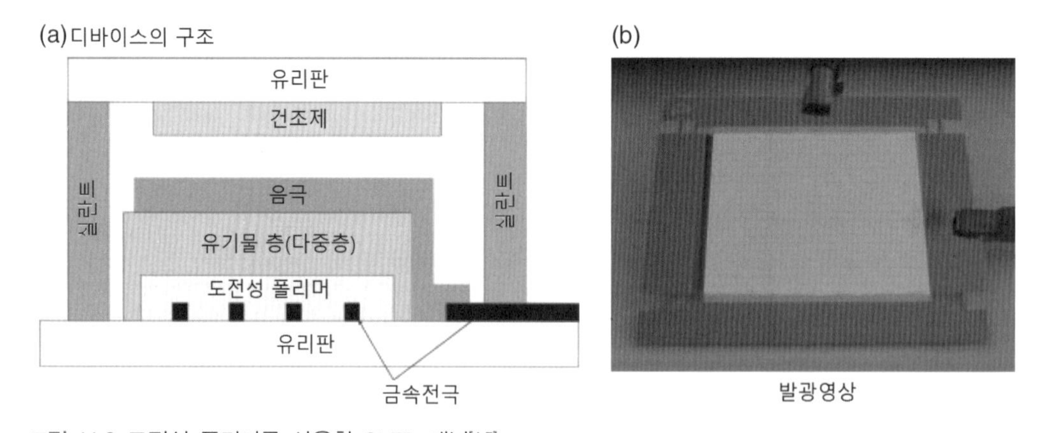

그림 11.3 도전성 폴리머를 사용한 OLED 패널[4,5]
(a) 디바이스의 구조, (b) 발광영상 기판 크기: 50×50[mm]
발광 면적: 32×32[mm], 도전성 폴리머: 스핀코팅
금속전극: Mo/Al/Mo(피치 1.5[mm], 폭 30[μm], 두께 400[nm])

버스라인을 설치하였다. 도전성 폴리머의 도전성을 기반으로 하는 OLED 휘도 균일성 시뮬레이션을 통해서 이 피치가 결정되었다. 이 사진을 통해서 인듐-주석 산화물을 사용하지 않고도 균일한 발광성능을 구현하였음을 확인할 수 있다.

도전성 폴리머의 패터닝 기술에 대한 연구가 수행되었다. UINFM-CNR의 국립 나노테크놀로지 연구소와 나노사이언스 학제간 훈련 고등연구소(이탈리아)[1]의 필리에고 등은 고전도성 PEDOT:PSS 패턴을 생성하기 위한 리프트 업 **연질노광**을 발표하였다.[7] 이들은 사전 세척된 유리기판 위에 5[%]의 DMSO를 함유한 베이트론 PH500 수성폴리머를 스핀코팅 하였다. PEDOT:PSS 박막의 두께는 거의 100[nm]이었으며 도전성은 360[S/cm]이었다. 이들은 또한 노광공정을 사용하여 실리콘 템플리트 위에 10:1의 비율로 경화제를 섞은 폴리디메틸실록산(PDMS)(실가드184) 몰드를 제작하였다. 이 몰드는 PEDOT:PSS 박막과 접촉하였다. 이 몰드를 제거하면, 몰드와 접촉하는 PEDOT:PSS 층이 제거된다. 이들은 PEDOT-PH500을 사용하여 70[μm] 간격과 55[μm] 폭을 갖는 직선, 15[μm] 간격과 3[μm]의 폭을 갖는 직선, 15[μm] 간격과 15[μm]의 폭을 갖는 직선 그리고 15[μm] 간격과 60×60[μm] 크기의 사각형상 구멍 등을 제작하였다. PEDOT:PSS 패턴을 사용하여 인듐-주석 산화물을 사용하지 않는 OLED 디바이스를 성공적으로 제작하였다고 발표하였다.

서울대학교의 하 등은 **잉크제트 프린팅** 방법으로 증착한 PEDOT:PSS 양극을 발표하였다.[8] 양극금속으로, 이들은 콘테크社(대한민국)에서 공급하는 PEDOT:PSS(E-157)를 사용하였다. 이들은 잉크제트 프린트로 PEDOT:PSS(E-157)을 4회 프린트하여 제작한 500[nm] 두께의 박막을 사용하여 85.8[%]의 투과율과 125[Ω/sq]의 저항을 구현하였다. 이 PEDOT:PSS 박막의 일함수는 5.34[eV]였다. 이들은 유리기판, PEDOT:PSS(E-157) 양극, PEDOT:PSS(AI4083) 정공주입층, 발광층(독일 머크社의 SPG-01), LiF 전자주입층 그리고 알루미늄으로 이루어진 OLED에 PEDOT:PSS(E-157) 박막을 적용하였다. 이 디바이스는 PEDOT:PSS(E-157) 박막 대신에 인듐-주석 산화물을 사용한 기준 디바이스에 비해서 동일한 켜짐전압과 약간 낮은 전류효율을 나타내었다.

상해 교통대학교(중국)의 오우양 등은 PEDOT:PSS 위에 은소재 중간층을 사용하는 PEDOT:PSS 노광 패터닝을 발표하였다.[9,10] 은소재는 **습식 에칭** 방식으로 패터닝을 수행하며, PEDOT:PSS 소재는 건식 산소 플라스마를 사용한 **건식 에칭** 방식으로 패터닝을 수행한다. 이들은 선폭이 20[μm]이며, 선간 간극도 20[μm]인 PEDOT:PSS 패턴을 제작하였다. 이들은 또한 이

1 Istituto Superiore Universitario di Formazione Interdisciplinare-sezione Nanoscienze.

PEDOT:PSS 패턴을 사용하여 OLED 디바이스를 제작하였으며, 이를 통해서 PEDOT:PSS 대신에 인듐-주석을 사용한 OLED와 유사한 성능을 구현함을 검증하였다.

야마가타 대학교(일본)의 후루카와 등은 도전성 폴리머의 **플렉소 인쇄**[2]기법을 개발하였다.[5] 프린트용 잉크와 인쇄판의 도랑형상을 최적화하여, 이들은 성공적으로 원하는 패턴의 도전성 폴리머를 프린트하였다. 개발된 프린팅 기술을 사용하여 이들은 **그림 11.4**에 도시되어 있는 OLED 디바이스를 제작하였다. 이 OLED 디바이스에서는, 플렉소 인쇄기법을 사용하여 프린트한 도전성 폴리머로 이루어진 바닥전극(양극), 그라비어 오프셋 인쇄기법으로 프린트한 은소재 줄무늬 보조전극, 그리고 스크린프린트 방식으로 인쇄한 절연패턴 등이 사용되었다.

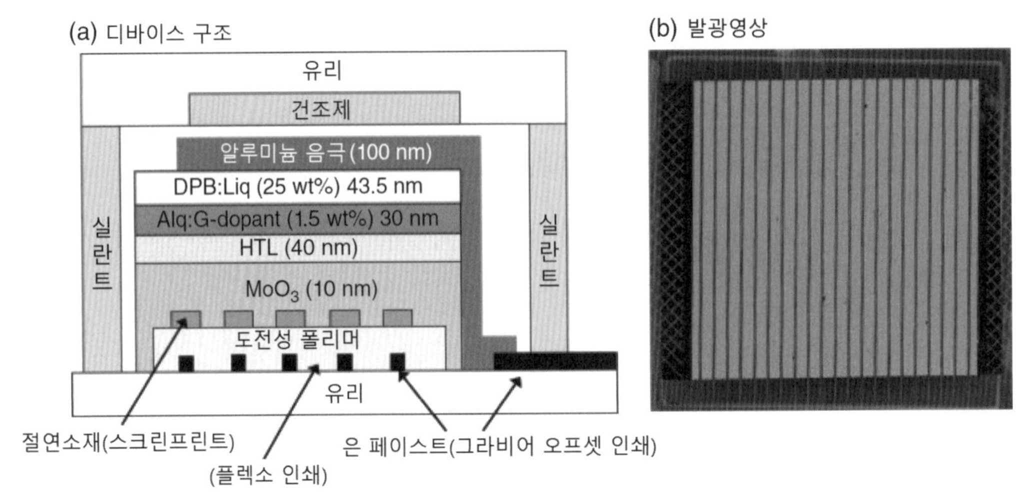

그림 11.4 플렉소그래피기법으로 인쇄한 도전성 폴리머, 그라비어 오프셋 인쇄를 사용한 은소재 줄무늬 보조전극, 그리고 스크린 프린트를 사용한 절연패턴을 사용한 OLED 패널. (a) 디바이스의 구조, (b) 발광영상
기판크기: 50×50[mm], 발광면적: 32×32[mm]

11.1.2 은 적층

은(Ag)소재는 두께가 30[nm] 미만으로 얇아지면 투명해진다. 그런데 은소재는 산화, 이동 그리고 낮은 일함수(낮은 정공주입능력)등의 문제를 가지고 있다. 이에 대한 대안기술로 은소재를 적층하는 방안이 연구되었다. 이에 대한 일부 사례들이 **표 11.2**에 요약되어 있다.

2 역자 주) flexography printing: 수지 또는 고무소재 볼록판과 건조속도가 빠른 잉크를 사용하는 인쇄기법.

표 11.2 은(Ag)소재를 사용한 적층의 사례

구조	시트저항	투과율	참조
ITO(55~60[nm])/Ag(14[nm])/ITO(55~60[nm])	4[Ω/sq]	90[%](550[nm])	[11]
ITO(50[nm])/Ag(8[nm])/ITO(50[nm])	16[Ω/sq]	80[%](550[nm])	[12]
ITO(50[nm])/Ag(8[nm])/ITO(50[nm])	23[Ω/sq]	80.3[%](400~600[nm])	[13]
ITO(60[nm])/Ag(10[nm])/ITO(60[nm])	6[Ω/sq]	80[%](550[nm])	[14]
AZO(40[nm])/Ag(12[nm])/AZO(40[nm])	8.3[Ω/sq]	80[%] 이상400~800[nm])	[15]
ZnS(25[nm])/Ag(7[nm])/MoO_3(5[nm])	9.6[Ω/sq]	83[%](550[nm])	[16]

서울대학교와 삼성디스플레이社의 최 등은 **고왜곡네마틱**(STN)[3] LCD에 적용하기 위한 ITP/Ag/ITO 전극을 발표하였다.[11] 이들의 발표에 따르면, 14[nm] 두께의 은과 55~60[nm] 두께의 인듐-주석 산화물(ITO)로 이루어진 ITO/Ag/ITO 다중층 구조는 4[Ω/sq]에 불과한 낮은 시트저항과 550[nm] 파장에 대해서 90[%]에 이르는 높은 광학 투과율을 나타내었다.

프라운호퍼 전자빔&플라스마기술연구소(FEP, 독일)의 파랜드 등은 폴리에틸렌텔레프탈레이트(PET) 박막 위에 롤투롤 스퍼터링 장비를 사용하여 75[μm] 두께의 ITO/Ag/ITO 전극을 증착하여 16[Ω/sq]의 시트저항과 550[nm] 파장에 대해서 80[%]의 광학 투과율을 구현하였다. 전형적인 증착두께는 ITO 50[nm]와 Ag 8[nm]이다.

푸저우 대학(중국)[4]의 리 등은 **알루미늄이 도핑된 아연산화물**(AZO)/Ag/AZO 양극을 OLED 디바이스에 적용하였다.[15] 알루미늄이 도핑된 아연산화물은 투과율이 높고, 자연에 풍부한 물질을 사용하며, 무독성이라는 장점을 가지고 있어서 ITO를 대체할 후보소재들 중 하나이다. 그런데 알루미늄이 도핑된 아연산화물 박막은 인듐-주석 산화물 박막에 비해서 저항률이 높다. 이 문제를 해결하기 위해서, 이들은 적층된 AZO(40[nm])/Ag(12[nm])/AZO(40[nm]) 구조를 사용하였다. 이 전극은 8.3[Ω/sq]에 불과할 정도로 매우 낮은 저항과 400~800[nm] 파장대역에 대해서 80[%]에 이르는 높은 투과율을 나타내었다. 이 전극을 사용하여 이들은 유리/AZO(40[nm])/Ag(12[nm])/TPD(100[nm])/Alq3(60[nm])/LiF(0.5[nm])/Al(200[nm]) 구조의 OLED 디바이스를 제작하였으며, 인듐-주석 산화물 전극을 사용한 기준 OLED 디바이스(2.98[cd/A])에 비해서 높은 효율(4.97[cd/A])을 구현하였다.

KAIST의 한 등은 OLED에 ZnS/Ag/MoO_3 **다중층 양극**을 적용하였다.[16] 이들은 ZnS(25[nm])/Ag(7[nm])/MoO_3(5[nm]) 다중층 양극을 사용하여 550[nm] 파장에 대해서 83[%]의 투과율과 9.6[Ω/sq]의 시트저항을 구현하였다. 이들에 따르면, 인듐-주석 산화물의 시트저항은 유연기

3 super twisted nematic.

4 福州大学.

판의 굽힘에 대해서 크게 변하는 반면에, $ZnS/Ag/MoO_3$ 다중층의 시트저항은 유연기판의 굽힘에 의해서도 변하지 않는다. 폴리에틸렌텔레프탈레이트(PEN) 기판 위에 증착한 다중층 양극을 사용하는 유연 OLED 디바이스는 인듐-주석 산화물을 기반으로 하는 OLED에 비해서 뛰어난 I-L-V 특성을 나타내었다.

11.1.3 은 나노와이어

은 나노와이어(AgNW)는 인듐-주석 산화물을 대체할 수 있는 투명전극소재로 관심을 받고 있다. 캘리포니아 대학교와 중국광업대학[5]의 유 등은 은 나노와이어 전극을 사용한 폴리머 OLED 디바이스를 발표하였다.[17] 이들의 디바이스 구조는 폴리아크릴레이트/AgNW/PEDOT:PSS/SY-PPV/CeF/Al 구조를 사용하였다.

오사카 대학교와 쇼와덴코社(일본)의 지우 등은 고강도 펄스광선기법으로 제작한 은 나노와이어 도전성 박막을 개발하였다.[18] 이들은 폴리에틸렌텔레프탈레이트 기판 위에 1.14[J/cm^2]의 강도로 단 한번 노광을 수행하여 제작한 유연성 은 나노와이어 박막을 사용하여 19[Ω/sq]의 시트저항과 550[nm] 파장에 대해서 83[%]의 투과율을 구현하였다.

캠브리오스 테크놀로지社(미국)의 셰니츠카는 은 나노와이어를 적용한 OLED를 발표하였다.[19] 스핀코팅 방식으로 나노와이어 용액(캠브리오스社의 ClearOhm^{TM})을 사용하여 유리 기판을 제작하였다. 이 박막에 대해서, 50[°C]에서 90초간 건조한 다음에 핫플레이트를 사용하여 140[°C]에서 90초간 소프트베이크를 수행하였다. 나노와이어 박막의 시트저항은 10[Ω/sq]이며, (유리기판을 포함한)총 투과율은 86[%]이다. 나노와이어 박막의 패터닝을 위해서, 표준 노광과 산 기반 에칭기법이 사용되었다. 유기소재를 제거하여 은 나노와이어를 노출시키기 위해서 패턴이 성형되어 있는 나노와이어 박막에 진공 Ar 플라스마공정을 사용하였다. 나노와이어 박막 위에 OLED 층과 음극을 증착하였다. 그는 또한 은 나노와이어 위에 직접 증착한 정공주입층의 두께가 미치는 영향에 대한 고찰도 수행하였다. 정공주입층의 두께가 175[nm]인 경우에, OLED 디바이스에서 발생하는 누설전압은 문턱전압 이하였다. 반면에, 정공주입층의 두께가 330[nm], 530[nm] 그리고 800[nm]인 경우에는 누설전압이 문턱전압보다 높았다. 이 결과에 따르면, 은 나노와이어의 표면거칠기를 고려해야만 하며, 도포기술과 평탄화 기술이 필요하다. 그는 은 나노와이어 박막을 사용하여 10×10[cm] 크기의 OLED 시제품을 성공적

---

5 中國礦業大學.

으로 제작하였다. 이 디바이스는 인듐-주석 산화물을 사용한 기준 디바이스에 비해서 더 긴 수명을 구현하였다.

야마가타 대학교의 나카다 등은 은 나노와이어와 도전성 폴리머가 적층되어 있는 양극구조를 사용하여 OLED 디바이스를 개발하였다.[4,6] **그림 11.5**에는 이 디바이스의 구조가 도시되어 있다. 나노와이어의 정공주입특성 불균일로 인하여, 은 나노와이어 층 위에 유기물층들을 직접 증착한 경우에 균일한 발광을 구현하기가 어렵다. 반면에, 은 나노와이어 층 위에 도전성 폴리머를 코팅하여 균일한 발광특성을 구현할 수 있었다. 이들은 발광영역의 크기가 32×32[mm]인 패널 시제품을 성공적으로 구현하였다. 비록 도전성 폴리머의 도전성이 그리 높지 않으며, 은 나노와이어를 사용한 OLED 디바이스의 발광 균일성이 문제가 되지만, 은 나노와이어와 도전성 폴리머 조합이 인듐-주석 산화물을 사용한 투명전극을 대체할 해결책이 될 수도 있다.

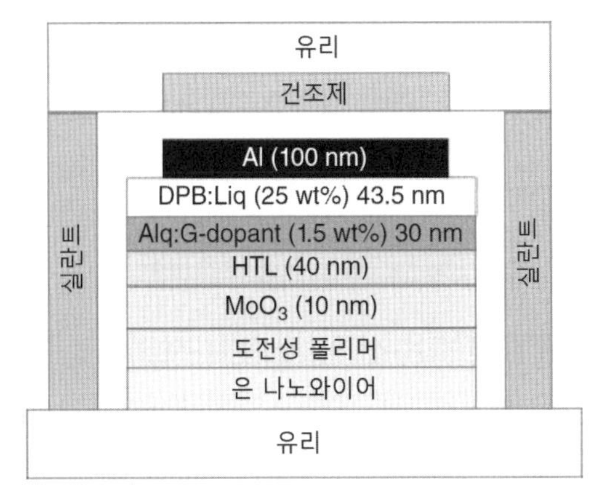

그림 11.5 은 나노와이어를 사용하여 제작한 OLED의 디바이스 구조와 발광영상. 이 디바이스의 크기는 50×50[mm]이며 발광영역은 32×32[mm]이다.[4~6]

야마가타 대학교의 후루카와 등은 은 나노와이어의 플렉소 인쇄기법에 대한 연구를 수행하였다.[5] 은 나노와이어 용액의 농도는 단지 1[%]에 불과하기 때문에 건조된 이후에 적절한 박막두께를 구현하기 위해서는 10[μm] 두께의 습윤박막이 필요하다. 일반적인 플랙소 인쇄기법을 사용해서는 이런 두께를 프린트할 수 없기 때문에 은 나노와이어 용액의 용제와 애니록스 롤을 최적화하였으며, 판재를 개선하였다. 이를 통해서 **그림 11.6**에 도시되어 있는 OLED 디바이스를 제작하였다.

그림 11.6 플렉소그래피 방식으로 은 나노와이어와 도전성 폴리머를 인쇄하여 적층한 양극을 갖춘 OLED 디바이스의 발광영상

11.1.4 탄소나노튜브

탄소나노튜브(CNT)는 독특한 광학 및 전기적 성질을 가지고 있으며, 기계적 유연성, 내구성 그리고 유연기판에 대한 양호한 접착성 등을 가지고 있기 때문에, 인듐-주석 산화물을 사용하지 않는 투명전극의 유력한 후보물질이다.

표 11.3에서는 개발된 도전성 투명 탄소나노튜브 박막의 사례들을 보여주고 있다.

표 11.3 탄소나노튜브를 사용하여 개발된 투명한 도전박막의 전형적인 데이터

제조사	소재	투과율[%]	저항[Ω/sq]	참조
아주대학교	SWCNT	80	85	[20]
알토대학교(핀란드)	SWCNT	90	110	[21]
큐슈대학교(일본)	SWCNT	95	120	[22]
유니다임社(미국)		91	60	[23]
라이스대학교(미국)	SWCNT	86	471	[24]
SWeNTa	SWCNT	85	400	[25]
일본산업기술총합연구소(AIST)	SWCNT	89~98	68~240	[26]
도레이社	DWCNT	90	270	[27]

* SWeNT: 사우스웨스트 나노테크놀로지社
SWCNT = 단일벽 탄소나노튜브
DWCNT = 이중벽 탄소나노튜브

다양한 탄소나노튜브 박막 제조방법들이 발표되었다. 여기에는 스핀코팅,[20] 진공여과,[21,23] 스프레이코팅,[22] 침지코팅,[24] 닥터블레이드법,[26] 층상조립[28] 그리고 스핀 스프레이 층상조립[29] 등이 포함되어 있다.

현재 탄소나노튜브의 저항값은 일반적인 인듐-주석 산화물보다 열 배 이상 더 크다. 그러므로, 탄소나노튜브 박막을 OLED 디바이스에 적용하기 어렵지만, 낮은 저항값이 필요 없는 여타의 디바이스에는 적용할 수 있다. 예를 들어, 도레이社(일본)의 오이 등에 따르면, 탄소나노튜브 투명전극을 갖춘 유연박막을 사용하여 꼬인 볼 형태의 전기 페이퍼 디스플레이를 제작하였다.[27]

11.2 유기박막 트랜지스터

유기박막 트랜지스터를 상용화하기 위해서는 수많은 기술적 문제들을 해결해야만 하지만, 미래의 배면기술을 실현해줄 가능성을 가지고 있다. 유기박막 트랜지스터를 사용하여 다양한 구조를 구현할 수 있지만, **그림 11.7**에서는 유기박막 트랜지스터를 사용한 전형적인 디바이스 구조를 보여주고 있다.

2004년에 파이오니아社(일본)의 추만 등은 OLED의 배면에 설치되는 유기박막 트랜지스터를 개발하였다. 이들은 **펜타센**6을 사용하는 유기박막 트랜지스터로 구동되는 단색 아몰레드를 제작하였다.[31] **표 11.4**에서는 유기박막 트랜지스터와 OLED 패널의 사양들을 보여주고 있다. 트랜지스터의 이동도는 0.2[cm^2/Vs]에 불과하지만, 넓은 채널폭을 사용하여 400[cd/m^2]의 휘도를 구현하였다.

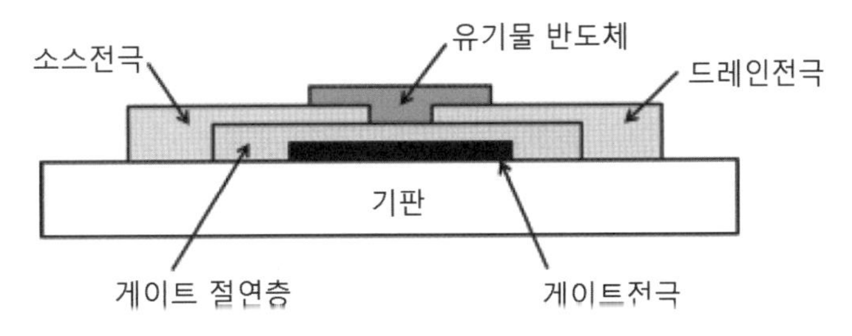

그림 11.7 유기박막 트랜지스터의 전형적인 디바이스 구조[31]

6 pentacene.

표 11.4 유기박막 트랜지스터를 사용하는 아몰레드 패널의 사양과 특징[31]

픽셀 숫자		8×8
픽셀 피치		1[mm]
TFT 설계	TFT 회로	2T+1C
	채널 길이	10[μm]
	채널 폭	구동용 TFT: 680[μm] 스위칭 TFT: 400[μm]
	구경비	27[%]
TFT 특징	이동도	0.2[cm2/Vs]
	문턱전압	-3[V]
	켜짐/꺼짐 비율	1.7×104
OLED 설계		하부발광
휘도		400[cd/m^2]

유기박막 트랜지스터는 유연아몰레드 디바이스에도 사용할 수 있다. 낮은 공정온도는 유기박막 트랜지스터의 장점들 중 하나로서, 폴리에틸렌 나프탈레이트(PEN)와 같은 플라스틱 박막에 적용하기 적합하다. NHK 방송기술연구소(일본)의 스즈키 등은 폴리에틸렌 나프탈레이트 박막을 이용하여 유기박막 트랜지스터로 구동되는 5인치 크기의 QVGA 유연 아몰레드 디스플레이를 제작하였다.[32] 플라스틱로직社(영국)의 해리슨 등은 100[ppi] 수준의 3.86인치 하부발광 아몰레드 디스플레이를 제작하였다.[33]

11.3 습식가공 박막 트랜지스터

습식가공 박막 트랜지스터는 공정온도가 낮고, 제조비용이 저렴하며, 환경 친화적인 제품이라는 매력적인 특징을 가지고 있다. 특히 습식가공 박막 트랜지스터는 유연 아몰레드 디스플레이에 뛰어난 적용성을 가지고 있다.

용액 가공방식으로 제작한 산화물 박막 트랜지스터가 유력한 후보들 중 하나로서, 널리 연구되어왔다.[34~39] 이들 중 일부가 **표 11.5**에 요약되어 있다.

표 11.5 습식가공 박막 트랜지스터를 사용하여 제작한 OLED 디스플레이 시제품

제조사	TFT 소재	이동도	최고공정온도	디스플레이 시제품	참조
홀스트센터/TNO,IMEC,ESTA,에보닉	IGZO	2[cm^2/Vs]	250[°C]	6[cm] 단색 QQVGA	[38]
AU 옵토닉스	금속산화물	4.02[cm^2/Vs]	370[°C]	4인치 QVGA	[39]

용액 가공방식 산화물 박막 트랜지스터의 경우, 유기용매 속에 금속 산화물 기반의 전구체가 용해되어 있는 용액을 기판 위에 스핀코팅한 다음에, 잔류용매를 제거하고 금속산화물 박막을 결합시키기 위해서 350[°C]의 온도에서 풀림열처리를 시행한다.[34]

에보닉 인더스트리즈社(독일)는 20[cm^2/Vs] 이상의 높은 이동도를 가지고 있는 용액 형태의 금속 산화물 반도체소재를 개발하였다.[34]

홀스트센터/TNO 등은 아몰레드 디스플레이에 적용하기 위하여 저온 용액 가공방식으로 제작한 산화물 반도체 박막 트랜지스터 유연 배면판을 발표하였다.[38] 이 디바이스는 스핀코팅 방식으로 유리 웨이퍼에 증착한 폴리이미드 박막 위에 제작되었다. 수분과 산소의 투과를 방지하기 위해서, 이 기판 위에 하부 차단층을 증착하였다. 하부 차단층의 상부에 박막 트랜지스터의 배면을 직접 제작하였다. 반도체소재로는 에보닉 인더스트리즈社에서 공급하는 금속 산화물 반도체소재인 iXsenic S를 게이트 절연체 위에 스핀코팅한 다음에 대기조건에서 1시간 동안 250[°C]의 온도로 풀림처리를 시행하였다. 옥살산을 식각제로 사용하는 표준 노광공정을 사용하여 반도체 박막의 패턴을 생성하였다. 박막 트랜지스터와 결합된 양극 위에 투명음극을 갖춘 상부발광 OLED를 제작하였으며, 상부 차단층을 사용하여 밀봉하였다. 회로구조는 두 개의 박막 트랜지스터와 하나의 커패시터를 사용하였다. 밀봉이 끝난 후에, 유리기판을 탈착하였다. 이 박막 트랜지스터는 2[cm^2/Vs] 이상의 이동도를 구현하였다. 이들은 픽셀 크기가 300×300[μm]이며 85[ppi]인 6[cm] 크기의 단색 QQVGA 아몰레드 디스플레이 시제품을 제작하였다.

AU 옵토닉스社는 용액 가공방식으로 제작된 금속산화물 박막 트랜지스터에 의해서 구동되는 유연 아몰레드 디스플레이 시제품을 발표하였다. 이들을 이를 통해서 4.02[cm^2/Vs]에 달하는 이동도를 구현했다고 발표하였다.[39] 이들은 용액 기반 금속 산화물 반도체와 유기소재 유전체 층을 사용하여 4인치 크기의 총천연색 QVGA 아몰레드 디스플레이를 제작하였다.

유기소재 박막 트랜지스터는 용액기반 박막 트랜지스터의 또 다른 후보들 중 하나이다.

야마가타 대학교의 토키토 등은 프린팅기법만을 사용하여 유기소재 박막 트랜지스터(30×30[dots])를 성공적으로 제작하였다. **그림 11.8**에는 이 제조공정이 도시되어 있다.[40] 접착제를 사용하여 두께 125[μm]인 폴리에틸렌 텔레프탈레이트(PEN) 박막을 유리기판 위에 부착하였다. 이 박막 위에, 평탄화층으로 사용하기 위해서 교차결합된 폴리(4-비닐페놀)(C-PVP)을 스핀코팅 하였다. DIC社에서 공급하는 은 나노입자 잉크(JAGLT-01) 잉크제트 방식으로 프린트하여 게이트전극을 제작하였다. 교차결합된 폴리(4-비닐페놀)과 폴리(p-자일리렌)(페릴렌)을 스핀코팅하여 게이트 절연체로 사용하였다. 소스와 드레인 전극들은 하리마 케미컬社에서 공급하는 은 나노입자 잉크(NPS-JL)를 잉크제트 프린트 방식으로 프린트하여 제작하였다. 뱅크구조를 제작하기 전에, 침지법을 사용하여 펜타플루오로벤젠에티올(PFBT) 자기조립 단분자막(SAM)을 생성하였다. 이 뱅크구조는 테플론(알드리치社)을 사용하여 주입한다. 뱅크 내에는 유기반도체소재를 주입한다. 유기반도체소재는 머크社에서 공급하는 리시콘(S1200) 또는 이에 준하는 신소재를 사용한다.

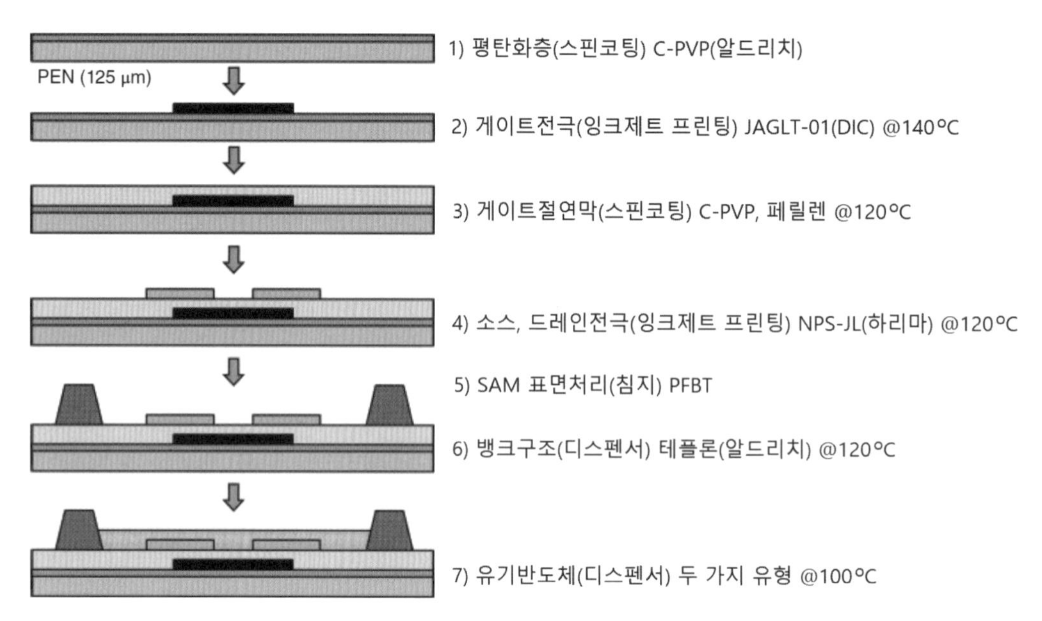

그림 11.8 플라스틱 기판 위에 프린트 방식을 사용하여 제작한 유기박막 트랜지스터 제조공정[40]

프린트 방식만을 사용하여 제작된, 하부접촉 및 하부게이트 구조를 갖춘 유기박막 트랜지스터에서, 채널 길이와 폭은 각각 20[μm]와 1,000[μm]이었다. 가장 높은 공정온도는 140[°C]이다. 새롭게 개발된 유기반도체소재를 사용하여 프린트 방식으로 제작한 유기박막 반도체는 뛰어난 p-형 전기성능을 구현하였다. 최대 이동도는 2[cm^2/Vs]이며 평균 이동도는 1.2[cm^2/Vs]이었다. 이들에 따르면, 문턱전압 이하의 스윙은 작았으며, 전류 켜짐/꺼짐 비율은 10^7 이상이었다. 또한 패널 내 디바이스 균일성이 매우 뛰어났다. 이들은 **그림 11.9**와 **그림 11.10**에 도시되어 있는 것처럼 다양한 시제품을 제작하였다.

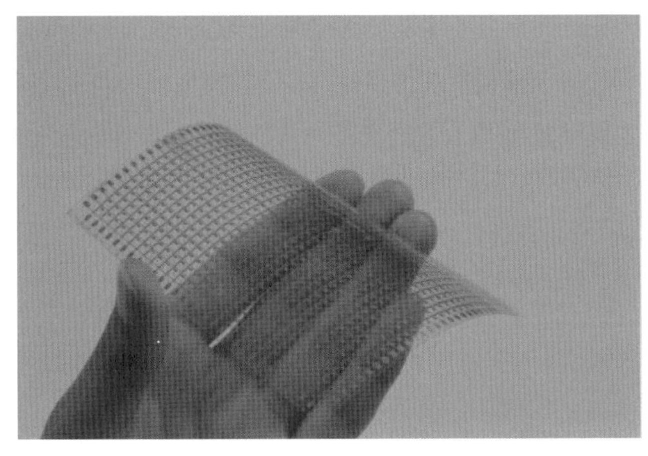
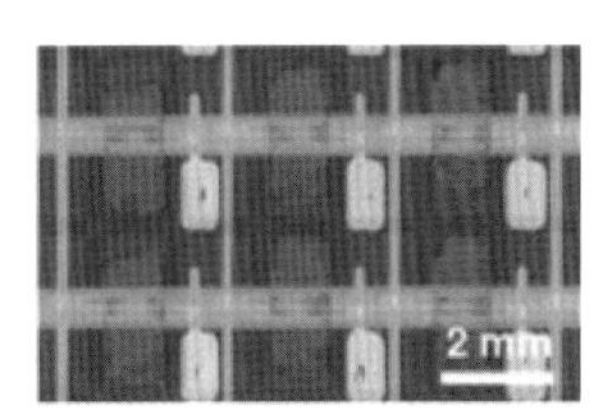

그림 11.9 프린트 방식을 사용하여 PEN 박막 위에 30×30개의 픽셀들을 구현한 유연 유기박막 트랜지스터 (100×100[mm])[40]

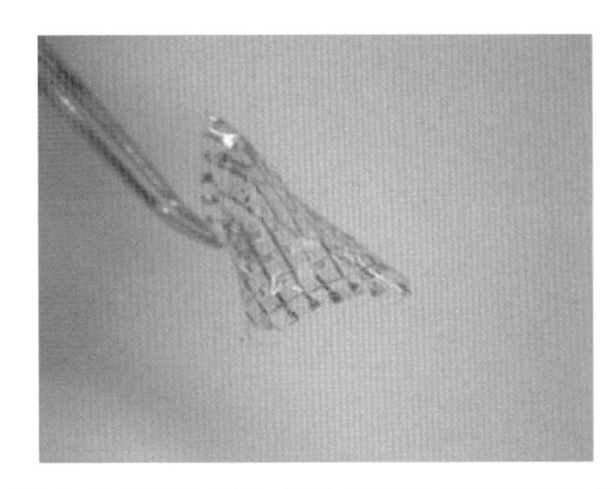
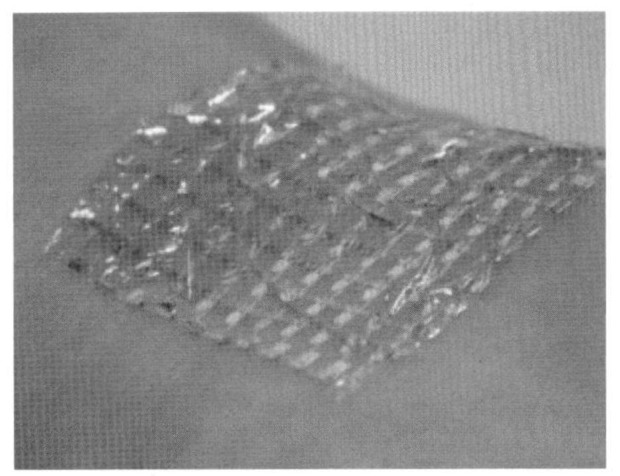

그림 11.10 페릴렌 박막 위에 제작한 초박형 유연 유기박막 트랜지스터(10×10)의 사진

일본산업기술총합연구소(AIST), 도쿄일렉트론社 그리고 DIC社(일본)의 쿠사카 등은 완전 프린트방식의 박막 트랜지스터 제조를 위한 **웨트온웨트**공정을 발표하였다.[41] 이들은 하부게이트 하부접촉(BGBC) 박막 트랜지스터를 사용하였다. 이들은 3.7×10^{-4}[cm^2/Vs]의 전자이동도를 구현하였다고 발표하였으며, 이는 기존 공정을 사용한 경우(7.0×10^{-4}[cm^2/Vs])에 비해서 약간 낮은 수치값이었다.

11.4 새로운 습식공정 또는 프린트방식으로 제작된 OLED

OLED 제조에 습식공정 또는 프린트 방식을 사용하면 고가의 진공장비가 필요 없고 값비싼 유기소재의 소모도 줄어들기 때문에, 비용을 크게 줄일 수 있을 것으로 기대된다. 이 절에서는 습식공정 또는 프린트 방식의 새로운 기법들에 대해서 살펴보기로 한다.

6.2절에서 설명했던 것처럼 OLED 디스플레이의 개발을 위해서 잉크제트 프린트 기술에 대해서는 광범위한 고찰이 수행되었으며, 대안적인 프린트 기술에 대한 고찰도 수행되었다. 여기에는 스크린 프린팅,[42~44] 그라이버 프린팅[45,46] 그리고 전사인쇄[47] 등이 포함된다. **그림 11.11**에서는 이런 프린트 기술들에 대해서 설명하고 있다.

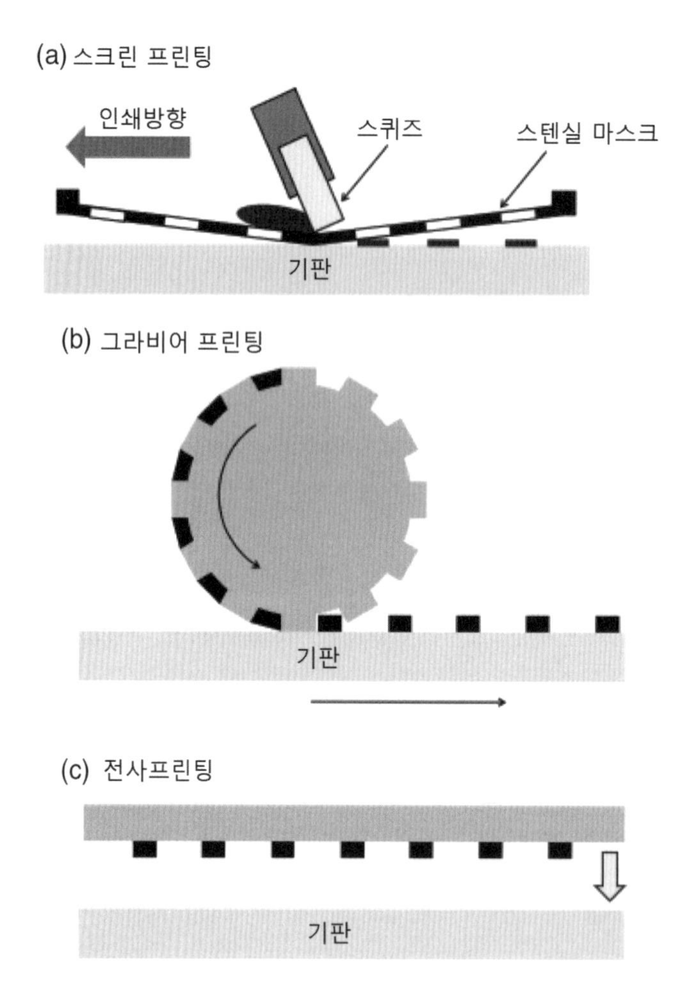

그림 11.11 스크린 프린팅, 그라비어 프린팅 그리고 전사 프린팅기법의 개략적인 설명

유기소재층을 프린트하기 위한 기술로서, 성균관대학교의 이 등은 **스크린 프린트** 방법을 사용하여 인광 폴리머 OLED를 제작하였다.[44] 이들이 제작한 디바이스의 구조와 발광영상은 **그림 11.12**에 도시되어 있다. PEDOT:PSS 층은 스핀 코팅으로 제작하였으며, 발광층은 스크린

프린트 방식으로 제작하였다. PBD, α-NPD 및 $Ir(ppy)_3$가 도핑된 폴리머(비닐 카르바졸)(PVK) 모재 폴리머를 발광층으로 사용하였다. 이들은 직경이 23[μm]인 스테인리스강 섬유재질로 제작한 400메쉬 스크린을 사용하였으며, 이 스크린의 개구부 크기는 41[μm]이다. 100[nm] 두께의 박막층을 만들기 위해서 필요한 프린트용 잉크의 점도는 2.4[cp] 미만이었다. 평균 분자량 폴리머(비닐 카르바졸) 폴리머의 평균 분자량은 1,100,000이며 폴리머의 중량은 클로로벤젠 용제 1[ml] 당 11[mg] 미만으로 엄격하게 관리하였다. 스크린 프린팅을 사용하여, 이들은 최대 효율이 63[cd/A]에 달하는 OLED 디바이스를 제작하였다.

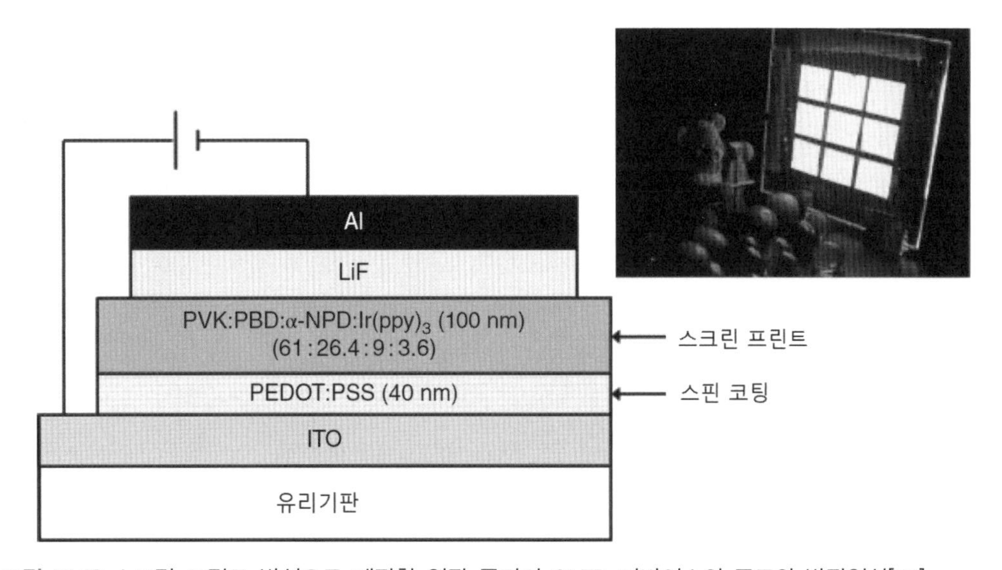

그림 11.12 스크린 프린트 방식으로 제작한 인광 폴리머 OLED 디바이스의 구조와 발광영상[44]

그라비어 프린팅은 그래픽스 업계에서 사용하는 생산성이 높은 프린팅기법이다. VTT社(핀란드)의 코폴라 등은 PEDOT:PSS와 청색 발광 폴리머를 그라비어 프린팅하여 30[cm^2] 크기의 OLED 패널을 제작하였다.

임페리얼 칼리지(영국)의 정 등은 폴리머 OLED 디바이스의 정공주입층과 발광층을 그라비어 접촉프린팅 방식으로 제작하는 방안에 대한 연구를 수행하였다.[46]

대안적인 방법으로는 **스프레이 코팅**이 있다. 규수 대학교(일본)의 이시카와 등은 분무증착을 사용하여 층상구조를 제작하였다.[48] 규슈 대학교의 세이케 등은 전자분무법에 대한 고찰을 수행하였다.[49]

11.5 롤투롤 장비기술

현재 OLED와 LCD의 생산에는 시트 방식이 주로 사용되고 있지만, 제조비용의 관점에서는 **롤투롤**(R2R)공정이 매력적이다. 이 절에서는 유연 OLED의 제조에 유용한 롤투롤 장비기술에 대해서 살펴보기로 한다.

고베제강社(일본)의 타마가키 등은 스퍼터링과 PE-CVD 방식의 롤투롤 장비를 개발하고 있다.[50] **그림 11.13**에서는 스퍼터링과 PE-CVD용 장비를 보여주고 있다. 이 장비에서는 DC 마그네트론 스퍼터링 방법을 사용하여 두께 50[μm], 폭 200[mm] 그리고 길이 10[m]인 초박형 유연 유리기판 위에 인듐-주석 산화물 박막을 증착하였다. 이들은 두께 190[nm]인 박막을 사용하여 7.5[Ω/sq]의 양호한 시트저항을 구현하였다. 게다가 이 장비에서 PE-CVD 기법을 사용하여 폴리에틸렌 텔레프탈레이트(PET) 박막 위에 SiO_x 박막을 증착하였다. 이들은 또한 SiO_x 박막의 두께가 500[nm]인 경우에 5×10^{-4}[g/m^2/day]의 양호한 수증기 투과율을 구현하였다. 그리고 이들은 또한 1.3[m] 폭의 폴리에틸렌 텔레프탈레이트 기판을 사용하여 뛰어난 두께 균일성을 구현하였다.

그림 11.13 고베제강社에서 개발한 롤투롤 스퍼터링 장비[50]

LG디스플레이社의 김 등은 롤투롤 증착장비를 사용하여 비정질 인듐-갈륨-아연 산화물(IGZO) 박막 트랜지스터를 제작하였다.[51] 헤야 등은 롤투롤 CVD 장비를 개발하였다.[52] VTT 기술연구센터(핀란드)의 하스트 등은 롤투롤 그라비어 프린트기술을 사용하여 OLED 디바이스를 제작하였다.[53]

세리아社(일본)의 고바야시 등은 독창적인 유연기판용 롤투롤 스크린 프린트장비를 개발하였다.[54] 기존의 스크린프린트장비에서는 스크린 스텐실과 기판 사이에 약 1~2[mm]의 간극이 존재하는 반면에 이들이 개발한 장비에는 간극이 없다. **그림 11.14**에서는 개발된 스크린 프린트 장비의 개략도를 보여주고 있다. 간극이 없기 때문에, 인쇄위치의 정확도와 안정성이 크게 향상되었다.

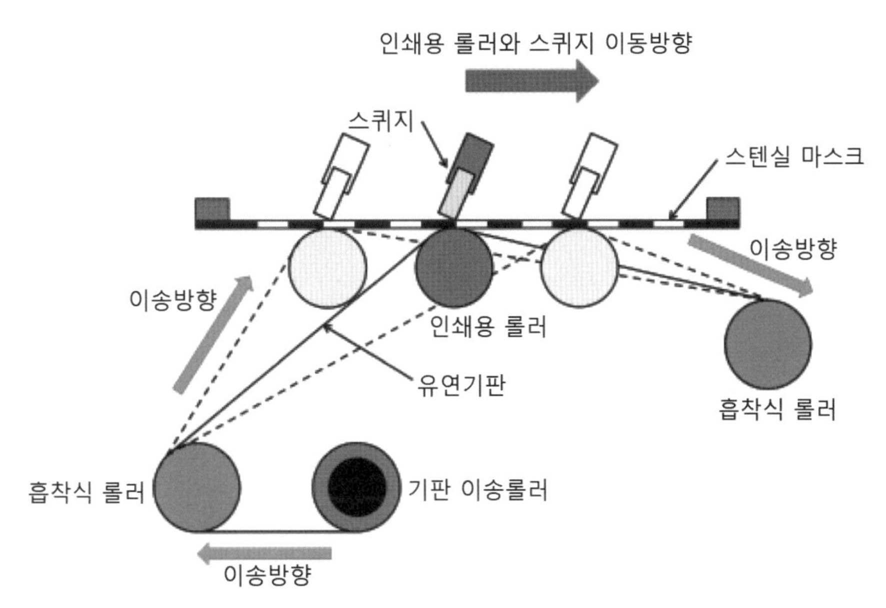

그림 11.14 간극이 없는 롤투롤 스크린 프린트 장비의 개략도[54]

11.6 퀀텀도트

퀀텀도트는 좁은 발광대역, 높은 발광효율, 색상 조절의 용이성 그리고 용액공정화 가능성 등과 같은 독특한 특징들 때문에 장래가 촉망되는 소재이다. 이 절에서는 퀀텀도트의 현재 상황과 발광 디바이스에 적용사례에 대해서 살펴보기로 한다.

퀀텀도트는 나노미터 크기의 반도체 입자로서, 밴드갭은 입자의 크기, 형상 및 조성에 의존한다. **그림 11.15**에서는 밴드갭과 입자 크기 사이의 상관관계에 대한 개략도를 보여주고 있다. 입자의 크기가 증가하면 밴드갭은 감소한다. 이를 **양자크기효과**[7]라고 부른다. 밴드갭은 발광 파장과 관련되어 있기 때문에, 입자의 크기를 조절하여 발광색상을 조절할 수 있다. 그러므로 입자 크기의 편차가 매우 작은 퀀텀도트들을 사용하여 발광 스펙트럼이 매우 좁은 순수한 색상을 구현할 수 있다. 가시광선을 발광하는 퀀텀도트들의 전형적인 입자 크기는 2~8[nm]이다. 예를 들어, 3[nm] 크기의 퀀텀도트는 포화된 녹색광선($\lambda_{max}\simeq$535[nm], 반치전폭$\simeq$30[nm])을 발광하며, 7[nm] 크기의 퀀텀도트는 포화된 적색 광선($\lambda_{max}\simeq$630[nm], 반치전폭$\simeq$35[nm])을 발광한다.[56] 따라서 퀀텀도트는 고효율 인광결정체라고 간주할 수 있다.

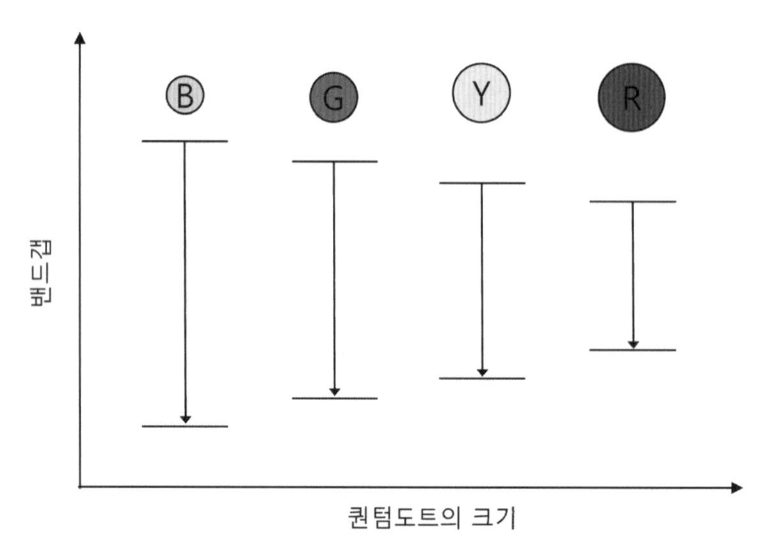

그림 11.15 퀀텀도트들의 입자 크기와 밴드갭 사이의 상관관계(컬러 도판 288쪽 참조)

다양한 유형의 퀀텀도트들이 존재하지만, 전형적인 소재는 CdSe/ZnS와 같은 **코어쉘** 형태의 퀀텀도트이다. 게다가 습식공정을 사용하기 위해서 콜로이드 형태의 퀀텀도트가 개발되었다. **콜로이드 퀀텀도트**는 일반적으로 **그림 11.16**에 도시되어 있는 것처럼, 쉘 표면에 치환기가 결합되어 있다.

퀀텀도트의 이러한 특징들로 인하여, 디스플레이와 조명 분야에서 이들의 활용방안에 대한 연구가 수행되고 있다.

---

7 quantum size effect.

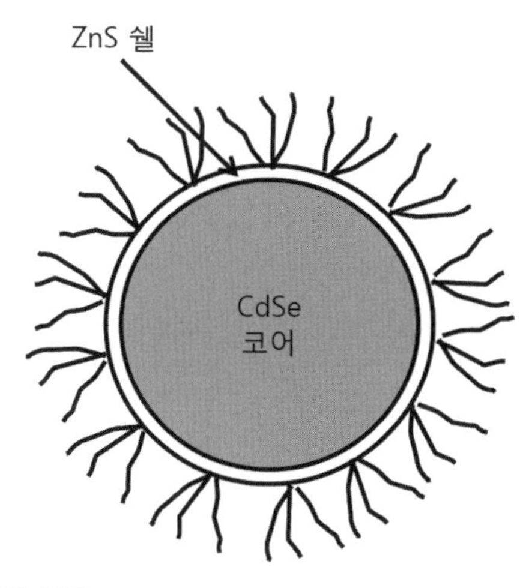

그림 11.16 퀀텀도트의 코어/쉘 구조

1세대의 경우 **다운변환**[8] 소재가 퀀텀도트로 사용되었다. 예를 들어, 퀀텀도트는 비교적 짧은 파장의 빛을 흡수하며, 크기에 따라서 피크파장이 긴 파장대역에 위치하는 파장대역폭이 좁은 빛을 방출한다. 그러므로 청색광선을 펌핑하면 녹색 및 적색의 퀀텀도트들은 피크 파장과 좁은 스펙트럼 분포를 가지고 있는 광자를 방출한다. 퀀텀도트들의 다운변환 성질을 사용하면 LCD의 배면광이 선명해지며, LCD의 컬러필터들과 조합하여 높은 색상순도를 구현할 수 있다.[56,57] 다시 말해서, 퀀텀도트들을 배면광원으로 사용하면 LED 스펙트럼의 선명도를 높일 수 있다.

2세대의 경우, 디바이스 구조는 OLED와 유사하지만, 유기분자 대신에 퀀텀도트에서 발광이 일어나는 형태의 발광 디바이스에 퀀텀도트가 적용되었다. 이 디바이스를 **퀀텀도트 발광다이오드**(QLED)라고 부른다. 게다가 퀀텀도트는 습식공정을 적용할 수 있으므로, QLED는 습식공정 및 프린트 방식의 제조공정을 적용할 수 있다.

MIT(미국)의 코어 등은 **콜로이드 퀀텀도트**를 사용하여 OLED 디바이스를 제작하였다.[58] **그림 11.17**에는 이 디바이스가 도시되어 있다. 두 개의 유기물 박막층들 사이에 퀀텀도트 단분자막이 끼워져 있다. 퀀텀도트소재는 CdSe 코어, ZnS 쉘, 트리옥틸 포스핀 산화물(TOPO) 보호층 그리고 트리옥틸 포스핀(TOP) 덮개층 등으로 구성되어 있다. 스핀코팅 방식으로 퀀텀도트 단분자막과 전공전송 TPD층을 코팅한다. **그림 11.17**에는 QLED의 에너지선도가 도시되어 있다. 이들은 조명효율을 이전에 QLED가 구현한 최고값에 비해서 25배 향상시켰다(2,000[cd/m^2]

8 down conversion.

하에서 1.6[cd/A]).

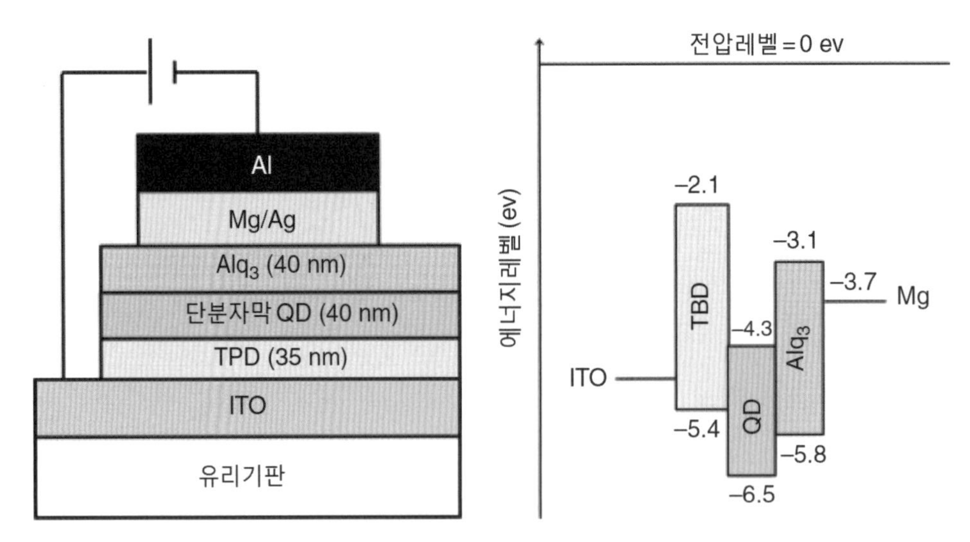

그림 11.17 QLED의 디바이스 구조와 에너지선도

QD 비전社(미국)의 카잘스 등은 50[cd/A] 이상의 최고발광효율, 20[lm/W] 이상의 발광전력효율 그리고 1,000[cd/m^2] 하에서 300시간 이상의 작동수명 등을 구현하는 QLED 디바이스를 제작하였다.[59] 이들은 또한 Cd 소재를 사용하지 않는 QLED를 개발하였다고 발표하였다.

동남 대학[9]과 남경 이공대학[10]의 카심 등은 10×1[cm] 크기에 32×32개의 픽셀을 갖춘 QLED를 제작하였다고 발표하였다.[60]

9 東南大學.
10 南京理工大学.

››› 참고문헌

[1] W. H. Kim, A. J. Makinen, N. Nikolov, R. Shashidhar, H. Kim, Z, H, Kafafi, *Appl. Phys. Lett.*, **80(20)**, 3844-3846 (2002).

[2] J. Ouyang, C. -W. Chu, F. -W. Chen, Q. Xu, and Y. Yang, *Adv. Funct. Mater.*, **15(2)**, 203-208 (2005).

[3] K. Fehse, K. Walzer, K. Leo, W. Lovenich, A. Elschner, *Adv. Mater.*, **19**, 441-444 (2007).

[4] M. Koden, H. Kobayashi, T. Moriya, N. Kawamura, T. Furukawa, H. Nakada, *Proc. IDW'14*, FLX6/FLC6-1 (p. 1454) (2014); M. Koden, *The Twenty-second International Workshop on Active-matrix Flatpanel Displays and Devices* (AM-FPD 15), 2-1 (p. 13) (2015).

[5] T. Furukawa, M. Koden, *Proc. LOPEC* (*Large-area, Organic & Printed Electronics Convention*), P3.3 (2015); T. Furukawa, N. Kawamura, J. Inoue, H. Nakada, M. Koden, *SID 2015 Digest*, P-57 (p. 1355) (2015); T. Furukawa, N. Kawamura, M. Sakakibara, M. Koden, *Proc. of IDMC*, S4-4 (2015).

[6] H. Nakada, N. Kawamura, M. Koden, *Proc. of 20th Japanese OLED forum*, S6-3 (2015); T. Yuki, N, Kawamura, H. Nakada, M. Koden, *Proc. of 21th Japanese OLED forum*, S4-9 (2015).

[7] C. Piliego, M. Mazzeo, B. Cortese, R. Cingolani, G. Gigli, *Organic Electronics*, **9**, 401-406 (2008).

[8] J. Ha, J. Park, J. Ha, D. Kim, C. Lee and Y. Hong, *Proc. IDW'13*, OLED4-2 (p. 895) (2013).

[9] S. Ouyang, Y. Xie, Q. Shi, S. Cai, D. Zhu, X. Xu, D. Wang, T. Tan, H. H. Fong, *SID 2014 Digest*, P-147 (p. 1536) (2014)

[10] S. Ouyang, Y. Xie, Q. Shi, S. Cai, D. Zhu, X. Xu, D. Wang, T. Tan, H. H. Fong, J. DeFranco, *SID 2014 Digest*, P-148 (p. 1540) (2014).

[11] K. H. Choi, J. Y. Kim, Y. S. Lee, H. J. Kim, *Thin Solid Films*, **341**, 152-155 (1999).

[12] M. Fahland, P. Karlsson, C. Charton, *Thin Solid Films*, **392**, 334-337 (2001).

[13] E. Bertran, C. Corbella, M. Vives, A. Pinyol, C. Person, I. Porqueras, *Solid State Ionics*, **165**, 139-148 (2003).

[14] C. Guillén, J. Herrero, *Optics Communications*, **282**, 574-578 (2009).

[15] F. Li, Y. Zhang, C. Wu, Z. Lin, B. Zhang, T. Guo, *Vacuum*, **86**, 1895-1897 (2012).

[16] Y. C. Han, M. S. Lim, J. H. Park, K. C. Choi, *Organic Electronics*, **14**, 3437-3443 (2013).

[17] Z. Yu, Q. Zhang, L. Li, Q. Chen, X. Niu, J. Liu, Q. Pei, *Adv. Mater.*, **23**, 664-668 (2011).

[18] J. Jiu, M. Nogi, T Sugahara, T. Tokuno, T. Arai, N. Komoda, K. Suganuma, H. Uchida, K. Shinozaki, *J. Mater. Chem.*, **22**, 23561-23567 (2012).

[19] F. Pschenitzka, *SID 2013 DIGEST*, 61.4 (p. 852) (2013).

[20] J. H. Yim, Y. S. Kim, K. H. Koh and S. Lee, *J. Vac. Sci. Technol. B*, **26**, 851-856 (2008).

[21] A. Kaskela, A. G. Nasibulin, M. Y. Timmermans, B. Aitchison, A. Papadimitratos, Y. Tian, Z. Zhu, H. Jiang, D. P. Brown, A. Zakhidov and E. I. Kauppinen, *Nano Lett.*, **10**, 4349-4355 (2010).

[22] Q. Liu, T. Fujigaya, H.-M. Cheng and N. Nakashima, *J. Am. Chem. Soc.*, **132**, 16581-16586 (2010).

[23] D. S. Hecht, A. M. Heintz, R. Lee, L. Hu, B. Moore, C. Cucksey and S. Risser, *Nanotechnology*, **22**, 075201 (2011).

[24] A. Saha, S. Ghosh, R. B. Weisman and A. A. Marti, *ACS Nano*, **6**, 5727-5734 (2012).

[25] D. J. Arthur, R. P. Silvy, Y. Tan and P. Wallis, *Proc. IDW'13*, FLX3-2 (p. 1534) (2013).

[26] Y. Kim,, Y. Yokota, S. Shimada, R. Azumi, T. Saito, N. Minami, *Proc. IDW'13*, FMC5/FLX1-1 (p. 506) (2013).

[27] T. Oi, H. Nishino, K. Sato, O. Watanabe, S. Honda, M. Suzuki, *Proc. IDW'13*, FLX3-3 (p. 1538) (2013).

[28] S. W. Lee, B.-S. Kim, S. Chen, Y. Shao-Horn and P. T. Hammond, J. Am. *Chem. Soc.*, **131**, 671-679 (2009).

[29] F. S. Gittleson, D. J. Kohn, X. Li and A. D. Taylor, *ACS Nano*, **6**, 3703-3711 (2012).

[30] J. Colegrove, *Information Display*, **30(4)**, 24-27 (2014).

[31] T. Chuman, S. Ohta, S. Miyaguchi, H. Sato, T. Tanabe, Y. Okuda and M. Tsuchida, *SID 04 DIGEST*, 5.1 (p. 45) (2004).

[32] M. Suzuki, H. Fukagawa, G. Motomura, Y. Nakajima, M. Nakata, H. Sato, T. Shimizu, Y. Fujisaki, T. Takei, S. Tokito, T. Yamamoto, H. Fujikake, *Proc. IDW'10*, FLX4/OLED4-4L (p. 1675) (2010).

[33] C. W. M. Harrison, D. K. Garden, I. P. Horne, *SID 2014 Digest*, 20.3L (p. 256) (2014).

[34] S. Botnaraş, D. Weber, D.-V. Pham, J. Steiger and R. Schmechel, *Proc. IDW/AD'12*, AMD5-2 (p. 437) (2012).

[35] M. Rockelé, M. Nag, T. H. Ke, S. Botnaraş, D. Weber, D.-V. Pham, J. Steiger, S. Steudel, K. Myny, S. Schols, B. van der Putten, J. Genoe and P. Heremans, *Proc. IDW/AD'12*, FLX1/AMD2-2 (p. 299) (2012).

[36] J. Steiger, D.-V. Pham, M. Marinkovic, A. Hoppe, A. Neumann, A. Merkulov and R. Anselmann, *Proc. IDW/AD'12*, FLX3-1 (p. 759) (2012).

[37] K.-H. Su, D.-V. Pham, A. Merkulov, A. Hoppe, J. Steiger and R. Anselmann, *Proc. IDW'13*, AMD5-3 (p. 318) (2013).

[38] B. Cobb, F. G. Rodriguez, J. Maas, T. Ellis, J. L. van der Steen, K. Myny, S. Smout, P. Vicca, A. Bhoolokam, M. Rockelé, S. Steudel, P. Heremans, M. Marinkovic, D.-V. Pham, A. Hoppe, J. Steiger, R. Anselmann, G. Gelinck, *SID 2014 Digest*, 13.4 (p. 161) (2014).

[39] L. Y. Lin, C. C. Cheng, C. Y. Liu, M. F. Chiang, P. H. Wu, M. T. Lee, C. Y. Chen, C.

C. Chan, C. C. Lin, C. H. Chang, *SID 2014 Digest*, 20.2L (p. 252) (2014).
[40] S. Tokito, Y. Takeda, K. Fukuda and D. Kumaki, *SID 2014 Digest*, 15.1 (p. 180) (2014).
[41] Y. Kusaka, K. Sugihara, M. Koutake, H. Ushijima, *Proc. IDW'13*, FLX2-3 (p. 1526) (p. 1526) (2013).
[42] D. A. Pardo, G. E. Jabbour, N. Peyghambarian, *Adv. Mater.*, **12**, 1249 (2000).
[43] G. E. Jabbour, R. Radspinner, N. Peyghambarian, *IEEE J. Sel. Top. Quantum Electron.*, **7**, 769 (2001).
[44] D.-H. Lee, J. S. Choi, H. Chae, C.-H. Chung, S. M. Cho, *Displays*, **29**, 436-439 (2008).
[45] P. Kopola, M. Tuomikoski, R. Suhonen, A. Maaninen, *Thin Solid Films*, *517*, 5757-5762 (2009).
[46] D.-Y. Chung, J. Huang, D. D. C. Bradley, A. J. Campbell, *Organic Electronics*, **11**, 1088-1095 (2010).
[47] M. Ando, T. Imai, R. Yasumatsu, T. Matsumi, M. Tanaka, T. Hirano, T. Sasaoka, *SID 2012 Digest*, 68.4L (p. 929) (2012).
[48] T. Ishikawa, M. Skakutsui, K. Fujita, T. Tsutsui, *Proc. IDW'03*, OEL3-5 (p. 1321) (2003).
[49] Y. Seike, Y. Koishikawa, M. Kato, K. Miyachi, S. Kurokawa, A. Doi, H. Miyazaki, C. Adachi, *SID 2014 Digest*, P-164L (p. 1593) (2014).
[50] H.Tamagaki, Y. Ikari, N.Ohba, Surface & Coatings Technology, 241, 138-141 (2014); T. Okimoto, Y. Kurokawa, T. Segawa, H. Tamagaki, *Proc. IDW'14*, FLX5-2 (p. 1448) (2014).
[51] K. M. Kim, Y. H. Han, S.-B. Lee, D. Y. Won, Y. H. Kook, S. Choi, C. H. Kim, S. S. Ryu, M.-S. Yang, I.-B. Kang, *SID 2014 Digest*, 13.3L (p. 157) (2014).
[52] Y. Ogawa, K. Ohdaira, T. Oyaidu, H. Matsumura, Thin Solid Films, 516, 611-614 (2008); A. Heya, T. Minamikawa, T. Niki, S. Minami, A. Masuda, H. Umemoto, N. Matsuo, H. Matsumura, *Thin Solid Films*, 516, 553-557 (2008).
[53] J. Hast, M. Tuomikoski, R. Suhonen, K.-L. Vaisanen, M. Valimaki, T. Maaninen, P. Apilo, A. Alastalo, A. Maaninen, *SID 2013 Digest*, 18.1 (p. 192) (2013).
[54] D. Kobayashi, N. Naoi, T. Suzuki, T. Sasaki, T. Furukawa, *Proc. IDW'14*, FLX3-1 (p. 1417) (2014).
[55] M. Bruchez Jr., M. Moronne, P. Gin, S. Weiss, A. P. Alivisatos, *Science*, **281**, 2013-2016 (1998).
[56] J. F. Van Derlofske, J. M. Hillis, A. Lathrop, J. Wheatley, J. Thielen, G. Benoit, *SID 2014 Digest*, 19.1 (p. 237) (2014).
[57] H. Ishino, M. Mike, T. Nakamura, T. Okamura, I. Iwaki, *SID 2014 Digest*, 19.2 (p. 241) (2014).
[58] S. Coe, W.-K. Woo, M. Bawendi, V. Bulovic, *Nature*, 420, 800-803 (2002).
[59] P. T. Kazlas, Z. Zhou, M. Stevenson, Y. Niu, C. Breen, S.-J. Kim, J. S. Steckel, S. Coe-Sullivan, J. Ritter, *SID 10 Digest*, 32.4 (p. 473) (2010).
[60] K. Qasim, J. Chen, W. Lei, Z. Li, J. Pan, Q. Li, J. Xia, Y. Tu, *SID 2014 Digest*, 7.3 (p. 63) (2014).

컬러 도판

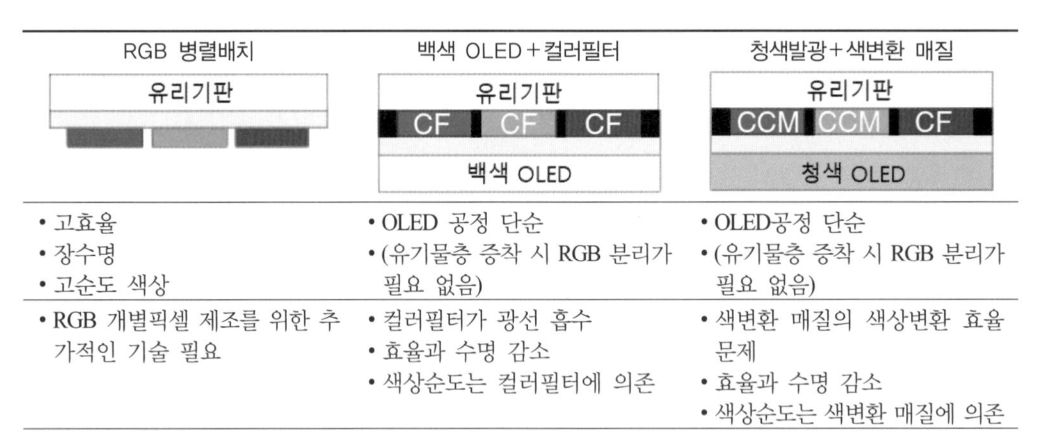

RGB 병렬배치	백색 OLED+컬러필터	청색발광+색변환 매질
• 고효율 • 장수명 • 고순도 색상	• OLED 공정 단순 • (유기물층 증착 시 RGB 분리가 필요 없음)	• OLED공정 단순 • (유기물층 증착 시 RGB 분리가 필요 없음)
• RGB 개별픽셀 제조를 위한 추가적인 기술 필요	• 컬러필터가 광선 흡수 • 효율과 수명 감소 • 색상순도는 컬러필터에 의존	• 색변환 매질의 색상변환 효율 문제 • 효율과 수명 감소 • 색상순도는 색변환 매질에 의존

그림 5.15 총천연색 OLED 디바이스의 RGB 색상구현 기술들(본문 117쪽 참조)

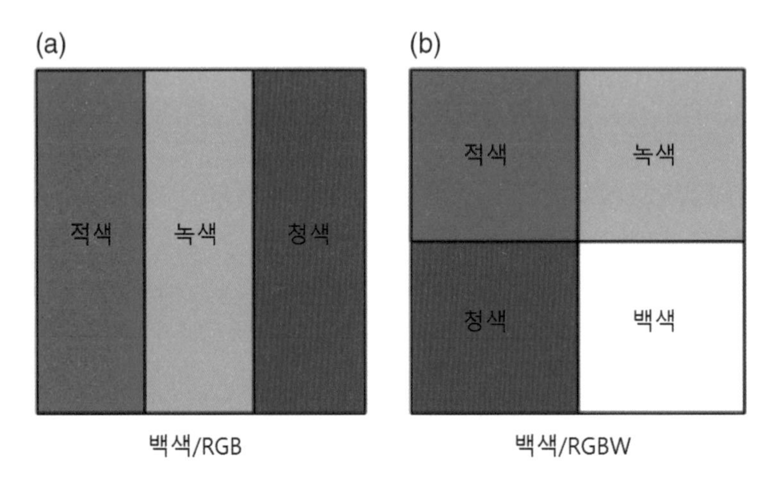

그림 5.16 백색-RGB와 백색-RGBW 픽셀의 사례(본문 119쪽 참조)

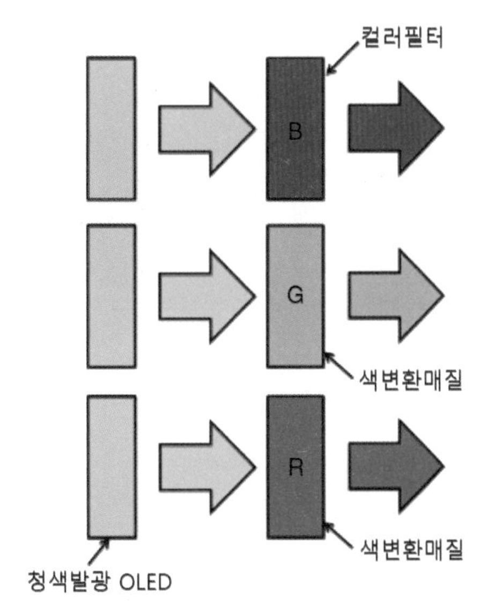

그림 5.17 색변환 매질의 디바이스 작동 메커니즘(본문 120쪽 참조)

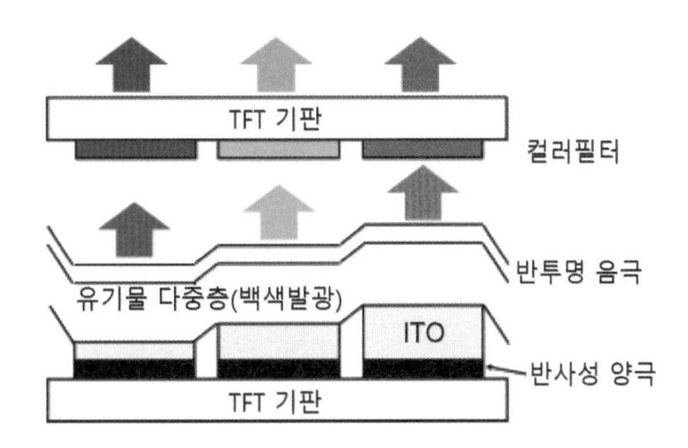

그림 5.19 미세공동구조와 결합된 백색발광 방식을 사용하는 상부발광 OLED의 사례(본문 123쪽 참조)

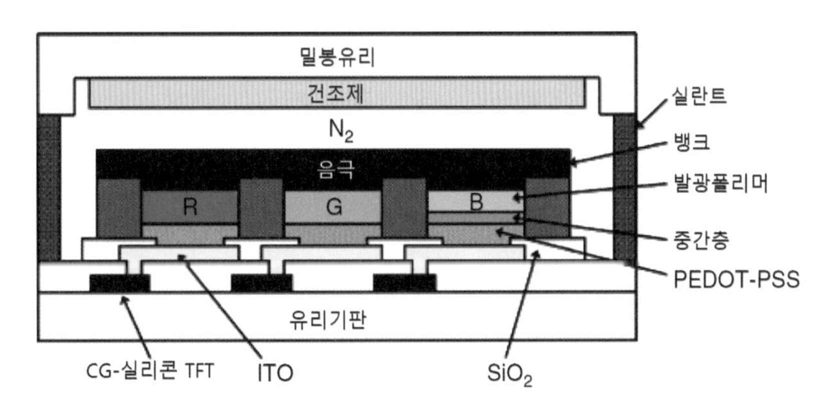

그림 6.11 분해능 202[ppi]인 3.6인치 총천연색 폴리머 OLED의 디바이스 구조[12](본문 151쪽 참조)

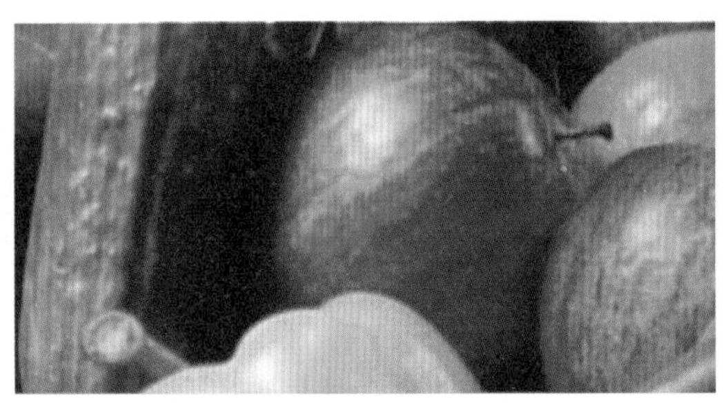

(a) 공정조건이 최적화되지 않음　　(b) 공정조건 최적화 이후에 제작

그림 6.13 분해능 202[ppi]인 3.6인치 총천연색 폴리머 OLED 디스플레이[12](본문 152쪽 참조)

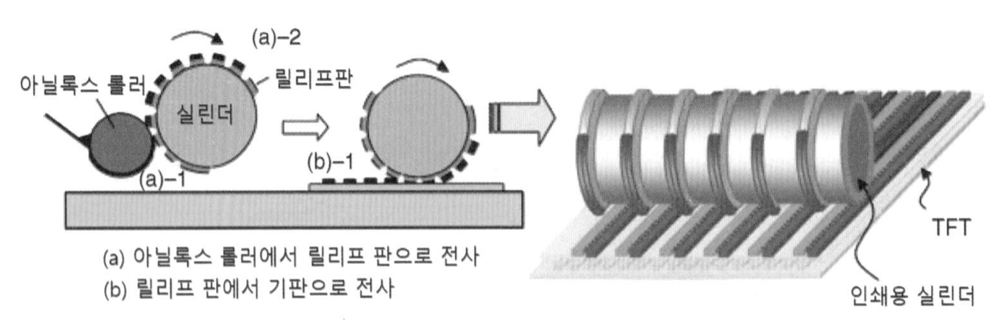

그림 6.15 릴리프 프린팅에 대한 개념도[18](본문 153쪽 참조)

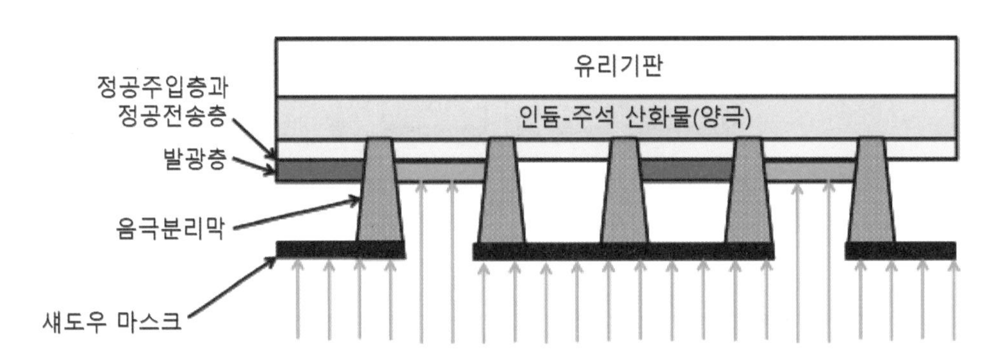

그림 8.4 정밀한 섀도우 마스크와 음극 분리막을 사용한 RGB 패터닝기법(본문 184쪽 참조)

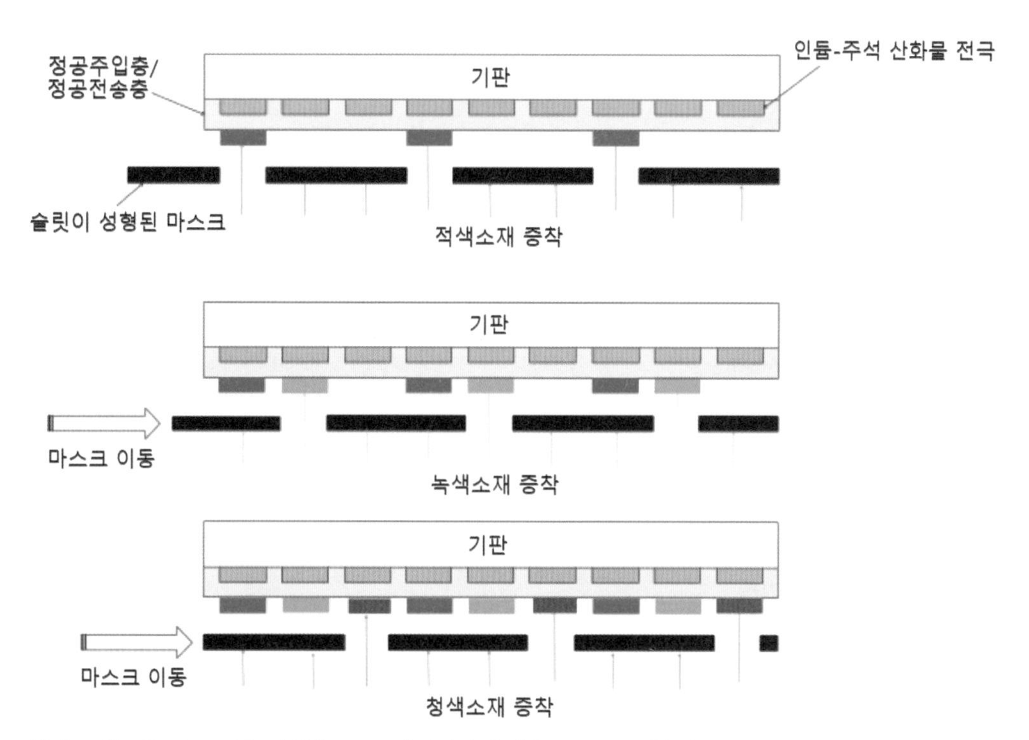

그림 8.5 섀도우 마스크를 사용한 RGB 패터닝기법[3,4](본문 181쪽 참조)

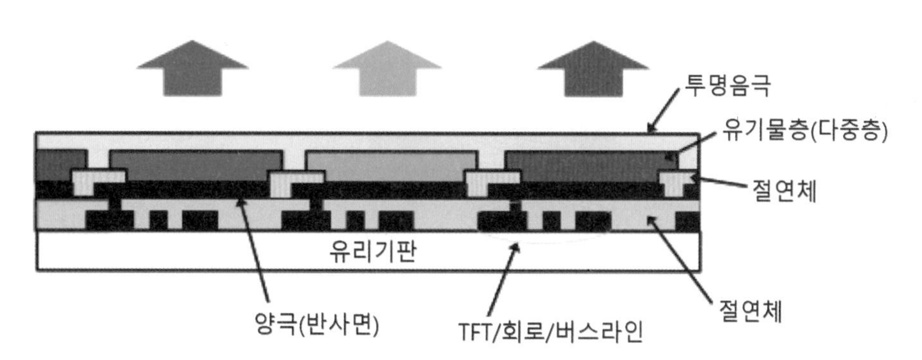

그림 8.14 전형적인 상부발광 방식의 총천연색 아몰레드 디스플레이의 디바이스 구조(본문 191쪽 참조)

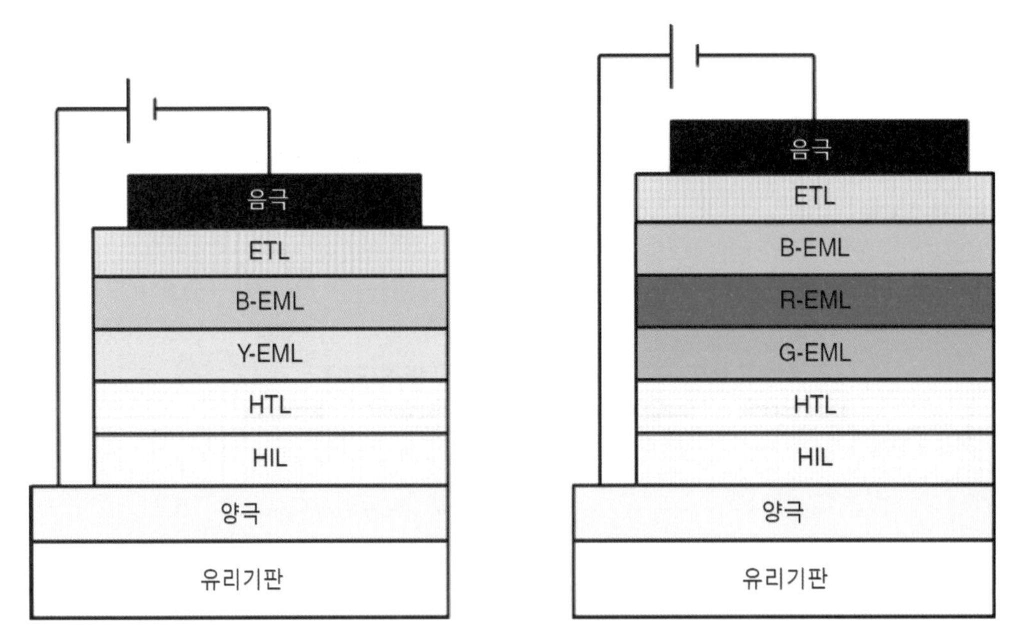

그림 9.2 서로 다른 스펙트럼을 가지고 있는 발광층을 적층한 백색 OLED 조명 디바이스의 사례 (본문 206쪽 참조)

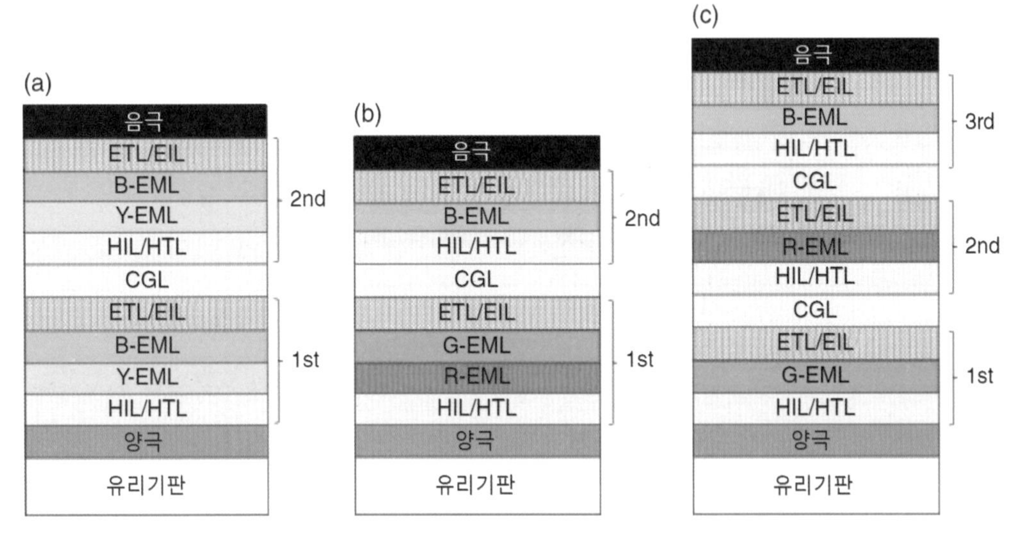

그림 9.3 다중광자 기술을 사용하는 백색 OLED 조명 디바이스의 다양한 유형(본문 207쪽 참조)

	OLED 디스플레이	OLED 조명
기판	TFT기판	유리기판
발광층	RGB 픽셀	RGB 적층(백색)
디바이스 구조	상부발광	하부발광, 다중광자
구동방법	복잡	단순
스펙트럼	선명한 RGB	광대역
경쟁대상	LCD	LED
	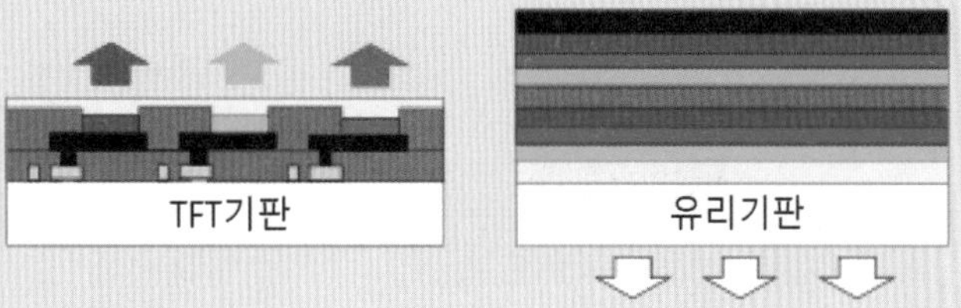 TFT기판	유리기판

그림 9.4 전형적인 아몰레드와 다중광자방식의 OLED 조명 디바이스의 상호 비교(본문 208쪽 참조)

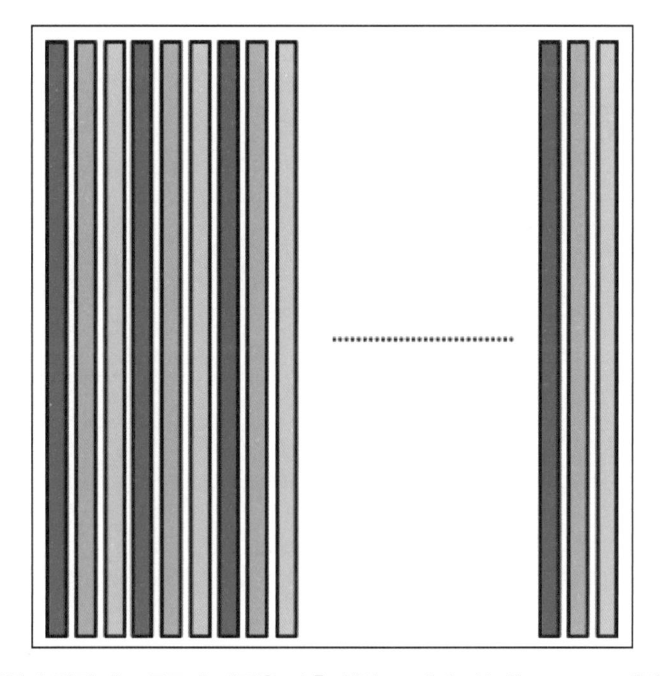

그림 9.14 RGB 색상이 발광되는 줄무늬 패턴을 갖춘 색상 조절이 가능한 OLED 조명[40](본문 216쪽 참조)

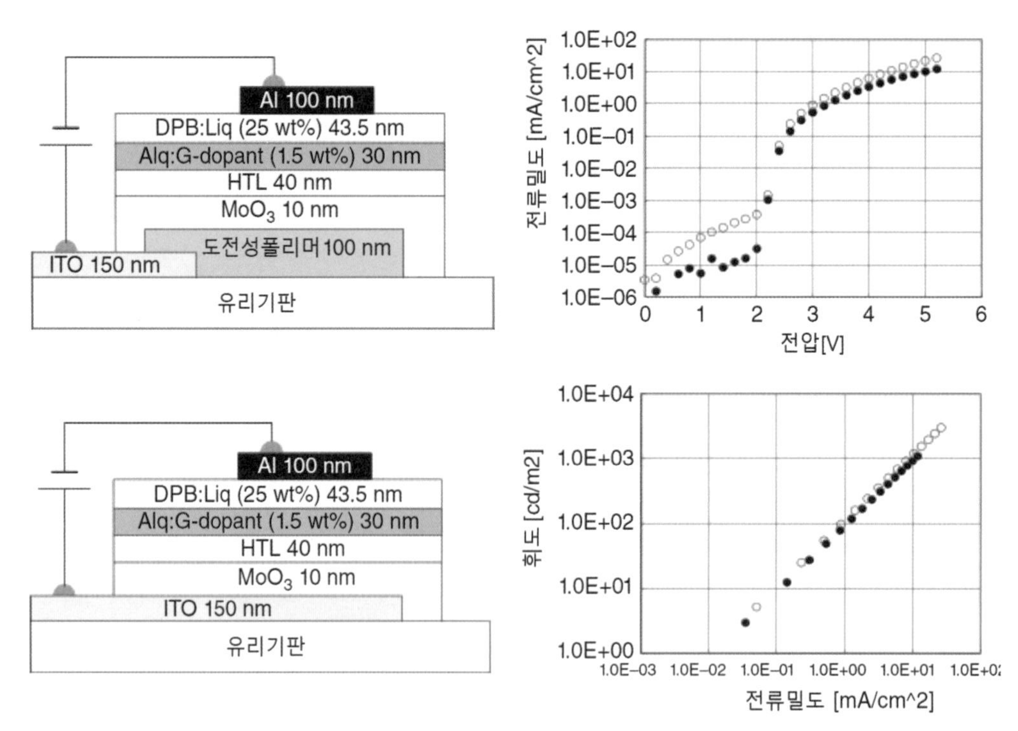

그림 11.2 (a) 도전성 폴리머(흑색원)와 (b) 인듐-주석 산화물(적색원)을 사용하는 OLED의 디바이스 구조와 전형적인 OLED 성능(본문 260쪽 참조)

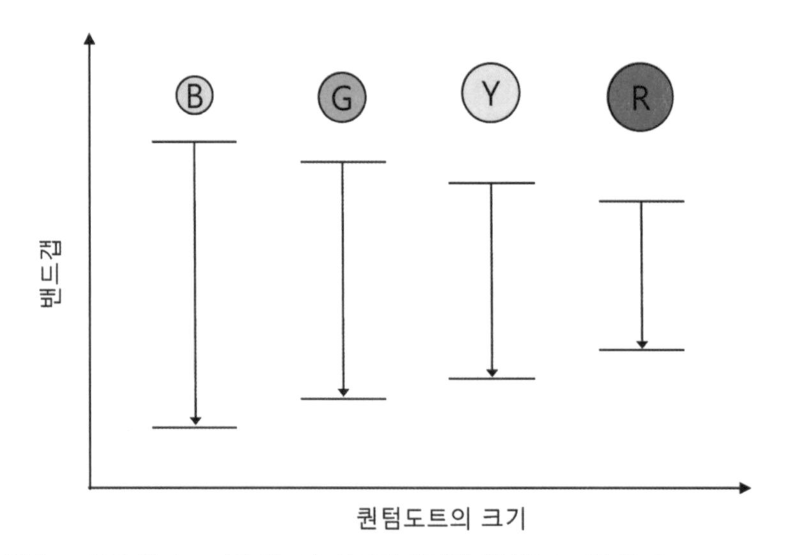

그림 11.15 퀀텀도트들의 입자 크기와 밴드갭 사이의 상관관계(본문 276쪽 참조)

찾아보기

ㄱ

가변각도타원분광 93
가속계수값 166
가속시험 168
가스 차단 228
가와라형 243
간호조명 218
개구율 191
건식 에칭 261
건식공정 39
건조제 131
결전자분자 63
고온가속 168
고왜곡네마틱 263
고체상 조명기술 202
고휘도가속 168
공간디서 184
공간전하제한전류 46
공액 유기반도체 71
광결정(PC)구조 211
광도강화필름 211
광선방출증강 35, 208
광자결정패턴 212
광퇴색 117
광학셔터효과 175
구동용 트랜지스터 183
구리프탈로시아닌 45
그라비어 프린팅 273
그레이스케일 184
금속 착화물 66
금속-리간드 전하전송 53
기저상태 20, 27
기판 모드 209
기하이성체 54

ㄴ

내부양자효율 28, 34, 161
누설전류 162
능동화소 OLED 7, 177

ㄷ

다광자 기술 123
다중층 236
다중층 양극 263
단결정 실리콘 187
단순화소 OLED 177
대면표적 스퍼터링 106
데이터 전압 185
덴드리머 39
도립구조 107
도전성 폴리머 258
도파로 모드(WGM) 209
동적 작동방식 177
들뜸 27
디스티릴라리렌 50
디지털 방식 184
디-리간드형 53

ㄹ

라만 스펙트럼 169
랭뮤어 블로드젯기법 213
레이저 승화식 패터닝 154
레이저 열전사 154
레이저 탈착 241
롤투롤 274
리간드 물질 53
릴리프 프린팅 153

ㅁ

마그네트론 방전 232
마스크 패터닝 142
마이크로 크리스탈 실리콘 187
마이크로구조박막 209
마이크로렌즈어레이 209
멀티플렉스 작동방식 OLED 177
면이성질체 54
면적분할 기술 181
무기물 전자주입층 65
무기소재 단일층 236
무기소재 차단층 236
무기전자발광소자 21
미러트론 스퍼터링 106
미로 모델 236
미세공동 효과 106
미세공동구조 120
미세공동효과 121
미세금속마스크 118

ㅂ

박막 밀봉공정 132
반치전폭 121
발광 스펙트럼 169
발광다이오드 21
발광색상변화 117
발광양자수율 34
발광양자효율 90
발광여기자 생성효율 34
발광층 21
발광커플링증강 56
발광현상 20
방사선 추적자법 237
방향성 반족 63
방향성 아미노 화합물 46
백색 OLED 111
백색발광 118
밴드갭 34
뱅크 구조 149
벌크분자구조 45
보관수명 166
복사율상수 27
부동화 피막 131
분자배향 93, 214
브래그 반사격자 122
브래그격자 211
브래그산란 211
블록공중합체 214
비발광 디스플레이 23
비발광성 감쇄 29
비발광영역 166
비복사율상수 28
비정질 실리콘 187, 190

ㅅ

삼중항 여기상태 27
삼중항-삼중항 소멸 32
삼중항-삼중항 융합 51

상보쌍 188
상부발광 103
상부발광 OLED 42
색변환 매질 119, 117
샌드블라스팅 표면 209
섀도마스크 142
섀도우 마스크 180
선형 소스 143
세그먼트 작동방식 177
셀룰로오스 나노섬유 229
소분자 OLED 소재 92
수동화소 OLED 6, 177
수명 165
수증기 투과율 228
수지상돌기 88, 90
슈퍼 비디오 그래픽스 어레이 7
스위칭 트랜지스터 183
스크린 프린트 272
스타버스트 아민 45
스테인리스 박판 229, 233
스프레이 코팅 273
스핀업 변환 32
스핀온유리 233
스핀코팅 147
슬릿노즐 코팅 148
습식 에칭 261
습식가공 박막 트랜지스터 268
습식공정 39, 146
시감도 161
실리카 에어로겔 박막 211
쌍극지 93

• • ㅇ • •

아날로그 방식 184
아닐록스 롤러 153
아몰레드 7, 177, 192
알루미늄이 도핑된 아연산화물 263
암역 166
암점 126, 166
액정디스플레이 21
액정적하주입 134
양면발광 103
양자크기효과 276
에너지저지성능 58
에어로겔 211
여기상태 20
여기자 27
역 항간교차 32
연색평가지수 115, 205
연속 노즐프린팅 152
연질노광 261
열감쇄 29
열화현상 167
열활성 지연형광 60
열활성 지연형광(TADF) OLED 21
영상대비 176
외부 모드(에어 모드) 209
외부광방출효율 34, 161
외부양자효율 34, 161
원자층 증착 237
웨트온웨트 271
유기물층 3, 65
유기박막 트랜지스터 267
유기발광다이오드 21
유기소재(폴리머) 중간층 236
유기전자발광소자 21
유리기판 229
유리분말 131

유리전이온도 48
유연 OLED 227
유연평면조명 206
유효 에너지전송 58
은 나노와이어 264
음극 65
음극선관 21
이리듐 착화물 53
이온화전위 33
이중층 구조 3
인광 OLED 21
인광 덴드리머 88
인광 폴리머 80
인듐-주석 산화물 22, 257
인듐-주석 산화물층 41
일중항 여기상태 27
일함수 22
임시디서 184
잉크제트 148
잉크제트 프린팅 261

••ㅈ••

자기조립 단분자막 42
자오선이성질체 54
자체발광장치 22
작동수명 166
재결합 20
저온폴리실리콘 155, 187, 188, 240
적외선 영상화 169
적층음극 22
적층형 음극층 65
전구체 폴리머 71
전달법 241
전류 미러 186
전류 프로그래밍 185
전류복제 186
전압 프로그래밍 185
전자 19
전자공여성 55
전자교환 32
전자구인성 55
전자발광 21
전자와 여기자 차단층 67
전자전송소재 63
전자전송층 22, 65
전자주입층 22, 65
전자차폐효과 76
전자친화도 33
전하 생성층 123
전하나르개평형 34
절반수명 50, 167
점 소스 143
점조명 204
정공 19
정공과 여기자 차단층 66
정공전송소재 48
정공전송층 21
정공주입소재 44, 73
정공주입층 21
정립구조 107
정전류 방식 185
정전압 방식 185
조명패널 216
졸겔법 211
주개박막 154
주객시스템 49
주사열현미경 169
줄무늬 패턴 216

증착 소스 142
진공준위 34
진공증착 141

• • ㅊ • •

차단막 전구체 236
청색 발광 119
청색 인광 57
초고진공 145
초기휘도 167
초박형 금속 65
초박형 유리 230
촉매화학기상증착 133
최고준위 점유분자궤도 33
최저준위 비점유분자궤도 33
치환효과 55

• • ㅋ • •

카르바졸릴 디시아논벤젠 61
캐리어 유리판 231
컬러필터 117, 118
케토쿠마린 31
켜짐전압 162
코팅/탈착 방법 241
콜로이드 노광기술 213
퀀텀도트 275

• • ㅌ • •

탄소나노튜브 266
탠덤 구조 123
터널주입 69
테트라히드로푸란 43
퇴화현상 166
투명 OLED 106
투명 도전층 123
트리스-리간드형 53
트리페닐디아민 유도체 112

• • ㅍ • •

페나트롤린 유도체 64
페르미준위 34
펜라이트 218
펜타센 267
평면형 소스 143
평면형 조명 204
폴리머 OLED 71
폴리에틸렌 나프탈레이트 234
폴리에틸렌 텔레프탈레이트 234
폴리이미드 234
표면플라즈몬 모드(SPM) 209
플라스마 디스플레이 패널 21
플라스마증강 화학기상증착 133
플라스틱 필름 229
플라즈몬 구조 213
플랫밴드 69
플렉소 인쇄 262
픽셀구획층 155

• • ㅎ • •

하부발광 5, 103
하이브리드 OLED 113
항간교차율 상수 28
형광 OLED 21, 27
형광수명 27
형광양자수율 27
화상불균일 183
확산판 205
확산필름 211

휘도 161

• • 기타 • •

AMOLED 7
C-축정렬 결정체 190
FIrpic 58
HAT-CN 46
I-V 특성 162
I-V-L 특성 162
IGZO 186, 189
L-I 특성 163
m-MTDATA 45
p-i-n OLED 69
PEDOT:PSS 73
PPV 71
RGB-병렬배치 117
RGBW 117
SVGA 7
T/S 거리 143

저자·역자 소개

저자 **Mitsuhiro Koden(코덴 미츠히로)**

1978 오사카 공학부 응용화학과 졸업

1980 오사카 대학원 석사

1983 오사카 대학원 박사

1983~2012 샤프 재직

2012~현재 야마가타 대학교 유기전자 혁신센터 산학협력 교수

전문 분야 : 유기화학, 액정, 유기EL, 플랫패널디스플레이

역자 **장 인 배**

서울대학교 기계설계학과 학사, 석사, 박사

현 강원대학교 메카트로닉스공학전공 교수

저서 및 역서

『표준기계설계학』 (동명사, 2010)

『전기전자회로실험』 (동명사, 2011)

『고성능 메카트로닉스의 설계』 (동명사, 2015)

『포토마스크 기술』 (씨아이알, 2016)

『정확한 구속: 기구학적 원리를 이용한 기계설계』 (씨아이알, 2016)

『광학기구 설계』 (씨아이알, 2017)

『유연 메커니즘: 플랙셔 힌지의 설계』 (씨아이알, 2018)

『3차원 반도체』 (씨아이알, 2018)

『웨이퍼레벨 패키징』 (씨아이알, 2019)

『정밀공학』 (씨아이알, 2019)

유기발광다이오드 디스플레이와 조명

초판발행 2018년 12월 21일
초판 2쇄 2019년 11월 25일

저 자 Mitsuhiro Koden
역 자 장인배
펴 낸 이 김성배
펴 낸 곳 도서출판 씨아이알

책임편집 박영지
디 자 인 김진희, 박영지
제작책임 김문갑

등록번호 제2-3285호
등 록 일 2001년 3월 19일
주 소 (04626) 서울특별시 중구 필동로8길 43(예장동 1-151)
전화번호 02-2275-8603(대표)
팩스번호 02-2265-9394
홈페이지 www.circom.co.kr

I S B N 979-11-5610-717-0 93560
정 가 20,000원